Anonymous

Acta Societatis pro Fauna et Flora Fennica

Anonymous

Acta Societatis pro Fauna et Flora Fennica

ISBN/EAN: 9783337272562

Hergestellt in Europa, USA, Kanada, Australien, Japan

Cover: Foto ©berggeist007 / pixelio.de

Weitere Bücher finden Sie auf **www.hansebooks.com**

ACTA

SOCIETATIS

PRO FAUNA ET FLORA FENNICA

27.

———◦———

HELSINGFORSIÆ.

1906.

KUOPIO 1906.

GEDRUCKT BEI K. MALMSTRÖM.

ACTA SOCIETATIS PRO FAUNA ET FLORA FENNICA, 27, N:o 1.

ÜBER

DAS

WINTERPLANKTON IN ZWEI BINNENSEEN

SÜD-FINNLANDS.

Von

K. M. LEVANDER.

(*Vorgelegt am 4. Februar 1905*).

HELSINGFORS 1905.

Der vorliegenden Mittheilung liegen zu Grunde einige Winterplanktonproben, die von Herrn Dr. O. Nordqvist am 9. und 10. März 1904 aus zwei W von Helsingfors belegenen Landseen *Hvitträsk* und *Lohijärvi* gefischt und mir zu Untersuchung übergeben wurden. Das Fischen des Planktons geschah mit einem kleinen Apsteinschen Netz (von Müllergaze No. 20), das durch ein Loch im Eise bis in die Nähe des Bodens gesenkt und wieder hinaufgezogen wurde. Jede Probe enthält drei in dieser Weise ausgeführte Vertikalzüge. Aus dem Hvitträsk lag nur eine Probe vor, gefischt aus 5,3 m Tiefe, aus dem Lohijärvi zwei Proben aus 5,6, resp, 3,9 m Tiefe. Die Temperatur des Wassers war im Lohijärvi am 9. März[1]) in 0,5 m Tiefe + 0,24° C, in 5,6 m Tiefe + 1,41° C, im Hvitträsk am 10. März in 0,5 m Tiefe + 0,34° C, in 5,3 m Tiefe + 1,34° C. Die mit Schnee bedeckte Eisdecke war, wie gewöhnlich in dieser Jahreszeit, sehr dick.

Auf der Eisdecke des Lohijärvi-Sees liess Dr. Nordqvist an dem ersten Untersuchungstag den Schnee abkehren um zu ergründen, ob die hierdurch ermöglichte stärkere Belichtung des Wassers einen merkbaren Einfluss auf die Beschaffenheit des Planktons aufzuüben würde. Ein Unterschied in Menge und Zusammensetzung des Planktons am 9. und am 10. März ist jedoch nach den vorliegenden Planktonproben nicht zu konstatiren. Wegen seines ärmlichen Winterplanktons scheint der Lohijärvi-See kaum geeignet, um für die Lösung einer derartigen Frage verwerthet zu werden.

—

[1]) Auch am 10. März wurden im Lohijärvi Temperaturmessungen gemacht, wobei eine Temperatur des Wassers in 0,5 m Tiefe von + 0,54° C und in 3,9 m Tiefe von + 1,53° C gefunden wurde.

Überhaupt enthalten die aus den beiden Seen gefischten Planktonfänge wenig Plankton, insofern als zahlreiche Formen, die während der warmen Jahreszeit beobachtet werden[1]), fehlten oder in ihrer Individuenmenge stark zurücktraten. Besonders war sehr wenig Phytoplankton vorhanden. Eine reichlichere Entwicklung war nur bei einer Art und zwar bei einer nordischen Peridinee, *Peridinium willei*, zu konstatiren. Die Hauptmasse des Planktons bildeten die Crustaceen (vor allem Diaptomiden) und Rotatorien. Auffallend war es, dass in diesen Seen nicht weniger als 4 limnetische Cladoceren noch im März vorhanden waren, woraus hervorgeht, dass die betreffenden Formen einen grossen Theil der kalten Jahreshälfte in Südfinnland aktiv überwintern können.

Die Zahl der im März lebenden Thierarten war in den beiden Seen fast die gleiche. Im Hvitträsk wurden 15, im Lohijärvi 14 Formen konstatirt die Planktonpflanzen waren im Hvitträsk deutlich besser vertreten, als in dem kleineren Lohijärvi, d. h. im Verhältniss 8 : 3. Zusammen wurden in den beiden Seen 29 aktiv lebende Pflanzen- und Thierformen (23 im Hvitträsk, 17 im Lohijärvi) beobachtet. Von diesen waren jedoch nur 11 für die beiden Seen gemeinsam, darunter nicht weniger als 7 aus der Gruppe der Räderthiere. Abgesehen von den Räderthieren war also die Zahl der gemeinsamen Formen am 9. und 10. März sehr gering, obgleich die beiden Seen dicht neben einander liegen. Sie sind auch sonst in physischer Hinsicht ungleich, was sich schon daraus ergiebt, dass der Hvitträsk viel tiefer und an Areal bedeutend grösser ist als der Lohijärvi. Die Maximaltiefe des erstgenannten Sees ist 20,2 m, die des zweiten 5,6 m.

Näheres darüber, wie sich die verschiedenen systematischen Gruppen in den beiden Seen vertheilten, ersieht man aus den Tabellen I und II. Die meisten Arten sollen unten kurz besprochen werden. [2])

---

[1]) Verzeichnisse über das Sommerplankton der beiden Seen finden sich in meiner Abhandtung »Zur Kenntniss der Fauna und Flora finnischer Binnenseen». Acta soc. pro f. & fl. fenn. XIX, N:o 2. 1900.

[2]) In der Tabelle II bezeichnet cc zahlreich, c häufig, + weder häufig noch selten, r selten, rr sehr selten.

Tabelle I.

Gruppen.	Hvit-träsk.	Lohi-järvi.	Ge-mein-same.	Summe
Myxophyceae .	3	1	1	3
Chlorophyceae . . .	1	2	1	2
Diatomaceae .	2	0	0	2
Flagellata . .	1	0	0	1
Peridinida . .	1	0	0	1
Infusoria . .	4	3	1	6
Rotatoria .	7	8	7	8
Copepoda .	1	1	0	2
Cladocera	3	2	1	4
Summe	23	17	11	29

Tabelle II.

	Hvitträsk.	Lohijärvi.

Myxophyceae.

1. *Aphanizomenon flos aquae* Ralfs . r
2. *Clathrocystis aeruginosa* Henfr. . . rr
3. *Coelosphaerium naegelianum* Ung. + | r

Chlorophyceae.

4. *Botryococcus brauni* Kütz. . + | r
5,a. *Pediastrum duplex* Meyen . | rr
5,b. » » v. *clathratum* . | rr

Diatomaceae.

6. *Asterionella gracillima* Grun. . rr
7. *Tabellaria fenestrata* Kütz. . | rr

Flagellata.

8. *Mallomonas caudata* Ivanoff r

	Hvitträsk.	Lohijärvi.
Peridinida.		
9. *Ceratium hirundinella* O. F. M., *cystae*		rr
10. *Peridinium willei* Huitf.-Kaas . .	cc	
Infusoria.		
11. *Dileptus tracheliodes* Zach .	rr	
12. *Epistylis sp.* (auf Daphnia) .		r
13. *Holophrya* sp.	r	
14. *Stentor coeruleus* Ehrbg	r	r
15. *Trachelophyllum lamella* (O. F. M.)		rr
16. *Vorticella* sp. (auf Aphaniz.) .	rr	
Rotatoria.		
17. *Anuraea aculeata* Ehrbg. .	rr	+
18. *cochlearis* Gosse . .	c	+
19. *Asplanchna priodonta* Gosse . .	+	r
20. *Notholca longispina* (Kellic.) . .	c	+
21. » *striata* (O. F. M.) . .		r
22. *Polyarthra platyptera* Ehrbg	+	+
23. *Synchaeta* sp.	r	r
24. *Triarthra longiseta* Ehrbg v. *limnetica* Zach.	c	+
Copepoda.		
25. *Diaptomus gracilis* G. O. S.		cc
26. » *graciloides* Lillj. .	cc	
Cladocera.		
27. *Bosmina longirostris* (O. F. M.) . .		rr
28. » *coregoni* Baird . .	rr	
29. *Daphnia cristata* G. O. S. . .	c	c
30. » *hyalina* Leyd. Subsp. *galeata* G. O. S. . . .	r	

Myxophyceae.

Aphanizomenon flos aquae Ralfs kommt während der warmen Jahreszeit in den beiden Seen vor, fand sich aber im März
nur im Hvitträsk. Auch in Winterproben (Dec. 1896) aus dem
Lojo-See habe ich die Art gefunden. Vielleicht hält sie sich
länger schwebend in grossen und tiefen Seen, als in kleineren (sie kommt auch im Winter im Finnischen Meerbu-
sen vor). *Clathrocystis aeruginosa* Henfr. zeigt ein ähnliches Verhalten wie *Aphanizomenon*, indem sie während der warmen Jahreszeit in den beiden Seen vorkommt, im März aber nur im
Hvitträsk angetroffen wurde. Auch in dänischen Seen findet
sich *Clathrocystis* im Winter. [1]

Coelosphaerium naegelianum Ung. (= *kützingianum* Naeg.)
ist die einzige Myxophycee, die im Winter in den beiden
Seen vertreten war. Sie ist früher auch im Lojo-See während
des Winters (Dec. 1896. Jan. 1897) beobachtet worden.

Gloiotrichia echinulata Richter und die *Anabaena*-Arten,
A. flos aquae Bréb. und *A. circinalis* Rabenh., welche im Sommer im Hvitträsk eine reichliche Wasserblüthe bilden, fehlten
in den Märzproben gänzlich. Diese Arten gehören auch in den
Binnenseen Dänemarks und des Mitteleuropas zum Sommerplankton.

Chlorophyceae.

Während der warmen Jahreszeit finden sich im Plankton
der beiden Seen viele Chlorophyceen vor. In den Märzproben
waren die einzigen Vertreter dieser Gruppe *Botryococcus brauni*
Kütz. und *Pediastrum duplex* Meyen, von welchen nur die erst-
genannte Form in den Planktonfängen der beiden Seen angetroffen wurde und zwar ziemlich häufig im Hvitträsk. Die
Winterexemplare waren rothgefärbt.

---

[1] Wesenberg-Lund, Studier over de danske Söers Plankton 1904.

Diatomaceae.

Auch die planktonische Diatomaceenflora war sehr arm im März. Von charakteristischen Arten, welche im Winterplankton der beiden Seen fehlen, sind besonders hervorzuheben *Fragilaria crotonensis* Kitton und limnetische *Melosira*-Arten. Die zwei beobachteten Formen, *Asterionella gracillima* Grun. und *Tabellaria fenestrata* Kütz. kamen nur im Hvitträsk vor und zwar als sehr seltene Planktonten. In den dänischen Binnenseen gehören die beiden Formen zum perennierenden Plankton.

Flagellata.

Mallomonas caudata Ivanoff wurde nur im Hvitträsk konstatirt.[1]

Die Gattung *Dinobryon*, welche im Sommer im Lohijärvi mit zwei Formen vertreten ist, fehlte in den Märzproben dieses Sees gänzlich.

Peridinida.

Das zahlreiche Vorkommen von *Peridinium willei* Huitfeldt-Kaas im Hvitträsk scheint auf eine Maximalentwicklung im Winter oder Frühjahr hinzuweisen.[2] Die aus norwegischen Gewässern entdeckte Art ist in Finnland weit verbreitet, sie scheint aber in den dänischen und deutschen Seen zu fehlen. Überhaupt sollen die Peridineen in der Winterplanktonflora der norddeutschen Seen gänzlich fehlen.[3] Dagegen fand V. Brehm[4] im Achensee der Nordtyroler Kalkalpen eine *Peridinium*-Art,

---

[1] In meinem Verzeichniss (l. c.) über das Sommerplankton vom Hvitträsk ist diese Form als *M. ploesli* Perty bezeichnet worden.

[2] Nach Huitfeldt-Kaas (Die limnetischen Peridineen in norwegischen Binnenseen. 1900) tritt sie in den norwegischen Gewässern zu allen Jahreszeiten auf, auch mitten im Winter, aber doch in grösster Anzahl im Frühjahre.

[3] Schröder, B., Das Pflanzenplankton preussischer Seen. 1900.

[4] Brehm, V., Zusammensetzung, Verteilung und Periodicität des Zooplanktons im Achensee. 1902.

welche sogar als eine Leitform für das Winterplankton zu betrachten ist. Es scheint demnach in Hinsicht der Periodicität
gewisser Peridineen eine Analogie zu bestehen zwischen den
norwegischen und finnischen Seen einerseits und gewissen Mit-
teleuropäischen Alpenseen anderseits [1]), welche Analogie vielleicht in der nordischen Herkunft der Winterperidineen ihre Er-
klärung finden werden wird.

Ceratium hirundinella O. F. M. ist im Sommer im Hvitträsk und Lohijärvi vertreten, überwintert aber in unseren Seen
nur im Cystenzustand wie auch in den dänischen u. a. Seen
Europas. Eine Cyste wurde aus dem Lohijärvi beobachtet.

Infusoria.

Hervorzuheben ist das Fehlen im Winter von *Tintinnop-
sis* (Codonella) *lacustris* (Entz), welche Art in den beiden Seen
während der warmen Jahreszeit eine häufige Planktonform
darstellt. Wahrscheinlich perennirt sie auch nicht in anderen
Binnenseen Finnlands.

Die 6 Ciliatenformen, die beobachtet wurden, waren alle
selten.

Trachelophyllum lamella (O. F. M.).[2]) Ich sah zwei Exx.
aus dem Lohijärvi-See, von welchen das grössere 530 μ lang war.
Die Art kommt wohl nur zufällig im Plankton vor.

Dileptus tracheliodes Zach. ist eine limnetische Form, welche in dänischen Teichen perennirend gefunden worden ist. Im
Plankton der finnischen Gewässer ist die Art bisher vermisst
worden. Ich fand nur ein grosses langgestrecktes Ex. aus dem
Hvitträsk.

Stentor coeruleus Ehrbg. ist der einzige Ciliat, welcher in
den beiden Seen vorkam. Die Exemplare aus dem Hvitträsk ent-

---

[1]) Hiergegen spricht jedoch, dass in den Seen der Hochalpen der
Schweiz die Peridineen im Winter fehlen, nach Zschokke, Die Tierwelt
der Hochgebirgsseen. 1900.

[2]) = *T. apiculatum* bei Bütschli, Protozoa, Taf. LVII, Fig. 12 a.
Blochmann, Fr., Die mikroskopische Thierwelt des Süsswassers. 2. Aufl.
1895. S. 88.

hielten oft als Nahrung verschlungene Exemplare von *Peridinium willei*.

Rotatoria.

Zusammen mit den limnetischen Crustaceen bilden die Rotatorien den Hauptbestandtheil des winterlichen Zooplanktons. Fast ohne Ausnahme fanden sich alle Arten, die in dem einen See gefunden wurden, auch in dem anderen vor. Die 7 für die beiden Seen gemeinsamen Arten, welche sind:

Anuraea aculeata Ehrbg.   *Polyarthra platyptera* Ehrbg.
„   *cochlearis* Gosse.   *Synchaeta* sp.
Asplanchna priodonta Gosse.   *Triarthra longiseta* Ehrbg.
Notholca longispina (Kellicott).   v. *limnetica* Zach.,

stellen nur solche Formen dar, die auch in anderen Binnenseen Finnlands während der kalten Jahreszeit schon beobachtet worden sind. Sie gehören alle zu den häufigsten limnetischen Rotatorien der Binnenseen Finnlands wie auch des arktischen Gebiets [Murmanküste [1]), Insel Kolguieff [2])] und der Alpenseen Mitteleuropas [3]). Wahrscheinlich können alle diese Arten in unseren Binnenseen perenniren wie in den dänischen und norddeutschen Seen.

Anuraea aculeata war etwas häufiger im Lohijärvi als im Hvitträsk. Die beobachteten Exemplare zeichneten sich im Vergleich mit Sommerexemplaren durch kurze Hinterstacheln aus.

Die spärlichen Exemplare, die gesehen wurden, waren in der Regel ohne Eier. Nur bei einem Weibchen (aus dem Lohijärvi) wurde ein Sommerei beobachtet, welches einen ausgebildeten Embryo enthielt.

A. cochlearis trat in kleinen Exemplaren auf, die aber stets mit gut ausgebildetem Hinterstachel versehen waren. Die Som-

---

[1]) Levander, Beiträge zur Fauna und Algenflora der süssen Gewässer an der Murmanküste. 1901.
[2]) Skorikow, A. S., Beitrag zur Planktonfauna arktischer Seen. Zool. Anz. 1904.
[3]) Zschokke, F., Die Tierwelt der Hochgebirgseen. 1900.

merformen *hispida* und *tecta* fehlten. Eier tragende Exemplare wurden nicht gesehen.

Asplanchna priodonta war auch stets ohne Eier. Im Magen dieser Art wurde häufig *Peridinium willei* und *Anuraea cochlearis* als Nahrung gesehen.

Von *Notholca longispina* kamen selten Eier tragende Exemplare vor.

N. striata war sehr selten und kam nur im Lohijärvi vor. In den Sommerfängen aus den in Rede stehenden Seen habe ich diese Form nicht gefunden. In den dänischen Teichen tritt sie nach Wesenberg-Lund im Winter auf und verschwindet im Sommer. Auch andere Beobachter halten die Art für eine Winterform.

• Die Winterform von *Polyarthra platyptera* war stets mit schmalen Rudern versehen. Eiertragende Weibchen fanden sich nicht. Dasselbe war der Fall mit der *Synchaeta*-Art.

Triarthra longiseta v. *limnetica* trat in kräftigen Exemplaren auf, die jedoch selten mit Eiern versehen waren. Aus diesen Befunden ist ersichtlich, dass inbezug auf die Fortpflanzungsthätigkeit zur Zeit der Fänge bei den beobachteten Rotatorien eine sehr herabgesetzte war. Mehrere Arten, die während der warmen Jahreszeit in den beiden Seen eine limnetische Lebensweise führen, fehlten gänzlich in den Märzproben. Besonders hervorzuheben ist das Fehlen von *Asplanchna herricki* Guerne, *Conochilus unicornis* Rouss., *Ploeosoma hudsoni* Zach., *Rattulus* (Mastigocerca) *capucinus* (Zach. & Wierz) und *R.* (M.) *hamata* (Zach.), welche alle, mit Ausnahme von der genannten *Conochilus*-Art, auch anderwärts als typische Sommerarten auftreten.

Copepoda.

Im Plankton der beiden Seen waren im März ziemlich zahlreich zwei *Diaptomus*-Arten vorhanden, von denen, wie ich schon früher beobachtet habe, *D. graciloides* Lillj. ausschliesslich den Hvitträsk, *D. gracilis* G. O. S. dagegen den Lohijärvi bewohnt.

Die Exemplare bestanden hauptsächlich aus ausgewachse-
nen Männchen und Weibchen, die mit Eiern oder anhaftenden
Spermatophoren versehen waren, während Larven nur ganz
spärlich sich vorfanden.

Cyclops oithonoides G. O. S., welcher während der warmen
Jahreszeit in den beiden Seen ein häufiges Planktonthier darstellt, scheint im Winter auszusterben, denn kein Exemplar von
dieser Art wurde gefangen. In den von Wesenberg-Lund
untersuchten dänischen Seen soll er dagegen perenniren, obgleich er im Winter nur in spärlicher Anzahl zu finden ist.

Ferner lebt im Hvitträsk im Sommer *Heterocope appendi-
culata* G. O. S., eine Art, welche im März vermisst wurde.
Schon Nordqvist[1]) ist es aufgefallen, dass die *Heterocope*-
Arten in den Seen Finnlands während des Winters fehlen, und
er hat die Vermuthung ausgesprochen, dass sie, ehe sie zum
Winter aussterben, Dauereier ablegen. Nachdem später das
Vorkommen von Dauereiern bei *Diaptomus*-Arten nachgewiesen
worden ist, kann man eine derartige Fortpflanzungsweise in den
nordischen Gewässern auch für die *Heterocope*-Arten mit Sicherheit voraussetzen. [2]) Wahrscheinlich pflanzt sich *Cyclops oithonoides* ebenfalls durch Dauereier fort.

Cladocera.

Inbezug auf diese Gruppe war es interessant zu konstatiren, dass die limnetischen Cladoceren, welche Gruppe übrigens während des Sommers in den beiden Seen durch eine
Menge von Arten vertreten ist, zum Theil im März noch vorhanden waren. Die betreffenden Arten sind *Daphnia cristata*
G. O. S., *D. hyalina* Leydig subsp. *galeata* G. O. S., *Bosmina
coregoni* Baird und *B. longirostris* (O. F. M.) P. E. Müll.

Die einzige von diesen, welche in den Märzfängen der bei-

---

[1]) Die pelagische und Tiefsee-Fauna der grösseren finnischen Seen.
Zool. Anz. 1887. S. 8.

[2]) Vrgl. Ekman, S. Die Phyllopoden, Cladoceren und freilebenden Copepoden der nord-schwedischen Hochgebirge. 1904.

den Seen auftrat, war die Winterform von *D. cristata.* In der Regel waren die beobachteten Exemplare ohne Eier und hatten einen ziemlich langen Schalenstachel. Nur aus dem Lohijärvi wurden vereinzelte Weibchen mit je einem Ei in der Bruthöhle gesehen. Ein deutliches Ephippium war jedenfalls bei diesen nicht ausgebildet.

Lilljeborg [1]) hat von *D. cristata* im Mälaren Ende Januar viele Exemplare angetroffen und sagt mit Bezug hierauf, dass dieser Umstand davon zeugt, »dass sie wenigstens während eines grossen Theils des Winters in diesen nördlichen Gegenden nicht ausstirbt.» Auch von mir ist die Art in Finnland unter dicker Eisdecke beobachtet worden und zwar im Anfang Januar 1891 in einem kleinen, *Maljalampi* genannten See oder Teich bei der Stadt Kuopio, am 26. December 1893 im *Hirvenkoski*-Strom im Kirchspiel Karttula (63° n. Br. 27° ö. Gr.) und am 30. December 1896 und 5. Januar 1897 im *Lojo*-See.

D. galeata ist während des Sommers nur im Hvitträsk beobachtet worden. Die Exemplare der Märzprobe waren alle Weibchen, von der Winterform und stets mit leerer Bruthöhle. Auch diese Daphnie ist früher bei uns während des Winters beobachtet worden und zwar in einem Planktonfang aus dem Teich *Kosulanlampi* im Kirchspiel Rantasalmi (62°4′ n. Br. 28°15′ ö. Gr.) d. 10. Januar 1893.

Die beiden *Bosmina*-Arten waren sehr selten. *B. coregoni* ist im Sommer gemeinsam für die beiden Seen, wurde aber im März nur in einem Exemplar im Hvitträsk gefangen. *B. longirostris* kam in wenigen, mit leerer Bruthöhle versehenen Exemplaren im Lohijärvi vor. Auch diese Art gehört zu den limnetischen Cladoceren, die früher von mir in der kalten Jahreszeit beobachtet worden sind. Ich fand sie nämlich im Januar 1891 in den Teichen *Maljalampi* und *Valkeinen* bei Kuopio und am 26. December 1893 im *Hirvenkoski*-Strom in Karttula. In den dänischen Seen kann sie nach Wesenberg-Lund recht häufig in Winter- und Frühjahrsfängen sein.

Aufgrund negativer Ergebnisse hat Nordqvist (l. c.) im

---

[1]) Cladocera Sueciae. 1900. S. 146.

Jahre 1887 ausgesprochen, dass in Finnland keine Cladoceren
überwintern. Die neueren Untersuchungen zeigen jedoch, dass
einige limnetische Cladoceren in gewissen Seen bei uns während eines grossen Theils des Winters in aktivem Zustande fort-
leben. Die Mehrzahl stirbt jedenfalls sicher zum Winter aus.
Im Hvitträsk und Lohijärvi z. B. waren die folgenden Arten,
welche im Sommer gefunden werden, im März verschwunden.

Bosmina obtusirostris G. O. S.	*Holopedium gibberum* Zadd.
Ceriodaphnia pulchella G. O. S.	*Leptodora kindti* Focke.
Daphnia cucullata G. O. S.	*Limnosida frontosa* G. O. S.
Diaphanosoma brachyrum (Liev.)	*Sida crystallina* O. F. M.

ÜBER

DIE

METAMORPHOSE

EINIGER

PHRYGANEIDEN UND LIMNOPHILIDEN

III.

VON

A. J. SILFVENIUS.

MIT 2 TAFELN.

(Vorgelegt am 1. October 1904).

———:-x :—···

HELSINGFORS 1904.

KUOPIO, 1904.

GEDRUCKT BEI K. MALMSTRÖM.

Von den in dieser Arbeit behandelten Arten war die Metamorphose von *Holostomis atrata* Gmel., *Phryganea varia* Fabr., *Agrypnia picta* Kol., *Agrypnetes crassicornis* Mc Lach., *Limnophilus borealis* Zett., *L. marmoratus* Curt., *L. affinis* Curt., *L. luridus* Curt., *Stenophylax infumatus* Mc Lach. und *Micropterna lateralis* Steph. bisher unbekannt, oder unvollständig beschrieben. Da die Farbe und Grösse des Chitinschildchens auf dem Prosternum und die Punkte der Thorakalsterna der Larve bei den Limnophiliden oft gute Merkmale zu Unterscheidung verwandter Arten darzubieten scheinen, habe ich diese Verhältnisse bei manchen, früher sonst genau bekannten Arten behandelt. Bei vielen anderen Arten wieder (*Neuronia ruficrus* Scop., *N. clathrata* Kol., *Phryganea obsoleta* Mc Lach., *Colpotaulius incisus* Curt., *Limnophilus lunatus* Curt., *L. bimaculatus* L., *L. fuscicornis* Ramb., *Stenophylax dubius* Steph.) habe ich die früheren Beschreibungen, besonders hinsichtlich der Kiemenformel und der Form der Lobi inferiores und der Penisanlage der ♂-Puppe ergänzt und ausserdem neue Details besonders von den Gehäusen mitgetheilt. Die Hinweisungen auf die früheren Beschreibungen der Metamorphosestadien habe ich weggelassen, da sie in Ulmers Arbeit »Über die Metamorphose der Trichopteren« (VI) zusammengestellt sind.

Phryganeidae.

Auch auf die hier neu beschriebenen Arten passen im Allgemeinen die früher von Klapálek (II, p. 5), Ulmer (V, p.

213—214 und VI, p. 34—36) und mir (l, p. 6—10) aufgeführten allgemeinen Charaktere der Phryganeiden. Ausserdem hat
Struck (IV, p. 8—9) einige Merkmale der Stützplättchen der
Füsse der Larve erwähnt, die ich bei allen von mir untersuchten 13 Arten wiedergefunden habe. So sind die Stützplättchen
der Vorderfüsse zwei, das vordere ist dreieckig, meist stumpf
(s. *Holostomis*, p. 10), mit einer kurzen Borste und zwei hellen
Börstchen versehen; das hintere dagegen besitzt die Gestalt eines breitschenkligen Winkels und ist mit einer Borste versehen.
Auf dem ventralen, schwarzen, erhabenen Schenkel der dreieckigen Stützplättchen der Mittel- und Hinterfüsse stehen zwei
Borsten. Die Form, die Lage, die Leisten dieser Plättchen sind
wie Struck (l. c., p. 8—9) sie beschreibt. — Auf der Ventralseite der Abd.-Segmente keine Chitinringe (vergl. p. 28—29).

Die Seitenlinie der Puppe hat eine andere Lage, als die
Seitenlinie der Larve. Sie liegt am 3—6. Abd.-Segmente dorsal von der Seitenlinie der Larve, an der Strictur zwischen dem
6. und 7. Segmente kreuzen die Seitenlinien einander, und am
7—8. Segmente liegt die Seitenlinie der Puppe somit ventral.
Daher liegen die praesegmentalen Kiemen der Seitenreihe des
4—6. Segments bei der Puppe unter der Seitenlinie, nicht wie
bei der Larve über derselben. Erst die Kieme des 7. Segments
liegt auch bei der Puppe dorsal von der Seitenlinie. Diese Verhältnisse sind bei der sich verpuppenden Larve deutlich zu erkennen, bei welcher die obengenannten Kiemen des 4—6. Segments somit zwischen den Seitenlinien zu sehen sind. — Die
Penisanlage der ♂-Puppe ist nicht einheitlich, sondern durch
eine Längsfurche in zwei Hälften getheilt. [1]

---

[1] Die Penisanlage habe ich bei *Holostomis atrata*, *Phryganea grandis*, *striata*, *varia*, *obsoleta*, *Agrypnia pagetana* und *Agrypnetes crassicornis*
untersucht.

Neuronia ruficrus Scop. [1]

Die Grundfarbe des Kopfes der *Larve* ist gelblich und kommt immer an der Basis der auf der Dorsalseite befindlichen Borsten vor. Die Seitenbürsten der Oberlippe sind schwach, und das Hügelgebiet bei der Einbuchtung ist nicht entwickelt. Die Zahl der Borsten und Dorne ist wie bei den anderen Phryganeiden (Silfvenius I, p. 7). *Die Dorne des Vorderrandes der Oberlippe haben dieselbe Form wie bei Holostomis phalænoides* (Uddm.) L. (l. c. p. 31). Die linke Mandibel gleicht derjenigen der anderen Larven dieser Familie, *die rechte Mandibel ist auf der oberen Schneide mit einem Zahne, auf der unteren mit zwei Zähnen versehen.* Die stärker chitinisierten Theile der Maxillen und des Labiums treten sehr deutlich hervor. — Auf dem Hinterrande des Prosternums liegt ein stärker chitinisiertes Schildchen.

Die Füsse ohne Punkte. Die Dorne auf dem Vorderrande der Vorderfemora sind lang, gelblich, ein gelber Dorn steht auch auf dem oberen Theile des Hinterrandes der Vorderfemora. Die Dorne der Vordertibien sind gleich lang. *Der untere Dorn der Vordertibien und der Basaldorn der Vorderklauen sind normal gebaut* (vergl. z. B. *Neuronia clathrata* Kol., p. 7). Am unteren Ende des Vorderrandes der Mittel- und Hintertarsen steht ein breiter, blasser Dorn. — Die postsegmentalen Kiemen der Seitenreihe sind auf dem 2. Abd.-Segmente haarlos. Die Form und die Borsten des Rückenschildes des 9. Abd.-segments wie bei den anderen Phryganeidenlarven (l. c. p. 9), seine Seitenborste ist länger als die nächste mittlere. Die Klaue des Festhalters ist mit zwei Rückenhaken bewaffnet.

Das *Larvengehäuse* ist bis 33 mm lang, hinten etwas verschmälert, aus 4—8 mm langen Pflanzentheilen gebaut, die in einer in 5—9 Windungen gehenden *Spirale* angeordnet sind. Es kommen auch solche Gehäuse vor, in welchen die Materialien nach hinten und gegen die Seiten etwas ausgesperrt sind, und

---

[1] Nur einige früher nicht erwähnte oder anders dargestellte Eigenschaften der Larven werden hier aufgeführt.

	Rücken-	Seiten-	Bauch-
I			1 1
II	1 1	1	1 1
III	1 1	1	1 1
IV	1 1	1	1 1
V	1 1	1	1 1
VI	1 1	1	1 1
VII	1 1	1	1 / 0—1
VIII	1 0—1		

Rücken- Seiten- Bauch-reihe der Kiemen der Larve von *N. ruficrus* Scop.

die somit unebener sind als die Gehäuse der meisten Phryganeiden.

Neuronia reticulata L. Auch bei Larven dieser Art kommt ein stärker chitinisiertes, dunkles, am Hinterrande schwarzes Schildchen auf der Mitte des Hinterrandes des Prosternums vor. — Die Gehäuse sind nicht, wie Struck (IV, p. 24) und ich selbst (II, p. 6) früher mitgetheilt haben, spiralig, sondern es sind die Materialien, wie auch bei folgender Art, in bis 6 *Querringen* angeordnet. — Die Larven und Puppen von *N. reticulata* leben in Flüssen und Bächen mit langsam fliessendem Wasser und kommen auch häufig am östlichen Strande des Finnischen Meerbusens vor.

Neuronia clathrata Kol. [1])

Fig. 1 a Larve, b—e Puppe, f Gehäuse.

Die Umgebung des Gabelwinkels und der Winkel der Gabeläste der *Larve* ist blasser als die Grundfarbe des Kopfes. Die Binden auf dem Stirnschilde können durch eine Querbinde vereinigt werden, die ein wenig vor den Winkeln der Gabeläste zieht, so dass die Grundfarbe auf dem Stirnschilde oft nur auf dem vorderen und hinteren Theile hervortritt. Auf dem Stirnschilde und den Pleuren zahlreiche Punkte. Die Oberlippe ist am Vorderrande wenig eingebuchtet und gezähnt, *die Dorne am Vorderrande sind geformt wie bei Holostomis phalœnoides.* Das Pronotum gleicht sehr demjenigen von *N. reticulata*

---

[1]) Da die Metamorphose dieser Art vor kurzer Zeit von Struck (V) beschrieben ist, werden hier nur einige complettierende Merkmale erwähnt.

L. Der vordere Theil des Pronotums ist dunkler als die Grundfarbe, an dunklen Larven verbreitel sich diese dunklere Farbe
über dem grössten Theile des Schildes (Fig. 1 a). Die Füsse,
die denjenigen von *Phryganea grandis* L. (Silfvenius, I, p.
12) gleichen, sind ohne Punkte (nur die Vordercoxen und -femora
sind mit Punkten versehen). Auf den Coxen kommen keine
Spitzchenkämme vor. Die kleinen Spitzchen am Vorderrande
der Femora reichen bis distal von dem unteren gelben Dorne.
*Der obere Dorn der Vordertibien ist ganz kurz, der andere Dorn
der Vordertibien und der Basaldorn der Vorderklauen sind nach
unten zu gebogen, wie bei H. phalænoides* (l. c., p. 32, Fig. 1 c).
— Das Rückenschild des 9. Abd.-segments ist im vorderen
Theile mit dunklen Borslen versehen, aber nicht dunkler als im
hinteren Theile, die Seitenborste des Schildes ist viel länger
als die nächste mittlere.

Die ♀-*Puppe* ist 15—18 mm lang. Die Antennen reichen
bis zum Ende des 6., die Flügelscheiden bis zum Ende des 5.
Abd.-segments, die Hinterfüsse bis zum Ende der Analanhänge.
Die Stirn ist in einen so langen Fortsatz verlängert, *dass man,
von oben gesehen, die Oberlippe gar nicht wahrnehmen kann*
(Fig. 1 c). Auf diesem gefurchten Fortsatze befinden sich jederseits zwei Höcker, auf welchen je eine lange Borste steht. Die
Spitze des Fortsatzes ist abgerundet (Fig. 1 b, c). Auf den Vorderecken der Oberlippe stehen eine längere und fünf kurze,
gelbliche Borsten (Fig. 1 d). Das 3. und 5. Glied der Maxillarpalpen sind am längsten und gleich lang, dann folgen das 4., 2.
und 1. Glied.

Die Sporne der Vorderfüsse sind stumpf, sehr klein, besonders der eine, der nur als ein kleiner Höcker entwickelt ist.
Auch die Sporne der Hinterfüsse sind sehr kurz und stumpf;
die Sporne der Mittelfüsse sind spitzer als die anderen. Die
Vordertarsen sind nackt, die 4 ersten Glieder der Mitteltarsen spärlich behaart und die 4 ersten Glieder der Hintertarsen mit einigen Haaren versehen. Die Krallen der Vorder- und
Mittelfüsse sind scharf, gebogen, am Ende stärker chitinisiert,
die der Hinterfüsse klein, schwach chitinisiert.

Die Kiemenzahl $6 + 6 + 6 + 6 + 6 + 6 + 1 = 37$. —

Die Analanhänge sind auf der Dorsalseite löffelförmig ausgehöhlt,
die Ränder der Aushöhlung aber sind nicht stärker chitinisiert.
Die Form der Analanhänge gleicht derjenigen der Phryganea-

II	1 1	1	1
	1	1	1
III	1 1		1
	1	1	1
IV	1 1		1
	1	1	1
V	1 1		1
	1	1	1
VI	1 1		1
	1	1	1
VII	1 1		1
	1	1	1
VIII	1		

Rücken- Seiten- Bauch-
reihe der Kiemen der
Puppe von *N. clathrata*
Kol.

III	6—11
IV	7—14
V	9—17
	10—17
VI	8—13
VII	6—15

Schema der
Chitinhäkchen.

arten. Der Hinterrand der Anhänge ist eingekerbt. Die Dorsalseite des 9. Abd.-segments ohne die bei vielen Arten dieser
Familie vorkommenden stärker chitinisierten Höcker. Der Hinterrand der Ventralseite des letzten Segments ist aufgeblasen
und trägt jederseits zwei Borsten, ausserdem steht vor diesen
auf der Ventralseite des letzten Segments jederseits eine Borste (Fig. 1 e).

Das *Puppengehäuse* ist 20—40 mm lang, 4—5,5 mm breit,
etwas gebogen, aus ziemlich breiten Blatt- und Rindenfragmenten aufgebaut, die in 6—10 Ringen angeordnet sind (Fig. 1 f).
Am vorderen Ende, oft auch am hinteren ist Moos angefügt,
und die Enden sind mit für diese Familie charakteristischen
Siebmembranen verschlossen. — Tvärminne, ein Sumpf, wo die
Larven und Puppen in sehr seichtem Wasser leben, wo kein
freier Wasserspiegel zu sehen ist.

Holostomis atrata Gmel. [1]

Fig. 2 a—c Larve, d Puppe, e Puppengehäuse.

Die Grundfarbe der stärker chitinisierten Theile der 25—30 mm langen, 5—6 mm breiten *Larve* ist gelb. *Auf der Dorsalseite des Kopfes befinden sich, wie bei H. phalænoides* L. (Silfvenius I, p. 31) *drei dunkelbraune Binden*, nämlich eine *mediane Binde auf dem Stirnschilde* und zwei Gabellinienbinden. Die Wangenbinden sind vorhanden. *Die Stirnbinde ist in ihrem Hintertheile viel breiter, beinahe zirkelförmig erweitert* [2]), *im Hintertheile ist sie mit einigen grossen, blassen Flecken* und mit dunklen Punkten versehen. Dunkle Punkte liegen auch auf den Gabellinienbinden, zwischen diesen und den dunkelbraunen Wangenbinden, auf den letzteren und auf den hinteren Theilen der Ventralseite des Kopfes. Auf den Gabellinienbinden sind die normal bei Larven dieser Familie hervortretenden zwei blasse Flecke deutlich zu sehen (Fig. 2 a). *Die Oberlippe hat dieselbe Form, wie bei H. phalænoides* (l. c., Fig. 1 a), *die Zapfen auf dem Vorderrande sind jedoch normal gebildet* (vergl. l. c., p. 31, Fig. 1 d, e). *Die untere Schneide der rechten Man-*

---

[1]) Die Zugehörigkeit der beschriebenen Larve und Puppe zu *Holostomis atrata* ist zwar durch Zucht nicht gesichert, aber wegen folgender Thatsachen kann man wohl doch behaupten, dass sie zu dieser Art gehören. Nach Mittheilung von Herrn Stud. M. Weurlander, der die Metamorphosestadien dieser Art gefunden hat, fliegt *H. atrata* sehr häufig bei dem Bache, wo die Larven und Puppen getroffen wurden; andere Phryganeiden aber kommen da nicht vor als nur *Neuronia reticulata* L. (spärlich) und *Phryganea striata* L. (einzeln). Durch das gemeinschaftliche Vorkommen der drei dorsalen Kopfbinden und des Mesonotumschildchens unterscheidet sich die Larve sicher von denjenigen dieser zwei Arten und gleicht derjenigen von *H. phalænoides;* von dieser wieder unterscheidet sie sich durch die Zeichnungen des Kopfes und des Pronotums; die Zugehörigkeit der Larve zu der Gattung Holostomis ist wohl sicher. Da ausserdem von den 14 finnischen Phryganeiden (Sahlberg. p. 8), die Larven nur von *H. atrata* und *Neuronia lapponica* Hag. unbekannt waren, und die Larve von allen früher beschriebenen gut zu unterscheiden ist, giebt es wohl keine andere Möglichkeit, als dass die Larve zu der erstgenannten Art gehört.

[2]) Bei *H. phalænoides* sind die Binden des Kopfes schmal, die Stirnbinde ist nach hinten nur allmählich ein wenig breiter.

dibel ist wellenförmig eingebuchtet, mit vielen kleinen, stumpfen Zähnen versehen (Fig. 2 b); oder stehen auf den beiden Schneiden je zwei stumpfe Zähne. Maxillarlobus und -taster sehr lang.

Der Hinterrand und die Hinterecken des Pronotums sind breit schwarz, der vordere Theil der Seiten und der Vorderrand braun. Die Vorderecken sind steil. *Der vordere und mittlere Theil der beiden Hälften des Schildes ist graubraun.* Auf dem Schilde liegen zahlreiche dunkle Punkte (Fig. 2 c). *Wie bei H. phalænoides ist das Mesonotum mit einem von einer Mittellinie getheilten, auf den beiden Hälften mit einer Reihe von dunklen Punkten gezierten, an den Rändern blassen Chitinschildchen versehen,* das auch dieselbe Form und Lage hat wie bei dieser Art (s. l. c., p. 31—32, Fig. 1 g). Am Hinterrande des Prosternums liegt median ein dreieckiges Chitinschildchen. Das vordere Stützplättchen der Vorderfüsse ist spitz (so auch bei den Larven von *H. phalænoides*, die auch mit dem Schildchen des Prosternums versehen sind).

Die Füsse gleichen denjenigen von H. phalænoides (l. c., p. 32, Fig. 1 c). Der Ober- und Unterrand der Coxen, der Oberrand der Trochanteren sind schwarz, die übrigen Ränder der Chitintheile sind braun. Die Coxen sind mit Punkten versehen, so auch die Vorderfemora, die dunklen Längsbinden auf den letzteren können fehlen.

Die Kiemenzahl $2 + 6 + 6 + 6 + 6 + 6 + 6 + 1 = 39$. An den Seiten des 8. Abd.-Segments steht ein deutlicher Wulst. Der Hinterrand des Rückenschildes auf dem 9. Abd.-segmente ist bei der Basis der Borsten wellenförmig eingebuchtet; die Seitenborste des Schildes ist lang. Auf dem lateralen Theile der Dorsalseite des Schutzschildes des Fest-

	Rücken-	Seiten-	Bauch-
I			1
			1
II	1 1		1
	1	1	1
III	1 1		1
	1	1	1
IV	1 1		1
	1	1	1
V	1 1		1
	1	1	1
VI	1 1		1
	1	1	1
VII	1 1		1
	1	1	1
VIII			1

Rücken- Seiten- Bauch-reihe der Kiemen der Larve von *H. atrata* Gmel.

halters Punkte. Die Zahl der Rückenhaken der Klaue des Festhalters kann bis 6 steigen.

Die Stirn der *Puppe* ist nur wenig aufgeblasen, nicht dunkler als der übrige Kopf. *Die Oberlippe hat dieselbe Form wie bei Neuronia reticulata* L., auch die Zahl der Borsten ist gleich, *alle diese Borsten aber sind sehr kurz* (Fig. 2d). *Die Mandibeln sind wie bei N. reticulata und clathrata mit einer rudimentären Schneide versehen und entbehren den Rückenhöcker.* Die Palpen sehr dick. Von den Gliedern der Maxillarpalpen des sind das 5. und 3. gleich lang, ein wenig länger, als die gleich langen 2. und 4., die wieder zweimal so lang sind als das 1.

Die Rückenhöcker des 1. Abd.-segments wie bei *N. reticulata* (Struck IV, p. 19, Fig. 19, Taf. 5). Auf dem 4—7. Segmente grosse praesegmentale Chitinplättchen, die praesegmentalen Plättchen des 3. und 8. Segments können fehlen; die postsegmentalen Plättchen des 5. Segments sind relativ klein. Die Spitzchen sind klein. Die Kiemenzahl ist $6 + 6 + 6 + 6 + 6 + 6 = 36$; die Kiemen stehen wie bei der Larve (doch fehlen natürlich die Kiemen des ersten Abd.-segments). *Die Analanhänge haben dieselbe Form wie bei N. reticulata* (Silfvenius II, Fig. 1 c) und sind somit von oben gesehen viereckig, am Hinterrande wellenförmig eingebuchtet und in eine mediane stumpfe Spitze verlängert. Wie bei *N. reticulata* stehen am Hinterrande der Anhänge drei Borsten und eine, auf einer kleinen Warze, auf der Dorsalfläche. Auf der Dorsalfläche des letzten Abd.-segments stehen jederseits vier Borsten; kein stärker chitinisierter Höcker auf der Dorsalfläche dieses Segments. Lobi inferiores der ♂-Puppe sind abgerundet; die deutlich zweitheilige Penisanlage, deren Hinterrand gerade ist, ist sehr breit.

Auch das *Puppengehäuse* gleicht demjenigen von *N. reticulata* (Fig. 2 e). Doch ist es grösser, 35—48 mm lang, 7—9 mm breit und nach hinten etwas verschmälert. Die Materialien — schwarze, vermodernde Blatt- und Rindentheilchen, die etwa

III	0—15
IV	15—19
V	17—24 / 23-28
VI	18
VII	20—23
VIII	0—18

Schema der Chitinhäkchen der Puppe von *H. atrata* Gmel.

4—6 mm lang, 2—5 mm breit sind —, sind somit auch bei dieser
Art nicht in einer Spirale, sondern in 8—9 *Ringen* angeordnet.[1]) Die Enden sind gerade und mit für diese Familie charakteristischen Siebmembranen verschlossen.

Esbo, in einem etwa 0,5 m tiefen, 0,5 m breiten, rasch
fliessenden Waldbache, Rajkorp Bach bei Löfkulla, von Herrn
Stud. M. Weurlander am ³⁰/₅ 1904 gefunden. Die Puppengehäuse wurden durch Abstreifung der steilen Bachböschung mit
dem Netze gefunden, sie waren auf Moos und Graswurzeln befestigt.

Phryganea grandis L. — Die Stützplättchen der Mittel-
und Hinterfüsse der Larve sind gelblich, nicht z. Th. dunkel,
wie bei den meisten Phryganeiden. — Wie bei den anderen
Phryganeiden, ist auch bei dieser Art das Gehäuse innen mit
einer starken Sekretmembran bekleidet, die sehr innig an den
Baumaterialien befestigt ist, so dass diese auf ihrer Aussenfläche Spuren eingedrückt haben. — Die Puppengehäuse werden
oft sehr abgekürzt und können sogar nur 30 mm lang sein und aus
4—5 Windungen bestehen. Sehr oft findet man Gehäuse, die
wie ich (III, p. 147—148) beschrieben habe, z. Th. aus einem hohlen Stücke von Schilfstengel bestehen, und im Sommer
1904 habe ich bei Tvärminne im Finnischen Meerbusen einige
Gehäuse gefunden, die ausschliesslich von einem solchen Stücke
gebildet sind. Die Stücke sind 35—50 mm lang, bis 9 mm
breit. — Der meist aus Pflanzenabfall gebaute Anhang am Vorderende des Puppengehäuses kann bisweilen aus Steinchen bestehen.
Er ist bei dieser Art wenig entwickelt und kann sogar fehlen.
— Einen ganz eigenthümlichen Schlupfwinkel hatten zwei Larven für ihre Puppenruhe gewählt. Die Puppe ruhte nämlich
ganz ohne Gehäuse in einer tiefen Grube eines am Boden liegenden Brettes, welche in ihrer Form dem Gehäuse ähnlich
war. Diese Grube war natürlich an einem Ende geschlossen und
von einer Sekretmembran austapeziert, im äusseren Ende befand sich eine ganz freie, nicht mit Pflanzentheilchen bedeckte
Siebmembran, das innere Ende entbehrte der Siebmembran.

[1]) Auch bei *H. phalaenoides* L. sind die Baumaterialien des Gehäuses in Ringen angeordnet.

Phryganea striata L. An den Stützplättchen der Mittel-
und Hinterfüsse der Larve ist der dorsal und aboral von dem
Kreuzungpunkt der beiden Chitinleisten liegende Theil dunkler als der übrige Theil. — Im Gegensatz zu *Phr. grandis* sind
die grossen, von Pflanzenabfall gebauten Anhänge an den Enden des Puppengehäuses für diese Art charakteristisch. So fand
ich ein Gehäuse von 40 mm Länge, an welchem ein vorderer
Anhang von 30 mm und ein hinterer von 5 mm Länge befestigt war.

Phryganea varia Fabr.

Fig. 3 a Larve, b Puppe, c Larvengehäuse.

Die Grundfarbe der stärker chitinisierten Theile der *Larve*
ist blassgelb. Die Ränder der Pleuren sind auf der Ventralfläche des Kopfes schwarz, *den grössten Theil der Ventralfläche
bedecken zwei schwarzbraune Flecke* (Fig. 3 a). Auf den hinteren
Theilen dieser Flecke liegen blassgelbe Punkte. — Die Borsten
der Oberlippe sind schwarz, ihr Hügelgebiet ist deutlich, die
Dorne des Vorderrandes sind ziemlich lang. Die beiden Schneiden der rechten Mandibel sind mit einem starken Zahne versehen, oberhalb desselben steht auf den beiden Schneiden ein
undeutlicher, stumpfer Zahn.

Das Pronotum ganz wie bei Phr. grandis (Silfvenius I,
Fig. 2 i), die Punkte sind ziemlich deutlich. Die Stützplättchen
der Füsse sind zum grossen Theile schwärzlich. Die Füsse sind
oft braungelb und gleichen denjenigen von *Phr. grandis* (l. c.,
p. 12). Auch die Mittelcoxen sind mit undeutlichen Punkten
und die Vorderfemora auf den beiden Flächen mit einer dunkleren Binde versehen. Der obere Dorn der Vordertibien ist
deutlich.

Die Kiemenzahl $2 + 6 + 6 + 6 + 5 + 4 + 4 = 33$. *Das
Rückenschild des 9. Abd.-segments wie bei Phr. grandis* (l. c.,
p. 13). Der vordere Theil des Schutzschildes des Festhalters
ist mit dunklen Punkten versehen.

Die *Puppe* ist 16—21 mm lang, 3—4 mm breit, die Antennen reichen bis an das Ende des 5. — den Anfang des 8.,

die vorderen Flügelscheiden bis an den Anfang des 6—7. Abd.-segments. Die hinteren Flügelscheiden sind oft ein wenig kürzer als die vorderen. Beim ♀ ist das 3. Glied der Maxillarpalpen am längsten, dann folgen das 5., 2., 4. und 1.

	Rückenreihe	Seitenreihe	Bauchreihe
I			1
			1
II	1 1		1
	1	1	1 1
III	1 1		1
	1	1	1 1
IV	1 1		1
	((0))—1	1	1
V	0—1 1		1
	0—((1))	1	1 1
VI		1	1
	0—((1))	1	1 1
VII		((0))—1	1
	0—((1))	1	((0))—1

Rücken-   Seiten-   Bauchreihe der Kiemen der Larve von *Phr. varia* Fabr.

IV	0—((1))
V	3—10
	8—13
VI	5—11
VII	5—12

Schema der Chitinhäkchen der Puppe von *Phr. varia.*

Das 4. Abd.-segment ist beinahe immer ohne Chitinplättchen. Die Kiemenzahl $6 + 6 + 6 + 5 + 4 + 4 = 31$. *Der Hinterrand der Analanhänge ist nahe an dem Aussenwinkel eingebuchtet* (Silfvenius, II, Fig. 2 c), die vier Borsten auf der Ventralseite der Analanhänge sind oft schwarz. Die am distalen Ende eingeschnittene *Penisanlage reicht oft ebenso weit nach hinten wie die Lobi inferiores.* Die Hälften der Penisanlage abgerundet. Der obere längere Ast der Genitalfüsse (Klapálek III, p. 424) der Imago reicht bis zum Ende der Lobi inferiores (Fig. 3 b). Beim ♀ ist der Hinterrand der Ventralseite des 9. Abd.-segments aufgeblasen und zum Theil von oben gesehen zwischen den Analanhängen sichtbar. Auf dem Hinterrande der Ventralseite des 9. Abd.-segments stehen jederseits 3—4 Borsten und nach vorn von diesen auf der Ventralseite des 9. Abd.-segments jederseits 4. Wie bei *Phr. grandis* (Silfvenius I, p. 15) liegen auf der Ventralfläche des 9. Abd.-segments beim ♀ jederseits zwei mit kurzen Dörnchen versehene Höcker, von denen die äusseren grösser sind.

Die *Gehäuse* sind 30—55 mm lang, 4—7 mm breit, gerade, cylindrisch, aus 3—7 mm langen, *breiten* (vergl. *Phr. ob-*

soleta Mc Lach.) Carex- und Grasblattstücken, Rinden- und Sten-
gelfragmenten u. s. w. aufgebaut, die in einer Spirale von 6
—9 Windungen geordnet sind. Die Larven, die im Meere leben, können auch Fragmente von Fucusthallus anwenden, dann
ist die Oberfläche des Gehäuses etwas uneben; auch kommen
Gehäuse vor, die z. Th. aus einem Stücke von Schilfstengel bestehen (Silfvenius III, p. 148; Fig. 3 c). An den Enden des eigentlichen Puppengehäuses sind bisweilen kleine, aus Pflanzenabfall aufgebaute Anhänge befestigt. Die Siebmembranen sind
von dem bei dieser Familie gewöhnlichen Typus, an sie sind
bisweilen Pflanzenfragmente und Sandkörner befestigt.

Tvärminne, im Meere; die Puppengehäuse sind an der Unterseite ganz nahe am Ufer in schmutzigem, übelriechendem
Wasser liegender Bretter mit den beiden Enden befestigt; seltener liegen sie etwas tiefer, auf Fucusthallus, in der Tiefe
von 0,5 m. Auch im Sumpfe, in seichtem Wasser, kann man
Puppengehäuse dieser Art, in oft sehr engen, tiefen Ritzen am
Boden liegender Bretter finden.

Phryganea obsoleta Mc Lach.[1] Die Larven können
bis 27 mm lang sein. Auf dem Hinterrande des Prosternums
liegt ein medianes, kleines, stärker chitinisiertes Schild. Die
Stützplättchen der Mittel- und Hinterfüsse sind in ihrem dorsal
und aboral von dem Kreuzungspunkt der beiden Chitinleisten
liegenden Theile schwärzlich gefärbt. Auf den Vorder- und
Mittelcoxen können dunkle Punkte und auf den Vorder- und
Mittelfemora dunkle Binden vorkommen. Die Dorne der Vordertibien sind oft etwa gleich lang und auf dem Vorderrande
der Vordertibien und -tarsen stehen keine Spitzchen.

Auf der Dorsalseite des 9. Abd.-segments der Puppe kommen bisweilen zwei stärker chitinisierte Höcker vor. Das 9.
Abd.-segment der ♀-Puppe gleicht demjenigen von *Phr. varia*
(p. 14). Die Haare der Analanhänge sind oft schwarz.

Das bis 35 mm lange Gehäuse ist dadurch leicht zu erkennen, dass es meist aus sehr *schmalen* Hölzchen und Wur-

[1] In einigen Punkten will ich hier meine frühere Beschreibung (I,
p. 19—22) ergänzen.

zelfragmenten besteht; nur selten sind breitere Rindenstücke und Fragmente von Fucusthallus (wenn die Larven im Meere leben) unter den Materialien zu finden. Doch kommen auch z. B. bei *Phr. striata* Gehäuse vor, die z. Th. oder ganz aus solchen schmalen Pflanzentheilchen bestehen. Die Zahl der Windungen steigt bis 10; die aus Pflanzenabfall verfertigten Anhänge an den Enden des Puppengehäuses sind klein. Die Puppengehäuse werden in Ritzen im Wasser liegender Bretter oder an Wurzeln im Wasser wachsender Bäume, oder (im Meere) auf Fucusthallus, oft in der Tiefe von etwa 2 m befestigt.

Phryganea minor Curt. In der praesegmentalen Linie der Seitenreihe der Kiemen der Puppe kann auf dem 8. Abd.-segmente ein Kiemenfaden vorkommen, und die Bauchreihe kann schon mit dem praesegmentalen Faden des 7. Segments endigen. — Auch an in der Natur (vergl. Struck IV, p. 13) gefundenen Gehäusen können Sandkörner als Baumaterial gebraucht sein.

Agrypnia picta Kol. [1])

Fig. 4 a—b Larve, c Puppe.

Hagen I, p. 23, Gehäuse (1864).   Wallengren, p. 28, nach Hagen (1891).
Hagen II, p. 434—35, Larve, Gehäuse
  (1873).

Wie bei *Agrypnia pagetana* Curt. befinden sich *auf der Dorsalseite des Kopfes der Larve drei dunkle Binden* (Fig. 4 a). *Die Binde auf dem Stirnschilde ist im hinteren Theile stark verbreitert* und kann den hinteren Theil des Schildes ganz erfüllen; *meist ist sie besonders im hinteren Theile mit deutlichen, blassen Punkten* und ausserdem oft mit dunklen Punkten versehen. *Blasse, dunkelcontourierte Punkte stehen auch auf den Gabelli-*

---

[1]) Die Gehäuse dieser Art sind in der Natur so gut versteckt, dass ich trotz eifrigen Suchens nicht genug fand, um die Imagines erziehen zu können. Die Larven, die hier beschrieben sind, stammen aus Eiern, die von *A. picta* abgelegt sind; die Zugehörigkeit der beschriebenen Puppen zu dieser Art ist nicht ganz sicher, da alle Larven vor der Verpuppung starben.

nienbinden und auf den Wangenbinden und dunkle Punkte zwischen den Gabellinienbinden und den Wangenbinden und auf der Ventralfläche des Kopfes. Auf der Ventralfläche des Kopfes liegt oft jederseits eine kurze graubraune Binde, oder ist der vordere Theil graubraun, oder ist schliesslich die ganze Ventralfläche von der blassgelben Grundfarbe bedeckt. — Das Hügelgebiet der kurzen Oberlippe ist ganz wenig entwickelt. *Auf den beiden Schneiden der rechten Mandibel stehen zwei Zähne.*

Am Schilde des Pronotums sind der Hinterrand und die Hinterecken breit schwarz gesäumt, die anderen Ränder sind schmäler dunkel. Der hinter der queren Chitinleiste befindliche Theil ist dunkler als der vordere Theil. *Die Mittelpartie der beiden Hälften des letzteren ist dunkler als die seitlichen Theile.* Die Punkte sind deutlich (Fig. 4 b). Auf dem Prosternum kein stärker chitinisiertes Schildchen. — Die Vorderklauen sind länger als die Vordertarsen (das Längenverhältnis wie 1,25 : 1), die Mittelklauen sind ebenso lang wie die Mitteltarsen, die Hinterklauen sind kürzer als ihre Tarsen (0,75 : 1). Die beiden Dorne der Vordertibien sind etwa gleich lang.

Die Schildchen des 9—10. Abd.-segments sind im vorderen Theile dunkler und gefleckt. Der Hinterrand des Schildchens auf dem 9. Segmente ist wellenförmig gebogen, nicht dreiseitig.

Die ♀-*Puppe* ist 20 mm lang, 4 mm breit, und gleicht sehr derjenigen von *A. pagetana* Curt. Die Antennen reichen bis zum Ende des 5., die Flügelscheiden bis zum Ende des 4., die Hinterfüsse bis zum Ende des 7. Abd.-segments. — Die Stirn ist gewölbt, so dass zwischen ihr und der Oberlippe eine Furche gebildet wird, sie ist aber nicht stärker chitinisiert und nicht mit Hügeln versehen. *Die Oberlippe ist breiter als lang* (das Verhältnis zwischen der Länge und Breite wie 1 : 1,1—1,2). *Der Winkel zwischen den Schenkeln des Vorderrandes ist stumpf, abgerundet. Die Klinge der Mandibeln ist schmal, der Rücken ein wenig convex, die Schneide gerade* (Fig. 4 c). Der Rückenhöcker ist klein. Von den Gliedern der Maxillarpalpen des sind das 5. und 3. gleich lang, etwa um ⅓ länger als das 4.

und 2. Glied, die wieder gleich lang und um etwa $^1/_3$ länger als das 1. Glied sind.

Der Fortsatz des 1. Abd.-segments wie bei A. pagetana (Silf-venius I, Fig. 6 k). Die praesegmentalen Chitinplättchen liegen auf dem 4—7. Abd.-segmente. Die Plättchen des 4. Segments sind

	Rücken	Seiten	Bauch
II	1 1		1 1
III	1 1		1 1
IV	1 1		1 1
V	1 1		1 1
VI	1		1 1
VII	1 0—1		1 1
VIII	0—1		

Rücken- Seiten- Bauch-reihe der Kiemen der Puppe von *A. picta* Kol.

IV	0—(6)
V	3—11 10—21
VI	6—13
VII	5—15

Schema der Chitinhäkchen.

oft spitzchenlos, bisweilen fehlen sie ganz. Die Kiemenzahl $6 + 6 + 6 + 6 + 5 + 5 + 1 = 35$. *Die Analanhänge wie bei A. pagetana* (l. c., p. 28—30, Fig. 6 q—s). Die Höcker auf der Dorsalseite des 9. Abd.-segments sind auch, obgleich schwach, von oben gesehen zu finden.

Das *Puppengehäuse* ist von der für die Phryganeiden cha-rakteristischen Form, 27—40 mm lang, 4—6 mm breit, aus etwa 4—5 mm langen Gras-, Riedgras- und anderen Blattfrag-menten, Hölzchen u. s. w. gebaut, die in einer linksgewunde-nen Spirale von $6^1/_2$—10 Windungen geordnet sind. Da die Materialien oft etwas ausgesperrt sind und einander etwas dec-ken können, ist die Oberfläche oft unebener als bei den mei-sten Phryganeiden. Die Siebmembranen, die ganz an den Enden liegen, sind von der für diese Familie charakteristischen Form. An den Enden sind Moos, Fragmente von Gras- und Carex-blättern u. s. w. angefügt. — Die Gehäuse werden an Moos oder in Ritzen in Wasser liegender Bretter befestigt. Tvärminne, in einem Sumpfe, in seichtem Wasser.

Die besten von *A. pagetana* unterscheidenden Merkmale dieser Art sind die Zeichnungen und Punkte am Kopfe der Larve, die Form der Oberlippe und der Mandibeln der Puppe und die Kiemenformel.

Agrypnia pagetana Curt. Auf dem Hinterrande des Prosternums der Larve liegt median ein queres, stärker chitinisiertes Schildchen. — Ein Larvengehäuse bestand aus einem mit den Rändern zusammengeklebten Weidenblatt. Eine Larve hatte ihr aus einem Schilfstengelstücke bestehendes Gehäuse in ein Gehäuse von *Phryganea striata* L. gesteckt und nahe an einem Ende des *Phryganea*-Gehäuses befestigt, so dass es aus dem anderen Ende herausragte. — Wenn die Larven aus ihrem Gehäuse verjagt werden, bauen sie aus breiten Gras- und Carexblattfragmenten sich lose, unregelmässige Gehäuse, in welchen die Materialien quer, schief oder der Länge nach liegen und die Seiten überragen können.

Agrypnetes crassicornis Mc Lach.

Fig. 5 a—f Larve, g—l Puppe, m, n Gehäuse.

Die *Larve* ist 20—25 mm lang, 2,5—4 mm breit. Abdomen, Meso- und Metathorax und Prosternum sind schmutzig grün oder röthlich. Die Grundfarbe der stärker chitinisierten Theile ist gelblich, *wegen der Breite der schwärzlichen Theile sehen der Kopf, die Schilder des 9—10. Abd.-segments und oft auch das Pronotum dunkel aus.*

Der *Kopf ist kürzer als bei den Phryganeiden im Allgemeinen.* Die Kopflinien sind schwärzlich, breit. *Die Stirnlinie ist in ihrer ganzen Länge gleichfarbig* und auch meist gleich breit. *Sie bedeckt meist den grössten Theil des Stirnschildes,* reicht meist nach hinten bis zum Gabelwinkel und vereinigt sich oft ein wenig vor dem Gabelwinkel mit den Gabellinienbinden. Die Wangenbinden sind sehr deutlich und vereinigen sich mit den Gabellinienbinden bald in ihrem vorderen, bald im hinteren, bald in beiden Enden, so dass nur eine schmale Linie der Grundfarbe zwischen diesen Binden frei bleibt (Fig. 5 a). *Auch der grösste Theil der Ventralseite des Kopfes ist grauschwarz* (Fig. 5 b), und diese dunkle Farbe kann sich mit den Wangenbinden vereinigen, so dass nur ein kleiner Theil der Wangen blasser ist. Die Augen stehen immer auf einem blassen Flecke. *Auf den Kopfbinden liegen grosse, schwarze oder dunkelcontourierte, sehr deutliche Punkte*, besonders auf den Wangenbinden; auch sonst befinden sich besonders auf den hinteren Theilen des Kopfes deutliche, schwarze Punkte. *Gegen die dunklen Gabellinienbinden contrastiert die blasse Umgebung der Borsten sehr deutlich* (Fig. 5 a).

Der Vorderrand der Oberlippe ist seicht eingebuchtet, die Dorne am Vorderrande sind lang, die drei Borstenpaare oft schwarz. Auf der oberen Schneide der rechten Mandibel ein grosser Zahn und oft ein kleiner, distaler; auf der unteren Schneide 1—2 stumpfe Zähne. *Die linke Mandibel mit doppelter Spitze*, auf der oberen Schneide ist sie mit 3, auf der unteren mit 2—3 Zähnen versehen (Fig. 5 c, d).

Die Ränder des Pronotums sind schwarz. Der Vorderrand ist oft breit dunkel gesäumt. Der Theil hinter der Chitinleiste ist dunkler als der vordere Theil, *auf dem Schilde befinden sich zahlreiche, grosse, deutliche, schwarze Punkte.* Die Farbe des vorderen Theiles schwankt zwischen blassgelb und dunkelbraun, an dunkel gefärbten Larven tritt die blasse Umgebung der Borsten auf der oberen Fläche deutlich hervor (Fig. 5 e, f). Der Hinterrand des Prosternums in seiner Mitte dunkler und etwas stärker chitinisiert. Die Punktlinien auf der Dorsalseite der Mittel- und Hinterbrust und der Abd.-segmente treten bisweilen nicht hervor.

Die Stützplättchen der Füsse sind zum grossen Theile schwärzlich. Das Längenverhältniss der oft rothgelblichen Füsse ist wie 1 : 1,02—1,05 : 1,22 (*die Vorderfüsse sind am kürzesten*). Im Allgemeinen sind die Füsse wie bei *Phryganea grandis* (Silfvenius I, p. 12). Der Hintertheil der Coxen ist oft dunkel, auf den Coxen und den Femora liegen oft dunkle Punkte, an dunklen Exemplaren auch auf den Tibien, besonders auf den vorderen. Auf den Vorderfemora können die Punkte zwei dunkle Binden bilden. Die Ränder der Chitintheile sind dunkel. Auch auf den Hintercoxen kleine Spitzchenkämme. Die Sporne der Vorderfüsse sind kurz, gelb. *Der obere Sporn der Vordertibien ist deutlich.* Auf dem distalen Theile der Oberfläche der Vorderfemora steht ein gelber Dorn, ein anderer, gebogener, gelber oder dunkler Dorn am proximalen Theile des Hinterrandes. Auf den Mittel- und Hinterfemora sind diese Dorne durch schwarze Borsten ersetzt. Das Längenverhältniss der Vordertarsen und -klauen wie $1 : 1{,}6—1{,}8$, dasselbe der Mitteltarsen und -klauen wie $1 : 1{,}4—1{,}5$, dasselbe der Hintertarsen und -klauen wie $1 : 1$.

Die Seiten des 8. Abd.-segments sind in einen abgerundeten, kleinen Wulst verlängert, auf welchem die Seitenlinie endigt. *In der Rückenreihe der Kiemen stehen meist keine Fäden am praesegmentalen Rande des 6. und 7. Segments, die Kiemenzahl* $2 + 6 + 6 + 6 + 6 + 5 + 5 + 1 = 37$. Der vordere, grösste Theil des Rückenschildes des 9. Abd.-segments und des Schutzschildes des Festhalters schwärzlich oder dunkelbraun, mit Punkten versehen, oft nur der Hinterrand gelblich. *Die Seitenborste des Rückenschildes des 9. Abd.-segments länger als die nächste mittlere.* Auf dem Hinterrande der Ventralseite

	Rücken-reihe		Seiten-	Bauch-
I				1
				1
II	1	1		1
	1		1	1
III	1	1		1
	1		1	1
IV	1	1		1
	1		1	1
V	1	1		1
	((0))—1		1	1
VI	0—(1)	1		1
	(0)—1		1	1
VII	0—(1)	1		1
	0—1		1	1
VIII	0—((1))	((0))—1		0—(1)

Rücken- Seiten- Bauch-reihe der Kiemen der Larve von *A. crassicornis* Mc Lach.

des 10. Abd.-segments steht nahe bei den Festhaltern jederseits ein kurzer, kiemenförmiger Anhang.

Die ♂-Puppe ist 16—20 mm lang, 3—3,5 mm breit, die Antennen reichen bis zum Anfang des 6. — zum Ende des 7. Abd.-segments, die vorderen Flügelscheiden bis zum Anfang — zum Ende des 5., die hinteren bis zum Anfang des 4—5., die

Hinterfüsse bis zum Ende des 7. — zur Mitte des 8. Abd.-segments. Die ♀-Puppe ist 19—22 mm lang, 3—4,5 mm breit, die Antennen reichen bis zum Anfang — zum Ende des 5., die Hinterfüsse bis zum Anfang des 6. — zur Mitte des 7. Abd.-segments, die Flügelscheiden wie beim ♂. Die Puppen sind an der Mittelbrust und am 6—8. Abd.-segmente am breitesten. Abdomen ist schmutzig grün.

Die proximalen Glieder der Antennen sind breiter als lang, die distalen länger als breit. *Die Stirn ist mit einem deutlichen Hügel versehen, auf welchem deutliche Querhügelchen und -furchen laufen. Der Hügel kann etwas dunkler sein als der übrige Theil des Kopfes und ragt etwas über die Basis der Oberlippe hervor, zwischen ihm und der Oberlippe ist eine Furche.*

Die Schenkel des Vorderrandes der Oberlippe vereinigen sich in einem stumpfen Winkel, die Mitte der Längsachse ist etwas aufgeblasen, die Seiten sind bogenförmig. Die Oberlippe ist breiter als lang (Fig. 5 g). *Die Mandibeln sind sehr gekrümmt, und der Rücken und die Schneide sind ausgebuchtet. Der Rückenhöcker ist wohl entwickelt* (Fig. 5 h). Die Maxillarpalpen sind beim ♂ normal, das 3. und 4. Glied sind beinahe gleich lang, beinahe zweimal so lang als das 1. und 2. *Beim* ♂ *ist das 5. Palpenglied sehr kurz, kürzer als das 1., und das 4. Glied ist am distalen Ende mit einem kleinen Fortsatz versehen* (Fig. 5 i).

Der Vorderwinkel der Vorderflügelscheiden ist abgerundet, die Flügelscheiden, besonders die vorderen, sind schmal. *Die vorderen Flügelscheiden sind länger als die hinteren. Die Sporne 2—2—2, kurz, besonders die der Vordertibien, die nur als kleine, spitze Höcker entwickelt sind.* Auch die Sporne der Hintertibien sind spitz. Die Coxen und die Femora der Vorder- und der Mittelfüsse sind mit einigen Borsten und Zapfen versehen. *Das 2—4. Glied der Vordertarsen sind sehr kurz,* das 4. Glied ist am kürzesten, dann folgen das 3., 2., 5. und 1. (Das Längenverhältniss der Glieder ist wie 1 : 1,05—1,1 : 1,1 —1,3 : 2,3—2,7 : 2,8—3). *Die Mitteltarsen sind sehr breit.* Die Behaarung der Tarsen wie bei *Phryganea grandis* (Silfvenius I, p. 14).

Der Fortsatz des 1. Abd.-segments etwa wie bei *Agrypnia pagetana* (l. c., p. 28, Fig. 6 k). Auf der Dorsalseite des Fortsatzes jederseits 2 Borsten, die von einem gemeinsamen Punkt ausgehen. *Das 3., 4. und 8. Abd.-segment ohne Chitinplättchen,* die Vorderplättchen des 5. Segments klein, die des 6—7. gross. [1] Die Kiemen wie bei der Larve, ihre Anzahl $6 + 6 + 6 + 6 + 5 + 4 + 1 = 34$.

Die rhombischen, löffelförmig ausgehöhlten, am Hinterrande wellig gebogenen Analanhänge sind wie bei den Phryganeiden im Allgemeinen. Die Ränder der Aushöhlung sind stark chitinisiert. *Auf der Dorsalseite des 9. Abd.-segments stehen zwei braune, stärker chitinisierte Höcker* (Fig. 5 k). Die Borsten der Dorsalseite des 9. Segments wie bei *Phr. grandis* (l. c., Fig. 2 m). Die 4 Borsten auf der Ventralseite der Analanhänge sind kurz, oft schwarz. Der Hinterrand der Ventralseite des 9. Segments ist aufgeblasen, von oben gesehen zwischen den Analanhängen sichtbar und mit 3—6 Borsten versehen. Auf der ventralen Fläche des 9. Segments jederseits noch 2 Borsten (Fig. 5 k, l). *Lobi inferiores des ♂ sind lang, gekrümmt, die Innenseite ist concav, nahe an der Spitze ein wenig eingebuchtet. Die Penisanlage ist zweitheilig und reicht weniger weit nach hinten als*

	Rücken-reihe		Seiten-reihe		Bauch-reihe
II	1	1			1
	1		1		1
III	1	1			1
	1		1		1
IV	1	1			1
	1		1		1
V	1	1			1
	0—1		1		1
VI	0		1		1
	((0))—1		1		1
VII	0—((1))		1		1
	0—((1))		1		1
VIII			0—1		0—(1)

Rücken- Seiten- Bauch-reihe der Kiemen der Puppe von *A. crassicornis* Mc Lach.

V	(1—) 6—9
	9—21
VI	6—13 (17)
VII	5—14

Schema der Chitinhäkchen.

---

[1] Als eine eigenthümliche Abnormität mag erwähnt werden, dass eine ♀-Puppe, ausser den Hinterplättchen des 5. Abd.-segments, zwei kleine Chitinplättchen mit 5—6 nach vorn gerichteten Häkchen auf dem Hinterrande des 4. Abd.-segments hatte.

die Loben (Fig. 5 j). Die Genitalanhänge der ♀-Puppe wie bei *Phr. grandis* (l. c., p. 15).

Die *Larvengehäuse* sind 21—30 mm lang, bis 5 mm breit, gerade, etwas nach hinten verschmälert, an beiden Enden offen, aus schmalen Hölzchen, Algen-, Stengel-, Wurzeltheilen, breiteren Pflanzentheilchen, meist aber und oft ausschliesslich aus 3—5 mm langen, 2—3 mm breiten, bald braunen, bald schwarzen, vermodernden Stückchen von Fucusthallus (Fig. 5 n) oder, und dann wieder beinahe ausschliesslich, aus feinen Characeen-Gliedern aufgebaut (Fig. 5 m). Bisweilen kommen eigenthümlicherweise in den Gehäusen quadratische Stückchen von Molluskenschalen (Mytilus) vor. Bei den Gehäusen, die aus Fucustheilchen und anderen Materialien gebaut sind, befinden die ersteren sich immer im vorderen Theile des Gehäuses. Die Materialien sind in einer linksgewundenen Spirale von 6—12 Windungen gelegt. Die Oberfläche der Gehäuse, die aus Fucustheilchen bestehen, ist oft etwas uneben, da diese etwas ausgesperrt sind.

Die *Puppengehäuse* sind 25—34 mm lang, 3,5—6 mm breit. Meist ist dem vorderen, oft auch dem hinteren Ende ein aus Algen gefertigter, mit einer Membran bekleideter Anhang angefügt. An beiden Enden können auch grosse Fucusstücke, Sandkörner u. s. w. befestigt werden. Mit diesen Anhängen können die Gehäuse 45 mm lang werden. Wenigstens das hintere Ende ist mit einer viellöcherigen, geraden, dünnen Siebmembran geschlossen, das vordere Ende aber, gegen welches der Kopf der Puppe gerichtet ist, ist oft offen.

Tvärminne, im Meere, massenhaft. Erwachsene Larven noch Anfang Juli 1903 und 1904, die ersten Imagines am $^{20}/_6$ 1903 und am $^{30}/_6$ 1904, die ersten, aus den Eiern erzogenen Larven am $^4/_7$ 1903. Ende August schon wieder erwachsene Larven (bis 24 mm lang). Die Larven leben in der Tiefe von 1 m und darüber besonders auf Fucus und Characeen und anderen Algen, die Puppengehäuse werden auf der Unterseite am Boden im Schlamme liegender Hölzer, auf Fucusthallus u. s. w. mit beiden Enden befestigt. Obgleich die Larven und Puppen von *A. crassicornis* nur im Meere vorkommen, können sie doch auch im süssen Wasser leben, wie meine Versuche in Aquarien gezeigt haben. — Esbo, Löfö, Sundet, am $^{13}/_6$ 1899 erwachsene Larven.

Die Larven von *A. crassicornis* sind durch die dunkle Farbe der stärker chitinisierten Theile, die Kopfzeichnung, die linke Mandibel und die Kiemenformel von den anderen bisher bekannten Phryganeidenlarven zu unterscheiden. Das Längenverhältniss der Füsse ist auch verschieden von demjenigen der anderen Phryganeiden. Die Puppen haben in den Maxillarpalpen beim ♀, in den ungleich langen Flügelscheiden, in der Zahl und Form der Sporne der Tibien, in den breiten Mitteltarsen gute unterscheidende Merkmale. Gute Charaktere bietet auch die Stirn, die Mandibeln, der Haftapparat u. s. w.

Mc Lachlan (I Suppl. p. II), giebt die Spornzahl 1—2—2 an, bemerkt jedoch »possibly a second spur on these latter (anterior) tibiae is indicated by a minute tubercle.» Auf den Vordertibien der Puppe kann man zwei deutliche, wenn auch sehr kleine Sporne wahrnehmen, so dass die Spornzahl 2—2 —2 ist.

Bestimmungstabelle der bisher bekannten Larven der finnischen Phryganeiden. [1])

A. Mesonotum mit einem medianen Chitinschildchen auf dem Vordertheile.

    I. Pronotum jederseits mit einer U-förmigen Zeichnung.
                                             Holostomis phalœnoides L.

    II. Pronotum ohne U-förmige Zeichnungen. *H. atrata* Gmel.

B. Mesonotum mit zwei Chitinflecken auf dem Vordertheile. *Neuronia reticulata* L.

C. Mesonotum ohne Chitinflecken auf dem Vordertheile.

---

[1]) In diesen Bestimmungstabellen der Larven und Puppen habe ich zum grössten Theil dieselben Merkmale gebraucht, wie Ulmer VI, p. 35—37. — Von den finnischen Phryganeiden sind jetzt die Larven von *Neuronia lapponica* Hag. und die Puppen von dieser Art und von *Holostomis phalœnoides L.* unbekannt.

I. Über Kopf, Thorax und vordere Abd.-segmente ziehen zwei
fast parallele, dunklere Bänder.   *N. ruficrus* Scop.
II. Thorax ohne parallele, dunklere Längsbänder.
  a. Auf dem Stirnschilde zwei dunkle Binden. *N. clathrata*
                                                Kol.
  b. Auf dem Stirnschilde eine dunkle, mediane Binde.
    1. Die Binde auf dem Stirnschilde breit, beinahe das
      ganze Schild bedeckend.
      † Mandibeln ohne Innenbürste, die linke Mandibel
        mit zwei Spitzen. *Agrypnetes crassicornis* Mc Lach.
      †† Mandibeln mit Innenbürste, die linke Mandibel mit
        einfacher Spitze.   *Phryganea minor* Curt.
    2. Die Binde auf dem Stirnschilde schmal, Mandibeln
      ohne Innenbürste, die linke Mandibel mit einfacher
      Spitze.
      † Vorderrand des Pronotums in seiner ganzen Länge
        breit dunkel, die Mittelpartie des Schildes hell.
      α. Unterfläche des Kopfes trägt zwei dunkle Bin
        den.
        × In der Rückenreihe Kiemen meist nur auf dem
          2—5. Abd.-segmente (p. 14). *Phr. varia* Fabr.
        ×× In der Rückenreihe Kiemen auf dem 2—8.
          Abd.-segmente.   *Phr. obsoleta* Mc Lach.
      β. Unterfläche des Kopfes ohne dunkle Binden.
        × Hinter der Einbuchtung am Vorderrande der
          Oberlippe ein grosses Hügelgebiet.
                                Phr. grandis L.
        ×× Hinter der Einbuchtung am Vorderrande der
          Oberlippe nur wenige Hügelchen.
                               Phr. striata L.
      †† Pronotum mit einem beiderseitigen dunkleren Ge-
        biet, das die Mittelpartie der Hälften des Schildes
        bedeckt.
        α. Die Binde des Stirnschildes im hinteren Theile
          sehr verbreitert, auf den Binden des Kopfes
          zahlreiche, dunkelcontourierte, blasse Punkte.
                         Agrypnia picta Kol.

β. Die Binde des Stirnschildes im hinteren Theile wenig verbreitert, auf dem Kopfe nur braune Punkte.   *A. pagetana* Curt.

Bestimmungstabelle der bisher bekannten Puppen der finnischen Phryganeiden.

A. Spornzahl 2—2—2.   *Agrypnetes crassicornis* Mc Lach.

B. Spornzahl 2—4—4.

   I. Mandibeln mit rudimentärer Klinge.

     a. Die Stirn in einen langen Fortsatz verlängert, so dass man von oben gesehen die Oberlippe nicht wahrnehmen kann.   *Neuronia clathrata* Kol.

     b. Der Fortsatz der Stirn kleiner, die Oberlippe auch von oben sichtbar. *N. reticulata* L. und *Holostomis atrata* Gmel. (Die Puppen dieser zwei Arten vermöge ich nur auf Grund der Larvenexuvien sicher von einander zu unterscheiden).

   II. Mandibeln mit langer Klinge.

     a. Analanhänge mit einem medianen, fingerförmigen Fortsatz.   *Phryganea minor* Curt.

     b. Analanhänge ohne den medianen, fingerförmigen Fortsatz.

       1. Mandibeln fast rechtwinklig gebrochen.

         † Auf der Stirn ein hoher, mit queren, braunen Hügelchen besetzter Wulst.   *Phr. grandis* L.

         †† Die Stirn ohne braune, quere Hügelchen.

                              Phr. striata L.

       2. Mandibeln nur gebogen oder beinahe gerade.

         †† Fortsatz des 1. Abd.-segments abgerundet.
Neuronia ruficrus Scop.

         †† Fortsatz des 1. Abd.-segments in Spitzen ausgezogen.

           α. Der Hinterrand der Analanhänge nicht in eine mediane Spitze verlängert.

× In der Rückenreihe Kiemen nur auf dem 2—5.
Abd.-segmente.   *Phryganea varia* Fabr.
×× In der Rückenreihe Kiemen auf dem 2—8. Abd.-
segmente.   *Phr. obsoleta* Mc Lach.
β. Der Hinterrand der Analanhänge in eine mediane Spitze
verlängert.
× Labrum breiter als lang.   *Agrypnia picta* Kol.
×× Labrum ebenso breit wie lang. *A. pagetana* Curt.

Limnophilidae.

Zur Complettierung der früher mitgetheilten allgemeinen
Charaktere der Limnophiliden (Klapálek II, p. 9, Struck IV, p.
25—27, Ulmer V, p. 214—215 und VI, p. 42—47, Silfvenius I,
p. 33—38), die auch auf die hier neu beschriebenen Arten passen, mögen hier einige gemeine Merkmale besonders der Larven
erwähnt werden. Die Stützplättchen der Vorderfüsse sind zwei;
das vordere ist dunkel, stumpf dreieckig, mit einer kurzen
Borste und zwei hellen Börstchen versehen, das hintere wieder
ist oblong, von einer dunklen Mittelpartie in zwei Hälften getheilt, von denen die hintere mit einer Borste versehen ist (s.
Stenophylax, p. 66). Die Stützplättchen der Mittel- und Hinterfüsse sind von unregelmässig dreieckigen Form, ihre Spitze
ist dorsal, die Basis ventral gerichtet. Die Oberfläche ist mit
dunklen Punkten und mit zahlreichen Borsten versehen. Zahlreiche Borsten stehen auch auf dem oft dunklen ventralen Schenkel der Plättchen. Durch eine schwarze, dorso-ventral ziehende
Chitinleiste sind die Plättchen in zwei Hälften getheilt. Auf dem
Hinterrande des Prosternums liegt hinter dem immer vorkommenden Sporn ein kleines, medianes, queres, dunkleres, bisweilen undeutliches, stärker chitinisiertes Schildchen und lateral von
diesem Schildchen Punkte. Auf dem Hinterrande des Mesosternums meist eine in der Mitte durchgebrochene, concave Querreihe von dunklen Punkten. — Auf der Ventralseite des 3—7.

(s. *Colpotaulius*) Abd.-segments liegt quer auf der Mitte der
Segmente ein elliptischer Chitinring, der eine Partie umschliesst,
die etwas dunkler sein kann als die übrige Ventralfläche. —
Wie bei den Phryganeiden hat die Seitenlinie der Puppe eine
andere Lage als die Seitenlinie der Larve, und besonders die
Kiemen der Seitenreihe haben bei den Larven und Puppen eine
verschiedene Stellung zu der Seitenlinie. Z. B. bei Larven
von *Anabolia sororcula* Mc Lach., die gerade sich verpuppen,
sieht man, dass bis zum Ende des 6. Abd.-segments die Seitenlinie der Puppe dorsal liegt, dass die Seitenlinien am Anfang
des 7. Segments einander kreuzen, und dass die Seitenlinie der
Puppe am 7—8. Segmente ventral von der Seitenlinie der
Larve liegt.

Colpotaulius incisus Curt.

Fig. 6 a Puppe.

Am Mesonotum der *Larve* ist das Mittelfeld (Struck IV.
p. 27) graubraun, die Seitenfelder sind meist gelblich. Der Vorderrand ist oft dunkler. Das Schildchen des Prosternums ist
klein, undeutlich, nur wenig dunkler als der übrige Theil des
Sternums, ihr Hintertheil ist nur wenig oder gar nicht dunkler
als das übrige Schildchen. Lateral von dem Schildchen einige
Punkte, so auch auf dem Mesosternum. Chitinringe nur auf dem
5—7. Abd.-segmente. Die Vorderklauen sind ebenso lang wie
die Vordertarsen.

Die *Puppe* ist 11—13 mm lang, 2,5 mm breit, die Antennen reichen bis zu der Mitte des 6. — bis zum Ende des 8.
Abd.-segments, die Flügelscheiden bis zum Anfang des 4.—5.,
die Hinterfüsse bis zum Ende des 8. Abd.-segments — zu der Basis der Analstäbchen. Die Schneide der Mandibeln ist gerade,
der Rücken convex, die Klinge ziemlich schmal.

Wie bei der Imago ist der Sporn der Vordertibien beim
♂ abnorm gebildet, kurz, stumpf, etwas gebogen, und das 1.
Glied der Vordertarsen ist kürzer als das 2. Beim ♀ ist der
Sporn normal, spitz, und das 1. Glied der Vordertarsen ist

länger als das 2. Neben dem Sporne der Vordertibien steht beim ♂ und ♀ ein abgerundeter, deutlicher Wulst. Vorderfemur des ♂ normal, nicht wie bei der ♂-Imago mit einer mit kurzen, schwarzen Dornen besetzten Furche versehen. Die Paare der Sporne der Mittel- und Hintertibien sind ungleich lang. Die Krallen sind kurz.

	Schema der Chitinhäkchen.
III	1,2 (3)
IV	(1) 2 (3)
V	$\dfrac{2\,(3)}{7-11}$
VI	2 (3, 4)
VII	2, 3 (4)

Schema der Chitinhäkchen.

	Rückenreihe	Seitenreihe	Bauchreihe
II	$\dfrac{2-(3)}{3}$	$0-(1)$ 2	$\dfrac{2}{3}$
III	$\dfrac{(2)-3}{2-3}$	$(1)-2$ 1	$\dfrac{2}{3}$
IV	$\dfrac{2}{2}$ $1-(2)$	$0-(1)$	$\dfrac{2}{2}$
V	$\dfrac{1}{(0)-1}$		$\dfrac{1-(2)}{2}$
VI	$\dfrac{(0)-1}{0-1}$		$\dfrac{(0)-1}{2}$
VII	$0-1$		$\dfrac{0-2}{(0)-1}$

Rücken-   Seiten-   Bauch-
reihe der Kiemen der Puppe von *C. incisus* Curt.

Die Kiemenzahl $12 + 14 + 9 + 5 + 5 + 3 = 48$, *kleiner als bei irgend einer Limnophilide mit Kiemen zu 2 oder 3 zusammen.* Die Spitzchenfelder des 10. Abd.-segments schwach. *Die erste längere Borste der Analstäbchen liegt nahe an der Basis* (immer im ersten Viertel), *die zweite im* $^{13}/_{28}-^{19}/_{28}$ *der Länge des Stäbchens, die dritte auf dem letzten Dreizehntel. Lobi inferiores des ♂ sind kurz, abgerundet, wie auch die Hälften der Penisanlage, die ein wenig weiter nach hinten reichen als die Loben. Die Penisanlage ist breiter als ein Lobus* (Fig. 6 a).

Das *Puppengehäuse* ist 14—19 mm lang, 2,7—3,5 mm breit, cylindrisch. aus dünnen Blattstückchen aufgebaut. Am vorderen Ende des Gehäuses sind oft lange, dünne, schmale Fragmente von Gras- und Carexblättern, von Birkenrinde, Wurzeltheilchen u. s. w. befestigt, die wie eine Kappe das eigentliche Gehäuse umgeben können. Die Siebmembranen sind ge-

rade, dünn, mit vielen, kleinen Löchern versehen und liegen
meist ganz an den Enden des Gehäuses. Die Puppengehäuse
werden mit den beiden Enden an Blättern und Wurzeln von
Carex und anderen Wasserpflanzen befestigt. — Tuusula, Tuusulan järvi, in kleinen Wassersamlungen auf dem schwanken-
den Strande des Sees, am ¹⁶/₆ 1904 Puppen, Imagines.

Grammotaulius. Bei Larven von *Gr. atomarius* Fabr. ist
das Schildchen des Prosternums oft klein, ziemlich undeutlich,
und ihr Hinterrand ist oft nicht dunkler als der vordere Theil.
Die lateral von dem Schildchen liegenden Punkte und die Punkte
des Mesosternums sind undeutlich und wenig zahlreich. Auf der
Ventralfläche des 2—7. Abd.-segments je ein Chitinring. — Die
von mir untersuchten, zu dieser Gattung gehörenden Gehäuse
sind 32—45 mm lang, 6—7 mm breit, gerade, nach hinten breiter oder gleich breit, gewöhnlich aus grünen, frischen, 10—18
mm langen Stücken von Carex- und Grasblättern gebaut, die
in 3—4 Kreisen, je 5—7 Stücke in einem Kreise, geordnet sind.
Solche Gehäuse sind oft sehr leicht, und die Larven schwimmen
somit auf der Oberfläche des Wassers herum, so dass die Mundöffnung an der Oberfläche liegt und das Gehäuse schief ins Wasser
herabragt. Durch die einander dachziegelig deckenden, nach
hinten ausgesperrten Materialien werden diese Gehäuse uneben,
wenn aber die Gehäuse z. Th. aus Stücken von Birkenrinde und
breiteren Blättern aufgebaut sind, wird die Oberfläche ebener.
Diese breiteren Stücke sind nicht ausgesperrt und liegen nicht
in Kreisen. Noch habe ich Gehäuse gefunden, die wahrscheinlich zu *Gr. atomarius* Fabr. gehören, die ganz aus schwarzen,
vermodernden Fragmenten von Alnusblättern aufgebaut sind,
welche mit den Rändern an einander gefügt und nicht ausgesperrt
sind. Diese Gehäuse sind ganz eben und haben einen ganz anderen Habitus als die erstgenannten, sind aber durch Übergänge
mit diesen verbunden. Somit können auch die Larven von *Gr.
atomarius* ihre Gehäuse nach verschiedenen Bauplänen aufbauen.
Auch die meisten Puppengehäuse waren aus dünnen Materialien verfertigt, nur selten habe ich in diesen derbere Stücke
(Stengelfragmente) gefunden. — Ein eigenthümliches Larvenge-

häuse, das zu dieser Gattung gehört, hat Herr Mag. phil. J. E.
Aro bei Björneborg gefunden. Das Gehäuse war 36 mm lang,
10 mm breit. Der Vordertheil bestand ganz aus sehr feinen,
bis 30 mm langen Hölzchen, die in einer Spirale gelegt waren,
und die zwei hinteren, aus Stücken von Gras- und Carexblättern bestehenden Kreise zum grössten Theil bedeckten (Fig. 7 a).
Wenn man das Gehäuse geöffnet hat, sieht man, dass diese
vorderste Windung nur einen 8—10 mm langen Theil des Mund-
endes des Gehäuses bildet. Das Gehäuse gleicht somit ein
wenig dem von Struck (III, p. 17, Fig. 6 c) beschriebenen und
abgebildeten Gehäuse von *Gr. nitidus* Müller.

Die beiden Enden des Larvengehäuses sind in den von
mir untersuchten Gehäusen offen; die vordersten Materialien
der Rückenseite reichen oft weiter nach vorn als die der Bauchseite und schützen somit den Kopf der Larve. Die beiden Enden des Puppengehäuses sind mit grossen, geraden, dünnen,
mit vielen Löchern durchgebohrten Siebmembranen verschlossen und oft mit Blättern, Moos u. s. w. bedeckt. Am hinteren
Ende des Puppengehäuses ist oft ein einige mm langer, aus
kleinen vegetabilischen Theilchen gebauter, mit einer Membran
austapezierter Anhang angefügt. Die hintere Siebmembran liegt
am Ende des eigentlichen Gehäuses, die vordere aber, die die
ausschlüpfende Puppe zum grössten Theil ablöst, liegt immer
wenigstens $1/2$ cm nach innen von der schmäleren Mundöffnung
und kann, wie Ulmer (IV, p. 431—432) beschrieben hat, sogar in
der Mitte des Gehäuses sich befinden.

Glyphotaelius punctatolineatus Retz. Auch bei dieser
Art ist das Schildchen des Prosternums ziemlich undeutlich, gelblich, im Hintertheile nicht dunkler, und die lateral von ihm liegenden Punkte sind undeutlich. Die Punkte des Mesosternums
sind deutlich, auf dem Metasternum keine Punkte. Auf der
Ventralfläche des 1. Abd.-segments jederseits ein stärker chitinisierter Fleck.

Glyphotaelius pellucidus Retz. Gehäuse, die Strucks
Abbildung (I, p. 7, Fig. 8) ähnlich sind und ausschliesslich oder
z. Th. aus Stengeltheilen und Fragmenten von vermoderndem Holz

bestehen, habe ich mehrmals gefunden. Von diesen Gehäusen wird der Übergang zu den gewöhnlichen planen Gehäusen durch solche vermittelt, die schon etwas abgeplattet sind, da die Materialien der Rücken- und Bauchseite grösser sind als die der Seitentheile, obgleich sie noch nicht erheblich die Seiten überragen. Das Hinterende des Larvengehäuses ist bisweilen ganz offen, die Siebmembranen des Puppengehäuses sind gross, dünn, gerade, mit vielen, kleinen Löchern durchgebohrt, mit Moos bedeckt oder frei.

Limnophilus rhombicus L.[1]) Das Schildchen am Hinterrande des Prosternums ist gelbbraun, sein Hinterrand ist schwarz, auf den Seiten des Schildchens liegen dunkle Punkte, die nicht in einander fliessen und nicht mit dem Schildchen verbunden sind. Die schwarzen Punkte auf dem Mesosternum liegen nicht auf besonderen Flecken. Auch auf dem Hinterrande des Metasternums, können jederseits einige Punkte liegen. — Bei einer Puppe stand am Unterende der Vordertibia neben dem langen, normalen Sporne ein anderer, kurzer Sporn. — Bisweilen sind die Gehäuse dieser Art ganz aus Samen und Früchten von Wassergewächsen aufgebaut. Oft sind die verschiedenen Materialien ringweise geordnet. Die feinen Hölzchen, aus denen die Gehäuse junger Larven bestehen, können so lang sein, dass die beiderseits die Seiten überragenden Theile zweimal länger sind als die Dicke des Gehäuses (solche Gehäuse findet man auch von *L. flavicornis* Fabr.). Solche lange Hölzchen können, wenn sie schief gelegt sind, auch das Hinterende überragen. Die Gehäuse, die man in schwach fliessendem Wasser findet, bestehen oft, wenigstens z. Th., aus grossen Steinstücken, und solche Puppengehäuse sind am Hinterende mit grossen Steinstücken verschlossen. Übrigens können die Larven an den Enden des Puppengehäuses bis 60 mm lange Hölzchen, Gehäuse von Phryganeiden u. s. w. befestigen. Wie bei vielen anderen Lim-

---

[1]) Ich führe die Arten dieser grossen Gattung in derselben Ordnung auf, wie Mc Lachlan (p. LXXXV—LXXXVI), obgleich diese Ordnung der natürlichen Gruppierung der Arten nicht entspricht.

nophilus-Arten [1]) findet man bei *L. rhombicus* unter den Mate-
ralien des Gehäuses auch Deckel von *Paludina vivipara*, die
dann mit der concaven Seite auf dem Gehäuse befestigt sind.
— Ausser auf der Unterfläche von im Wasser liegenden Brettern sind die Gehäuse oft scharenweise an Uferböschungen befestigt.

Limnophilus borealis Zett.

Fig. 8 a—c Larve, d Puppe, e Larvengehäuse.

Die *Larven* sind bis 28 mm lang, bis 4,5 mm breit. *Die
stärker chitinisierten Theile haben eine sehr blassgelbe Grundfarbe, und die dunkleren Partien sind auch relativ blass;* somit
sind die Larven blasser als bei den meisten Limnophiliden mit
drei dorsalen Kopfbinden (Strucks Gruppe I; IV, p. 34). Die
nicht stärker chitinisierten Theile des Thorax und das 1. Abd.-
segment sind meist dunkler als das übrige Abdomen.

Der Kopf ist lang und schmal, wie bei L. stigma Curt.
(Fig. 8 a, b). *An dunklen Larven treten die Gabellinienbinden und
die Binde auf dem Stirnschilde deutlich hervor und haben dieselbe Form und Lage wie bei L. rhombicus* (Silfvenius I, p. 43
—44), ihre Farbe aber ist höchstens braun (Fig. 8 a). Bei etwas
blasseren Larven sind die graubraunen Binden undeutlich und
*bei blassen sind sie ganz verschwunden, nur die immer deutlichen,
zahlreichen Punkte bezeichnen ihren Platz* (Fig. 8 b), da die
Lage der Punkte immer dieselbe ist. — Auf den hinteren Thei-

---

[1]) Den Deckel der Paludinaschalen brauchen auch die Larven von
L. flavicornis Fabr.; die convexe Seite ist bald nach innen, bald nach aussen zu gewendet. Am Mundende eines Gehäuses von *L. borealis* Zett. war ein
Deckel befestigt, mit der concaven Seite gegen das Gehäuse hin gewendet.
Auch zu einem Gehäuse von *L. marmoratus* Curt., das übrigens aus Nüsschen von *Alisma plantago* bestand, war ein Deckel von *Paludina vivipara*
gefügt. In den dreieckigen Gehäusen von *L. nigriceps* Zett. fand ich oft
einen oder mehrere Paludinadeckel, die dann die die zarte Röhre deckenden
grossen Blattstücke vertraten. So lagen in einem solchen Gehäuse an jeder Seite zwei Deckel, mit der convexen Seite dem Gehäuse zugekehrt.
Auch in den röhrenförmigen Gehäusen dieser Art kann man Paludinadeckel
finden (vergl. auch Walser p. 59 und Ulmer III, p. 234).

len des Kopfes liegen auch zahlreiche, deutliche Punkte, die
auf den Wangen Längsreihen bilden. *Die Wangenbinden fehlen immer,* und die Ventralfläche, die Punkte ausgenommen, ist
einfarbig blassbraun. Die Punkte dunkler Larven sind schwarzbraun, die der blassen braun. Die Ränder des Foramen occipitis sind dunkler.

Das *Pronotum ist blassgelb,* nur der Hinterrand ist schwarz,
der Vorderrand schwärzlich oder braun, die Mitte der Querfurche auf dem vorderen Theile und oft auch die hinteren Theile
sind braun oder gelb, *dagegen ist der zwischen dieser Furche und
dem Vorderrande befindliche Theil blassgelb* (Fig. 8 c). *Das Mesonotum ist auch blassgelb,* nur der Hinterrand, besonders die
Hinterecken und die laterale Linie nahe bei den Hinterecken
sind schwarz. Der Vorderrand kann dunkler sein als die Grundfarbe, und die Vorderecken können wieder etwas dunkler sein
als der Vorderrand. *Die Punkte des Pro- und Mesonotums sind
sehr deutlich, die Zahl der Borsten ist sehr gering.* Die Schildchen des Metanotums undeutlich. Auf der Seite des Schildchens auf dem Prosternum dunkle Punkte, auf den anderen
Sterna keine stärker chitinisierten Flecke.

Die Beine mit deutlichen Punkten versehen, der Ober- und
Unterrand der Coxen und Trochanteren, der Unterrand der Femora, Tibien und Tarsen ist dunkel. Das Längenverhältnis der
Füsse wie 1 : 1,6—1,65 : 1,4—1,5, das der Vorderklauen und -tar-
sen wie 1 : 1,4—1,45, das der Mittel- und Hinterklauen gegenüber ihre Tarsen wie 1 : 1,65—1,7. Sporuzahl der Beine 2, 2,
2; 1, 0, 2; 1, 0, 2; der untere Sporn der Vorderfemora ist von
einer dunklen Borste vertreten.

Das erste Abd.-segment wie bei *L. rhombicus* (l. c., p. 45).
Die Zahl der Borstenpunkte auf dem 3—7. Segmente 2—6.
Auf der Ventralseite des 2—7. Abd.-segments deutliche, elliptische Chitinringe (s. p. 28). Die Kiemenzahl $18 + 17 + 14 +
10 + 8 + 4 = 71$, *kleiner als bei den meisten grossen Limnophi-
lus-Arten.* [1] Auf dem undeutlichen Rückenschilde des 9. Abd.-

---

[1] Bei einer Larve standen in der Rückenreihe auf dem 4. Abd.-seg-
mente vier praesegmentale und in der Bauchreihe auf dem 5. Segmente

segments stehen zwischen der Mittel- und Seitenborste jederseits 2 Borsten und zwischen den Mittelborsten 1—2, und ist

	Rücken-reihe		Seiten-	Bauch-reihe
II	3 / 3	3	((2))—3	((2))—3 / 3
III	3 / 3	3	2	3 / ((2))—3
IV	((2))—3 / 2	2	1—(2)	((2))—3 / 2—3
V	2 / 1—(2)	1—2	(0)—1	2 / ((1))—2
VI	(1)—2 / (0) —1	(0)—1	0—((1))	2 ((1, 3)) / 1·2-((3))
VII	(0)-1-2			(1)—2 / 0-1-((2))

Rücken-   Seiten-   Bauch-
reihe der Kiemen der Larve von *L.*
borealis Zett.

die Gesammtzahl der Borsten somit nur *9—10*. Auf der Dorsalfläche des Schutzschildes des Festhalters stehen ausser den 4 Borsten auf dem Hinterrande nur 4—7 Borsten.

Die *Puppen* (vergl. auch Silfvenius I, p. 49—50) sind 18 —22 mm lang, bis 4 mm breit. Die Fühler reichen bis zum Anfang des 8. — zu der Mitte des 9. Abd.-segments, die Flügelscheiden bis zum Anfang des 4—5., die Hinterfüsse bis zum Anfang des 8. Abd.-segments — zum Ende der Penisanlage. Auf dem Vorderrande der Oberlippe können kleine Spitzchen vorkommen. Der Rücken der Mandibeln ist bisweilen etwas convex. Das Längenverhältnis der vier letzten Glieder der Maxillarpalpen des ♀ wie 1,4—1,5 : 0,8—1,1 : 1,1—1,35 : 1 (das 5. Glied am längsten). — Bisweilen ist nur das 1. Glied der Hin-

vier postsegmentale Kiemenfäden in einer Gruppe. Unter einigen Hunderten von Limnophilidenlarven und -puppen mit Kiemen zu 2 oder 3 zusammen, die ich auf die Kiemenformel hin untersucht habe, fand ich früher nur einmal bei *L. affinis* Curt., dass die praesegmentale Kiemengruppe der Rückenreihe des 2. Abd.-segments aus vier Fäden bestand. Bei einer Larve von *L. flavicornis* Fabr. stand in der Seitenreihe auf dem 4. Abd.-segmente postsegmental ein Faden, der in zwei Äste gespalten war; gewöhnlich steht bei dieser Art hier ein Faden (selten zwei).

tertarsen behaart, meist das 1—4. Die Krallen des letzten Tarsengliedes sind ziemlich deutlich.

Auf der Rückenfläche des 1. Abd.-segments jederseits 2
—7 Borsten. Die Chitinplättchen der Abd.-segmente sind gross,
die Häkchenzahl ist auch gross. *Das 3. Abd.-segment* bisweilen ohne, *meist mit* Plättchen. Die Kiemenzahl $18 + 17 + 13$
$+ 11 + 10 + 6 = 75$.

III	0—4
V	((2, 5)) 3, 4
V	((2, 5)) 3, 4 10—23
VI	(2) 3—5((6))
VII	((2)) 3—6

Schema der
Chitinhäkchen.

	Rücken-reihe		Seiten-		Bauch-
II	((2))—3 3	3		3	3 3
III	3 3	((2))—3		2—((3))	3 3
IV	((2))—3 2—((3))	2		1—(2)	((2))—3 2—(3)
V	((1))—2 (1)—2	(1)—2		(0)—1	2—((3)) 2—((3))
VI	((1))—2 (1)—2	(0)—1		0—1	2—((3)) ((1))—2
VII	(1)—2 0—1	0—(1)		0—((1))	((0))·(1)·2 ((0))—2
VIII	0—1				

reihe der Kiemen der Puppe von
L. borealis Zett.

Die Spitzchenfelder des 10.-Abd.-segments sind bisweilen
brauner als der übrige Theil, meist aber von derselben Farbe
wie dieser. Die erste stärkere Borste der Analstäbchen steht etwa
im $^2/_9$—$^2/_5$ der Länge des Stäbchens, die zweite im $^5/_{12}$—$^5/_7$,
die dritte auf dem letzten Zehntel, die vierte auf der Spitze.

*Lobi inferiores des ♂ sind breit, abgerundet, sie reichen
weiter nach hinten als die schmalen, ziemlich spitzen Hälften der
Penisanlage, die gleich breit wie ein Lobus oder schmäler als er
ist* (Fig. 8 d). Beim ♂ ist der Hinterrand der Dorsalseite des
8. Abd.-segments in einen kleinen, medianen Fortsatz verlängert.

Das *Larvengehäuse* ist bis 58 mm lang, bis 6 mm breit,
gerade, cylindrisch, oder nach hinten schmäler (Fig. 8 e), oder,
wenn die vordersten Materialien nach hinten ausgesperrt sind,

in der Mitte am breitesten. Es ist aus der Länge nach gelegten, ziemlich grossen Pflanzentheilen (Stengel-, Span- und Rindenfragmenten, Stücke von Carex- und Grasblättern) aufgebaut.
Meist sind die Materialien mit den Rändern an einander befestigt, ausser am Hinterende der Stücke, da die vorderen Stücke
den Vordertheil der hinteren dachziegelig decken. Die Oberfläche ist ziemlich eben. Seltener sind die Materialien etwas
nach hinten ausgesperrt. Selten sind einige Stücke so gross,
dass sie die Seiten erheblich überragen. Die vordersten Stücke
der Rückenseite reichen etwas weiter nach vorn als die der
Ventralseite und schützen somit den Kopf der Larve. Die
Mundöffnung ist schief, das Hinterende gerade, ganz offen.

Das *Puppengehäuse* ist bis 40 mm lang. Die Siebmembranen liegen bald ganz an den Enden, bald aber sind sie bis 1
cm nach innen von den Enden gerückt. Sie sind bald frei,
bald mit dünnen Pflanzentheilchen z. Th. bedeckt. — Die Gehäuse werden mit der ganzen Länge in Ritzen oder auf der
Unterfläche im Wasser liegender Bretter befestigt. — Tvärminne,
Tvärminne träsk.

Limnophilus flavicornis Fabr. Das deutliche Schildchen
am Prosternum der Larve ist am Hinterrande dunkler. Die
Punkte auf der Seite des Schildchens sind in einander geflossen und auch mit dem Schildchen verbunden; dadurch wird
das Schildchen grösser, als z. B. bei *L. rhombicus* (s. p. 33),
und auch ihre Seiten sind dunkel. Die dunklen Punkte des
Mesosternums liegen jederseits auf einem dunklen, deutlich begrenzten, stärker chitinisierten Flecke. Auf dem Hinterrande
des Metasternums sind diese Flecke zu sehen, obgleich sie viel
blasser, kleiner und undeutlicher begrenzt sind. Die Punkte
des Metasternums sind weniger zahlreich, blasser und kleiner
als die des Mesosternums. Somit kann man schon auf Grund
der Thorakalsterna die Larven von *L. flavicornis* und *L. rhombicus* von einander unterscheiden.

Einige Details über die Gehäuse mögen hier erwähnt
werden. Ein Larvengehäuse, in welchem die Larve noch lebte,
und das im vorderen Theile aus schief oder der Länge nach,
z. Th. in einer undeutlichen Spirale von einer Windung, geleg-

ten gröberen Hölzchen aufgebaut war, war so leicht, dass es auf der Oberfläche des Wassers herumtrieb. Die Lage des Gehäuses war wie bei den Gehäusen von *Grammotaulius* (s. p. 31). — In älteren Gehäusen können die Baumaterialien wie abgerieben sein, und wird die Oberfläche dann ziemlich eben. Auch findet man sogar Puppengehäuse dieser Art, die ganz aus sehr feinen, quer gelegten Wurzelfragmenten und anderen dünnen Pflanzentheilchen bestehen, die oft die Seiten nur wenig überragen, und dessen Oberfläche somit eben ist (vergl. Silfvenius I, p. 54, Fig. 10 o). In solchen aus feinen Materialien gebauten Gehäusen sind die Siebmembranen von vielen Löchern durchgebohrt. Im schroffen Gegensatz zu diesen ebenen Gehäusen steht ein aus Kiefernnadeln gebautes, in welchem das eigentliche Rohr nur 3 mm breit war, die Materialien aber die Seiten so überragten, dass das Gehäuse 20 mm breit wurde. — Wie bekannt, braucht *L. flavicornis* gern Molluskenschalen beim Bauen seines Gehäuses. Die Cyclasschalen werden entweder ganz befestigt oder nur eine Hülfte, die dann mit der convexen Seite dem Gehäuse angefügt ist. Die Planorbisschalen wieder sind gewöhnlich mit der Mündung nach hinten und oft in Querringen befestigt. (Auch in Cyclasschalen war die Mündung niemals nach vorn gekehrt). Die Zahl der Planorbisschalen in Gehäusen erwachsener Larven, wenn die Gehäuse ganz aus den Schalen bestehen, steigt bis 50. In einem fast ganz aus Limnaeaschalen beste-hendem Gehäuse zählte ich 32 Schalen. — Wie variierend die Materialien in diesen Gehäusen sind, zeigt z. B. eines, in welchem der vordere Theil aus Steinchen und Planorbisschalen, der mittlere aus Hölzchen und Limnaeaschalen, der hintere schliesslich aus Hölzchen und Schalen von Limnaea, Planorbis und Cyclas bestand. Diese drei Theile hatten ganz verschiedenen Habitus. — Die im Meere (im Finnischen Meerbusen) lebenden Larven bauen ihre Gehäuse gern aus derben Stücke von Fucus auf, und die Puppengehäuse sind mit einem Ende auf dieser Pflanze befestigt. — Ein Gehäuse war z. Th. von Spongien bedeckt, und an einigen Stellen grenzten die Spongienstücke gerade an die innere Sekretmembran des Gehäuses; somit hatte die Larve die Spongienstücke als Baumaterialien angewendet.

L. decipiens Kol. Das Schildchen des Prosternums der
Larve ist blass, klein, der Hintertheil ist ein wenig oder gar
nicht dunkler, seitlich vom Schildchen liegen Punkte, die nicht
in einander geflossen sind. Die Punkte des Mesosternums sind
oft blass, die besonders chitinisierten Flecke fehlen, so auch
die Punkte des Metasternums. — Eine von mir schon früher (I,
Fig. 11 e) abgebildete Abnormität in der Bildung der Analstäbchen der Puppe mag hier beschrieben werden. Das eine Stäbchen war normal, 1,19 mm lang, mit Spitzchen und vier Borsten versehen, das andere Stäbchen aber war zu einem 0,24
mm langen, stumpfen Zapfen reducirt, der mit nur zwei Borsten nahe an der Spitze versehen war, und auf welchem die
Spitzchen gänzlich fehlten.

Die Gehäuse können auch bei dieser Art aus Fucus aufgebaut sein. Die Stücke sind dann an den Seiten und am Hinterrande aufgekrümmt, so dass die Oberfläche uneben wird.
Auch findet man Gehäuse, die ganz oder z. Th. aus der Länge
nach gelegten Charagliedern bestehen. — Die Larvengehäuse können bis 76 mm lang sein, und die vordersten Stücke der Rückenseite können die Mundöffnung um 13 mm überragen. —
Die Zahl der Blattstücke kann auf jeder Seite der dreieckigen
Gehäuse bis auf 5 steigen. — Die Puppengehäuse sind oft sehr
gut versteckt. So fand ich zahlreiche Gehäuse zwischen den
Blattscheiden von Alisma plantago, ganz nahe am Wurzelstock,
oder an den oberen Theilen der Wurzeln von Alisma und Carex, im obersten Schichten des Bodenschlammes, in der Tiefe
von $^1/_2$—$^3/_4$ m, befestigt.

Limnophilus marmoratus Curt.

Fig. 9 a—c Larve, d—e Puppe, f Puppengehäuse.

Hagen I, 247, Gehäuse (?) (1864). | Struck III, p. 16, 19—20, Fig. 30 a
Mc Lachlan, p. 56, Gehäuse (1875).   —c, Gehäuse (1900).
Struck II, Fig. 16 a—c, Gehäuse   Ostwald, p. 110—111 (Gehäuse) 1901.
    (1899).

Die *Larven* sind 17—21 mm lang, 4 mm breit. Der Vor-
derkörper sieht von oben gesehen sehr dunkel aus, die nicht

stärker chitinisierten Theile des Thorax und das 1. Abd.-segment sind blass wie das übrige Abdomen. *Die Larven gleichen sehr denjenigen von L. flavicornis,* so dass ich die Unterschiede ausdrücklich hervorhebe. Der Kopf ist meist relativ etwas länger als bei *L. flavicornis.* Auf der Dorsalfläche des Kopfes sind, da die Binde des Stirnschildes in ihrem vorderen und hinteren Theile sich mit den Gabellinienbinden vereinigt, nur die Umgebung des Gabelwinkels und der Winkel der Gabeläste blass. Ausserdem ist die Umgebung der Augen, bisweilen ein schmaler Streifen zu Seiten des Gabelstieles und, da die Wangenbinden und die Gabellinienbinden sich hinter den Augen vereinigen, ein kleiner, lateraler Theil der Dorsalfläche der Pleuren blass (Fig. 9 a). Auf der Ventralfläche sind nur die Ränder der Pleuren und der Vordertheil blass (der mit den blassen, die Augen umgebenden Flecken zusammenhängt), der übrige Theil ist grau- oder schwarzbraun, *auch das Hypostomum ist dunkel (bei L. flavicornis ist es blass);* mit diesem dunklen Theile der Ventralfläche fliessen die Wangenbinden zusammen. [1])

Die Grundfarbe des Pronotums ist gelblich oder gelbbraun, *das vordere Drittel ist schwarz oder dunkelbraun, die Mitte der Querfurche ist nur wenig oder gar nicht dunkler als das vordere Drittel. Die Punkte sind deutlich, schwarz, die geraden Punktreihen der x-förmigen Figur bestehen aus (2) 3—4 Punkten und die gekrümmten Punktreihen fliessen mit dem dunklen Hintertheile zusammen* (Fig. 9 b). *(Bei L. flavicornis ist das vordere Drittel des Pronotums braun, die Mitte der Querfurche ist deutlich dunkler, die Punkte sind braun, die geraden Punktreihen der x-förmigen Figur bestehen aus 2 (3) Punkten, und die gekrümmten Punktreihen sind von dem dunklen Hintertheile deutlich getrennt). Mesonotum* (Fig. 9 c) *scheint meist dunkler, dunkelbraun, zu sein als bei L. flavicornis und die laterale, dunkle Linie ist länger, breiter als bei dieser Art.* Die Punkte sind deutlich, schwarz. Die dunkelbraunen Schildchen des Metanotums sind deutlich. — Auch die Plättchen der Thorakalsterna

---

[1]) Bei einer Larve standen auf dem äusseren Rande des Stipes der einen Maxille zwei Borsten (die normale Zahl ist ein).

sind wie bei *L. flavicornis;* der Hinterrand und die Seiten des
grossen, sehr deutlichen und stark chitinisierten Schildchens auf
dem Prosternum sind schwarz, die beiden, sehr deutlichen Flecke
des Mesosternums können verwachsen sein, so dass ein grosses,
stark chitinisiertes, dunkelbraunes, medianes Schildchen entsteht,
dessen Hinterrand schwarz ist. Die zwei Plättchen des Metasternums sind deutlich, braun.

Das Längenverhältnis der Füsse wie 1 : 1,56—1,65 : 1,43—
1,58, das der Vorderklauen und -tarsen wie 1 : 0,8 —1,2, das der
Mittelklauen und -tarsen wie 1 : 1,2—1,25, das der Hinterklauen und -tarsen wie 1 : 1,2—1,3. Die Punkte sind deutlich.
Die Coxen und die Trochanteren sind dunkler als die distalen
Glieder, der Hinterrand der Femora und Tibien ist z. Th. dunkler, ausserdem sind die Ränder der Coxen, der obere, untere
und hintere Rand der Trochanteren, der obere Rand der Femora und der Tibien und der untere Rand der Femora
schwärzlich.

	Rücken		Seiten		Bauch
II	(2)—3	2—(3)		3	3 / 3
III	3 / 3	3	(2)—3		3 / 3
IV	3 / (2)—3	2	1—(2)		3 / 3
V	(2)—3 / 2	0--(1)	(0)—1		(2)—3 / (2)—3
VI	2 / 2		0—(1)	2 -(3)	(2)—3 /
VII	2 / (0)—1				2 / (0)—1

Rücken-   Seiten-   Bauch-
reihe der Kiemen der Larve von
L. marmoratus Curt.

Die Kiemenzahl 17 + 18
+ 15 + 12 + 9 + 6 = 77.
Die Zahl der Borstenpunkte
auf dem 3—7. Abd.-seg-
mente klein (1—5), auf dem
8. nur 0—1 Punkt. Zwi-
schen der Seiten- und Mittelborste stehen auf dem
Rückenschilde des 9. Abd.-
segments jederseits 2—3
Borsten und zwischen den
Mittelborsten 3—4, *die Gesammtzahl der Borsten ist
somit 11—14 (bei L. flavi-
cornis 15—21).* Auf der Dorsalfläche des Schutzschildes des
Festhalters 9—13 Borsten und auf dem Hinterrande 4.

Die *Puppen* sind 16—21 mm lang, bis 4,5 mm breit. Auch
sie gleichen sehr denjenigen von *L. flavicornis.* Die Antennen
reichen bis zu der Mitte des 7. — zum Anfang des 9., die
Flügelscheiden bis zu der Mitte des 4. — zum Ende des 5.

Abd.-segments, die Hinterfüsse bis zu der Mitte des 8. Abd.-
segments — zum Ende der Analstäbchen. Die Mundtheile wie
bei *L. rhombicus* (Silfvenius I, p. 46). Auf dem Vorderrande
der Oberlippe können die Spitzchen vorkommen oder fehlen.
Das Längenverhältnis des 5., 3., 2. und 4. Gliedes der Maxillarpalpen beim ♀ wie 1,45—1,65 : 1,3—1,65 : 1,05—1,4 : 1.

Von den Gliedern der Hintertarsen ist bald nur das 1.,
bald das 1—4. behaart. Die Krallen der Vorder- und Mitteltarsen sind deutlich.

Die Höcker des 1. Abd.-segments sind schwach, mit kleinen Spitzchen bewehrt. Auf der Rückenfläche des 1. Abd.-

		Rücken-		Seiten-	Bauch-	
II		$\frac{((2))-3}{3}$	(0)·2·(3)		3	((2))-3
III		$\frac{((2))-3}{((2))-3}$	3		2	$\frac{3}{3}$
IV		$\frac{(2)-3}{(2)-3}$	((1))-2	((0))·1·(2)		$\frac{3}{((2))-3}$
V		$\frac{2-(3)}{((1))-2}$	0-(1)	((0))-1		$\frac{((2))-3}{((2))-3}$
VI		$\frac{(1)-2}{((0))-1-2}$	0-((1))	0-((1))		$\frac{2-(3)}{2-(3)}$
VII		$\frac{(0)-1-2}{0·(1)·((2))}$				$\frac{((1))-2}{(0)-1}$
VIII		0·(1)·((2))				

Schema der Chitinhäkchen.

III	0 ((2))
IV	(0,1)2,3((4))
V	(1,4) 2,3 / 7—9
VI	2, 3 (4)
VII	(1,2,4) 3((5))

Rücken- Seiten- Bauch-
reihe der Kiemen der Puppe von
L. marmoratus Curt.

segments stehen jederseits 4—7 Borsten. *Der Haftapparat ist
schwach, das 3. Segment ist beinahe immer ohne Chitinplättchen.*[1]
Die Kiemenzahl 17 + 17 + 15 + 11 + 7 + 5 = 72.

Die Spitzchenfelder des 10. Abd.- segments sind ein wenig
brauner als das übrige Segment oder diesem gleich gefärbt.

---

[1] Bei einer Puppe lag auf dem Vorderrande des 8. Abd.-segments auf einer Seite ein Plättchen mit einem Haken. Das Vorkommen der Plättchen
auf dem 8. Abd.-segmente habe ich bei den Limnophilidenpuppen nicht
früher beobachtet.

Von den Borsten der 1,15—1,4 mm langen Analstäbchen steht die erste im ¹/₅—¹/₂ der Länge des Stäbchens, die zweite im ⁶/₁₁—³/₄, die dritte auf dem letzten Neuntel. [1]) Lobi inferiores des ♂ sind abgerundet und *reichen viel weiter nach hinten als die schmalen, abgerundeten Hälften der Penisanlage, die schmäler ist als ein Lobus* (Fig. 9 d). *Beim ♂ ist der postsegmentale Rand der Dorsalseite des 8. Abd.-segments in einen medianen, abgerundeten oder meist seicht eingeschnittenen Fortsatz verlängert.*

Das *Gehäuse* ist 19—30 mm lang, 5—10 mm breit, gerade oder seltener etwas gebogen, ziemlich cylindrisch. Das Gehäuse im Meere (im Finnischen Meerbusen) lebender Larven ist meist ausschliesslich aus Theilchen von Fucus aufgebaut (Fig. 9 f). Wenn schmälere Stengelstücke angewendet werden, ist die Oberfläche ziemlich eben, wenn aber breitere Blattfragmente, die an ihren Rändern etwas aufgekrümmt sind, ist die Oberfläche uneben. Die Stücke sind quadratisch, oder meist quer, oder auch schief (und sogar der Länge nach) gelegt. Auch kann das Gehäuse ganz aus quergelegten Charagliedern verfertigt sein, dann ist es ziemlich dünn. Ausserdem benutzen die Larven ziemlich feine Hölzchen, Rindenfragmente u. s. w., in welchem Falle die Oberfläche eben ist, oder derbere Rinden-, Span- und Holzstücke. Auch in diesem letztgenannten Falle sind die Gehäuse viel ebener als z. B. bei *L. flavicornis*, da lange, die Seiten überragende Hölzchen nicht beliebt sind, und niemals kann man einen solchen Unterschied, wie bei dieser Art, zwischen dem aus feineren Materialien gebauten Hintertheil und dem derberen Vordertheil finden. Natürlich kommen auch Gehäuse vor, die z. Th. aus Fucus, z. Th. aus Holzstücken u. s. w. bestehen. Die aus derben Rindenfragmenten verfertigten Gehäuse sind bisweilen unregelmässig dreieckig.

Die Mundöffnung des Larvengehäuses ist schief, das Hin-

---

[1]) Bei einer Puppe war das eine Analstäbchen abnorm gebildet, 0,93 mm lang, bei der breitesten Stelle (distal von der Basis) 0,25 mm breit, gerade, nicht keulenförmig, ohne Dörnchen und mit nur einer Borste versehen (Fig. 9 e), während das andere Stäbchen normal, 1,24 mm lang und (bei der Basis) 0,15 mm breit war.

terende ist meist mit Fucusstücken verengt und mit einer, von einem centralen, runden Loche durchgebohrten Membran verschlossen. Die beiden Enden des Puppengehäuses sind mit dünnen, mit vielen Löchern versehenen Siebmembranen verschlossen und an den Enden sind Fucusfragmente, Holzstücke, Klumpen von Algenfäden, Steinchen, Sandkörnern gefügt. Meist sind die Puppengehäuse mit einem Ende (seltener der Länge nach) auf Fucus befestigt. — Tvärminne, im Meere.

Limnophilus stigma Curt. Die Thorakalsterna der Larve ganz wie bei *L. flavicornis* (p. 38). — Da die Gehäuse z. Th. oder ganz aus Moosstengeln mit Blättern aufgebaut sein können, sehen sie oft wie Moos aus, so dass es sehr schwer ist, sie zu entdecken. Wir haben hier somit ein neues Exempel von Gehäusen, die einen am Grunde von Tümpeln häufig vorkommenden Gegenstand nachahmen und dadurch die Larve noch besser schützen (vergl. Struck I, p. 618 und III, p. 22). Solche aus Moos verfertigten Gehäuse sind ungewöhnlich dick; so war z. B. ein Gehäuse bei 18 mm Länge 15 mm breit und ein anderes bei 35 mm Länge 20 mm breit. In diesen Gehäusen sind die Spitzen der Moosblätter nach aussen gespreitzt. — Wenn, wie es oft geschehen kann, die Gehäuse z. Th. oder ganz aus breiten Stücke von Carex- und Grasblättern bestehen, liegen diese gewöhnlich je 4—6 in das Gehäuse umfassenden Ringen, die man leicht abnehmen kann, so dass die starke Sekretmembran, die die Innenfläche des Gehäuses bekleidet, als ein Kokon übrig bleibt. — Auch Laichmassen von Mollusken habe ich in den Larvengehäusen von *L. stigma* als Baumaterialien gefunden.

Limnophilus lunatus Curt. [1]

Fig. 10 a Puppe, b Larvengehäuse.

Die *Larve* ist 15—24 mm lang, bis 4 mm breit. Kopf, Pro-, Mesonotum bräunlich, die Füsse, die Schilder des 9—10. Abd.-segments gelblich. Die nicht stärker chitinisierten Theile des Thorax und das 1. Abd.-segment sind bald ebenso gefärbt wie das übrige Abdomen, bald aber sind sie dunkler, mehr rötlich.

Das Verhältnis zwischen der Länge und der Breite des Kopfes wie 1,4 : 1. Die Figur auf dem Stirnschilde ist im Vordertheile erweitert. Der grösste Theil der Ventralfläche des Kopfes ist dunkelgrau, blasser sind der vorderste Theil, der mit den die Augen umgebenden, blassen Flecken zusammen-

	Rücken-reihe		Seiten-reihe	Bauch-reihe
II	$\frac{((1))-2}{3}$		2	$\frac{((1))-2}{3}$
III	$\frac{2-3}{3}$	2	(1)—2	$\frac{2}{3}$
IV	$\frac{2-((3))}{2}$	((0,2))-1	1—(2)	$\frac{2}{2-3}$
V	$\frac{2}{1-2}$		0—(1)	$\frac{2}{2}$
VI	$\frac{1}{1-(2)}$			$\frac{(1)-2}{((1))-2}$
VII	((0))--1			$\frac{(1)-2}{1-2}$

Rücken-   Seiten-   Bauch-
reihe der Kiemen der Larve von
L. lunatus Curt.

hängt, ein Fleck jederseits am Foramen occipitis, die medianen Ränder der Pleuren und das Hypostomum.

Die Chitinplättchen des Metanotums sind deutlich. Das Schildchen am Hinterrande des Prosternums ist klein, gelblich, seitlich von diesem liegen einige schwarze Punkte. Auf dem

---

[1] Die folgende Beschreibung ist nur als eine Complettierung zu Klapáleks (I, p. 14—17), Strucks (IV, p. 36—37) und Ulmers (VI, p. 60) Beschreibung aufzufassen.

Mesosternum keine begrenzten Flecken und auf dem Metasternum keine Punkte. — Die Kiemenzahl $12 + 15 + 11 + 8 + 6 + 5 = 57$, sehr klein. *Besonders ist das Fehlen der praesegmentalen Kiemengruppe der Seitenreihe im 2. Segmente und das normale Auftreten von praesegmentalen Kiemengruppen mit nur 2. Fäden auch im 2—4. Segmente charakteristisch.* Die Seitenlinie beginnt meist schon am Ende des 2. Segments. Die Borstenpunkte sind deutlich, ihre Zahl ist auf dem 3—7. Segmente jederseits 1—8, auf dem 8. 0—1. Auf dem Rückenschilde des 9. Abd.-segments liegen zwischen der Seiten- und Mittelborste jederseits 2—3 Borsten und zwischen den Mittelborsten 2—5, zusammen 10 —15. Auf der Dorsalfläche des Schutzschildes des Festhalters, ausser den vier Borsten auf dem Hinterrande, 10—15 Borsten.

Die *Puppen* sind 14—21 mm lang. Der Vorderrand der Oberlippe kann mit Spitzchen bewehrt sein. Die Klinge der Mandibeln ist meist schmäler als z. B. bei *L. rhombicus* (Silfvenius I, Fig. 8 c), und kann die Schneide sogar gerade sein. Von den Gliedern der Maxillarpalpen ist das 5. am längsten, dann folgen das 3., 2. und 4.; das Längenverhältnis wie $1,35$ —$1,7 : 1,25 — 1,45 : 1,15 — 1,26 : 1$.

Von den Gliedern der Hintertarsen ist bald nur das 1. behaart, bald stehen auch auf dem 2—4. Gliede einige Haare. Auf der Rückenseite des 1. Abd.-segments, dessen Höcker und Dorne nicht stark sind, stehen jederseits 2—5 Borsten. *Das 3. Abd.-segment bisweilen mit kleinen, mit einem Häkchen bewehrten Plättchen, gewöhnlich ohne Plättchen.* Die Kiemenformel wie bei der Larve. — Die Spitzchenfelder des letzten Abd.-segments sind etwas brauner als der übrige Theil. Von den vier längeren Borsten der Analstäbchen steht die erste im $1/5 - 2/7$

III	0 (1)
IV	2, 3
V	2—4
	11--17
VI	(1) 2—4
VII	(1, 2) 3, 4

Schema der Chitinhäkchen der Puppe von *L. lunatus* Curt.

der Länge des Stäbchens, die zweite im $3/5 - 2/3$, die dritte auf dem letzten Dreizehntel. *Beim ♂ ist der Hinterrand der Dorsalseite des 8. Abd.-segments in einen medianen, kleinen, ein wenig eingeschnittenen Fortsatz verlängert. Lobi inferiores des ♂*

*sind abgerundet und reichen nur ein wenig oder gar nicht wei-
ter nach hinten als die abgerundeten, schmalen Hülften der Penisanlage* (Fig. 10 a).

Die *Gehäuse* junger Larven, die im Finnischen Meerbusen,
bei Tvärminne gefunden sind, sind aus Fragmente von Fucusthallus, aus Gliedern von Chara, aus Stücke von Rhodophyceae-
und Phaeophyceae-Fäden, aus Rinden-, Spantheilchen u. s. w.
aufgebaut. Die feinen Algenfäden werden schief oder quer gelegt, und ist die Oberfläche ausschliesslich aus solchen Materialien bestehender Gehäuse eben, wie auch solcher Gehäuse,
die ganz aus der Länge nach gelegten Charagliedern aufgebaut sind. Dagegen ist die Oberfläche der Gehäuse, die aus
Fucus verfertigt sind — solche Gehäuse sind am häufigsten, besonders bestehen die Gehäuse erwachsener Larven gewöhnlich aus
Fucus, selten aus Theilchen von Phaneroganen — meist uneben, da die Ränder der meist der Länge nach gelegten breiten
Fucusfragmente oft aufgekrümmt sind und einander dachziegelig decken können (Fig. 10 b). Bisweilen sind jedoch die Fucusstücke mit den Rändern einander gefügt, und ist die Oberfläche dann eben. Nur in einem im Meere gefundenen Puppengehäuse — unter zahlreichen — fand ich Sandkörner. Selten sieht man Gehäuse, die dann gewöhnlich jungen Larven zu-
gehören, die mit Belastungstheilen versehen sind. Als solche
sind auf der Bauch- und Rückenseite befestigte, lange, derbe
Blattfragmente und Hölzchen, oder den Seiten angefügte, das
Hinterende, nicht das Vorderende überragende feine Hölzchen
verwendet. In einem Gehäuse, das 21 mm lang war, war das
Hölzchen 52 mm lang. Die Larvengehäuse sind 20—43 mm
lang, 4—8 mm breit; das Hinterende ist bald offen, bald mit
einer von einem centralen, kleinen Loche durchgebohrten Membran verschlossen.

Die beiden Enden des 18—45 mm langen Puppengehäuses sind mit dünnen, geraden, viellöcherigen Siebmembranen
verschlossen, die bald mit Algenklumpen und Rindentheilchen
bedeckt sind, bald und meist aber dadurch geschützt sind, dass
die vordersten und hintersten Fucusstücke über sie aufgekrümmt sind. Die Puppengehäuse sind mit einem Ende an Fu-

custhallus oder an im Wasser liegenden Brettern in der Tiefe
bis 1,6 m befestigt; das andere Ende ist frei.

Limnophilus politus Mc Lach. Die Plättchen und Punkte
der Thorakalsterna der Larve etwa wie bei *L. flavicornis* Fabr. (p.
38). Auch die Larven dieser Art leben im Meere (in den westlich-
sten Theilen des finnischen Meerbusens) und können ihr Gehäuse
ganz aus quer gelegten Charagliedern verfertigen und die Enden des Puppengehäuses mit Algenklumpen verschliessen. —
Bisweilen sind die Gehäuse aus Samen gebaut, und fand ich
auch Pisidiumschalen als Baumaterial in den Gehäusen. Die
Puppengehäuse werden mit dem einen Ende an Steinen oder
an Brettern befestigt, so dass das andere Ende frei, aufrecht
steht.

Limnophilus nigriceps Zett. Die Thorakalsterna der Larve
wie bei *L. rhombicus* (p. 33). Die Punkte des Prosternums sind
nicht mit dem Schildchen verbunden, sie sind oft undeutlich und
können jederseits bis auf einen grossen reduciert werden. — Die
Gehäuse können undeutlich viereckig sein. Am Vorderende eines 22 mm langen, unregelmässig dreieckigen Gehäuses war ein
34 mm langes Stück eines Schilfstengels so befestigt, dass es
das Vorder- und Hinterende des Gehäuses überragte.

Limnophilus centralis Mc Lach. Das Schildchen am Hinterrande des Prosternums ist klein, undeutlich, sein Hinterrand
ist nicht dunkler; auf den Seiten des Schildchens liegen einige
undeutliche Punkte. Auf dem Meso- und Metasternum liegt
keine Querreihe von Punkten, am Hinterrande findet man oft
einen medianen, undeutlich dunkleren (gelbbraunen) Fleck, der
auch fehlen kann.

Limnophilus vittatus Curt. Das Schildchen des Prosternums ist gross, deutlich, dunkel, auf den Seiten des Schildchens liegen noch dunkle Punkte. Auch die Punkte des Mesosternums sind oft sehr deutlich; auf dem Metasternum fehlen
die Punkte. — In den Lobi inferiores der ♂-Puppe stecken die

4

am Ende zweigetheilten Genitalfüsse der Imago so, dass der
längere, spitze Ast median auf dem inneren Rande des Lobus liegt.

Besonders die Gehäuse junger Larven bestehen bisweilen
sogar zum grössten Theile aus dunklen, vermodernden vegetabilischen Fragmenten, die quer oder schief befestigt werden. Man
findet oft Gehäuse, die im Hintertheile meist aus Pflanzenfragmenten, im Vordertheile meist aus Sandkörnern gebaut sind, und
in welchen diese Theile von einander deutlich geschieden sind.
Die Puppengehäuse sind meist ausschliesslich aus Sandkörnern
verfertigt und somit blasser als die Gehäuse junger Larven,
doch kann man auch in jenen dunkle, kleine vegetabilische Fragmente finden. Da ferner in den Gehäusen auch Glimmerblättchen
als Baumaterial gebraucht werden, sind sie oft sehr bunt und
flimmern im Sonnenschein sehr schön. Die Puppengehäuse werden auf der Unterfläche von Steinen befestigt. Beim Ausschlü-
pfen löst die Puppe die vordere Siebmembran mit den bedeckenden Sandkörnern zum grössten Theil, so dass sie nur an
einer kleinen Strecke mit dem Gehäuse zusammenhängt.

Limnophilus affinis Curt.

Fig. 11 a—c Larve, d Puppe.

Kolenati, p. 274, Larve, Gehäuse (?) (1859).
Walser, p. 58, Larve, Gehäuse (?) (1864).
Hagen I, p. 247, Gehäuse (?) (1864.)

Meyer, p. 160—161, Gehäuse (1867).
de Borre, p. 68, Gehäuse (?) (1870—71).
Wallengren, p. 55, nach Meyer (1891).

Die Farbe der stärker chitinisierten Theile der *Larve* [1]
ist *braun*. Das Stirnschild ist zum grössten Theil dunkelbraun,
*da den grössten Theil des Schildes eine dunkelbraune Figur ein-
nimmt, so dass nur der Gabelwinkel, die Winkel der Gabeläste
und ein grosser medianer Fleck am Vorderrande blasser sind*
(Fig. 11 a). *Wangenbinden fehlen, dagegen sind die Gabellinien-*

---

[1] Die Beschreibung der Larve nur nach Exuvien.

binden deutlich dunkler als ihre Umgebung. Die Wangen und
der Hintertheil der Ventralfläche sind blasser als der vordere,
graubraune Theil der letzteren. Die keilförmige Figur des
Stirnschildes ist deutlich, auf dem vorderen Theile des Schildes
liegen Punkte, wie auch auf den Gabellinienbinden, auf den
Wangen und der Ventralfläche.

Pronotum gelb oder braun, der Hinterrand schwarz, der
Vorderrand und die Mitte der Furche auf dem Vordertheile dunkel-
braun (Fig. 11 b). *Die Seitenfelder des graubraunen oder brau-*
nen Mesonotums blasser als das Mittelfeld, der Hinterrand, die
Hinterecken schwarz, der Vorderrand, oft besonders an den
Vorderecken, dunkler braun; die laterale Linie nahe an den Hinterecken ist oft breit und verschmilzt dann mit den Seiten (Fig.
11 c). *Die Punkte des Pro- und Mesonotums sind deutlich,* die
Umgebung der Basis der Borsten ist dunkler als die Grundfarbe.
— Auf dem Rückenschilde des Festhalters zwischen der Seiten-
und Mittelborste jederseits 2 Borsten, zwischen den Mittelborsten 3, zusammen 11.

Die *Puppe* 13—15 mm lang. Die Antennen reichen bis zu
der Mitte des 8., die Flügelscheiden bis zum Anfang des 4—5.
Abd.-segments, die Hinterfüsse bis zum Ende der Lobi inferio-
res — zu der Basis der Analstäbchen. — Auch auf dem 1.
Gliede der Antennen kommen oft einige kurze Borsten vor. Die
Oberlippe breit, der Vorderrand abgerundet.[1] Das 5. Glied der
Maxillarpalpen beim ♀ am längsten, dann folgen das 3., 2. und
4.; das Längenverhältnis wie 1,4—1,5 : 1,4 : 1,1 : 1.

Die drei ersten Glieder der Vordertarsen sind meist mit ei-
nigen Haaren versehen, (beim ♂ können sie auch nackt sein),
die drei oder vier ersten Glieder der Hintertarsen sind behaart.
Die Paare der Sporne der Mittel- und Hintertibien sind ungleich
lang. Die Sporne der Hintertibien ziemlich spitz, der kleinere
Sporn im Paare ist oft spitzer als der grössere. Die Vorder- und
Mittelkrallen sind gebogen, spitz, obgleich kurz, die Hinterkral-
len sind stumpf, kurz.

---

[1] Bei einer Puppe standen auf dem Vordertheile der Oberlippe in
der hinteren Reihe auf einer Seite nur 2 Borsten, und von den Borsten der
vorderen Reihe war die äussere blass, kürzer als die anderen.

Die Höcker des 1. Abd.-segments sind schwach und ihre Dorne klein. Auf der Rückenfläche des 1. Segments stehen je-

	Rückenreihe		Seiten	Bauch
II	3 / 3	2	3	3 / 3
III	3 / 3	2—3	1—2	3 / 3
IV	3 / 2	1—2	1	3 / 2—3
V	(1)—2 / 2	0—1	0—1	2 / 2
VI	2 / 1—2			2 / 2
VII	1—2			(1)—2 / 1—2

Rückenreihe der Kiemen der Puppe von *L. affinis* Curt.

Segment	Schema der Chitinhäkchen
III	2, 3
IV	(2,4) *3*
V	2,3 (4,5) / 8—12
VI	2, 3, *4*
VII	(2,4) *3*

Schema der Chitinhäkchen.

derseits 2—7 Borsten. *Die Chitinplättchen des 4—7. Abd.-segments sind gross, und auch ihre Häkchen sind stark.* Die Kiemenzahl $17 + 17 + 14 + 10 + 8 + 6 = 72$.

Die Spitzchenfelder auf der Dorsalseite des letzten Abd.-segments sind ebenso gefärbt wie das übrige Segment. Auf der Strictur zwischen dem 9. und 10. Abd.-segmente stehen auf der Dorsalfläche *9—11* Borsten. *Die Analstäbchen sind 1,05—1,15 mm lang, schlank,* die erste Borste liegt im $^1/_5$—$^1/_2$ der Länge des Stäbchens, die zweite im $^2/_3$—$^6/_7$, die dritte auf dem letzten Fünfzehntel. *Auf der Ventralfläche des 9. Segments beim ♀ keine Loben* (s. *L. bimaculatus* L., p. 55). *Lobi inferiores beim ♂ sind abgerundet, ziemlich gerade; die Penisanlage ist viel breiter als ein Lobus, sie reicht ebenso weit nach hinten wie die Loben. Der Hinterrand der Hälften der Penisanlage ist abgerundet, nicht eingeschnitten* (Fig. 11 d).

Das *Puppengehäuse* ist 17—18 mm lang, 4—4,5 mm breit, ziemlich gerade, nicht nach hinten schmäler. *Meist ist es aus ziemlich groben Sandkörnern gebaut, und ist ihre Oberfläche ziemlich uneben* (das Gehäuse gleicht somit demjenigen von *L. bipunctatus* Curt., Struck III, Fig. 18; Ulmer 1, Fig. 10). Doch

können die Gehäuse auch z. Th. aus kleinen, der Länge nach
oder quer gelegten, bisweilen in Querringen geordneten Blatt-,
Holz- und Rindenfragmenten bestehen; dann ist die Oberfläche
eben. Auch Stücke von Focusthallus können als Baumaterial
gebraucht werden. Die Enden sind abgerundet, mit Sandkörnern und Pflanzentheilen bedeckt und mit unter diesen liegenden geraden, dunklen oder schwarzen, mit vielen, kleinen Löchern durchgebohrten Siebmembranen verschlossen.

Esbo, Lill-Löfö, im Meere (Imagines von Klapálek bestimmt);
Tvärminne, im Meere. Die Puppengehäuse sind an den Strand-
steinen befestigt.

Limnophilus bimaculatus L. [1]

Fig. 12 a Puppe.

Der Kopf der *Larve* ist im Ganzen dunkel, der Hintertheil
der Wangen, der Vordertheil der Ventralfläche, ein Fleck jederseits auf der Ventralfläche beim Foramen occipitis, die Umgebung der Augen und der Gabelwinkel können jedoch blasser
sein. Auf dem Stirnschilde sieht man die keilförmige Figur und
ausserdem Punkte auf dem vorderen Theile. Auch auf den
Hintertheilen der Pleuren Punkte.

Am Pronotum kann auch der Vorderrand und die Mitte
der Furche auf dem vorderen Theile dunkler sein. Am Mesonotum ist der Vorderrand ebenso gefärbt, wie die Oberfläche,
doch können die Vorderecken dunkler sein, das Mittelfeld ist
oft dunkler als die Seitenfelder. Die Schildchen des Metanotums sind deutlich. Das Schildchen des Prosternums ist klein,
ziemlich undeutlich, gelblich, der Hinterrand ist nur wenig dunkler. Die Punkte an den Seiten des Schildchens sind undeutlich

[1] In einer früheren Arbeit (I, p. 65—68) habe ich bei Beschreibung
der Metamorphose diese Art z. Th. mit *L. vittatus* Fabr. und *L. affinis* Curt. zusammengemischt. Etwas früher wurden die Larven. Puppen
und Gehäuse von Ulmer (II) beschrieben und später noch die Zeichnungen
des Larvenkopfes, Pro- und Mesonotums und die Gehäuse von Struck behandelt (IV, p. 54—55). Um die früheren Beschreibungen in einigen Punkten zu complettieren, führe ich hier noch einige Charaktere der Larven,
Puppen und Gehäuse auf.

oder fehlen. Die Punkte des Mesosternums wenig zahlreich, am Metasternum meist keine Punkte. Auch die Punkte der Füsse undeutlich, wenig zahlreich.

Die Kiemenzahl $18 + 17 + 12 + 8 + 7 + 6 = 68$. Auf der Ventralseite des 2—7. Abd.-segments je ein elliptischer Chitinring. Die Schilder des 9—10. Abd.-segments sind im Vorder-

	Rücken-reihe		Seiten-		Bauch-reihe	
II	3	3	3	3	3	3
III	3	3	((2))—3	((1))—2	3	((2))—3
IV	3	((2))—3	1—((2))	(0)—1	2—((3))	2—((3))
V	2	((1))—2		0—((1))	2	2
VI	(1)—2	((0))·1·(2)			((1))—2	((1))—2
VII	1—(2)	0—2			(1)—2	1—2
VIII						0—((1))

Rücken-   Seiten-   Bauch-reihe der Kiemen der Larve und Puppe von *L. bimaculatus* L.

theile mit Punkten versehen. Zwischen der Seiten- und Mittelborste des Rückenschildes des 9. Segments 3—4 Borsten, zwischen den Mittelborsten 3—5, zusammen 13—17. Auf der Dorsalfläche der Schilder des 10. Segments 5—10 Borsten.

Die *Puppen* sind 10—14 mm lang, 3—4 mm breit, die Antennen reichen bis zum Ende des 6. Abd.-segments — zu der Basis der Analstäbchen, die Flügelscheiden bis zum Ende des 4. — zu der Mitte des 5., die Hinterfüsse bis zum Anfang des 9. Abd.-segments — zu der Basis der Analstäbchen.

Der Vorderrand der Oberlippe ist abgerundet. Die Schneide der Mandibeln convex oder gerade, der Rücken convex. — Die Paare der Sporne der Mittel- und Hintertibien sind ungleich lang, die Sporne der Hintertibien sind ziemlich spitz, auf dem 1—2. oder 1—3. Gliede der Hintertarsen einige Haare.

Die Höcker des 1. Abd.-segments sind sehr schwach, auch die Dorne sind wenig zahlreich und schwach; jederseits auf der Rückenseite des 1. Abd.-segments 1—5 Borsten. Auf der Strictur zwischen dem 9. und 10. Abd.-segmente stehen auf der Dorsalseite *12—17* Borsten. Die Analstäbchen sind ziemlich kurz, (0,75—1 mm lang), die erste Borste liegt im $^1/_6$—$^1/_4$ der Länge des Stäbchens, die zweite im $^1/_2$—$^2/_3$, die dritte auf dem letzten Elftel. *Auf der Ventralfläche des 9. Segments beim* ♀ *zwei breite, nach hinten abgerundete Loben,* in denen die in stumpf dreieckige Fortsätze verlängerten postsegmentalen, ventralen Ecken des 9. Abd.-segments der Imago stecken. Beim ♂ ist der Hinterrand der Dorsalseite des 8. Segments abgerundet, nicht in einen Fortsatz verlängert. *Der Hinterrand der Lobi inferiores des* ♂ *ist breit, stumpf; die Loben reichen ebenso weit nach hinten, wie die nach hinten breiteren, am Hinterrande eingeschnittenen Hälften der Penisanlage* (Fig. 12 a).

III	((1,4)) **2** (3)
IV	2, 3 ((4))
V	2, 3 ((4)) 7—15
VI	2, 3 (4)
VII	2, 3, 4

Schema der Chitinhäkchen der Puppe von *L. bimaculatus* L.

Die *Larvengehäuse* (Struck IV, Taf. IV, Fig. 7; Ulmer II, Fig. 10—14) sind 12—21 mm lang (ein Larvengehäuse war 27 mm lang; nur der vorderste, etwa 3 mm lange Theil bestand aus Sandkörnchen), 3,5—4 mm breit, das Hinterende ist mit Sandkörnern oder mit kleinen Pflanzenfragmenten verengt. Die kürzesten, ganz aus Sandkörnern gebauten Larvengehäuse waren etwa 14 mm lang. Die Larven pflegen nicht immer zuerst vegetabilische und dann mineralische Materialien anzuwenden; denn man findet Gehäuse, die im Hintertheile aus Sandkörnern, im Vordertheile aus Blattfragmenten bestehen. Ein Larvengehäuse bestand z. Th. aus Fragmenten von Coleopterenelytren, ein anderes aus schief gelegten Stücken von Algenfäden.

Auch die 12—17 mm langen *Puppengehäuse* können ganz aus kleinen Pflanzentheilchen, die quer oder schief oder der Länge nach gelegt sind, aufgebaut sein. Einige Puppengehäuse bestanden beinahe ganz aus Nüssen von Eleocharis uniglumis. Solche Gehäuse sind gewöhnlich ganz eben, wogegen die aus

Sandkörnern verfertigten Gehäuse etwas uneben sind. In den erstgenannten Gehäusen ist die Mundöffnung oft regelmässig sechseckig. — Die beiden Enden des Puppengehäuses sind oft mit Moos oder mit Sandkörnern bedeckt und an den Enden oft feine, vermodernde Stengelstücke oder Moostengel angefügt, so dass die Gehäuse einem Mooshäufchen ähnlich sind. Die beiden Enden sind mit von vielen Löchern durchgebohrten Siebmembranen verschlossen, und an Moos oder anderen Gewächsen befestigt.

Die Gehäuse von *L. bimaculatus* bieten ein sehr gutes Exempel von Gehäusen dar, die aus ringförmigen, successiv, in verschiedenen Zeiten, an einander gefügten Theilen bestehen. So habe ich ein Gehäuse gefunden, dessen hinterer Theil aus Blattfragmenten, der folgende aus Sandkörnern, der dritte aus Blattfragmenten, der vierte aus Sandkörnern und der fünfte, das Mundende bildende Theil endlich aus Blatttheilchen bestand. In einem anderen Gehäuse wieder war der Hintertheil aus Sandkörnern, der folgende aus Blattfragmenten, der dritte aus Sandkörnern und der letzte, grösste Theil aus Blattfragmenten aufgebaut. Da die vegetabilischen Theile oft schwärzlich sind, so contrastiert ihre Farbe schroff gegen die blasse Farbe der aus Sandkörnern bestehenden Ringe, und die Gehäuse sehen sehr bunt aus.

Die ganz aus Blattfragmenten gebauten Gehäuse dieser Art, in welchen die Materialien quer gelegt sind, gleichen sehr ins Wasser gefallenen vermodernden männlichen Kätzchen der Erlen und bilden somit ein Gegenstück von den von Struck (I, p. 618 und III, p. 22) beschriebenen Gehäusen von *L. stigma*, die den weiblichen Kätzchen der Erle ähneln.

L. extricatus Mc Lach. Die Gehäuse dieser Art können aus ganz kleinen Sandkörnern aufgebaut und überdas so mit Schlamm bedeckt sein, dass sie ganz eben sind, wie poliert aussehen, und dass man die Sandkörner gar nicht von einander unterscheiden kann. Die Gehäuse sind dann rothbraun.

Limnophilus luridus Curt.

Fig. 13 a Puppe, b Puppengehäuse.

Die stärker chitinisierten Theile der *Larve*[1]) sind grau-braun. *Die Gabellinienbinden und die Binde des Stirnschildes treten vor. Die letztere nimmt beinahe das ganze Stirnschild ein, so dass nur die Winkel der Gabeläste, der Gabelwinkel und oft ein medianer Fleck am Vorderrande blasser sind.* Auf dem Hintertheile des Stirnschildes tritt die keilförmige, von blassen, dunkelcontourierten Punkten gebildete Figur deutlich hervor. Ähnliche Punkte kommen auch auf der Ventralfläche, auf den Gabellinienbinden und zahlreich auf den Wangen vor. Auf dem Vordertheile des Stirnschildes dunkle Punkte.

Der Vorderrand des Pronotums ist dunkel, die Mitte der Furche auf dem vorderen Theile ist auch dunkel. Die Seitenfelder und der hinterste Theil des Mesonotums blasser als der grösste Theil des Mittelfeldes. Der Vorderrand des Mesonotums ist braun, die Vorderwinkel sind nicht dunkler. Die Punkte des Pro- und Mesonotums sind dunkel, deutlich, und *die Borsten sind zahlreich.*

Die Füsse sind rötlichbraun. Ihre Punkte sind undeutlich, wie auch die der *reich behaarten* Schildchen des 9—10. Abd.-segments. Auf dem Rückenschilde des 9. Abd.-segments stehen etwa 20 Borsten, auf dem Schutzschilde des Festhalters, ausser den vier langen Borsten auf dem Hinterrande, 12—15.

Die *Puppe* 12—13 mm lang, 2,5 mm breit. Die Antennen reichen bis zum Ende des 8. Abd.-segments, die Flügelscheiden bis zum Anfang — zum Ende des 4., die Hinterfüsse bis zum Ende der Lobi inferiores — bis zu der Basis der Analstäbchen.

Auch das 1. Glied der Antennen ist behaart, und *die Haare des 2. Gliedes sind lang.* Der Rücken der Mandibeln ist convex, die Schneide convex oder beinahe gerade. Das 5. Glied der Maxillarpalpen beim am längsten, das 3. beinahe ebenso lang wie das 5., das 2. und 4. Glied kürzer (das Verhältnis 1,5—1,6 : 1,5 : 1,25—1,35 : 1).

---

[1]) Die Larven sind nach Exuvien beschrieben.

Die Mitteltarsen ziemlich wenig behaart, die 3—4 ersten Glieder der Hintertarsen spärlich behaart. Am Hinterende der

	Schema der Chitinhäkchen		Rücken-reihe	Seiten-	Bauch-
II			3 / 3	3	3 / 3
III	2, 3 (4)	III	3 / 3	3 / 2	3 / 3
IV	2—5	IV	3 / 2	0—1	3 / (2)--3
V	2, 3 (4) / 8—11	V	2—3 / 2		2 / 2—3
VI	3 (4)	VI	(1)—2 / (0,2)—1		2—3 / 2
VII	(2) 3, 4	VII	1—2		2 / 1—2

Schema der Chitinhäkchen.

Rücken- Seiten- Bauch-reihe der Kiemen der Puppe von *L. luridus* Curt.

Glieder der Vorder- und Mitteltarsen ein deutlicher Wulst, an den Hintertarsen sind diese Wülste klein oder fehlen. Die Paare der Sporne der Hintertibien ungleich lang.

Die Höcker des 1. Abd.-segments schwach, auf der Dorsalfläche des Segments jederseits 4—7 Borsten. Die Kiemenzahl $18 + 17 + 12 + 9 + 7 + 6 = 69$. Die Spitzchenfelder des 10. Abd.-segments schwach, *die Analstäbchen nur bis 0,76 mm lang, ziemlich gerade, mit wenigen Spitzchen bewehrt.* Auf der Basis der Stäbchen bis 4 schwache Haare, die erste längere Borste liegt im $^1/_6$—$^1/_4$ der Länge des Stäbchens, die zweite im $^5/_7$—$^4/_5$, die dritte auf dem letzten Elftel, ganz nahe bei der vierten Borste. *Auf der Ventralfläche des 9. Abd.-segments liegen beim ♀ zwei grosse, breit abgerundete Loben. Lobi inferiores des ♂ sind abgerundet, und ihre Buchten sind etwas lateral gerichtet; sie reichen ebenso weit nach hinten wie die ungewöhnlich breiten Hülften der Penisanlage. (Die Hülften sind ebenso breit wie ein Lobus, Fig. 13 a). Der postsegmentale Rand der Dorsalseite des 8. Abd.-segments ist beim ♂ in einen medianen, kleinen, am Hinterrande eingeschnittenen Fortsatz verlängert.* Die eigenthümlich

geformten »superior» und »intermediate appendages» der ♂ Imago
(Mc Lachlan, p. 93) stecken in dem dorsalen Theil des 9—10.
Segments der ♂-Puppe ohne irgend einen Vorsprung zu bilden.

Das *Puppengehäuse* ist 14—16 mm lang, 3—4,5 mm breit,
*gerade, hinten nur wenig schmäler, eben, aus der Länge nach
gelegten oder quadratischen, ziemlich breiten, bis 4 mm langen
vegetabilischen Fragmenten* (Blatt-, Rindenstücken) aufgebaut.
An den Rändern der Enden ist oft Moos befestigt, nicht aber
auf den dünnen, blassen, geraden, von vielen, kleinen Löchern
durchgebohrten Siebmembranen. Die ausschlüpfende Puppe löst
die vordere Siebmembran zum grössten Theil ab.

Tvärminne, Juni 1904. Die Puppengehäuse wurden in
feuchtem Boden, zwischen den Resten von vermodernden Blättern und Moosen (Sphagnum) gefunden, die, wie gesagt, nur feucht,
aber gar nicht triefend waren. Die Gehäuse liegen ganz los,
nicht an den Moosen befestigt. An denselben Lokalitäten fliegen auch *Limnophilus sparsus* Curt. und *Stenophylax alpes-
tris* Kol.

Limnophilus fuscicornis Ramb. [1]) Die Gabellinienbinden der *Larve* sind nur wenig dunkler als die Grundfarbe der
Pleuren. Die Wangenbinden fehlen. — Die Flügelscheiden der
Puppe reichen bis zum Anfang des 4—5. Abd.-segments (nach
Struck, IV, p. 38 bis zum Anfang des 8.). Die Oberlippe ist kurz,
breiter als lang. Das 5. Glied der Maxillarpalpen beim ♀ ist
am längsten, dann folgen das 3., 2. und 4. (das Verhältnis wie
1,45—1,6 : 1,3—1,55 : 1—1,15 : 1). — Die 1—4. Glieder der Hintertarsen sind mit einigen Haaren besetzt. Die Krallen des letzten Tarsengliedes schwach.

Auf der Dorsalseite des 1. Abd.-segments stehen jederseits
zwei Borsten. Die Kiemenzahl $16 + 15 + 10 + 7 + 7 + 3 = 58$.
Die Analstäbchen sind 0,85—1,1 mm lang, die erste Borste liegt
im $^1/_5$—$^1/_4$ der Länge des Stäbchens, die zweite im $^1/_2$—$^2/_3$, die
dritte auf dem letzten Dreizehntel.

[1]) Einige Zusätze zu und Abweichungen von Strucks Beschreibung
(II, p. 8—9, Fig. 12; III, Fig. 19; IV, p. 37—39, Fig. 11, Taf. I, Fig. 12, Taf.
VI) werden hier mitgetheilt.

Das *Puppengehäuse* ist 18—19 mm lang, 3,5—4 mm breit.
Die vordere, von vielen kleinen Löchern durchgebohrte Sieb-

	Schema der Chitinhäkchen
III	2, 3 (4)
IV	2, 3
V	3 / 7—9
VI	2, 3
VII	2—4

Schema der Chitinhäkchen.

	Rückenreihe	Seitenreihe		Bauchreihe
II	3 / 3	2	2	3 / 3
III	3 / 3	2	1	3 / 3
IV	3 / 2	0—1	0—(1)	2 / 2
V	2 / 1—(2)			2 / 2
VI	(1)—2 / 1			2 / 1—2
VII	0—2			1—(2) / 1
VIII				0—(1)

Rücken-   Seiten-   Bauch-reihe der Kiemen der Puppe von *L. fuscicornis* Ramb.

membran ist schwach entwickelt, auf ihr sind Sandkörner befestigt; das Hinterende ist mit Sandkörnern verschlossen, zwischen welchen oft nur einige Löcher und Sekretbalken die Siebmembran vertreten.

Uusikirkko, Wammeljoki, [18]/6 1898, fertige Puppen (von
Klapálek bestimmt); Kirchspiel Sortavala, Myllykoski, [20]/6 1902,
fertige Puppen (Imagines von Morton bestimmt).

Anabolia sororcula Mc Lach. Das Schildchen auf
dem Prosternum der Larve ist deutlich, dunkel, der Hinterrand
ist noch dunkler; an den Seiten des hinteren Theiles liegen in
einander geflossene Punkte. Auf dem Hinterrande des Mesosternums liegt jederseits eine Gruppe deutlicher, schwarzer
Punkte und lateral von dieser ein dunkler Fleck. Auf dem Hinterrande des Metasternums liegt auch jederseits eine kleine
Gruppe blasser Punkte auf einem von dem übrigen Theile abge-
grenzten, obgleich nicht dunkleren Flecke.

Ein Puppengehäuse, das 31 mm lang, 5,5 mm breit war,

bestand aus der Länge nach gelegten Fragmenten von Phragmitesstengeln. — In einem Gehäuse fand ich unter den Sandkörnern eine Planorbisschale. Auf der Rückenfläche des Gehäuses sind bisweilen sehr breite Rindenstücke angefügt; so war z. B. auf der Rückenfläche eines 4 mm breiten Gehäuses ein 10 mm breites Stück befestigt.

Als Belastungstheile des Gehäuses brauchen die Larven bisweilen Gehäuse anderer Trichopteren. So fand ich an beiden Seiten eines Gehäuses je ein 9—12 mm langes, aus Sekret aufgebautes Gehäuse von *Brachycentrus subnubilus* Curt. und an der Rückenfläche noch ein drittes, ähnliches Gehäuse befestigt. Die Puppengehäuse sind bisweilen, besonders wenn sie ausschliesslich aus gröberen Sandkörnern bestehen, ganz ohne Belastungstheile, so dass die charakteristische Form der Gehäuse verschwunden ist. — Die Larven und Puppen leben auch in Flüssen und Bächen, jedoch nicht in rieselndem Wasser. Oft sieht man die Larvengehäuse lange vor der Verpuppung mit den Rändern der Mundöffnung an Hölzern im Wasser befestigt, so dass das Hinterende frei, schief in das Wasser ragt. Die Puppengehäuse sind oft an einander geheftet.

Stenophylax dubius Steph. [1]

Fig. 14 a Larve.

Die *Larve* 16 mm lang. Der Kopf ist kurz, der grösste Theil der Ventralfläche des Kopfes ist braun, nur der vorderste Theil und die Umgebung des Foramen occipitis sind blasser. — Die Mandibeln sind mit vier deutlichen, spitzen und einem undeutlichen, stumpfen Zahne versehen.

Auf dem Pronotum sind die Mitte der Querfurche auf dem vorderen Theile und die Ränder braun (der Hinterrand ist schwarz). Das Mesonotum, auf welchem die gewöhnlichen Punktgruppen vorkommen, ist auf der ganzen Fläche mit Bor-

---

[1] Im folgenden werden wieder nur einige Details zur Complettierung der von Struck gegebenen Beschreibung (II, p. 14, Fig. 25; III, p. 17, Fig. 8; IV, p. 62—64; Taf. II, Fig. 7) mitgetheilt.

sten versehen, die Umgebung der Basis der Borsten ist dunkler als die Grundfarbe, ebenso auch die der zahlreichen, auf dem ganzen Metanotum und dem 1. Abd.-segmente stehenden Borsten. Die Stützplättchen der Füsse normal. Das Schildchen am Hinterrande des Prosternums, die seitlich von diesem liegenden Punkte, die Punktreihe des Mesosternums und die undeutlichen Punkte des Metasternums sind vorhanden.

Abdomen blass. Die Seitenhöcker des 1. Abd.-segments stumpf, der Rückenhöcker spitz, die Ventralfläche aufgeblasen. Auf dem 3—6. Abd.-segmente auf jedem Segmente bis 6 Borstenpunkte. Wie Struck entdeckt hat, sind die Kiemen in Büscheln von mehreren Fäden angeordnet. Die Fäden können am Ende zweigespalten sein. Auf der Ventralfläche des 1. Abd.-segments liegen auch Kiemen, was früher bei

	Rücken	Seiten	Bauch
I			19
II	23 / 26	7	17 / 18
III	22 / 21	9	14 / 28
IV	14 / 13		12 / 18
V	10 / 11		9 / 20
VI	8 / 11		11 / 11
VII	8 / 12		8 / 15
VIII	6		4

Rücken- Seiten- Bauch-reihe der Kiemen einer Larve von *St. dubius* Steph.

den Limnophiliden nicht bekannt war. Zwischen der Seiten- und Mittelborste auf dem Rückenschilde des 9. Abd.-segments 2 Borsten, zwischen den Mittelborsten 1, zusammen 9. Auf dem Schutzschilde des Festhalters auf dem Hinterrande 4 und auf der Dorsalfläche 5—8 Borsten. Der Vordertheil des Schildes mit Punkten verziert. Die Klaue des Festhalters ist mit einem kleinen und einem grossen Rückenhaken versehen. Die elliptischen, ventralen Chitinringe der Abd.-segmente sind vorhanden.

Das *Gehäuse* der Larve ist 19—20 mm lang, 3—3,5 mm breit. Kauhava, ein Graben, F. Reuter; Kivennapa, Rajajoki.

Stenophylax infumatus Mc Lach.

Fig. 15 a—c Larve, d Puppe, e--h Gehäuse.

Die *Larve* 19—25 mm lang, 4—4,5 mm breit. *Der Kopf, das Pro- und Mesonotum sehen wegen der zahlreichen Punkte bunt aus.* Die Füsse sind gelblich oder gelbbraun, die Schilder des 9—10. Abd.-segments gelbbraun oder braun. Die nicht stärker chitinisierten Theile des Thorax und das 1. Abd.-segment sind dem übrigen Abdomen ähnlich gefärbt.

Der Kopf ist kurz, gelblich oder gelbbraun, oft dunkler als das Pronotum. *Er ist mit sehr zahlreichen, deutlichen, dunklen Punkten versehen.* So befindet sich auf dem Hintertheile des Stirnschildes eine T- oder keilförmige Figur und auch vor dieser einige Punkte. Die Winkel der Gabeläste und die Gabeläste auf einer Strecke vor dem Gabelwinkel sind dunkler braun (Fig. 15 a). Auf den Hintertheilen sind die Punkte besonders zahlreich auf der Dorsalseite und auf den Wangen. Die Seiten vor den Augen und die Ventralfläche unter den Augen graubraun oder braun; die Grenzen gegen die Mundtheile sind dunkel. Die Umgebung der medianen Grube und der Basis der Borsten auf der Oberfläche der Oberlippe ist dunkel. Die Mandibeln mit 5 stumpfen Zähnen. Die Maxillartaster und besonder die Maxillarloben sind sehr kurz.

Das Pronotum ist blassgelblich bis graubraun, der Hinterrand ist schwarz, die anderen Ränder und die Mitte der Furche auf dem vorderen Theile dunkler als die Grundfarbe. Mesonotum ist gelbbraun oder graubraun, die Mitte des Hinterrandes und die Hinterecken sind schwarz, die anderen Ränder braun, die Seitenfelder sind gelblich, blasser als das Mittelfeld. *Die Punkte des Pro- und Mesonotums sind sehr deutlich und zahlreich, braun; die Umgebung der Basis der Borsten ist graubraun* (Fig. 15 b, c). Die Schildchen des Metanotums sind deutlich, die vordersten, querliegenden Schildchen sind mit einander vereinigt. Die Umgebung der Basis der Borsten auf den Schildchen des Metanotums und dem 1. Abd.-segmente ist dunkler als die Grundfarbe. Das Schildchen am Hinterrande des Prosternums ist undeutlich, gelblich, am Hinterrande nicht dunkler

oder fehlt. Auf den Seiten des Schildchens keine Punkte. Die
Punkte des Mesosternums schwarz, nicht auf besonderen Flecken, auf dem Metasternum nur einige Punkte. Auf der Ventralfläche des 1. Abd.-segments jederseits einige stärker chitinisierte Flecke, auf welchen Borsten stehen.

Das Längenverhältnis der Füsse wie 1 : 1,55—1,6 : 1,5, das
der Vorderklauen und -tarsen wie 1 : 1,15—1,5, das der Mittel-
und Hinterklauen gegenüber ihre Tarsen wie 1 : 1,55—1,8. [1])
Die Punkte sind deutlich. Sporuzahl 2, 2, 2; 1, 0, 2; 1, 0, 2.

Die Höcker des 1. Abd.-segments niedrig. Die Seitenlinie
beginnt mit einigen schwarzen Haaren schon am Ende des 2.
Abd.-segments. Die Zahl der Chitinpunkte auf dem 2—7. Segmente 2—7. Die Kiemenzahl $3 + 6 + 6 + 5 + 2 + 2 = 24$,
somit sehr klein. *Auf dem
2. Segmente keine praesegmentalen Kiemen.* Auf dem
Rückenschilde des 9. Abd.-
segments zwischen der Sei-
ten- und Mittelborste jederseits 3 Borsten, zwischen
den Mittelborsten auch drei,
zusammen 13. Auf der Dor-
salfläche des Schutzschildes
des Festhalters etwa 7 Borsten und auf dem Hinter-
rande 4.

Die *Puppen* sind 16—21
mm lang, 3,5—4 mm breit,

	Rücken-		Seiten-		Bauch-
II	1			1	1
III	1	1		1	1
	1			1	1
IV	1	1			1
	1			1	1
V	1	(0)—1			1
	1		0—(1)		1
VI	0—(1)				1
	0—(1)				1
VII					(0)—1
					(0)—1

Rücken-   Seiten-   Bauch-
reihe der Kiemen der Larve und
Puppe von *St. infumatus* Mc Lach.

die Antennen reichen bis zum Anfang des 6. — zum Ende
des 8. Abd.-segments, die Flügelscheiden bis zum Ende des
3. — den Anfang des 4., die Hinterfüsse bis zum Anfang
des 7—9.

[1]) Eine Larve hatte an einem der Vorderfüsse zwei Basaldorne der
Klaue und viele starke Dorne am Ende der Tibia und des Trochanters.

Das 1. Glied der Antennen ist mit einigen Haaren versehen, *auf dem 2. Gliede zahlreiche, lange Haare.* Die Oberlippe ist breiter
als lang, der Vorderrand ist abgerundet. Die
Oberkiefer wie z. B. bei *Limnophilus rhombicus.* Das 5. Glied der Maxillarpalpen des ♀
ist am längsten, dann folgt das 3., 2. und 4.
(das Verhältnis wie 1,5 : 1,35—1,4 : 1,05 : 1).

III	3—6
IV	3—7
V	4—7 / 21—23
VI	4—9
VII	3—8

Schema der Chi-
tinhäkchen der
Puppe von *St.
infumatus* Mc
Lach.

Der vordere Aussenwinkel der vorderen
Flügelscheiden ist abgerundet, der Aussenrand
ist ziemlich gerade. Die Sporne der Tibien
sind spitz. Die 1—4 ersten Glieder der Hintertarsen sind behaart.

Die Höcker des 1. Abd.-segments sind gross, breit, ihre
Dorne klein. Auf der Dorsalfläche des 1. Abd.-segments zahlreiche Borsten. *Die Chitinplättchen des 3—7. Abd.-segments sind
gross und die Häkchen zahlreich.* Die Spitzchenfelder des 10.
Abd.-segments sind schwach. Die Analstäbchen sind 1,05—
1,15 mm lang, am Ende nur wenig gebogen. Die erste längere
Borste liegt im $^1/_{12}$—$^1/_7$ der Länge des Stäbchens, die zweite
im $^4/_7$—$^5/_7$, die dritte auf dem letzten Siebentel. Auf der Ventralfläche des 10. Abd.-segments zahlreiche Borsten. *Lobi inferiores des ♂ sind ungewöhnlich lang, keulenförmig, sie reichen
viel weiter nach hinten als die kleinen abgerundeten Hülften der
Penisanlage; Hinterrand der Loben gerade* (Fig. 15 d).

Das *Gehäuse* ist 30—53 mm, mit den Belastungstheilen
bis 65 mm lang und bis 13 mm breit. Das eigentliche Rohr
ist gerade, cylindrisch. Das Gehäuse ist aus meist der Länge
nach oder schief gelegten, meist grossen, vermodernden Hölzchen, Holzfragmenten u. s. w. aufgebaut. Ausserdem sind oft
auf den verschiedenen Seiten ungewöhnlich derbe, bis 52 mm
lange Hölzchen u. a. Pflanzenstücke befestigt, die das Gehäuse
sehr uneben und unförmlich machen, so dass es zu den am meisten plumpen Trichopterengehäusen gehört (Fig. 15 e—h). Das
Hinterende des Larvengehäuses ist offen oder meist durch die
Baumaterialien etwas verengt und mit einer von einem grossen,

unregelmässigen Loche durchgebohrten Membran verschlossen.
Die vordere Siebmembran des Puppengehäuses ist convex, die
hintere gerade, beide sind gross, dünn, mit vielen kleinen Löchern versehen. Die Puppengehäuse werden mit dem vorderen Ende auf der Unterfläche im Wasser liegender Hölzer befestigt.

Kirchspiel Sortavala, in Bächen in Nälkäkorpi, Mitte Juni
1902, Larven, Puppen; Tuusula, ein Bach nahe bei Tuusulan
järvi, Mitte Juni 1904, erwachsene Puppen (Imagines von Morton bestimmt).

Stenophylax rotundipennis Brauer. Auf dem hinte-
ren Theile der hinteren Stützplättchen der Vorderfüsse der Larve
1—2 Borsten. Das Plättchen des Prosternums ist gelblich, am
Hinterrande dunkler, seitlich von ihm liegen Punkte. Auf dem
Mesosternum schwarze Punkte, aber, wie auch bei *St. nigricornis* Pict. und *St. stellatus* Curt., keine Flecke, die Punkte des
Metasternums wenig zahlreich, blass, undeutlich oder fehlen.
Auf der Ventralfläche des 2—7. Abd.-segments, wie bei *St. nigricornis* und *St. stellatus*, sehr lang elliptische, quere Chitinringe. Lobi inferiores des ♂-Puppe sind am Ende deutlich eingeschnitten (Silfvenius II, Fig. 8 f), wie auch die in ihren
steckenden Genitalfüsse des ♂-Imago (Mc Lachlan, Pl. XIII,
Fig. 4).

Stenophylax nigricornis Pict. Auf dem hinteren Theile
der hinteren Stützplättchen der Vorderfüsse der Larve kann die
Zahl der Borsten bis auf 5 steigen, und auf dem vorderen
Plättchen liegen 2—3 kleine Börstchen und eine längere. Das
Plättchen des Prosternums ist undeutlich, gelblich, sein Hinterrand ist gar nicht oder wenig dunkler; seitlich von ihm liegen
verschwommene Punkte. Die Punkte des Mesosternums können gelblich, undeutlich, oder dunkler, deutlicher sein, die Punkte des
Metasternums sind blass, undeutlich, wenig zahlreich.

Stenophylax stellatus Curt. Die Zahl der Borsten auf
dem hinteren Theile des hinteren Stützplättchens der Vorder-

füsse der Larve kann bis 3 steigen. Das Plättchen des Prosternums ist deutlich, der Hinterrand ist dunkler, seitlich von ihm liegen verschwommene Punkte. Die deutlichen, schwarzen Punkte des Mesosternums liegen jederseits in einem Kreise; die Punkte des Metasternums sind auch oft deutlich und liegen jederseits in einem Kreise. Die Larve kann bis 25 mm lang werden. — Bisweilen findet man an den Gehäusen zwischen den Sandkörnern Schalen von Planorbis, sogar in bedeutender Menge befestigt, die mit der flachen Seite dem Gehäuse angefügt sind und, obgleich sehr selten, längere das Hinterende überragende Hölzchen. — Die Larve befestigt das Vorderende ihres Gehäuses oft an Ritzen in Wasser liegender Hölzer, so dass das Hinterende schief frei in das Wasser ragt. Dann wendet sie sich im Gehäuse um, so dass der Kopf der Puppe nach dem freien Ende zu gekehrt ist. Die ausschlüpfende Puppe trennt das freie Ende rund herum ab, so dass es nur ein wenig mit dem Rohre zusammenhängt und bald abfällt.

Micropterna lateralis Steph. [1]

Fig. 16 a Puppengehäuse.

Die stärker chitinisierten Theile der *Larve* gelblich, das Stirnschild, die Gabellinienbinden sind graubraun, der Vordertheil der Ventralfläche des Kopfes ist dunkelgrau. Der Gabelwinkel ist blass. Die keilförmige Figur nicht deutlich, auf dem Vordertheile des Stirnschildes nur undeutliche Punkte. Auf den hinteren Theilen der Gabellinienbinden schwarze, deutliche, und auf der Ventralfläche und den Wangen braune Punkte. Auf den letzteren sind die Punkte zahlreich; die pleuralen Punktreihen schliessen sich dicht an die Gabellinienbinden an und reichen bis an die ventrale Oberfläche hinab.

Die Punkte des Pro- und Mesonotums sind deutlich, die Umgebung der Basis der zahlreichen Borsten ist dunkler als die Grundfarbe. Der Hinterrand des Pronotums ist schwarz,

[1] Die Beschreibung der Larve nach der Exuvie.

die anderen Ränder sind braun, die Mitte der Furche auf dem vorderen Theile ist etwas dunkler als die übrige Oberfläche, die x-förmige Figur ist schlank. Die Seitenfelder des Mesonotums sind blasser als das Mittelfeld, der Vorder- und Hinterrand sind dunkler. — Der ganze Oberrand der Tibien ist schwarz.

Die Stirn der 19 mm langen, 4 mm breiten *Puppe* ist ziemlich stark gewölbt; die Borsten des 2. Antennengliedes sind deutlich. Die Oberlippe ist ebenso breit wie lang, der Vorderrand ist abgerundet. Die Schneide und der Rücken der Mandibel sind convex. — Der vordere Aussenwinkel der Vorderflügelscheiden ist abgerundet. Auch die Sporne der Hintertibien sind ziemlich spitz, die Mitteltarsen sind ziemlich schwach behaart, die 4 ersten Glieder der Hintertarsen sind behaart.

Die Höcker des 1. Abd.-segments sind durch eine breite, gerade Einbuchtung getrennt, gerade nach hinten gerichtet. Auf der Rückenfläche des 1. Segments stehen jederseits 4—7 Borsten. Die Plättchen des 4—7. Abd.-segments sind gross, die Häkchen sind zahlreich. Die Kiemenzahl $6 + 6 + 6 + 6 + 4 + 4 = 32$.

III	3—4
IV	7—8
V	7—9 14—23
VI	7—11
VII	7—11

Schema der Chitinhäkchen.

	Rücken	Seiten	Bauch
II	1 1	1	1
	1	1	1
III	1 1	1	1
	1	1	1
IV	1 1	1	1
	1	1	1
V	1 1		1
	1	0—1	1
VI	1		1
	1		1
VII	1		1
	0—1		1

Rücken- Seiten- Bauchreihe der Kiemen der Puppe von *M. lateralis* Steph.

Die Spitzchenfelder des 10. Abd.-segments sind schwach, die Analstäbchen 0,8—0,9 mm lang, gerade. Am distalen Ende der Aussenseite der Stäbchen zahlreiche, grosse Dörnchen. Die erste längere Borste liegt im $\frac{1}{6}$—$\frac{1}{3}$ der Länge des Stäbchens, die zweite im $\frac{3}{5}$, die dritte auf dem letzten Sechstel.

Das Hinterende des *Larvengehäuses* ist abgerundet und mit pflanzlichen Fragmenten bis auf ein grosses rundes, oder unregelmässiges, medianes Loch, ohne Sekretmembran, verschlossen. Das *Puppengehäuse* ist 20—25 mm lang, 4—6 mm breit, etwas gebogen, beinahe gleich breit, aus dunklen, quadratischen, oder quer, schief oder der Länge nach gelegten, kleinen Blatt-, Holz- und Rindenfragmenten aufgebaut. Die Oberfläche ist eben. Die Siebmembranen sind dünn, gerade, von vielen, kleinen Löchern durchgebohrt. Die hintere Membran liegt frei ganz am Hinterende des Gehäuses, nur an den Rändern des Endes sind feine Pflanzentheile befestigt. An den Rändern des Vorderendes können etwas grössere Pflanzentheile befestigt sein, die das Vorderende bedecken. Auf den Siebmembranen können Sandkörner aufgeklebt sein, und kann man auch zwischen den pflanzlichen Baumaterialien bei den Enden Sandkörner finden.

Tuusula, ein langsam fliessender Bach. Die Gehäuse sind an Uferböschungen befestigt. Am $\frac{11}{6}$ 1904 eine fertige Puppe (Imago von Morton bestimmt). Tvärminne, Synddalen, ein kleiner Quellbach mit kaltem Wasser, wo noch am $\frac{7}{7}$ 1904 ausser leeren Gehäusen todte, beinahe fertige Puppen gefunden wurden. Die Puppengehäuse waren von einem Schlammschicht bedeckt und dadurch rothbraun.

Halesus interpunctatus Zett. Das Plättchen des Prosternums ist oft undeutlich, sein Hinterrand kann dunkler sein, lateral von dem Schilde liegen verschwommene Punkte. Die Punkte des Mesosternums sind schwarz, die des Metasternums blass, undeutlich, auf diesen beiden keine Flecke. — Die elliptischen Chitinringe liegen auf dem 2—7. Abd.-segmente. — Die Gehäuse sind oft aus ungewöhnlich derben Holz- und Rindenfragmenten aufgebaut. So fand ich in einem Gehäuse unter den Materialien ein 13 mm langes, 10 mm breites, 8 mm hohes Holzstück, und am Hinterende des Gehäuses war ein 28 mm langer, 6 mm breiter Span befestigt.

Halesus tessellatus Ramb. Das Schildchen des Prosternums ist deutlich, dunkelgelb, sein Hinterrand ist nicht dunkler, die lateralen Punkte sind verschwommen. Die Punkte des Mesosternums sind schwarz, die des Metasternums auch dunkel,
deutlich, auf beiden keine Flecke. Die additionelle Borste des
Vorderfemurs kann bei dieser Art und bei *H. interpunctatus*
genau über dem basalem Sporne oder basalwärts von ihm stehen (s. Ulmer VI, p. 69). Die elliptischen Chitinringe liegen
auf dem 2—7. Abd.-segmente. — Es ist mir bisher unmöglich,
die Larven von *H. tessellatus* und *H. interpunctatus* sicher von
einander zu unterscheiden.

Chaetopteryx villosa Fabr. Das Schildchen des Prosternums ist undeutlich, sein Hinterrand ist nicht dunkler, die
lateralen, dunklen Punkte kommen vor. Metasternum ohne
Punkte, Mesosternum mit einer langen Reihe von dunklen Punkten; die Flecke fehlen auf den beiden. — Die Gehäuse können
z. Th. aus vegetabilischen Theilchen, z. Th. aus Sandkörnern
bestehen, dann liegen jene, wie gewöhnlich, im Hintertheile des
Gehäuses.

Apatania. Auch auf die Larven dieser Gattung passt
die früher (p. 28) gegebene Beschreibung der Stützplättchen der
Füsse. Dagegen fehlen die Punkte der Thorakalsterna und das
Schildchen des Prosternums.

Verzeichnis der citierten Litteratur.

de Borre, A. Preudhomme, Catalogue synonymique et descriptif d'une petite collection de fourreaux de larves de Phryganides de Bavière. Ann. Soc. Ent. Belgique XIV, p. 62—71 (1870 —71).

Hagen, H., I. Ueber Phryganiden Gehäuse. Ent. Zeit. Stettin. XXV, p. 113—144; 221—263 (1864).

— II. Beiträge zur Kenntniss der Phryganiden. Verh. k.-k. zool.-bot. Ges. Wien XXIII, p. 377—452 (1873).

Klapálek, Fr., I, II. Metamorphose der Trichopteren. Arch. Landesdf. Böhmen VI B., N:o 5 (1888); VIII B, N:o 6 (1893).

— III. Die Morphologie der Genitalsegmente und Anhänge bei Trichopteren. Bull. intern. de l'Ac. d. Sciences de Bohême VIII, p. 1—35 (1903).

Kolenati, Fr., Genera et species Trichopterorum. Pars altera. N. Mem. Soc. imp. Moscou XI, p. 143—294 (1859).

Mc Lachlan, R., A monographic Revision and Synopsis of the Trichoptera of European Fauna (London, 1874—80).

Meyer, A., Beiträge zu einer Monographie der Phryganiden Westphalens. Ent. Zeit. Stettin XXVIII, p. 153—169 (1867).

Ostwald, W., Ueber die Variabilität der Gehäuse der Trichopterenlarven. Zeitschr. Naturw. N. F. XII, p. 95—121 (1901).

Sahlberg, J., Catalogus Trichopterorum Fenniae praecursorius. Acta Soc. Faun. Fenn. IX, N:o 3 (1893).

Silfvenius, A. J., I, II. Über die Metamorphose einiger Phryganeiden und Limnophiliden. I. Acta Soc. Faun. Fenn. 21, N:o 4 (1902); II. Acta Soc. Faun. Fenn. 25, N:o 4 (1903). III. Trichopterenlarven in nicht selbstverfertigten Gehäusen. Allg. Ztschr. f. Entom. IX, p. 147—150 (1904).

Struck, R., I. Über einige neue Übereinstimmungen zwischen Larvengehäusen von Trichopteren und Raupensäcken von Schmetterlingen. Ill. Wochenschr. f. Entom. I, p. 615—619 (1896).

— II. Neue und alte Trichopteren-Larvengehäuse. Ill. Ztschr. f. Entom. IV, p. 117 ff. (1899).

Struck, R., III. Lübeckische Trichopteren und die Gehäuse ihrer Larven und Puppen. Das Museum zu Lübeck (Lübeck, 1900).
— IV. Beiträge zur Kenntnis der Trichopterenlarven I. Mt. Geogr. Ges. u. Nat. Museum. Zweite Reihe. Heft 17 (1903).
— V. Beiträge zur Kenntnis der Trichopterenlarven II. Die Metamorphose von Neuronia clathrata. Kol. Mt. Geogr. Ges. u. Nat. Mus. Zweite Reihe. Heft 19 (1904).
Ulmer, G., I, II, III, IV. Beiträge zur Metamorphose der deutschen Trichopteren. Allg. Zeit. f. Ent. I. Bd. VI, p. 134—136 (1901); II. Bd. VII, p. 117—120; III. Bd. VII, p. 231—234; IV. Bd. VII, p. 429—432 (1902).
— V. Weitere Beiträge zur Metamorphose der deutschen Trichopteren. Ent. Zeit. Stettin, p. 179—226 (1903).
— VI. Über die Metamorphose der Trichopteren. Abh. Ver. Hamburg XVIII, p. 1—148 (1903).
Wallengren, H. O. J., Skandinaviens Neuroptera II. Neuroptera Trichoptera. Svenska Ak. Handl. 24, N:o 10 (1891).
Walser, Trichoptera bavarica. XVIII Jahresber. Naturh. Ver. Augsburg, p. 29—75 (1864).
Zander, E., Beiträge zur Morphologie der männlichen Geschlechtsanhänge der Trichopteren. Zeitschr. wiss. Zool. 70, p. 192—235 (1901).

Erklärung der Abbildungen.

Taf. I, Fig. 1—8.

1. *Neuronia clathrata* Kol. a. Hälfte des Pronotums der Larve $^{10}/_1$ [1]). b—e. Puppe. b. Stirn, von der Seite gesehen $^{10}/_1$. c. Stirn von oben gesehen $^{10}/_1$. d. Labrum und Mandibula, Dorsalansicht $^{15}/_1$. e. Hinterleibsende der ♀, Seitenansicht $^{15}/_1$. f. Puppengehäuse $^1/_1$.

2. *Holostomis atrata* Gmel. a—c. Larve. a. Kopf, Dorsalansicht $^5/_1$. b. Distaler Theil der rechten Mandibel, Ventralansicht $^{15}/_1$. c. Hälfte des Pronotums, Dorsalansicht $^5/_1$. d. Oberlippe und Oberkiefer der Puppe, Dorsalansicht $^{32}/_1$. e. Puppengehäuse $^1/_1$.

3. *Phryganea varia* Fabr. a. Kopf der Larve, Ventralansicht $^5/_1$. b. Lobi inferiores und Penisanlage der ♂-Puppe $^{15}/_1$. c. Larvengehäuse, der Länge nach gespalten $^1/_1$.

4. *Agrypnia picta* Kol. a—b. Larve. a. Kopf einer beinahe er-

---

[1]) In Figg. 1 a. 3 a, 4 a—b, 5 e—f, 8 a—c, 9 a—c, 11 a—c, 15 a—c sind die Borsten nicht eingezeichnet.

wachsenen Larve, Dorsalansicht $^{15}/_1$. b. Hälfte des Pronotums einer erwachsenen Larve $^5/_1$. c. Oberkiefer der Puppe $^{21}/_1$.

5. *Agrypnetes crassicornis* Mc Lach. a—f. Larve. a. Kopf, Dorsalansicht $^{10}/_1$. b. Kopf (einer anderen Larve), Ventralansicht $^8/_1$. c. Die linke Mandibel, von der medianen Seite gesehen $^{15}/_1$. d. Dieselbe, von unten gesehen $^{15}/_1$. e—f. Hälfte des Pronotums, Dorsalansicht $^{11}/_1$. g—l. Puppe. g. Oberlippe, Dorsalansicht $^{29}/_1$. h. Die Mandibeln, Ventralansicht $^{29}/_1$. i. Das 4—5. Glied der Maxillarpalpen des ♀ $^{29}/_1$. j. Lobi inferiores und Penisanlage des ♂ $^{15}/_1$. k. Hinterleibsende des ♀, Dorsalansicht $^{29}/_1$. l. Dasselbe, Ventralansicht $^{29}/_1$. m. Ein aus Characeen-Gliedern aufgebautes Gehäuse einer jungen Larve $^1/_1$. n. Ein aus Fucus aufgebautes Puppengehäuse $^1/_1$.

6. *Colpotaulius incisus* Curt. a. Lobi inferiores und Penisanlage der ♂-Puppe $^{32}/_1$.

7. *Grammotaulius* sp. a. Gehäuse $^1/_1$.

8. *Limnophilus borealis* Zett. a—c. Larve. a. Kopf einer dunklen Larve, Dorsalansicht $^{11}/_1$. b. Kopf einer blassen Larve, Dorsalansicht $^{11}/_1$. c. Hälfte des Pronotums $^{11}/_1$. d. Lobi inferiores und Penisanlage der ♂-Puppe $^{32}/_1$. e. Larvengehäuse $^1/_1$.

Taf. II, Fig. 9—16.

9. *Limnophilus marmoratus* Curt. a—c. Larve, Kopf, Dorsalansicht $^{11}/_1$. b. Hälfte des Pronotums $^{11}/_1$. c. Hälfte des Mesonotums $^{11}/_1$. d—e. Puppe. d. Lobi inferiores und Penisanlage des ♂ $^{21}/_1$. e. Ein abnormes Analstäbchen $^{32}/_1$. f. Puppengehäuse $^1/_1$.

10. *Limnophilus lunatus* Curt. a. Lobi inferiores und Penisanlage der ♂-Puppe $^{32}/_1$. b. Larvengehäuse $^1/_1$.

11. *Limnophilus affinis* Curt. a—c. Larve. a. Stirnschild $^{11}/_1$. b. Hälfte des Pronotums $^{11}/_1$. c. Hälfte des Mesonotums $^{11}/_1$. d. Lobi inferiores und Penisanlage der ♂-Puppe $^{32}/_1$.

12. *Limnophilus bimaculatus* L. (griseus Mc Lach.) a. Lobi inferiores und Penisanlage der ♂-Puppe $^{32}/_1$.

13. *Limnophilus luridus* Curt. a. Lobi inferiores und Penisanlage der ♂-Puppe $^{32}/_1$. b. Puppengehäuse $^1/_1$.

14. *Stenophylax dubius* Steph. a. Ein Theil der praesegmentalen Kiemengruppe der Bauchreihe am 4. Abd.-segmente der Larve $^{32}/_1$.

15. *Stenophylax infumatus* Mc Lach. a—c. Larve. a. Stirnschild $^{11}/_1$. b. Hälfte des Pronotums $^{11}/_1$. c. Hälfte des Mesonotums $^{11}/_1$. d. Lobi inferiores und Penisanlage der ♂-Puppe $^{32}/_1$. e—h. Larvengehäuse $^1/_1$ (e, f. Dasselbe Gehäuse).

16. *Micropterna lateralis* Steph. a. Puppengehäuse $^1/_1$.

Inhalt.

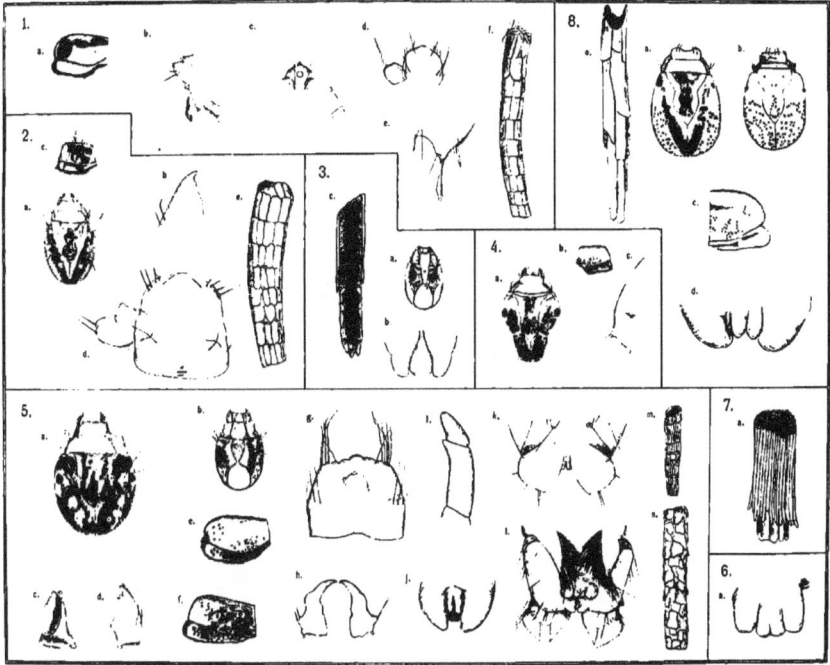

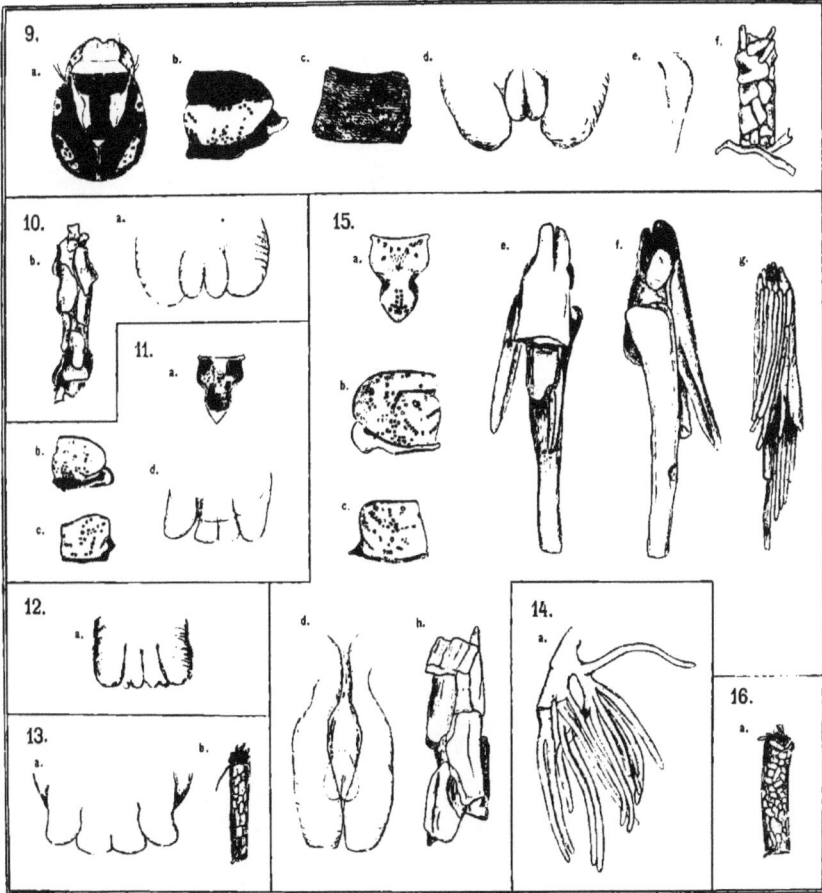

ACTA SOCIETATIS PRO FAUNA ET FLORA FENNICA, **27.** N:o 3.

BIDRAG

TILL KÄNNEDOM OM

ECHINORHYNCHERNA

I

FINLANDS FISKAR

AF

A. L. FORSSELL.

MED **8** TEXTFIGURER.

(Anmäld den 1 oktober 1904).

---✦=≡=✦---

HELSINGFORS 1905.

KUOPIO 1905
K. MALMSTRÖM'S BOKTRYCKERI

Föreliggande lilla uppsats har tillkommit närmast i syfte att försöka klargöra utbredningen af de i fiskars kroppshåla allmänt förekommande Echinorhynchuslarverna *(Echinorhynchus strumosus* och *Ech. semermis*[1]). Tillika har jag försökt utreda deras synonymförhållanden och i sådant afseende i uppsatsens början intagit en historisk skildring öfver de ifrågavarande Echinorhyncherna och därvid jämväl kommit att beröra några andra Echinorhyncher. Några infektionsförsök hafva företagits för att ådagalägga ohållbarheten af påståendet, att en och samma Echinorhynchus-art icke skulle kunna förekomma hos tvenne så vidt skilda värddjur som ett däggdjur och en fisk. — Emedan det för besvarandet af flere frågor rörande parasiterna är af synnerlig vikt att hafva tillgång till ett rikligt och utförligt protokollsmaterial från företagna undersökningar och då tyvärr liknande uppgifter i litteraturen ännu äro mycket knapphändiga, har jag ansett mig berättigad att här äfven intaga resultatet af mina undersökningar rörande samtliga i fiskar anträffade Echinorhyncher.

Det är mig en kär plikt att i detta sammanhang uttala mitt varma tack till min högt aktade lärare, prof. J. A. Palmén, för det han väsentligen underlättat mitt arbete genom att bereda mig plats vid »Tvärminne zoologiska station». Där

---

[1] Dessa larver såväl som deras i säldjurens tarmkanal förekommande fullbildade former hafva förut varit sammanförda såsom en art under namnet *Ech. strumosus* Rud. Angående deras åtskiljande till tvenne arter hänvisas till uppsatsen *›Echinorhynchus semermis n. sp.›* uti Meddelanden af Soc. pro Fauna et Flora Fennica, h. 30, 1904, p. 175—179. — I detta sammanhang ber jag att få rätta ett ledsamt tryckfel i nämnda uppsats. Å pag. 177 rad. 14 uppifrån böra mellan orden *hos* och *båda* följande ord inskjutas: *såväl larvform som könsmogen individ af*

har jag inhemtat de första grunderna uti ichthyologisk-helmin-
thologisk forskning under ledning af d:r Guido Schneider,
till hvilken jag därför frambär mitt uppriktigaste tack äfvensom
för det varma intresse denne städse visat för mina helmintho-
logiska studier. Med tacksamhet bör jag också nämna de värde-
fulla råd och anvisningar med hvilka d:r K. M. Levander be-
redvilligt gått mig till handa vid mina studier af Echinorhyncherna.

En kortfattad historisk framställning i kronologisk följd
för utrönandet af *Ech. strumosus'* och *Ech. semermis'* synonymförhållanden torde icke sakna sitt intresse. Däraf skall helt säkert framgå att larven af *Ech. semermis* redan förut flere gånger blifvit anträffad ehuru icke behörigen beaktad såsom en
särskild art. Däremot har jag i litteraturen icke funnit något
uttalande, som skulle gifva vid handen, att man lagt märke till
någon skillnad mellan de fullbildade Echinorhyncherna från sälen. Skäl finnes dock att antaga, att man anträffat också den
fullbildade *Ech. semermis*.

År 1780 gjorde Martin [1] ett meddelande om »en särde-
les mask, som liknar sprutor, och gör Hydatides eller Vattuhölsor i Norsens inälfvor». Han namngifver icke masken, men
säger, att den förekommer i tarmen och peritoneum af nors
och lake. Här är helt säkert fråga om två (möjligen tre) skilda
arter. Den i *peritoneum* af nors förekommande masken är an-
tagligen identisk med den af mig beskrifna *Ech. semermis*. Detta
vore då första gången man i litteraturen kan spåra en uppgift
rörande denna mask. En af Martin bifogad teckning visar
tydligt bilden af en Echinorhynchus från norsens *tarm*. — I
anslutning till Martins meddelande lemnade Acharius [2] en
beskrifning på den af Martin upptäckta masken från norsens
tarm. Han benämner densamma *Acanthrus sipunculoides* och

[1] Kgl. Sv. Vet. Akad. Nya Handl., Tom. I, 1780, p. 44—49.
[2] l. c., p. 49—51.

har aftecknat den något förstorad. Någon mask, som skulle förorsaka »vattuhölsor» i norsens inälfvor, säger han sig däremot icke hafva sett. [1]) Rudolphi [2]) omnämner de af Martin upptäckta maskarna under namnet *Ech. eperlani* och säger, att den i kroppshålan förekommande masken är mindre än den, som förekommer i tarmen. Han hänför dem till »species dubiae» och beskrifver dem icke närmare. Namnet *Ech. eperlani* Rud. innefattar således två eller möjligen tre skilda arter: en från norsens tarm, af Acharius förut benämnd *Acanthrus sipunculoides*, en annan från norsens peritoneum, af Martin upptäckt, men icke namngifven och möjligen en tredje från lakens peritoneum (*Ech. strumosus*). Det framgår dock icke fullt tydligt af Martins meddelande, om han anträffat en *larv i peritoneum* eller en *fullbildad i tarmen* af laken. — Skulle man bibehålla namnet *Ech. eperlani* Rud. för någon af dessa maskar, så vore det naturligtvis för den i norsens tarm förekommande *Acanthrus sipunculoides*, som af Martin och Acharius blifvit beskrifven och afbildad. *Acanthrus sipunculoides* Acharius är således identisk med *Ech. eperlani* Rud. och *Ech. phoenix* Gui. Schn. [3])

I likhet med Guido Schneider [4]) tror jag, att den af Kessler [5]) beskrifna Echinorhynchus från tarmen af Coregonus och Salmo är identisk med *Ech. phoenix*. Kessler har visserligen betecknat den såsom *Ech. pachysomus* Crepl. Enligt hans

---

[1]) *Acanthrus sipunculoides* Acharius kan således icke vara identisk med Echinorhynchus-larven i norsens peritoneum (*Ech. semermis*), men väl med den af Guido Schneider beskrifna *Ech. phoenix*, — Martin torde hafva undersökt parasiter i *Finland*, hvaremot Acharius undersökt sådana i *Sverige*. Detta kan möjligen förklara, att den senare författaren icke anträffat några larver i norsens peritoneum.

[2]) Entozoorum sive vermium intestinalium historia naturalis. Vol. II. pars I. 1809.

[3]) Det af Guido Schneider antagna namnet *Ech. phoenix* har jag bibehållit på den grund att *Ech. eperlani* Rud. innefattar åtminstone tvenne skilda arter och dessutom kan betraktas endast såsom ett provisoriskt namn.

[4]) Beiträge zur Kenntnis der Helminthenfauna des Finnischen Meerbusens. Acta Soc. F. F. F. 26. N:o 3. 1903, p. 26.

[5]) Матеріалы для познанія Онежскаго озера etc. 1868, p. 124—125.

beskrifning stämmer den dock icke öfverens med denna art, men väl med *Ech. phoenix.* — *Ech. pachysomus* Crepl. har icke blifvit anträffad i *Finland.*

À pag. 125 i Kessler's ofvanciterade arbete beskrifver författaren en *Ech. eperlani* Rud., en larvform från kroppshålan af *Osmerus eperlanus.* Här är tydligen fråga om samma Echinorhynchus-larv, som jag beskrifvit såsom *Ech. semermis.* [1]) Att, såsom Kessler gör, kalla den *Ech. eperlani* Rud., är alldeles orätt, hvilket framgår af hvad jag ofvan anfört. Lika ohållbart är Kessler's antagande, att denna Echinorhynchuslarv vore ungdomsform till den af honom beskrifna *Ech. pachysomus* (= *Ech. phoenix*).

P. Olsson [2]) har i tarmen af *Osmerus eperlanus* funnit *Ech. eperlani* Rud. (identisk med *Ech. phoenix*) vid *Bönan* nära *Gefle.* — Såsom en ny art med namnet *Ech. gibber* beskrifver samme författare [3]) en Echinorhynchus från tarmen af *Muraena anguilla* och *Coregonus lavaretus.* Jag anser dock, af skäl som jag längre fram skall anföra, att detta icke är någon ny art, utan *Ech. strumosus* Rud., som tillfälligtvis hamnat i några fiskars tarmkanal. — Larvformen till *Ech. gibber* har Olsson funnit i kroppshålan hos *Perca fluviatilis, Cottus quadricornis* och *Clupea harengus.* Huruvida alla dessa larver tillhöra en och samma art, *Ech. strumosus* (= *Ech. gibber* Olsson), kan jag icke med säkerhet afgöra, men skulle på grund af egna undersökningar vilja betvifla detta. Hos *Perca fluviatilis* har jag nämligen till öfvervägande del funnit larver af *Ech. strumosus,* hos *Cottus quadricornis* ungefär lika mycket af *Ech. strumosus* som af *Ech. semermis* och hos *Clupea harengus* nästan uteslutande *Ech. semermis.*

Hos *Osmerus eperlanus* har Olsson [4]) anträffat en Echinorhynchus-larv, som han icke namngifvit, men som enligt hans

---

[1]) och icke *Ech. strumosus* Rud. såsom Guido Schneider antagit (Ichthyologische Beiträge III. Acta Soc. F. F. F. 22. N:o 2. 1902, p. 32).

[2]) Bidrag till Skand. Helminthfauna, II, Kgl. Sv. Vet. Akad. Handl. Bd 25, N:o 12, p. 33.

[3]) l. c., pag. 36.

[4]) l. c., p. 37.

förmenande borde hänföras till *Ech. gibber*, »då afvikelserna
äro obetydliga». Att nämnda författare observerat en viss skillnad mellan Echinorhynchus-larverna hos *Osmerus eperlanus* å
ena sidan och hos *Perca, Cottus* och *Clupea* å andra sidan, anser jag tyda på, att larverna från *Osmerus eperlanus* tillhöra
Ech. semermis, ehuru författaren ansett skillnaden så obetydlig,
att han sammanfört dem med *Ech. gibber*. Jag har hos *Osmerus eperlanus* funnit endast *Ech. semermis*.

Paul Mühling [1]) beskrifver *Ech. strumosus* från tarmen
af *Halichoerus grypus*. Emedan han hos dessa Echinorhyncher
räknat ända till 16 tvärrader af stora hakar på snabeln, skulle
jag dock nästan tro, att han jämte *Ech. strumosus* anträffat äfven *Ech. semermis*. Hos *Ech. strumosus* har jag räknat endast
12 å 13 tvärrader af stora hakar, medan *Ech. semermis* har
16 [2]). Den af Mühling afbildade snabeln är nog från *Ech. strumosus*, men den har också endast 12 tvärrader af stora hakar
såsom af hans figur tydligt framgår.

Att Guido Schneider observerat en skillnad mellan Echinorhynchus-larverna hos *Clupea harengus membras, Cottus scorpius* och *Cottus quadricornis* å ena sidan och hos *Pleuronectes*
och *Cyclopterus lumpus* å andra sidan framgår tydligt af hans
uttalande uti »Ichthyologische Beiträge III», 1902, p. 32. Han
säger nämligen om de förra larverna: »Im Allgemeinen gleichen
die geschilderten Echinorhynchen-larven sehr denen von *Ech.
strumosus*, mit welchen sie vielleicht auch identisch sind.» Men
på grund af det större antalet hakar på snabeln hos de ifrågavarande larverna lemnar han dock frågan om deras hänförande
till *Ech. strumosus* ännu öppen. Angående skillnaden mellan
dessa Echinorhynchus-larver säger samme författare i ett senare utgifvet arbete [3]): »— — —, dass ein solcher Unterschied
eigentlich nicht besteht, dass aber die Zahl der Rüsselhaken
und der Häkchen auf der Körpercuticula überhaupt recht gros-

---

[1]) Archiv für Naturgeschichte, Bd. 64,1. 1898, p. 111—114.

[2]) „Ech. semermis n. sp." Meddelande af Soc. pro Fauna et Flora
Fennica, h. 30, 1904, p. 177.

[3]) Beiträge zur Kenntnis der Helminthenfauna des Finnischen Meerbusens. Acta Soc. F. F. F. 26. N:o 3, 1903, p. 30.

sen individuellen Schwankungen unterworfen ist, — — —».
Härmed har författaren således afgjort den fråga han i sitt föregående arbete ännu lemnade öppen. På grund af nya undersökningar af talrika lefvande larver har han kommit till det resultat, att det är fråga om en enda och icke om tvenne skilda arter. På nyss anförda ställe säger Guido Schneider vidare, att antalet tvärrader af stora hakar på snabeln varierar mellan 12 och 17. Af dessa tal angifver emellertid det förra antalet tvärrader af stora hakar hos *Ech. strumosus* (med 12 à 13 tvärrader) och det senare antalet tvärrader af stora hakar hos *Ech. sermermis* (med 16, någon gång 17 tvärrader). Af den därpå följande beskrifningen öfver taggarnas utbredning på kroppens cuticula framgår likaledes tydligt, att skillnaden mellan de båda arterna noggrant är observerad. Till sist säger han dock: »Erst das hinterste Ende des Körpers ist wieder regelmässig mit Häkchen dicht besetzt.» Jag tror dock icke att författaren i hvarje fall kan påvisa dessa taggar i bakkroppens yttersta spets.

De yttre olikheterna mellan *Ech. strumosus* och *Ech. sermermis* äro redan förut [1] i hufvudsak angifna, och jag nöjer mig därför nu med att endast anföra några ord såsom en komplettering till det redan sagda. Angående taggbeklädnaden på bakkroppen har jag numera med säkerhet konstaterat, att hannen af hvardera arten har taggar i bakkroppens yttersta spets i hela dess omkrets (fig. 3 och 2). Hos *Ech. sermermis* äro dessa taggar något större än de öfriga taggarna

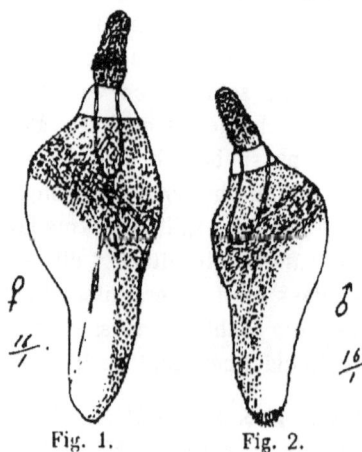

Fig. 1.   Fig. 2.

---

[1] »Ech. semermis n. sp.» Meddel. af Soc. F. F. F. h. 30. 1904, p. 175—179.

på kroppen, hos *Ech. stru-*
mosus åter något mindre.
Honan af *Ech. strumosus* har
änden af bakkroppen helt
och hållet bar (fig. 4), medan honan af *Ech. semermis*
har bakkroppens ände till
halfva dess omkrets taggbe-
klädd (fig. 1). Skillnaden i
taggbeklädnaden på abdomen
betingas således af könsolik-
het och icke af olikhet i ål-
der, såsom det kunde synas
af Olsson's uttalande om
Ech. strumosus[1]: »den bak-
re, nästan cylindriska delen,
. . . . ., saknade hos äldre
individ taggar, men ett yn-
gre individ hade taggar, ehuru
en smula mindre, äfven på
bakkroppen».
För att i korthet samman-
fatta några af de viktigare
kännetecknen på *Ech. stru-*

Fig. 4.

Fig. 3.

mosus och *Ech. semermis*, skall jag anföra följande diagnoser:

Echinorhynchus strumosus Rudolphi.

Proboscis subcylindrica, basi incrassata, reclinata. Uncino-
rum series longitudinales 18; series transversae: majorum 12—
13, minorum 9—10.[2] *Collum conicum, inerme. Corpus antice*

---

[1] Bidrag till Skandinaviens Helminthfauna II. Kgl. Sv. Vet. Akad.
Handl. Bd. 25. N:o 12. p. 37. 1893.

[2] Om man räknar de små hakarna på snabelns bas i zigzag, liksom
man förfar med de större hakarna, så är antalet tvärrader af små hakar 9
à 10 och icke endast 5, såsom en del författare uppgifver. De små hakarna
stå visserligen ganska tätt, så att det är något svårare att hålla reda på de
skilda tvärraderna af dessa hakar än af de större.

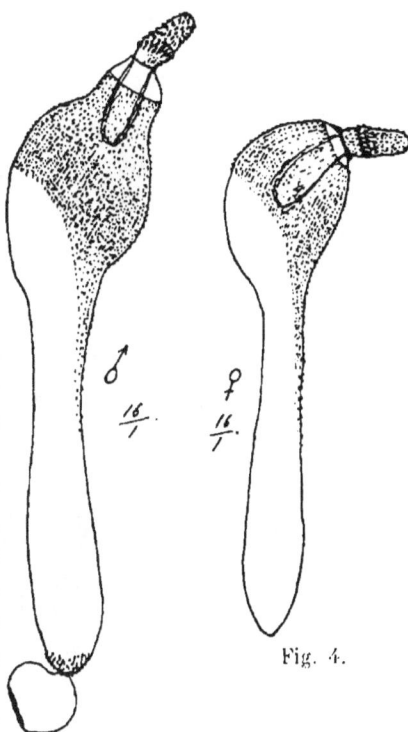

subglobosum, echinatum, retrorsum subcylindricum. Apex posterior corporis incrassatus, nudus (♀) aut echinatus (♂):
   Longit. usque ad 6 mm.

Synonymer: *Ech. gibbosus* Rud. (enl. Paul Mühling[1]) Archiv
   für Naturgesch. 64,1. 1898. p. 56.
      Ech. gibber Olsson (partim): Kgl. Sv. Vet. Akad.
      Handl. Bd. 25. N:o 12. p. 36. 1893.

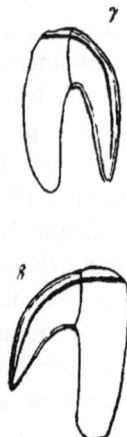

Fig. 5.   Fig. 6.

Echinorhynchus semermis Forssell.

Proboscis subcylindrica, basi incrassata, saepe reclinata. Uncinorum series longitudinales 26; series transversae: majorum 15 —16, interdum 17, minorum 10—11, interdum 9. Collum conicum, inerme. Corpus antice subglobosum, echinatum, retrorsum conicum, semerme.
      Longit. usque ad 3,5 mm.

Synonymer: sp. Martin (partim): Sv. Vet. Acad. Nya Handl. 1780,
            p. 44—49 (larven från kroppshålan af *Osm. eperl.*).
         Ech. strumosus Rud. (partim).

---

[1]) Redan P. Olsson har uttalat den förmodan, att *Ech. gibbosus* vore ungdomsform till *Ech. strumosus* (l. c., p. 37).

Ech. eperlani Rud. (partim): Entozoor. hist. II, 313.
(larven fr. *Osm. eperl.*).

Ech. gibber Olsson (partim): Sv. Vet. Ak. Handl.
Bd. 25. N:o 12. p. 37 (t. ex. larven från *Osm.*
eperl.).

För *Ech. phoenix*, som flere gånger blifvit nämnd i sammanhang med *Ech. strumosus* och *Ech. semermis*, skall jag anföra synonymerna, för så vidt jag kunnat utreda desamma.

Echinorhynchus phoenix Gui. Schn.

Synonymer: sp. Martin (partim): Sv. Vet. Ac. Nya Handl. 1780,
p. 44—49 (fr. tarmen af Osm. eperl.).
Acanthrus sipunculoides Acharius: Sv. Vet. Ac.
Nya Handl., 1780. p. 49—51.
Ech. maraenae Gmelin: Syst. naturae. p. 3049.
Ech. eperlani Rud. (partim): Entozoor. hist. II. 313.
(fr. tarmen af Osm. eperl.).

Kunna Ech. strumosus och Ech. semermis förekomma i tarmen af fiskar och fåglar?

Den af Olsson beskrifna *Ech. gibber* anser jag vara identisk med *Ech. strumosus* Rud. af följande skäl. Enligt författarens beskrifning på *Ech. gibber* öfverensstämmer denna fullkomligt med *Ech. strumosus*. Författaren säger också själf om de i *Muraena anguilla* och *Coregonus lavaretus* funna Echinorhyncherna, att de »stå nära *Ech.* strumosus men torde, såsom förekommande i fiskars tarmkanal, vara en särskild art». Ett sådant antagande är dock icke berättigadt. Tvenne djur, som lefva under så likartade förhållanden som en säl och en roffisk, kunna nog hysa samma parasiter, om också värddjuren representera så olika djurgrupper som varmblodiga och kallblodiga djur. Därmed är dock ingalunda sagdt att en parasit, som vanligtvis förekommer hos ett varmblodigt djur, skall trifvas lika väl hos ett mer eller mindre tillfälligt kallblodigt värddjur. Tvärtom tyda alla omständigheter på, att t. ex. *Ech. strumosus* och *Ech. semermis* icke tillbringa någon längre tid i fiskars tarmkanal. Roffiskarna måste ju, när de förtära fisk, ofta vara utsatta för infektion med *Ech. strumosus* och *Ech. semermis*, hvilka allmänt förekomma såsom larver i åtskilliga fiskar. Att man dock mera sällan anträffar dessa Echinorhyncher i tarmen af t. ex. *Esox lucius* beror helt säkert därpå, att de icke kvarstanna i fiskens tarm någon längre tid. Olsson's ofvannämnda *Ech. gibber* anser jag vara sådana i tarmen af fisk tillfälligtvis anträffade exemplar af *Ech. strumosus*.

Å pag. 17 har jag uppräknadt de för mig kända fall, då *Ech. strumosus* blifvit anträffad i tarmen af fiskar.

Man kan sålunda i tarmen af roffiskar finna enstaka exemplar af *Ech. strumosus* och *Ech. semermis*, men annat än enstaka exemplar anträffas heller icke, och aldrig har man iakttagit könsmogna individer. [1]) Något gynnsammare ter sig för dessa parasiter vistelsen i sjöfåglars tarmkanal, och ju mera utprägladt vattendjur fågeln är, desto bättre trifvas de ifrågavarande parasiterna. Sålunda har jag i ett exemplar af *Phalacrocorax carbo* anträffat omkring 150 exx. af *Ech. strumosus* samt 3 exx. af *Ech. semermis*. Någon könsmogen Echinorhynchus fann jag dock icke bland dem. De honliga maskarna hade ännu endast ovarialanlag. Detta tyder på, att dessa parasiter icke ens hos utpräglade vattenfåglar trifvas lika väl som i det ordinarie värddjuret, sälen.

Om man utginge från den förutsättningen, att så olika värddjur som däggdjur, fåglar och fiskar icke kunna hysa samma parasiter — om också endast tillfälligt — så måste man fråga sig, på hvilken väg alla dessa djur infekteras med Echinorhyncher. Då de alla — hvarom i förevarande fall är fråga — dock äro nästan uteslutande fiskätande djur, måste man taga för gifvet, att de få sina parasiter från fisk. Då borde man väl hos fiskarna anträffa flere olika arter af Echinorhynchus-larver. Men

---

[1]) Såsom den italienske läkaren Calandruccio påvisat genom infektion på sig själf, behöfva Echinorhyncherna under något så när gynnsamma förhållanden för att kunna afgifva fullbildade ägg endast några veckor, från den tidpunkt de såsom larver blifvit till värddjurets tarmkanal öfverförda. (Centralblatt für Bakteriologie und Parasitenkunde. 2 Jahrg. 1889. 3 Bd. N:o 17. p. 521—525).

hittills torde man icke känna till flere än tvenne arter (*Ech. strumosus* och *Ech. semermis*), hvilka såsom larver hafva sin tillvaro i fiskars kroppshåla. [1]

Infektionsförsök. För att ådagalägga att *Ech. strumosus* och *Ech. semermis*, som i regeln förekomma i tarmen af *Phoca* och *Halichoerus*, äfven kunna förekomma i tarmen af fiskar, gjorde jag under sommaren 1904 infektionsförsök, hvarvid som objekt användes abborrar (*Perca fluviatilis*). Från färsk strömming samlades larver af *Ech. semermis* och några *Ech. strumosus*, hvilka jämte vatten med tillhjälp af en pipett sprutades ned i fiskarnas matstrupe, för att jag hastigare skulle få se resultatet. Till följd af många bristfälligheter vid försökens utförande blef detta dock icke så godt, som jag hade väntat. Emellertid framgick det redan af dessa primitiva försök, att abborrens magsaft förmår lösa den Echinorhyncherna omgifvande larvcystan och att Echinorhyncherna en kortare tid kunna sitta fast i abborrens tarmkanal. Redan sju timmar efter företagen infektion (tidigare gjordes icke någon iakttagelse) voro de flesta larvcystor upplösta och de frigjorda maskarna dels lösa i tarmlumen, dels fastsittande i magväggen eller i tarmens öfre del. Största antalet Echinorhynchus-larver hade redan hunnit passera genom tarmen och anträffades på bottnen af glasburkarna i hvilka infektionsobjekten förvarades (se tabellen å pag. 15!).

Tyvärr var jag icke i tillfälle att göra liknande försök med gädda (*Esox lucius*), som helt säkert hade gifvit bättre resultat än abborrarna, emedan gäddan flere gånger blifvit anträf-

[1] Härvid fränser jag helt och hållet från *Ech. proteus* Westr., hvilken såsom larv ofta anträffas t. ex. i kroppshålan hos *Phoxinus laevis* och de enstaka fall, då larven af *Ech. acus* Rud. blifvit anträffad med fisk såsom mellanvärd (se pag. 21!), emedan dessa icke hafva någonting att göra med de arter hvarom nu är fråga. — Att de larver af *Ech. gibber*, som Ölsson anträffat i *Perca fluv.* och *Cottus* äro identiska med larverna af *Ech. strumosus*, därom är jag fullt öfvertygad på grund af hans beskrifning på desamma.

fad med *Ech. strumosus* och *Ech. semermis* i tarmen, hvaremot abborren aldrig visat sig hysa sådana parasiter.

I detta sammanhang må nämnas att tre unga kråkor (*Corvus cornix*), som blifvit infekterade med Echinorhynchus-larver, i allmänhet gåfvo ett dåligt resultat, i det att endast den kråka, som dödades dagen efter infektionen, befanns hysa en *Ech. strumosus* i tarmens mellersta del och en *Ech. semermis* i rectum. De tvenne öfriga kråkorna, som dödades två dagar eller längre tid efter infektionen, voro utan Echinorhyncher. Infektionen skedde sålunda, att kråkorna fingo äta sönderstyckad fisk uppblandad med rikliga mängder af Echinorhynchus-larver. Mellan infektionerna förtärdes fisk som blifvit befriad från sina parasiter. Det är ju ingenting att förvåna sig öfver, att resultatet blef dåligt, då såsom objekt användes fullständiga landfåglar. Dessa hafva heller aldrig, mig veterligen, blifvit anträffade med de ifrågavarande Echinorhyncherna.

Följande tabeller visa resultatet af de primitiva försök, som gjorts med abborre och kråka. Då, såsom redan nämnts, *Ech. strumosus* och *semermis* aldrig anträffats i tarmen af de ifrågavarande djuren, ehuru de åtskilliga gånger blifvit undersökta, måste man väl kunna antaga, att de nu anträffade Echinorhyncherna inkommit i djuren genom infektionen. Dessutom voro samtliga kråkor af årets ungar, hvilket ytterligare bör utgöra en säkerhet för, att de före infektionen varit fria från Echinorhyncher. Detta påpekar jag särskildt för att framhålla, att det är just de från fiskar tagna larverna af *Ech. strumosus* och *Ech. semermis*, som kunna — om ock endast en kort tid — vistas i tarmen af fisk och fågel och att det således icke behöfver vara någon »*särskild art*», som förekommer i tarmen af *Muraena anguilla* och *Coregonus lavaretus.*

Perca fluviatilis.

Infektions objektets nummer.	Dagen för infektionen.	Infekterad med	Dödad	Anmärkningar.
N:o 1.	28 juni 1904	24 st. *Ech. semermis.*	12 timmar efter infektionen.	5 *Ech. semermis* i magen, af hvilka 3 voro lösta från cystorna och 2 ännu inkapslade.
N:o 2)[1]	29 juni	talrika Echinorhynchuslarver.	7 timmar efter infektionen.	I magen en *Ech. strumosus* och en *Ech. semermis*, fria. I en fettkropp utanför tarmen anträffades en inkapslad *Ech. strumosus.*
N:o 3.	» »	» »	» »	I magen en *Ech. strumosus* och 3 *Ech. semermis* af hvilka en satt så hårdt fast i magväggen, att denna måste sönderrifvas, för att masken skulle blifva fri.
N o 4.	» »	» »	» »	Inga Echinorhyncher. Osäkert är om n:o 4 vid infektionen fått någon Echinorhynchus ordentligt ned i matstrupen.
N:o 5.	» »	» »	» »	I magen en *Ech. strumosus* och 7 *Ech. semermis*, af hvilka 3 sutto mycket hårdt fast i magväggen. I tarmens öfre del en fri *Ech. strumosus.*
N:o 6 4 cm lång.	30 juni 1 juli	några *Ech. semermis.* 3 *Ech. sem.*	5 juli.	Inga Echinorhyncher.
N:o 7 10,4 cm läng, ♀	30 juni 1 juli	flere *Ech. semermis.* 19 *Ech. semermis* och en *Ech. strumosus.*	12 augusti.	I tarmen endast en *Ech. angustatus.* I kroppshålan inkapslade 2 *Ech. semermis* och en alldeles förtorkad *Ech. strumosus.*

[1]) N:o 2—5 mätte i längd 11—15 cm.

Corvus cornix.

Infektions-objektets nummer.	Dagen för infektionen.	Infekterad med	Dödad	Anmärkningar.
N:o 1.	19 juni	8 *Ech. stru-mosus* och 40 *Ech. semermis*	25 juni.	Inga Echinorhyncher i tarmen. En mängd Cestoder.
N:o 2.	19 juni	En mängd Echinorhynchus-larver.		Inga Echinorhyncher.
	29 »	185 *Ech. semermis.*	1 juli, kl. $\frac{1}{2}$ 1 e. m.	En mängd Cestoder.
N:o 3.	19 juni	En mängd Echinorhynchus-larver.		En *Ech. strumosus* ungefär i tarmens mellersta del, en *Ech. semermis* i rectum. 3 *Distomum* sp. i rectum.
	29 »	125 *Ech. semermis.*		
	5 juli	En mängd Echinorhynchus-larver.	6 juli.	En mängd Cestoder.

Den ofvannämnda abborren n:o 7 hade, såsom af tabellen framgår, i kroppshålan inkapslade tvenne *Ech. semermis* och en förtorkad *Ech. strumosus*. Möjligt är att denna *Ech. strumosus* är just den, som fisken erhöll vid infektionen. Samma möjlighet föreligger också beträffande de tvenne exemplaren af *Ech. semermis,* då den tid af sex veckor, som förgått mellan den senare infektionen och fiskens död, torde vara fullt tillräcklig för att en inkapsling skall hinna ega rum. Ingenting hindrar ju dock, att dessa larver funnits i abborren redan före infektionen. En sådan är helt säkert den i abborren n:o 2 anträffade *Ech. strumosus*. I detta fall är nämligen tiden mellan infektionen och abborrens död så kort, att en cysta icke hunnit utvecklas, om man också skulle antaga, att masken under denna tid hunnit komma från tarmen in i kroppshålan.

Echinorhynchernas [1]) förekomst i olika värddjur och mellanvärddjur.

Till en början skall jag nämna några ord om *Ech. strumosus'* och *Ech. semermis'* förekomst i *tarmen* af några värddjur (ordinarie och tillfälliga), för så vidt jag har mig detta bekant. Talrikast har jag anträffat *Ech. strumosus* (cirka 175 exx.) hos *Phoca foetida*, därnäst talrikast hos *Phalacrocorax carbo* (cirka 150 exx.). Enstaka exemplar har jag anträffat hos *Phocaena communis*, *Larus argentatus* och *Esox lucius* (hos denna sist-nämnda en gång, ett ex.). — Alla dessa fynd äro gjorda i maj eller i början af juni 1904. — Såsom tillfälliga värddjur för *Ech. strumosus* nämner P. Mühling [2]) *Harelda glacialis* och *Pleuronectes flesus*. Braun [2]) har en gång funnit den hos hus-katten (*Felis catus domestica*). Guido Schneider [3]) har en gång anträffat tvenne exx. hos *Esox lucius*, och d:r K. M. Le-vander har visat mig några exemplar af *Ech. strumosus*, som af honom anträffats också i tarmen af *Esox lucius*.

Ech. semermis är i likhet med *Ech. strumosus* talrikast an-träffad hos *Phoca foetida* (cirka 40 exx.). Hos *Phocaena com-munis* har jag anträffat ett exemplar, hos *Phalacrocorax carbo* 3 exx., tvenne särskilda gånger hos *Larus fuscus* (hvardera gån-gen två exx.) samt tvenne gånger hos *Esox lucius* (ett exem-plar).

Utom de nämnda Echinorhyncherna har jag hos sjöfågel anträffat *Ech. polymorphus* Bremser.

Af tabell II framgår att strömmingen (*Clupea har. membras*) hemsökes af *Ech. semermis* oftare än af någon annan parasit.

---

[1]) Härvid lägges hufvudvikten på utredandet af *Ech. strumosus'* och *semermis'* förekomst, medan endast några intressantare fall rörande de öf-riga Echinorhyncherna omnämnas. I tabellerna i slutet upptagas likväl samtliga i Finlands fiskar anträffade Echinorhyncher.

[2]) Archiv für Naturgeschichte, Bd. 64, 1, 1898, p. 111.

[3]) Ichthyologische Beiträge III. 1902. p. 31. Acta Soc. F. F. F., 22, N:o 2.

2

Af 14 protokollförda strömmingar voro icke färre än 11 — således öfver 78 % — behäftade med larver af *Ech. semermis.* Hos dessa strömmingar funnos inga larver af *Ech. strumosus.* Men då jag senaste sommar undersökte flere hundra strömmingar i och för insamlandet af större kvantiteter Echinorhynchuslarver, fann jag nu och då enstaka exemplar af *Ech. strumosus,* medan af *Ech. semermis* ofta anträffades talrika exemplar hos ett och samma mellanvärddjur.

Af nors (*Osmerus eperlanus*) har jag undersökt så få exemplar, att jag icke kan uttala mig angående frekvensen af de ifrågavarande larverna hos nämnda fisk. Bland 5 exemplar voro 3 behäftade med *Ech. semermis.* Antagligt är ju dock att *Ech. strumosus* också här förekommer i mindre antal. I allmänhet är det dock *Ech. semermis,* som hemsöker norsen. [1] — Alla de undersökta norsarna hade talrika exemplar af *Ancyracanthus impar* (en Nematod) i simblåsan.

I tarmen af nors förekommer mycket ofta *Ech. phoenix.* En gång anträffade jag ett fullbildadt honexemplar af samma Echinorhynchus-art i kroppshålan af en nors. Echinorhynchen var inbäddad i en fettkropp i närheten af lefvern. — Guido Schneider [2] omtalar ett fall, då tvenne exemplar af *Ech. phoenix* anträffats inkapslade i lefvern af *Pleuronectes flesus.*

Hos gäddan (*Esox lucius*) har jag en gång — bland 21 undersökta fiskar — anträffat tvenne Echinorhynchus-larver, hvilka blifvit bestämda till *Ech. strumosus.* Då jag tyvärr icke har dem förvarade, kan jag nu icke afgöra, om det var denna art eller möjligen *Ech. semermis.* Sällan synes dock gäddan hafva att uppvisa Echinorhynchus-larver i kroppshålan, då icke någon annan talar om sådana hos denna fisk. — Möjligt är att de af mig hos gäddan anträffade Echinorhynchus-larverna såsom larver (icke såsom ägg) inkommit i gäddans tarm, genom-

---

[1] De af Olsson omnämnda Echinorhynchus-larverna från *Osmerus eperlanus* torde, såsom ofvan nämnts (pag. 7), vara *Ech. semermis.* Han har funnit dem i 14 bland 20 undersökta norsar, d. v. s. i 70 % af de undersökta norsarna.

[2] Beiträge zur Kenntnis der Helminthenfauna des Finnischen Meerbusens. 1903. p. 27. Acta Soc. F. F. F., 26, N:o 3.

borrat tarmväggen och ånyo inkapslat sig, då de icke funnit
sig hemmastadda i gäddans tarm.

Cyprinidae tjena öfver hufvudtaget alls icke såsom mel-
lanvärdar för Echinorhyncher [1]), och i jämförelse med andra
fiskar äro de mera sällan hemsökta af entoparasiter i allmänhet såsom af tabell II framgär. Härifrån utgör dock iden (*Leu-
ciscus idus*) ett lysande undantag. Bland 15 af mig undersökta
exemplar af denna fisk fanns icke ett enda, som helt och hållet skulle hafva saknat parasiter. Nästan alltid hyser iden i
våra bräckta och saltvatten *Ech. globulosus*, stundom i kolos-
sala mängder — 16 januari 1904 anträffade jag 109 exx. af
Ech. globulosus i tarmen af en och samma id — och nästan
lika ofta en liten Trematod, *Distomum globiporum*.

I förbigående må här nämnas att en af Hamann [2]) såsom
Echinorhynchus Linstowi beskrifven parasit med all sannolikhet
är identisk med *Ech. globulosus* Rud. Hamann säger, att den
af Diesing blifvit sammanblandad med *Ech. proteus* Westr.
Hvad som särskildt synes hafva dragit Hamanns uppmärksam-
het till sig, är de stora sidoflyglarna på snabelhakarnas rotdel.
Och då författaren alls icke nämner *Ech. globulosus*, hvars hakar på snabeln just hafva denna byggnad, vore jag frestad att
draga den slutsatsen, att han icke känt till denna art och på
den grund beskrifvit *Ech. Linstowi* såsom en ny art. Hamann
har afbildat såväl snabel som hakar från *Ech. Linstowi*, och
dessa likna fullkomligt desamma från *Ech. globulosus*. Arten är
af nämnda författare funnen hos *Abramis ballerus*, *Idus mela-
notus*, *Alburnus bipunctatus* och *Accipenser huso*.

---

[1]) Guido Schneider (Ichthyologische Beiträge III, 1902, p. 33) har
en gång funnit i idens kroppshåla inkapslade Echinorhynchus-*larver*, som
dock icke blifvit bestämda. — Jag har en gång iakttagit en *Ech. globulosus*
i lefvern af en id. Fisken, en hona, fångades den 16 januari, var 44,5 cm
lång och vägde 1,2 kg. I tarmen hade den 13 exx. af *Ech. globulosus* (alla
fullbildade) och en *Ech. proteus* samt i lefvern en inkapslad *Ech. globulosus* ♀, med fullbildade, spolformiga ägg. Denna mask måste således först
i fullbildadt tillstånd hafva genomborrat tarmväggen, eftersom den redan
hunnit blifva befruktad, och sedan tillbragt någon tid i lefvern.

[2]) Monographie der Acanthocephalen. Jenaische Zeitschrift für Na-
turwissenschaft. 25 Bd. N. F. 18 Bd. 1891. p. 207.

Flundrefiskarna äro ganska ofta hemsökta af Echinorhynchus-larver. Bland 15 af mig undersökta exemplar af *Pleuronectes flesus* voro icke mindre än 12 behäftade med de nämnda
parasiterna. Angående de båda larvformernas inbördes frekvens
hos flundran kan jag icke nu med säkerhet uttala mig, men synes det nästan, som om *Ech. strumosus* skulle förekomma litet
oftare än *Ech. semermis*. — Hos det enda exemplar af *Rhom-
bus maximus*, som jag undersökt, funnos cirka 50 st. *Ech. semermis* och endast några *Ech. strumosus*.

Af *Cyclopterus lumpus* har jag undersökt 5 exx. (fr. *Pork-
kala*) och hos alla anträffat rikligt med larver af *Ech. strumosus*. Några exemplar af *Ech. semermis* har jag *icke* funnit i
denna fiskart. — De nämnda fiskarna har jag erhållit genom
vänligt tillmötesgående af fiskeri-inspektören, fil. mag. J. A.
Sandman, till hvilken jag därför i detta sammanhang får uttala mitt varma tack.

Hos ålen (*Anguilla vulgaris*), liksom hos spiggarna (*Ga-
sterosteidae*) hafva Echinorhynchuslarver icke blifvit anträffade.
— I Finland hafva icke heller hos *Zoarces viviparus* och *Coregonus lavaretus* Echinorhynchus-larver anträffats, men P. Olsson[1]) har i Sverige hos dessa fiskar funnit några Echinorhynchus-larver, som han dock icke namngifvit.

Bland 4 af mig undersökta torskar (*Gadus morrhua*) befanns en hysa 5 st. *Ech. semermis*.

Af *Cottus*-arterna har jag undersökt endast *Cottus scorpius*
och *Cottus quadricornis* och hos alla de undersökta exemplaren
funnit Echinorhynchus-larver. Hos *Cottus scorpius* (2 exemplar)
anträffades endast *Ech. semermis*, medan *Cottus quadricornis*
hyste hvardera arten. Guido Schneider (Ichthyol. Beitr. III,
p. 33) har hos *Cottus scorpius* i 25 % och hos *Cottus quadricornis* i 83,3 % af de undersökta fiskarna funnit Echinorhynchus-larver, som enligt hans utsago »*likna*» *Ech. strumosus* och
således torde vara identiska med *Ech. semermis*. Dock skulle
jag nästan tro, att också *Ech. strumosus* varit representerad

---

[1]) Bidrag till Skand. Helminthfauna II, Kgl. Sv. Vet. Akad. Handl.
Bd. 25, N:o 12, 1893, p. 38.

bland dessa. Samme författare nämner i sitt 1903 utgifna arbete, »Beiträge zur Kenntnis der Helminthenfauna des Finnischen Meerbusens» p. 31, att han hos *Cottus bubalis* tvenne gånger anträffat larver, som han bestämt till *Ech. strumosus.* Om det verkligen är denna art eller *Ech. semermis*, som han där funnit, måste jag lemna oafgjordt, emedan en närmare beskrifning på dessa larver saknas.

Bland 52 stycken abborrar (*Perca fluviatilis*), öfver hvilka jag vid undersökningen fört protokoll, har jag 5 gånger anträffat larver af *Ech. strumosus* och en gång af *Ech. semermis.*

Af gers (*Acerina cernua*) har jag undersökt tvenne exemplar och i kroppshålan af det ena funnit tvenne larver af *Ech. semermis.* I litteraturen har jag icke funnit något meddelande om, att Echinorhynchus-larver blifvit anträffade hos *Acerina cernua.* Då bland 11 exemplar af denna fisk, som d:r K. M. Levander [1]) undersökt och 6 exemplar, som af Guido Schneider undersökts, ingen befunnits hysa Echinorhynchus-larver, torde det framgå, att dessa parasiter här äro sällsynta.

Bland tvenne exemplar af lake (*Lota vulgaris*) från saltvatten hade det ena 33 st. larver af *Ech. strumosus* inkapslade i kroppshålan, medan det andra exemplaret saknade Echinorhynchus-larver. — Hos den förra af dessa lakar anträffade jag i kroppshålan utom de nämnda larverna ännu en inkapslad larv af *Ech. acus* Rud. 2,2 mm lång, däraf snabeln 0,7 mm. Snabelslidan var ungefär 1 mm lång. Anlag till könsorgan kunde jag icke upptäcka. Denna Echinorhynchus-larv hade sannolikt alldeles tillfälligtvis hamnat i fiskens kroppshåla. Förut är den endast en gång omnämnd från en fisk, *Stenostomus chrysops* af Linton i *Nordamerika.* Hvar man har att söka den egentliga mellanvärden för *Ech. acus* är ännu icke bekant, ehuru *Ech. acus* är en allmänt förekommande parasit hos många af våra hafsfiskar. — P. Olsson [2]) har i tarmmuskulaturen af *Lota vulgaris* anträffat några helt unga larver, som han förmodar vara larver till någon Echinorhynchus-art, men hvilken?

---

[1]) Guido Schneider, Ichthyol. Beiträge III, 1902, p. 75.

[2]) Bidrag till Skand. Helminthfauna. Kgl. Sv. Vet. Akad. Handl. II. Bd. 25. N.o 12. 1893. p. 38.

De båda af mig undersökta lakarna hyste ett ovanligt stort antal af *Ech. angustatus* i tarmen. Sålunda hade den ena icke mindre än 279 st. *Ech. angustatus*, dessutom en *Ech. acus*, 14 st. *Ascaris acus* Rud. och 4 st. *Bothriotaenia rugosa* Goeze, således i det närmaste 300 parasiter. Den andra laken hade 215 st. *Ech. angustatus* förutom några andra parasiter i tarmen samt de ofvannämnda 33 larverna af *Ech. strumosus* och en larv af *Ech. acus* i kroppshålan, således öfver 250 parasiter. Fiskarna voro båda fångade d. 14 januari uti innersta delen af Esbo viken.

Af tabell II framgår att Echinorhyncherna utgöra en väsentlig del af samtliga de inälfsparasiter, som hemsöka våra fiskar. Af 215 undersökta fiskar voro icke mindre än 110, således öfver 51 %, behäftade med Echinorhyncher, medan de med andra inälfsparasiter (d. v. s. Trematoder, Cestoder och Nematoder tillsammantagna) behäftade utgöra endast 68,8 %. Ungefär 22 % af de undersökta fiskarna saknade totalt parasiter. Betrakta vi endast de af parasiter hemsökta fiskarna, så finna vi, att mera än 65 % af dem hyste Echinorhyncher och 88 % öfriga inälfsparasiter. Om jag dessutom tillägger, att antalet arter af släktet Echinorhynchus, som anträffats hos våra fiskar, utgör ungefär en tredjedel af samtliga öfriga inälfsparasiter, så framstår det så mycket tydligare, att Echinorhyncherna här äro mycket vanliga.

Tillägg vid tryckningen. Sedan denna uppsats redan blifvit inlämnad till tryckning, var jag i tillfälle att genomläsa d:r Max Lühe's nyligen utkomna arbete „*Geschichte und Ergebniss der Echinorhynchen-Forschung bis auf Westrumb* (1821)". Angående *Ech. Linstowi* Ham. uttalar förf. (l. c. p. 174) samma åsikt, som i denna uppsats (p. 19) finnes framställd, nämligen att *Ech. Linstowi* Ham. är identisk med *Ech. globulosus* Rud. — För *Ech. strumosus* och några andra liknande Echinorhyncher med klotformigt uppsvälld bål uppställer förf. ett nytt släkte: *Corynosoma*. *Ech. semermis* skulle således också tillhöra detta släkte. — Angående Echinorhynchernas synonymförhållanden för öfrigt finner jag nu icke någon anledning att uttala mig och vill endast nämna, att t. ex. *Ech. gibber* Olsson helt och hållet saknas i d:r Lühe's arbete.

Tabell I,

utvisande frekvensen af de i Finland anträffade Echinorhyncherna hos olika fiskar samt fiskarnas fångstorter m. m. enligt utdrag ur förf:s undersökningsprotokoll.

Echinorhynchus acus Rudolphi.

Antal parasiter.	Fiskarnas namn, kön och storlek (i cm).	Stället för parasiternas förekomst.	Fångst- -ort.	Fångst- -tid.
4	*Gadus morrhua.* 27,1	Tarm	Tvärminne	7 juli 1903
3	*Esox lucius* ♀. 40,7	„	„	10 „ „
7	*Gadus morrhua* ♀. 37,3	„	„	11 „ „
12	*Cottus scorpius* ♀. 18,7 . .	„	„	11 „ „
2	*Pleuronectes flesus* ♂. 22,8	„	„	11 „ „
10	*Gadus morrhua* ♀. 41,1	„	„ ·	13 „ „
25	„ „ ♀. 24,5	„	„	17 „ „
2	*Esox lucius* ♀. 51,5	„	„	19 „ „
4	*Pleuronectes flesus* ♂. 25,2	„	„	22 „ „
1	*Clupea har. membras* ♀. 18,3	„	„	4 aug. „
7	„ „ „ ♀. 18,5	„	„	4 „ „
1	*Lota vulgaris* ♂. 57	-	Esbo	14 jan. 1904
1	„ „ ♀. 47,5	periton.	„	14 „ „
1	*Esox lucius* — —	tarm.	Sibbo	— aug. „

Echinorhynchus angustatus Rudolphi.

2	*Perca fluviatilis* ♂. 18,3 . .	Tarm.	Tvärminne.	5 juli 1903
4	„ „ ♀. 18,3	„	„	6 „ „
2	„ „ ♂. 17,3	„	„	6 „ „
2	„ „ ♀. 17,9	„	„	6 „ „
10	„ „ ♀. 17,8	„	„	8 „ „
2	„ „ ♀. 16,1 . .	„	„	8 „ „
1	„ „ ♂. 15,7	„	„	8 „ „
3	*Esox lucius* ♀. 40	„	„	10 „ „
2	*Perca fluviatilis* 21,5	„	„	10 „ „

22	*Perca fluviatilis* ♂. 17,8	Tarm.	Tvärminne	10 juli 1903
3	*Esox lucius* ♀. 48,4	„	„	19 „ „
1	*Perca fluviatilis* ♀. 20,2	„	„	20 „ „
18	„ „ ♀. 19,7	„	„	20 „ „
19	„ „ ♂. 16,7	„	„	20 „ „
26	„ „ ♂. 17,7	„	„	20 „ „
20	„ „ ♂. 17,1	„	„	20 „ „
1	*Pleuronectes flesus* ♀. 39,8	„	„	21 „ „
51	*Perca fluviatilis* ♀. 16,5	„	„	23 „ „
1	„ „ ♀. 12,1	„	Sibbo	24 aug. „
6	*Esox lucius* ♀ 56,3 ,	„	„	26 „ „
1	*Perca fluviatilis* ♀. 19,9	„	„	27 „ „
1	*Esox lucius* ♀. 41,1	„	„	30 „ „
279	*Lota vulgaris* ♂. 57	„	Esbo	14 jan, 1904
215	„ „ ♀. 47,5	„	„	14 „ „
4	*Perca fluviatilis* ♂. 17	„	Sibbo	5 juni „
1	„ • „ ♂. 17,5	„	„	11 „ „
3	„ „ ♀. 20,3	„	„	11 „ „
1	„ „ ♂. 14,5	„	„	11 „ „
6	„ „ ♂. 20,7	„	„	14 „ „
3	„ „ ♂. 15,6	„	„	14 „ „
1	„ „ — 15,3	„	„	16 „ „
11	„ „ ♀. 10,6	„	„	16 „ „
2	„ „ ♀. 32	„	„	4 juli „
1	„ „ — 17,9	„	„	4 „ „
65	„ „ ♂. 17,6	„	„	7 „ „
1	„ „ ♂. 22,4	„	„	23 aug. „

Echinorhynchus clavaeceps Zeder.

1	*Leuciscus rutilus* ♀. 19,7	Tarm.	Sibbo	29 aug. 1903
1	*Esox lucius* — 28,5	„	„	5 juni 1904
70	*Leuciscus idus* ♂. 27,3	„	„	11 „ „
3	*Blicca björkna* ♂. 11,3	„	„	13 „ „
1	*Leuciscus rutilus* ♂. 12	„	„	15 „ „
1	*Blicca björkna* ♀. 14,8	„	„	16 „ „
7	*Leuciscus grislagine* ♀. 18,4	„	„	16 „ „

13	Leuciscus idus — 23,5 .	.	Tarm	Sibbo	28 juni 1904
2	Alburnus lucidus ♀. 12,5 .	.	„	„	29 „ „
7	Leuciscus idus — 16,5 .	. .	„	„	4 juli „
4	Leuciscus erythropht. ♀. 19,4		„	„	4 „ „
5	„ „ ♀. 21,7		„	„	7 „ „
2	„ „ ♀. 15,2		„	„	7 „ „
1	„ idus ♀. 33 .	.	„	„	13 „ „
3	„ „ ♂. 30,5	.	„	„	13 „ „
1	„ „ ♂. 30,4 .	.	„	„	22 „ „

Echinorhynchus clavula Dujardin.

1	Pleuronectes flesus ♀. 19,7	.	Tarm	Tvärminne	17 juli 1903
1	Perca fluviatilis ♀. 19,7	.	„	„	20 „ „
1	„ „ ♂. 16,7	.	„	„	20 „ „
28	Pleuronectes flesus ♂. 19,3	.	„	„	22 „ „
1	„ „ ♂. 19,8	.	„	„	22 „ „
1	„ „ ♂. 22,3	.	„	„	25 „ „
1	Clupea har. membras — —	.	„	—	10 okt. „

Echinorhynchus globulosus Rudolphi.

6	Leuciscus idus ♂. 28 .	. .	Tarm	Tvärminne	4 juli 1903
1	Blicca björkna ♂. 20,7 .	.	„	„	23 „ „
15	Leuciscus idus ♀. 44,5 .	. .	„ o. lefver	Esbo	16 jan. 1904
109	„ „ ♀. 32	.	tarm	„	16 „ „
3	„ „ ♂. 39,5 .		„	„	18 „ „
18	„ „ ♂. 27,3 .	. .	„	Sibbo	11 juni „
1	Blicca björkna ♂. 15,8 .	.	„	„	14 „ „
1	„ „ ♀. 14,8 .	.	„	„	16 „ „
1	Leuciscus idus — 23,5 .	. .	„	„	28 „ „
16	„ „ — 16,5 .	. .	„	„	4 juli „
1	„ erythropht. ♀ 19,4 .		„	„	4 „ „
1	„ idus ♀. 33 .	.	„	„	13 „ „
6	„ „ ♂. 30,5 .		„	„	13 „ „
3	„ „ ♂. 30,9 .		„	„	22 „ „
2	„ „ ♂. 30,2 .	.	„	„	27 „ „
24	„ „ ♂. 27,2 .	.	„	„	23 aug. „
—	Anguilla vulgaris — —	. .	„	Tvärminne	

Echinorhynchus phoenix Gui. Schn.

15	*Gadus morrhua* — 27,1 . .	Tarm	Tvärminne	7 juli 1903
4	*Pleuronectes flesus* ♀. 16,8 .	„	„	7 „ „
4	„ „ ♂. 17,1 .	„	„	7 „ „
6	„ „ ♂. 22,7 .	„	„	7 „ „
4	„ „ ♂. 22,8 .	„	„	11 „ „
1	*Gadus morrhua* ♀. 41,1 . .	„	„	13 „ „
1	*Pleuronectes flesus* ♂. 19,3 .	„	„	22 „ „
1	„ „ ♂. 19,8 . .	„	„	22 „ „
28	*Coregonus lavaretus* ♀, 43,8 .	ändtarm	„	25 „ „
3	*Rhombus maximus* ♂. 24,8 .	tarm	„	25 „ „
2	*Pleuronectes flesus* ♂. 22,3 .	„	„	25 „ „
8	*Osmerus eperlanus* ♀. 18,6 .	ändt. o. kroppsh.	Kyrkslätt	10 mars „
1	„ „ ♀. 16 . .	ändtarm	„	10 „ „
1	„ „ ♂. 10,9 .	„	„	10 „ „
11	*Leuciscus idus* ♂. 30,5 . . .	tarm	Sibbo	13 juli „
2	*Abramis brama* ♀. 34,7 . .	„	„	27 „ „

Echinorhynchus proteus Westrumb.

12	*Leuciscus idus* ♂. 28 . . .	Tarm	Tvärminne	4 juli 1903
1	*Alburnus lucidus* ♀. 11,3 . .	„	Sibbo	20 aug. „
1	„ „ ♀. 10,4 . .	„	„	22 „ „
1	*Leuciscus idus* ♀. 44,5 . . .	„	Esbo	16 jan. 1904

Echinorhynchus semermis Forssell.

1	*Cottus scorpius* ♀. 18,7 . .	Perito- neum	Tvärminne	11 juli 1903
6	*Pleuronectes flesus* ♂. 22,8	„	„	11 „ „
15	*Cottus scorpius* ♀. 24,6 .	„	„	13 „ „
5	*Gadus morrhua* ♀. 24,5 .	„	„	17 „ „
8	*Pleuronectes flesus* ♂. 26 .	„	„	17 „ „
1	„ „ ♂. 18,5 .	„	„	17 „ „
1	*Perca fluviatilis* ♀. 18,7 .	„	„	17 „ „
—	*Cottus quadricornis* [1])	„	„	„

[1]) 3 exemplar af *Cottus quadricornis* för hvilka jag icke kan fastställa antalet af *Ech. semermis*.

några tiotal		Perito-neum	Tvärminne	
några tiotal	Rhombus maximus ♂. 24.8 .	Perito-neum	Tvärminne	25 juli 1903
2	Clupea har. membras ♀. 18.3	,.	„	4 aug. „
1	„ „ „ ♂. 18.5	„	„	4 „ „
4	„ „ „ — —	„	—	10 okt. .,
10	Osmerus eperlanus ♀. 18,6 .	,	Kyrkslätt	10 mars 1904
1	„ „ ♀. 15,2 .	„	„	10 „ „
2	„ „ ♂. 14.2 .	„	„	10 „ .,
1	Esox lucius ♂. 56 . .	tarm	Sibbo	5 juni „
1	., „ — 28,5	„	„	5 „ „
13	Clupea har. membras ♂. 20,4	perito-neum	„	19 „ „
5	„ „ „ ♂. 24	„	„	19 „ „
1	„ „ „ — 14,9	„	„	19 „ „
2	Acerina cernua ♀. 13,4 . .	„	„	25 „ „
3	Clupea har. membras ♂. 21,4	„	„	28 „ „
20	„ „ „ ♀. 21	„	„	28 „ „
1	„ „ „ — 16,9	„	„	28 „ „
5	„ „ „ ♂. 20,8	„	„	28 „ „
15	„ „ „ — 22,2	„	„	28 „ .,

Echinorhynchus strumosus Rudolphi.

		Perito-neum	Tvärminne	
2	Pleuronectes flesus ♀. 16,8 .	Perito-neum	Tvärminne	7 juli 1903
16	„ „ ♂. 22.7 .	„	„	7 „ „
1	„ „ ♂. 17,1 .	„	„	7 „ „
1	Perca fluviatilis ♀. 17,8 .	„	„	8 „ „
3	Pleuronectes flesus ♂. 22,8	„	„	11 „ „
1	Perca fluviatilis ♀. 18,7	„	„	17 „ „
1	„ „ ♀. 20,2	,	„	20 „ „
1	„ „ ♂. 16,7	„	„	20 „ „
1 *)	Pleuronectes flesus ♂. 19,3	„	„	22 „ „
10 *)	„ „ ♂. 25,2	,.	„	22 „ „
2 *)	„ „ ♂. 19,8	„	„	22 „ „
några	Rhombus maximus ♂. 24,8 .	„ o. tarm-muskulat.	„	25 „ „
3 *)	Pleuronectes flesus ♂. 22,2 .	perito-neum	„	25 „ „
5 *)	„ „ ♂. 26,2 .	„	„	31 „ „

Anm. De med *) utmärkta siffrorna äro okontrollerade och således något osäkra, då däribland möjligen också funnits *Ech. semermis*.

2	*Esox lucius* ♀. 56.3 .	.	Perito-neum	Sibbo	26 aug. 1903
33	*Lota vulgaris* ♀. 47,5	.	„	Esbo	14 jan. 1904
—	*Cottus quadricornis* [1])	.	„	Tvärminne	1903
1	*Esox lucius* ♂. 56	. .	tarm	Sibbo	5 juni 1904
8	*Perca fluviatilis* — —	.	perito-neum	„	19 „ „
spars.	*Clupea har. membras* [2]) .	. .	„	„	„

[1]) Bland Echinorhynchus-larverna från 3 exx. af *Cottus quadricornis* funnos också larver af *Ech. strumosus*, men jag kan icke uppgifva antalet.

[2]) Hos *Clupea har. membras* har jag anträffat enstaka exemplar af *Ech. strumosus*, ehuru icke bland protokollfördt material.

Tabell II,

utvisande antalet värddjur med och utan parasiter.

	Antal undersökta värddjur.	Echinorhynchus clavaeceps.	Antal värddjur med								Antal värddjur		
			globulosus.	proteus.	acus.	angustatus,	phoenix.	clavula.	strumosus.	semermis.	med Echinorhyncher.	med andra parasiter.	utan parasiter.
Clupea harengus membras	14	—	—	2	—	—	1	?	11		11	3	3
Esox lucius .	21	1	—	2	4	—	—	2	2		8	20	1
Coregonus lavaretus .	1	—	—	—	1	—	—	—			1	1	0
Osmerus eperlanus .	5	—	—	—	—	3	—	—	3		5	5	0
Leuciscus idus	15	7	11	2	—	1	—	—	—		13	12	0
grislagine .	1	1	—	—	—	—	—	—	—		1	1	0
, rutilus . .	23	2	—	—	—	—	—	—	—		2	23	13
, erythrophthalmus	13	3	1	—	—	—	—	—	—		3	7	6
Abramis brama , .	5	—	—	—	—	1	—	—	—		1	3	2
Blicca björkna .	15	2	3	—	—	—	—	—	—		4	8	5
Alburnus lucidus .	13	1	—	2	—	—	—	—	—		3	5	7
Phoxinus laevis .	2	—	—	—	—	—	—	—	—		0	1	1
Rhombus maximus .	1	—	—	—	—	1	1	1			1	1	0
Pleuronectes flesus .	15	—	—	—	2	1	7	4	9 *)	3	14	6	1
Anguilla vulgaris .	2	—	1	—	—	—	—	—			1	2	0
Gadus morrhua .	4	—	—	4	2	—	—		1		4	3	0
Gasterosteus aculeatus . .	1	—	—	—	—	—	—	—			0	1	0
, pungitius . .	2	—	—	—	—	—	—	—			0	1	1
Cottus scorpius .	2	—	—	—	1	—	—	—	2		2	2	0
, quadricornis .	3	—	—	—	—	—	—	3 *)	3 *)		3	3	0
Perca fluviatilis .	52	—	—	—	—	29	—	2	5	1	30	37	5
Acerina cernua	2	—	—	—	—	—	—	—		1	1	1	1
Lota vulgaris . . .	2	—	—	—	2	2	—	—	1	—	2	2	0
Nerophis ophidion . .	1	—	—	—	—	—	—	—	—		0	0	1
Summa	215	17	16	4	13	36	16	7	21 *)	28 *)	110	148	47

Anm. De med *) utmärkta talen äro något osäkra ? i kolumnen för *Clupea har. membras* betyder, att *Ech. strumosus* hos denna fisk blifvit anträffad, ehuru icke bland de protokollförda exemplaren.

Figurförklaring.

Fig 1. *Echinorhynchus semermis* n. sp. ♀, fr. Phoca foetida; först. $^{16}/_1$.

Fig. 2. *Echinorhynchus semermis* n. sp. ♂, fr. Phoca foetida; först. $^{16}/_1$.

Fig. 3. *Echinorhynchus strumosus.* ♂, med utstjälpt bursa fr. Phoca foetida; först. $^{16}/_1$.

Fig. 4. *Echinorhynchus strumosus* ♀, fr. Phoca foetida; först. $^{16}/_1$.

Fig. 5. Snabel och hals från *Echinorhynchus strumosus;* först. $^{60}/_1$.

Fig. 6. Snabel och hals från *Echinorhynchus semermis* n. sp.; först. $^{60}/_1$.

Fig. 7. Snabelhake fr. 15:de tvärraden. *Echinorhynchus semermis* n. sp.; först. $^{830}/_1$.

Fig. 8. Snabelhake fr. 12:te tvärraden. *Echinorhynchus strumosus;* först. $^{830}/_1$.

Anm. Samtliga figurer äro aftecknade med tillhjälp af Nachet's ritapparat.

FUNGI NOVI

NONNULLIS EXCEPTIS

IN FENNIA LECTI.

AUCTORE

P. A. KARSTEN.

—•◦•—

HELSINGFORS 1905.

KUOPIO 1905.

GEDRUCKT BEI K. MALMSTRÖM.

Mycena capillaris n. sp.

Pileus membranaceus, conoideo-convexus, ochraceus, glaber, circiter 1 mm latus. Stipes filiformis, gracillimus, flexuosus, glaber, pallidior, circiter 3 cm longus et 150 μ crassus. Lamellae adnatae, subconfertae, dilute ochraceae. Sporae non visae.

Supra terram prope oppidum Rossiae, Ufa, m. Junio 1902 (O. Lönnbohm).

Inocybe minuta n. sp.

Pileus membranaceus, e convexo planus, siccus, glaber, laevigatus, haud rimosus, ferruginascente pallidus, circiter 5 mm latus. Stipes aeqvalis, basi incrassatus, subglaber, pallescens, circiter 3 cm longus et 3 mm crassus. Lamellae adnatae, subconfertae, ferruginascentes. Sporae subsphaeroideae, laeves, hyalinae vel flavescente hyalinae (sub lente), 5 : 4 μ.

Eodem loco ac praecedens.

Galera minima n. sp.

Pileus membranaceus, e campanulato convexus, glaber, ochraceus, circiter 4 mm latus. Stipes filiformis, flexuosus, glaber, pallidior, circiter 3 cm longus et 3 mm crassus. Lamellae adfixae, subconfertae, pallido-ochraceae Sporae sphaeroideo-ellipsoideae, eguttulatae, flavae (sub micr.), 11—13 : 8 μ.

Cum praecedentibus.

Naucoria elata n. sp.

Pileus carnosulus, convexo-planus, obtusus depressusve, glaber, ochraceus, ferruginascens, circiter 5 cm latus. Stipes aeqvalis, basi incrassatus, flexuosus, umbrino-pallidus, circiter 7 cm longus. Lamellae confertae, adnatae, cinnamomeo-ferrugineae. Sporae ellipsoideae, 6 : 3 μ.

In nemore ad lacum Sibiriae, Baical, m. Aug. 1902 (O. Lönnbohm).

Anellaria firmipes n. sp.

Pileus carnosulus, convexo-campanulatus, flavescens, circiter 3 cm latus. Stipes aeqvalis, flexuosus, pallidus, annulo membranaceo, supero, basi bulbillosus, circiter 10 cm altus, 5—10 mm crassus. Lamellae adfixae, e pallido atrae. Sporae ellipsoideae, 16 : 8 μ.

In regione Baicalensi, Listvinitschnoje, m. Aug. 1902 (O. Lönnbohm).

Cortinarius caesiopallens n. sp.

Pileus carnosus, tenuis, convexus, obtusus, dein gibbus, glaber, stramineopallens, unicolor, 2—3 cm latus. Stipes aeqvalis, flexuosus, albus, e velo flocculoso-sqvamulosus, 7—9 cm longus, 5—9 mm crassus. Cortina saepe in margine pilei adhaerens. Lamellae confertae, adnatae, caesiae, subpallentes. Sporae ovoideae, 10 : 6 μ.

In silva acerosa montana, Syrjä, prope Mustiala, m. Sept. 1877 (P. A. K.)

Cortinario albocyaneo Fr. nec non *Cortinario spilomeo* Fr. affinis.

Lenzites laricina n. sp.

Pileus coriaceus, effuso-reflexus vel dimidiatus, tenuis, concentrice sulcatus, velutinus, e cinereo canescens. Lamellae coriaceae, crassiusculae, simplices, raro anastomosantes, transversim costatae, fuscescentes, subinde demum dentato-lacerae.

In Larice prope lacum Sibiriae, Baical, m. Julio 1902 (O. Lönnbohm).

Pilei seriatim concrescentes aut imbricati, circiter 1 cm lati.

Lenzites ambigua n. sp.

Pileus coriaceus, effuso-reflexus, tenuis, zonatus, velutinus, canescens, zonis marginalibus pallidioribus. Lamellae coriaceae, crassiusculae, in dentes laceratae, fuscescentes. In cortice *Pini sylvestris* prope Kuopio, m. Aprili 1904 (O. Lönnbohm). Pilei circiter 0,5 cm lati. Lamellae initio forte in violaceum leviter vergentes. *Coriolum abietinum*, *Irpicem fusco-violaceum* et *Lenzitem laricinam* in memoriam revocat.

Bjerkandera irpicoides n. sp.

Pallida. Pileus dimidiatus, basi attenuatus, subtriqveter, carnoso-fibrosus, mollis, sat tenuis, convexo-planus, glaber, anodermeus, superficie radiatim fibrillosus, margine acuto, inflexo, tenui, circiter 5 cm latus. Pori longi, magnitudine et forma valde varii, laceri, dentati, tenues, molles.

In ligno pini (ut videtur) prope Fagervik (Edv. Hisinger).

Coriolus velutinus (Fr.) Quél. var. nigrescens n. var.

Pileus suberoso-coriaceus, utrinque planus, strigoso-villosulus, sulcis concentricis zonatus, nigrescens, circiter 15 cm latus. Pori rotundi, obtusi, minuti, aeqvales, albidi.

In regione Baicalensi, Listvinitschnoje, m. Sept. 1902 (O. Lönnbohm).

Hydnum solenioides n. sp.

Cervino-pallidum. Subiculum effusum, indeterminatum, furfuraceo-crustosum, tenuissimum. Aculei confertiusculi, breves, varii, teretes, acuti, hinc inde confluentes.

Ad corticem betulae prope Mustiala, m. Nov. 1865 (P. A. K.).

Peniophora mimica n. sp.

Primitus suborbicularis, dein confluens, adnata, tenuis, initio ambitu tenuiter albofimbriatula, raro fibrillosa vel filamentosa. Hymenium subgrumosum, continuum, inaeqvabile vel rugosum, pruina tenui conspersum, alutaceo-pallidum. Cystidia cylindracea vel conoideo-elongata, obtusa, aspera, brevia, crassiuscula.

Ad lignum corticemqve arborum frondosarum in regione Mustialensi, m Nov. 1866 (P. A. K.).

Corticio confluenti Fr. nec non *Corticio rudi* Karst. similis.

Xerocarpus consobrinus n. sp.

Late effusus, arcte adnatus, subcoriaceus, sat tenuis, contiguus, nudus, glaber, ambitu similari, alutaceo-pallidus, tritus gilvo-pallescens. Sporae non visae.

In ligni Pini in ditione Mustialensi, Särkjärvi, m. Sept. 1880 (P. A. K.).

Xerocarpo alneo (Fr.) sat similis.

Lachnum contractum n. sp.

Apothecia sparsa, sessilia, planiuscula vel concaviuscula, siccitate varie contracta, strigosulo-villosa, fusca, $1—1{,}5$ mm lata. Asci cylindraceo-clavati. Sporae distichae, fusoideo-filiformes vel fusoideo-elongatae, rectae, $8—12:1\ \mu$. Paraphyses acutatae.

In caulibus aridis Spiraeae prope lacum Baical, m. Aug. 1902 (O. Lönnbohm).

Pili apothecii flavescente hyalini (sub lente), stricti, asperi, haud vel obsolete articulati, usqve ad 100 μ longi, $2—4$ μ crassi.

Lachnum coarctatum n. sp.

Apothecia gregaria, sessilia, globosa, margine valde contracta, minute aperta, brunnea vel atrofusca, villosula, circiter 0,8 mm diam. Asci cylindraceo-clavati, $70—80:4—5$ μ. Sporae distichae, fusoideo-elongatae, rectae, $5—8:1—1{,}5$ μ. Paraphyses parcae, filiformes.

In caulibus *Urticae dioicae* emortuis prope Kuopio, m. Jun. 1903 (O. Lönnbohm).

Pili apothecii flexuosi, vix articulati, dilute fuliginei (sub
micr.), circiter 2 μ crassi.

Wallrothiella merdaria n. sp.

Perithecia confertissima, cubilibus laxe adhaerentia, sphaeroidea, atra, opaca, astoma, forte demum pertusa, parva. Asci
cylindraceo-clavati. Sporae distichae vel submonostichae, ellipsoideae, hyalinae, eguttulatae, 17—20 : 8—10 μ. Paraphyses
haud discretae, flavescentes, asci longitudine.

Supra merdam humanam in sacellania Willnäs, m. Jun.
1869 (P. A. K.).

Coelosphaeria crustacea n. sp.

Perithecia confertissima, exqvisite cupuliformia, atra, nuda,
minutissima. Asci cylindraceo-clavati. Sporae 8:nae, subdistichae,
elongatae, curvulae, vel rectae, hyalinae, 8—12 : 2 μ.

In ramulis arborum decorticatis siccis prope Palovinca in
Siberia (O. Lönnbohm).

Phoma Lampsanae n. sp.

Pyrenia gregaria, velata, dein denudata, ostiolo conoideo,
acuto, atra, circiter 0,2 mm diam. Sporulae elongatae, eguttulatae, 4—6 : 1—1,5 μ.

In caulibus *Lampsanae communis* aridis in paroecia Tammela, m. Jun. 1872 (P. A. K.).

Phomae acutae affinis, sed pyreniis minoribus sporulisqve
augustioribus.

Phoma punctoidea n. sp.

Pyrenia subcutanea, erumpentia, gregaria, atra, minima.
Sporulae elongatae, 2-guttulatae, 5—6 : 2 μ.

Ad caules Angelicae emortuas in regione Mustialensi, m.
Apr. 1865 (P. A. K.).

Phoma deflectens n. sp.

Pyrenia gregaria, denudata, initio verisimiliter velata, globulosa, difformia, ostiolo papillato, atra, 0,2—0,3 μ diam. Sporulae oblongatae, eguttulatae, 3—4 : 0,5—1 μ.

In caulibus siccis *Heraclei sibirici* ad Mustiala, m. Majo 1865 (P. A. K.).

Phoma Pulsatillae n. sp.

Pyrenia sparsa, innato-erumpentia, sphaeroideo-applanata, ostiolo papillato, atra, puncti formia. Sporulae elongatae, 4 : 1 μ.

In caulibus aridis Pulsatillae prope Polovinca Sibiriae, m. Aug. 1902 (O. Lönnbohm).

Phoma Ranunculi n. sp.

Pyrenia erumpentia, conoidea, ostiolo acuto, atra, punctiformia. Sporulae elongatae, eguttulatae, 4—6 : 1—1,5 μ.

In caulibus *Ranunculi acris* aridis in paroecia Tammela (P. A. K.).

Phoma complanatula n. sp.

Pyrenia erumpenti-superficialia, ellipsoidea, raro globulosa, complanata, ostiolo papillato, atra, circiter 400 μ lata. Sporulae elongatae, eguttulatae, 3—4 : 1 μ.

In caulibus emortuis *Ranunculi acris* prope Mustiala, m. Majo 1872 (P. A. K.).

Phoma Scrophularina n. sp.

Pyrenia subsparsa, erumpentia, globulosa, ostiolo acuto, atra, 0,1—0,2 mm diam. Sporulae elongatae, eguttulatae, 3—4 : 0,5—1 μ.

In caulibus *Scrophulariae nodosae* emortuis ad Mustiala, m. Sept. 1871 (P. A. K.).

Phoma gregaria Syd. Thlaspeos n. subsp.

Pyrenia gregaria vel sparsa, erumpenti-superficialia, atra, punctiformia. Sporulae oblongatae, eguttulatae, $3-4:1-1,5\ \mu$. Ad caules exsiccatas *Thlaspeos arvensis* in ditione Mustialensi, m. Jun. 1872 (P. A. K.).

Phoma Heleocharidis n. sp.

Pyrenia sparsa, innata, dein leviter erumpentia, sphaeroideo-applanata, atra, minuta. Sporulae oblongatae, $8-10$: $3-4\ \mu$.

In calamis aridis *Heleocharidis palustris* in paroecia Tammela (P. A. K.).

Rhabdospora Aegopodii n. sp.

Pyrenia erumpenti-superficialia, subsphaeroidea, sparsa vel seriatim confluentia, ostiolo papillato, atra, exigua. Sporulae filiformes, utrinqve attenuatae, continuae, saepe curvulae, hyalinae, $70-80:4\ \mu$.

Ad caules siccos *Aegopodii Podagrariae*, m. Jun. 1871 (P. A. K.).

Rhabdospora punctiformis n. sp.

Pyrenia gregaria, erumpentia, punctiformia, atra. Sporulae filiformes, flexuosae, continuae, usqve ad 60 μ longae, 1 μ crassae.

In caulibus *Artemisiae vulgaris* aridis ad Mustiala, m. Jun. 1871 (P. A. K.).

Rhabdospora Cirsii Karst. var. Gnaphalii n. var.

Pyrenia sparsa vel subgregaria, subcutanea, dein erumpentia, punctiformia, atra. Sporulae filiformes, continuae, rectae, vel curvatae, $40-50:1,5\ \mu$.

In caulibus emortuis *Gnaphalii sylvatici* prope Mustiala, m. Jun. 1871 (P. A. K.).

Collonema laevissimum n. sp.

Pyrenia membranacea, sphaeroidea, superficialia, glabra, atra, nitentia, minuta. Sporulae fusoideo-cylindraceae, continuae, hyalinae, 8—12 : 1 μ. Basidia tenella.

In radice *Myrtilli* emortua in regione Kuopioënsi, Kolkankallio, m. Jun. 1904 (O. Lönnbohm).

Asteroma (?) deflectens n. sp.

Maculae amphigenae, atrae, opacae, latae, irregulares, confluentes, subinde paginam folii totam obtegentes, uniformes, absqve fibrillis. Pyrenia sparsa, prominula, astoma, mediocria, sphaeroidea, depressa.

In foliis emortuis *Lathyri pratensis* in paroecia Tammela, m. Aug. 1872 (P. A. K.).

Forte species *Glocosporii.*

Platycarpium n. gen. *Leptostromacearum.*

Pyrenia dimidiata, subsuperficialia, membranacea, effusa, astoma, rufa. Sporulae continuae, falcatae, hyalinae.

Pl. fructigenum n. sp.

Pyrenia effusa, capsulas ambientia, raro punctiformia, obscure rufa. Sporulae 20 : 4—5 μ. Basidia sporulis longiora.

In capsulis *Salicis myrtilloidis* vivis prope Kuopio, m. Jun. 1904 (O. Lönnbohm).

Hysteridium n. gen. *Leptostromacearum.*

Pyrenia dimidiata, lanceolata. Sporulae fusoideo-bacillares, 3 septatae, hyalino lutescentes.

Hysteridium Phragmitis n. sp.

Pyrenia sparsa, hysterioidea, atra, minuta. Sporulae rectae, 20 : 3 μ.

In culmis *Phragmitis* aridis prope Kuopio, m. Jun. 1904
(O. Lönnbohm).

Gloeosporium salicinum n. sp.

Acervuli epiphylli, sparsi, rarius conferti, sub epidermide
nidulantes, pulvinulati, rotundati vel irregulares, nitidi, rufi, minuti. Sporulae non visae.
In foliis *Salicis viminalis* langvescentibus in horto Mustialensi, m. Oct. (O. Karsten).

Zygodesmus isabellinus n. sp.

Hyphae repentes. intricatae, ramosae, laeves, stratum effusum isabellinum pulverulentum efformantes, molles, 3—5 μ
crassae. Conidia sphaeroidea, muricata, dilutissime flavescentia
(sub lente), 8—10 μ diam.
Supra corticem vetustum *Pini sylvestris* ad Mustiala, m.
Nov. 1880 (P. A. K.).

Hadrotrichum microsporum Sacc. var. macrosporum n. var.

Conidia sphaeroidea, subhyalina (sub micr.), 8—13 μ diam.
Basidia 30—40 : 8 μ.
In foliis *Agrostidis albae* langvescentibus, in regione Kuo-
pioënsi, m. Aug. 1904 (O. Lönnbohm).

Hormiscium Tiliae n. sp.

Caespituli erumpenti superficiales, pulvinati, atri vel fusco-
atri, exigui. Catenulae erectae, simplices, fasciculatae, rigidae,
semipellucidae (sub lente), usqve ad 100 μ longae, articulis
plerumqve 3—4, non secedentibus, 8—25 : 8 μ.
In ramulis *Tiliae cordatae* siccis in regione Aboënsi, Run-
sala, m. Majo 1861 (P. A. K.).

Addenda et emendanda.

Pluteus Kajanensis n. sp.

Pileus carnosus, tenuis, mollis, convexus, dein expansus, obtusus, laevis, glaber, nudus, viscidulus (?), pallescens (in statu sicco), circiter 4 cm latus. Stipes strictus, basi incrassatus, glaber, pallidus, circiter 5 cm altus. Lamellae liberae, confertae, roseo-pallidae. Sporae ellipsoideae, $6—8:3—4$ μ. Cystidia nulla.

Ad terram prope Kajana specimen unicum m. Junio 1905 a clar. O. Lönnbohm lectum.

Hypholoma longipes n. sp.

Admodum fragile. Pileus carnoso-membranaceus, convexo-explanatus, saepe disco nonnihil depressus, subumbonatus, subhygrophanus, primitus totus flavidus, dein cinerascens vel aqvose cinereus, disco flavido, siccitate vulgo medio rugosus et subinde albicans rimosusqve, margine levi primaqve aetate circa marginem sericellus, 5—10 cm latus. Stipes aeqvalis, basi incrassatus, fistulosus, curvatus vel flexuosus, glaber, ferruginascens, apice initio pallidus nudusqve, 18—20 cm longus, circiter 5 mm crassus. Velum cito evanidum. Lamellae adnexae, confertae, latiusculae, pallidae, dein cinerascentes demumqve fuscescentes. Sporae ovoideae vel ellipsoideae, ut plurimum 1—2-guttulatae, dilutae, $7—8:3—4$ μ. Cystidia nulla.

Ad parietes pineas fodinae tectae in horto Mustialensi, m. Sept.—Oct. 1905 (P, A. K.).

Flammula astragalina Fr. var. perelegans n. var.

Pileus sqvamis revolutis, fibrillosis obsessus.
Eodem loco ac praecedens.

Stereum purpureum Pers. var. intricatissimum n. var

Pilei effuso-reflexi, dense imbricati, concrescentes, azoni, villoso-tomentosi, albidi, circiter 1 cm lati, caespites circiter 10 cm latos formantes. Hymenium nudum, laeve, glabrum, purpurascente badium.

In trunco prope Kuopio m. Junio 1905 (O. Lönnbohm).

Ad *Stereum purpureum* Pers. se refert fere ut *Stereum scalare* Karst., in ligno nec supra terram, ut antea indicavimus, lectum, ad *Stereum hirsutum* (Willd.).

Peziza scissa n. sp.

Apothecia subcaespitosa, sessilia, contorta, latere scissa, margine integro, involuto, extus pruinosa, alutacea, disco obscuriore, 2—3 cm lata. Asci longissimi, circiter 10 μ crassi. Sporae monostichae, ellipsoideae, laeves, biguttulatae, hyalinae, circiter 12 : 5 μ. Paraphyses filiformes, flexuosae, circiter 1 μ crassae.

In fragmentis ligneis terraqve in regione Kuopioënsi m. Aug. 1904 (O. Lönnbohm).

Ad *Pez. cochleatam* nec non *Pez. alutaceam* Pers. proxime accedit.

Cenangium pinastri n. sp.

Apothecia sessilia, caespitosa, coriaceo-membranacea, laevia, subfarinacea, fusca vel fusco-nigrescentia, epidermide secedente superficialia, difformia, hymenio pallidiore, 2—5 cm lata. Asci cylindracei, circiter 160 : 7—9 μ. Sporae monostichae, eguttulatae, rectae, 7—9 : 4—5 μ. Paraphyses filiformes.

Ad ramos aridos *Pini sylvestris* prope Kuopio m. Aug. 1902 (O. Lönnbohm).

Ab *Cenangio populneo* affini apotheciis minoribus, ascis sporisqve diversis differt.

Metasphaeria rubicola n. sp.

Perithecia gregaria, primo epidermide tecta, dein ea secessa libera, sphaeroidea, poro minuto pertusa, atra, minuta.

Sporae longe fusiformes, curvulae, 4—6-guttulatae, hyalinae, circiter 40 : 3 μ.

In caulibus siccis *Rubi idaei* in regione Kuopioënsi, Kasurila, m. Junio 1904 (O. Lönnbohm).

Entyloma spectabile n. sp.

Sori in macula flaventi nidulantes, elongati, brunnei, elevati, usqve ad 3 cm longi. Sporae globulosae, flavescentes, 20—30 μ diam.

In foliis *Glyceriae spectabilis* in opp. Sortavala, m. Julii 1904 (O. Lönnbohm).

Triphragmium grande n. sp.

Sori teleutosporiferi elongati, primitus epidermide tecti, magni, fusci, circiter 3 cm longi. Teleutosporae obtuse trigonae, tricellulares, inferne 2-loculares, verrucosae, brunneae, diam. 30—40 μ, pedicello cylindraceo, hyalino, longitudine sporae.

Ad caulem *Rumicis acetosae* (?) prope opp. Sortavala, m. Julii 1904 (O. Lönnbohm).

Phoma rostellata n. sp.

Pyrenia globulosa, initio velata, dein denudata, atra, exigua, rostro tereti, longitudine pyrenii. Sporulae ellipsoideae, circiter 2 : 1 μ.

In caulibus emortuis *Cerefolii sylvestris* juxta opp. Kuopio, m. Maji 1905 (O. Lönnbohm).

Phoma Melampyri n. sp.

Pyrenia gregaria, erumpentia, sphaeroidea, cupulata, atra, minuta. Sporulae elongatae, utrinqve obtusissimae, subcurvatae, eguttulatae, 6—10 : 2 μ.

In caulibus exsiccatis *Melampyri* ad Kuopio, m. Junii 1905 (O. Lönnbohm).

Aposphaeria caulina n. sp.

Pyrenia sparsa, superficialia, rotundata vel elongata, vulgo inaeqvalia, astoma, atrata, minuta. Sporulae elongatae, continuae, hyalinae, circiter 4 : 1 μ. In caulibus siccis *Cerefolii sylvestris*, m. Maji 1905, prope Kuopio leg. clar. Edv. Hendunen.

Aposphaeria rudis n. sp.

Pyrenia erumpentia, dein superficialia, caespitose aggregata vel solitaria, difformia, rotundata, elongata vel depressa, rostrata, atra, minuta, villo incano (an proprio) tecta. Sporulae ovales, 1—2-guttulatae, hyalinae, 3—4 : 1—2 μ.
In cortice interiore *Piceae excelsae* in opp. Villmanstrand, m. Julii 1904 (O. Lönnbohm).

Sphaerographium petiolicolum n. sp.

Pyrenia sparsa vel gregaria, conoidea, fusco-atra, minutissima. Sporulae elongato-fusoideae, curvulae, 8—16 : 2 μ.
In petiolis emortuis *Sorbi aucupariae* prope Kuopio m. Junii 1904 (O. Lönnbohm).

Gloeosporium Orobi n. sp.

Maculae amphigenae, irregulares, fuscescentes. Acervuli irregulares, plano-disciformes, saturate fusci, minuti.
In foliis vivis *Orobi verni* in regione Sortavalensi m. Julii 1904 (O. Lönnbohm).
Ex eadem regione specimina sterilia *Gloeosporii Betulae* (Lib.), *Gl. Tremulae* (Lib.) et *Gl. acerini* Allesch. vidimus.

Vermicularia affinis Sacc. var. Calamagrostidis n. var.

Pyrenia innata, sparsa, sphaeroidea, 40—50 μ diam., setulis parcis, rigidis, brunneis, sursum attenuatis dilutioribusqve, longitudine pyreniorum. Sporulae elongato-fusoideae, guttulatae, rectae vel leniter curvulae, 16—23 : 2—4 μ.

In foliis siccis *Calamagrostidis Epigeii* in regione Kuopioënsi, m. Maji 1905 (O. Lönnbohm).

Sporotrichum aeruginosum Sched. var. **microsporum** n. var.

Conidiis minoribus (1—2 μ in diam.) a typo recedit.
Supra *Ditiolam radicatam* prope Kuopio m. Sept. 1905 (O. Lönnbohm).

Inonotus sulphureopulverulentus Karst. Fungi novi in Siberia lecti p. 9 non est nisi forma macra *Inonoti Herbergi* (Rostk.).
Puccinia melasmioides Tranzsch. var. Karst. l. c. p. 6 eadem est ac *Puccinia Haleniae* Arth. et Holw. in *Halenia sibirica* crescens.

Species in regione Kuopioënsi lectas, pro Fennia novas, hic enumerare liceat: *Tricholoma amicus* Fr., *Collybia collina* (Scop.), *Lachnum leucostomum* (Rehm), *Leptosphaeria arundinacea* (Sow.), *Pilidium fuliginosum* (Fr.) et *Sporomega degenerans* (Fr.).

EINE SCHÄDLICHE,

NEUE UROPODA-ART.

VON

ENZIO REUTER.

MIT EINER TAFEL.

(Vorgelegt am 5. November 1904).

HELSINGFORS 1905.

KUOPIO 1905.

GEDRUCKT BEI K. MALMSTRÖM.

Ende April 1903 erhielt ich vom Herrn Direktor E. L. Hedman in Berttula unfern der Stadt Tawastehus zahlreiche Exemplare einer Milbe mit der Bemerkung, dass diese in einem Treibbeet massenhaft vorkam und die dort wachsenden jungen Gurkenpflanzen angegriffen hatte. Nach brieflicher Mitteilung von Herrn Hedman traten die genannten Milben zum ersten Mal im vorhergegangenen Jahre in demselben Treibbeet auf, wo sie die Gurkenpflanzen gänzlich zerstörten, indem sie klumpenweise am Wurzelhalse der jungen Pflanzen sassen und die Stengeln derselben zernagten. Das Treibbeet, welches den ganzen Winter hindurch offen und leer gestanden hatte, wurde im letzten Frühjahr mit neuem Mist und neuer, von einem nahgelegenen Acker genommener Erde aufgeschüttet; nichtsdestoweniger traten die Milben wieder ebenso massenhaft und bedrohend auf.

Etwa gleichzeitig, in den letzten Tagen des April 1903, teilte mir Dozent E. Nordenskiöld mit, dass nach Beobachtungen von Cand. phil. W. M. Axelson die Radieschen in einem Treibbeet in der Umgegend von Helsingfors ebenfalls von Milben zum Teil angefressen worden waren. Ein Vergleich der aus Berttula und Helsingfors stammenden Milben erwies, dass sie mit einander identisch waren, und zwar stellten sie die homeomorphe Nymphe einer, wahrscheinlich unbeschriebenen *Uropoda*-Art dar, was jedoch mit Rücksicht darauf, dass unter den zu ein paar Hunderten mir zur Verfügung stehenden Individuen kein geschlechtsreifes Tier zu finden war, noch nicht endgültig festgestellt werden konnte [1]. Um Sicherheit hierüber zu gewinnen, bat ich um eine neue Sendung aus Berttula und erhielt Mitte Mai wieder zachlreiche Exemplare, von denen aber nur zwei geschlechts-

---

[1] Vgl. Meddelanden af Soc. pro F. et Fl. Fenn. H. 29. Helsingfors 1904. S. 167, 252.

reif und zwar männlichen Geschlechts waren. Eine mikroskopische Untersuchung derselben ergab, dass es sich in der Tat um
eine neue Art handelte; weil sie sich aber in ziemlich schlech-
tem Zustande befanden, waren sie für eine Artbeschreibung wenig geeignet, und zudem fehlte mir noch durchaus das Weibchen,
weshalb mir eine Deskription der Milbe noch nicht angemessen
erschien. Gleichzeitig mit der späteren Milbensendung schrieb
mir Herr Direktor Hedman, dass die jetzt eingesandten Individuen meistenteils auf Salatpflanzen festsitzend angetroffen
worden waren; ob sie auch diese Pflanzen beschädigt hatten,
darüber konnte er sich nicht mit Gewissheit äussern.

Im Oktober 1904 erhielt ich von Herrn Mag. H. Federley
zur Untersuchung mehrere in Spiritus aufbewahrte Exemplare
einer Milbe, die er auf einer im Villagebiet Humlevik bei Helsingfors gefundenen Raupe von *Arctia caja* L. festsitzend angetroffen hatte. Diese Milben, welche sich sämtlich im Nymphen-
stadium befanden, erwiesen sich als mit den in Berttula und
Helsingfors im vorhergehenden Jahre in Treibbeeten schädlich
aufgetretenen *Uropoda*-Nymphen völlig identisch. Nach Angabe
von Herrn Federley siechte die Raupe, an welcher die genannten Milben sich eine längere Zeit hindurch aufgehalten hatten,
allmählich hin und starb. Weil er keine andere Ursache dieser
Erscheinung finden konnte, war er zu der Ansicht gekommen,
es hätten die Milben als Schmarotzer den Tod der Raupe veranlasst. Wie es sich hiermit tatsächlich verhalten haben mag,
war nunmehr unmöglich zu entscheiden. Aus Gründen, die
weiter unten angeführt werden sollen, bin ich jedoch nicht geneigt, der soeben genannten Auffassung zuzustimmen.

Nachdem nun inzwischen das Vorkommen der betreffenden
Uropoda-Art bei der Villa Humlevik konstatiert worden war,
begaben Mag. Federley und ich uns nach diesem Ort um in
den dortigen Treibbeeten geschlechtsreife Individuen der Milbe
zu suchen. Zu dieser Zeit enthielten die Treibbeete keine Pflanzen mehr. Es gelang uns jedoch bald einige *Uropoda*-Individuen
zu finden, die innerhalb der Beete unter verschiedenem Abfall
auf der Erde herum krochen; etwas zahlreicher kamen sie an
den Wänden der Treibbeete gleich am Boden vor. In noch

grösserer Anzahl wurden sie an der Unterseite einiger auf den Gängen zwischen den verschiedenen Treibbeeten liegenden Brettern angetroffen. Bei der nach der Heimkehr vorgenommenen mikroskopischen Untersuchung ergab sich inzwischen, dass sämtliche Exemplare mit Ausnahme eines Männchens homeomorphe Nymphen waren. Einige Tage später besuchte ich zusammen mit Herrn H. Wasastjerna seine Gartenanlage in Gumtäckt bei Helsingfors und ergriff dann die Gelegenheit, die *Uropopa*-Art wieder aufzusuchen. In den Treibbeeten, die auch hier keine Pflanzen mehr enthielten, konnte ich nur einige wenige Exemplare auffinden; dagegen kam diese Milbe auf der Unterseite einiger Gangbretter zu mehreren Hunderten vor, oft dicht aneinander gedrängt. Die allermeisten Individuen waren auch jetzt Nymphen, nur verhältnismässig wenige stellten geschlechtsreife Männchen und Weibchen dar. Jedenfalls gelang es mir, einige Dutzende von Geschlechtstieren zu erhalten, so dass ein für die Artbeschreibung hinlängliches Material zusammengebracht werden konnte. Auch in den Treibbeetsanlagen des städtischen Reservegartens an der Schmiedstrasse in Helsingfors habe ich später zahlreiche Exemplare unserer Milbe angetroffen. Und vom Herrn Dozenten A. Luther wurde mir ein Blatt von auf dem Markte in Helsingfors gekauftem Kopfsalat gegeben, auf welchem mehrere Nymphen derselben Art mit ihren Urostylen befestigt sassen. Schliesslich mag noch erwähnt werden, dass unter den vom Herrn Mag. R. B. Poppius eingesammelten Individuen von *Oribata lucasii* Nic., die im Jahre 1900 in einem Treibbeet im Kirchspiel Esbo auf Gurkenfrüchten schädlich aufgetreten waren [1], sich auch eine Nymphe der hier in Rede stehenden *Uropoda*-Art befand. Diese Milbe scheint demnach wenigstens in der Umgegend von Helsingfors ziemlich weit verbreitet und auch recht häufig zu sein. Bemerkenswert ist, dass sie überall stets in oder unmittelbar ausserhalb der Treibbeete angetroffen worden ist [2].

---

[1] Vgl. Poppius, R. B., *Oribata lucasii* Nic., ett hittills obeaktadt skadedjur. Med. Soc. F. et Fl. Fenn. H. 27, 1901. S. 74—75, 181.

[2] Später habe ich diese Art, ebenfalls in Treibbeeten, in Lofsdal im Kirchspiel Pargas, SW von Åbo, zahlreich gefunden.

Was aber vor allem unsere Beachtung verdient, ist die
Tatsache, dass die nämliche *Uropoda*-Art — wenigstens unter
Umständen — sich von lebenden, gesunden Pflanzenteilen ernährt, ja sogar als wahrhafter Pflanzenschädiger auftreten kann.
Dass dem so ist, wurde ja schon hinlänglich durch die Beobachtungen der Herren Hedman und Axelson bewiesen. Um jeden
Zweifel hierüber zu beseitigen, habe ich selbst in dieser Hinsicht direkte Beobachtungen angestellt und dabei wiederholent-
lich konstatieren können, dass die von mir isoliert unter Obser-
vation gehaltenen *Uropoda*-Individuen — und zwar sowohl Nymphen, als geschlechtsreife Tiere — sich tatsächlich von ganz gesunden Radieschen und Kopfsalatblättern ernährten; diese letzteren mussten frisch und saftig sein, verwelkte und trockene
Blätter wurden nicht oder doch nur ungern von den Tieren
gefressen.

Dies steht nun im Widerspruch mit den meisten früheren
Angaben über die Nahrung der *Uropoda*-Arten. Diese Angaben
sind übrigens recht weit auseinandergehend; viele von ihnen
sind zudem sehr unsicher und gründen sich mehr auf blosse
Vermutungen als auf direkte Beobachtungen. Mit Rücksicht
hierauf wird sogar ein so ausgezeichneter Acarologe wie Michael
noch im Jahre 1894 veranlasst, sich zu äussern, dass »we
do not at present know for certain what the *Uropodinae* feed
upon» [1]).

Was nun die fraglichen Angaben des näheren betrifft, so
wird von mehreren Autoren, wie Mégnin [2]), Berlese [3]), Canestrini [4]) u. A., mehr oder weniger direkt angedeutet, dass
wenigstens einige *Uropoda*-Arten sich von modernden vegeta-

---

[1]) Michael, A. D., Notes on the *Uropodinae*. Journ. R. Micr. Soc.
1894. S. 291.

[2]) Mégnin, P. Mémoire sur l'organisation et la distribution zoolo-
gique des Acariens de la famille des Gamasidés. Journ. de l'Anat. et de la
Physiol. XII. 1876. S. 325.

[3]) Berlese, A. Acari, Myriopoda et Scorpiones hucusque in Italia
reperta. Ordo Mesostigmata (Gamasidae). 1892. S. 86.

[4]) Canestrini, G. Prospetto dell' Acarofauna italiana. I. Padova
1885 S. 103 ff.

bilischen Substanzen oder tierischem Abfall (Exkrementen) ernähren.

Die bekannte Erscheinung, dass mehrere Insekten, und zwar
namentlich Coleopteren, ferner Myriopoden und noch andere
Arthropoden sich nicht selten als mit *Uropoda*-Nymphen besetzt,
ja mitunter als von ihnen sogar fast völlig bedeckt erweisen,
hat früher die Vermutung veranlasst, es seien die *Uropoda*-
Nymphen wahre Schmarotzer der sie tragenden Wirttiere. Hier-
für sprach allerdings der Anschein, denn die betreffenden Wirttiere waren nicht selten gestorben, wie es schien infolge eines
aktiven Angriffes der genannten Milben. So machte sich in Amerika, wo namentlich der berüchtete Coloradokäfer, *Leptinotarsa
decemlineata* Say., öfters von den Nymphen einer *Uropoda*-Art
stark belästigt wurde, vorher unter den dortigen praktischen
Entomologen ziemlich allgemein die Auffassung geltend, dass
diese Milben sich tatsächlich von dem genannten Käfer ernährten. Schon vor einigen Dezennien ist inzwischen nachgewiesen
worden, dass die mit ihrem aus der Analöffnung heraustreten-
den Urostylus án den resp. Wirttieren befestigten *Uropoda*-
Nymphen — bekanntlich treten nur die sogenannten Nymhae
pedunculatae, nicht die geschlechtsreifen *Uropoda*-Individuen der-
art auf den betreffenden Arthropoden auf — in der Tat gar
keine Schmarotzer darstellen, sondern sich nur — ähnlich wie
die Hypopen der Tyroglyphiden — dieser Wirttiere als Trans-
portmittel bedienen, um sich behende nach einem für die Fort-
pflanzung geeigneten Platz versetzen zu können [1]). Diese Ansicht dürfte wohl nunmehr allgemeine Zustimmung erfahren haben [2]). Dass die *Uropoda*-Nymphen, obwohl sie also keine schma-
rotzende Lebensweise führen, dennoch mitunter, d. h. wenn sie
in sehr grosser Menge auftreten, den Tod ihres Wirttieres verursachen können, unterliegt keinem Zweifel; ein Käfer z. B., dessen Körper von den genannten Milben so dicht besetzt ist, dass

---

[1]) Zuerst dürfte dies von Mégnin, op. cit. p. 290, 325, hervorgehoben
worden sein.

[2]) Auch in Amerika; vgl. Banks, N. A Treatise on the Acarina,
or Mites. Proc. U. S. Nat. Mus. XXVIII. [N:o 1382]. Washington 1904.
S. 62, 63.

er selbst kaum sichtbar ist, wird hierdurch schon so stark belästigt, dass er sich schlechthin nicht bewegen kann. Dies war
u. A. der Fall mit einer Histeride, welcher sich in der letzteren
Sendung des Herrn Direktor H ed man befand. Was nun die
vom Herrn Mag. F ed e r l e y beobachtete Raupe von *Arctia caja*
betrifft, traten die *Uropoda*-Nymphen auf ihr allerdings nicht in
besonders grosser Anzahl auf, gleichzeitig mit ihnen kamen aber
auf derselben Raupe recht zahlreiche Individuen einer anderen
Milbe vor, und es ist gar nicht unwahrscheinlich, dass gerade
diese dem Wirtstier einen viel grösseren Schaden verursachen
hatten. Es mag jedoch erwähnt werden, dass T r o u e s s a r t einen Fall anführt, wo die Raupe von *Agrotis segetum* Schiff. von
den Nymphen einer anderen *Uropoda*-Art recht stark inkommo-
diert wurde [1].

Wenn nun auch die Uropoden nicht als wahre Schmarotzer angesehen werden dürften, sollen sie jedoch nach einigen
Autoren eine carnivore Lebensweise führen und zwar räuberisch sich von anderen Tierchen ernähren. Vielleicht am meisten ausgeprägt wird wohl diese Ansicht von T r o u e s s a r t vertreten, dessen Ausspruch hierüber ich mir erlaube, wörtlich
auzuführen: »Les Acariens de la sous-famille des *Uropodinæ* sont
tous créophages, comme les autres Gamasidés. Il est donc im-
possible de leur attribuer les dégâts que l'on constate sur les
racines de certaines plantes et qui sont dus à l'excès d'humi-
dité et aux Moisissures qui en sont la conséquence. Les Uro-
podes ne viennent sur ces racines que pour se nourrir des
Sarcoptides détriticoles (Tyroglyphinés) que les végétations cryp-
togamiques y attirent« [2].

Direkte Beobachtungen über die Nahrung einer *Uropoda*-
Art, *U. ovalis* (Koch) Michael, welche mit der von mir in diesem Aufsatz neubeschriebenen sehr nahe verwandt ist, sind von
C u m m i n s angestellt worden, der die genannte Milbe in Ber-
muda in kranken Zwiebeln einer Lilie angetroffen hatte. Nach

---

[1] T r o u e s s a r t, E. Note sur les *Uropodinæ* et description d'espèces
nouvelles. Bull. Soc. Zool. France. XXVII. 1902. S. 29.
[2] T r o u e s s a r t, E., l. c.

ihm ernährte sich diese Milbe hauptsächlich von Bakterien, Pilz-
sporen u. dgl.[1])

Es scheint mir nun höchst wahrscheinlich, dass auch die
neue, hier in Rede stehende, in den Treibbeeten angetroffene
Uropoda-Form sich in der Regel von unter modernden vegetabilischen Substanzen und Dünger auftretenden Mikroorganismen,
bezw. von den toten, feuchten pflanzlichen Geweben selbst oder
vielleicht sogar noch von Teilchen der Exkremente pflanzen-
fressender Tiere (Rinder, Pferde) ernährt. Hierauf deutet vor
allem das massenhafte Vorkommen dieser Milbe gerade auf der
feuchten Unterseite der zwischen den einzelnen Treibbeeten auf
Mist, Halmstreu u. dgl. liegenden Gangbretter hin, wo ja ausserordentlich günstige Bedingungen für ungestört fortgehende De-
kompositionsprozesse, bezw. für das Auftreten von Bakterien
und Schimmelpilzen vorhanden sind. Dass sie jedenfalls hier
nicht von anderen Kleintieren räuberisch leben, wie dies Trouessart behauptet, beweist zur Genüge schon der Umstand,
dass auf den meisten von mir untersuchten Plätzen solche Tiere
— einzelne Collembolen, Oribatiden und kleine Gamasiden (von
Tyroglyphiden fand ich keine Spuren) — nur in verhältnismässig
sehr geringer Anzahl vorkamen.

Wenn die *Uropoda*-Milben nun auf irgend welche Weise
in das Innere eines Treibbeetes gelangt sind, finden sie hier die
genannten Bedingungen bei weitem nicht in demselben Masse
wieder; namentlich vermissen sie die stete hochgradige Feuch-
tigkeit. Es ist mit Rücksicht hierauf wenig überraschend, wenn
die Milben unter solchen Umständen frische, saftige Pflanzenteile, wie Radieschen, zarte Gurken- und Salatpflanzen, angrei-
fen und sich von denselben dauernd ernähren.

Es würde nach dieser Auffassung die nämliche *Uropoda*-
Art kein typischer, sondern nur ein fakultativer Pflanzenschädiger sein. Weil inzwischen diese Milbe die erste *Uropoda*-Art
darstellen dürfte, welche tatsächlich als Pflanzenschädiger er-
kannt worden ist, und hierdurch in gewissem Gegensatz zu ih-

[1]) Cummins, H. A. On the Food of *Uropoda*. Journ. Linn. Soc.
Lond. Zool. XXVI. N:o 172. 1898. S. 623—625.

ren übrigen Gattungsgenossen steht, schien es mir angemessen, diese Tatsache durch die Benennung der neuen Art hervorzuheben, und ich habe ihr demnach den Namen *Uropoda obnoxia* gegeben.

Ehe ich zu der Artbeschreibung übergehe, mögen noch einige Worte der Frage nach der Bekämpfung dieses Schädigers gewidmet sein. Weil die *Uropoda*-Individuen — wenigstens zu der Zeit, wo die Treibbeete keine Pflanzen enthalten — sich ganz vorwiegend auf der Unterseite namentlich der älteren Gangbretter aufhalten, kann durch gründliches Bestreichen dieser Seite der genannten Bretter mit gewöhnlichem Holzteer ohne die geringste Schwierigkeit auf einmal oft eine enorme Menge der ruhig sitzenden oder langsam herumkriechenden Milben vernichtet werden; dieses Verfahren ist natürlich nach dem Bedarf zu wiederholen. Etwaige auf dem Mistbeet liegende von Milben besetzte kleinere Holz- und Borkenstücke sind einfach zu verbrennen. Um das Übersiedeln der Milben von aussen her nach dem Inneren des Treibbeets vorzubeugen, ist ein nach Bedarf erneutes Bestreichen der beiden Seiten des unteren, an den Boden grenzenden Teiles des hölzernen Rahmens mit Teer oder noch besser mit Raupenleim, und zwar vor der Aussaat, anzuraten. Besonders wertvolle Pflanzen können der grösseren Sicherheit wegen noch von mit Teer bestrichenen und mit einwenig in die Erde eingedrückten Hülsen von Birkenrinde oder Pappe umgeben werden.

Uropoda obnoxia n. sp.

♂, ♀. — Lehmfarbig kastanienbraun, matt glänzend. Körper oval, vorn seitlich schwach ausgeschweift, etwa von der Mitte an nach hinten allmählich verjüngt. Rückenschild ziemlich stark gewölbt, seitlich und hinten von dem Aussenrande deutlich abgesetzt, kurz vor dem Hinterende quer geteilt, undeutlich fein punktiert, kurz und undicht beborstet, gleich hinter dem Vorderende mit zwei am Grunde dicht aneinander gedrängten längeren Borsten versehen. Die Aussenränder mit steif ausgesperrten mässig langen Borsten besetzt. Epistoma lang zuge-

spitzt, gefränzt. Metapodien hinten gleichmässig gebogen, gerundet. Die Femoralglieder aller Beinpaare mit höckerigen, bezw.
blattförmigen Chitinvorragungen versehen. Peritrema am vorderen Teil ziemlich scharf umgebogen, fragezeichenförmig. Grösse:
♀ 1,05—1,18 mm lang, 0,70—0,80 mm breit; ♂ 0,99—1,15 mm lang,
0,70—0,75 mm breit.

Die ovale Körperform ist in beiden Geschlechtern etwas
wechselnd, bald mehr länglich und hinten gerundet zugespitzt
(Figg. 1, 2, 4), bald breiter, mehr gedrungen und dann hinten
gleichmässig breit gerundet (Fig. 3); auch das Vorderende kann
seitlich mehr oder weniger stark ausgeschweift sein. Der Rückenschild hinten und an den Seiten von dem an einem parallelen,
mässig breiten Streifen flach ausgebreiteten Aussenrande recht
deutlich abgesetzt und sich von demselben ziemlich steil er-
hebend; vorn dagegen ist der Rückenschild flacher gewölbt und
geht unmerklich in den seitlich ausgeschweiften und vorn schwach
vorgezogenen, an der Spitze gerundeten Vorderrand über. Der
hinter der Querlinie gelegene Teil des Rückenschildes sehr klein,
je nach der Form des Hinterkörpers mehr oder weniger breit
gerundet (Figg. 1, 3). Die aus kleinen helleren Kreisen be-
stehende, nicht besonders dichte Punktierung oft nur bei gün-
stiger Beleuchtung deutlich zu erkennen. Die Rückenborsten
mässig lang, zumeist in nicht ganz regelmässigen ovalen Kreisen angeordnet (Figg. 1, 5). Die steif ausgesperrten Borsten des
Aussenrandes am Grunde meistens sanft gebogen, stumpfspitzig
(Fig. 11). Die gleich hinter dem abgerundeten Vorderende ge-
legenen Borsten etwas länger als die übrigen, dicht neben einander stehend, nahe der Basis schwach geknickt, steif vorwärts
gerichtet, meistens schwach divergierend; seitlich und hinter
ihnen steht je eine ganz kurze Borste (Figg. 5, 6).

Sternigenitalschild mit dem Ventrianalschild zusammen-
geflossen, zwischen den Coxae mit einzelnen winzig kleinen
Borsten, hinter den Metapodien mit wenigen paarweise angeordneten Borsten besetzt, welche an Grösse den Rückenborsten
beinahe gleichkommen, undeutlich fein punktiert. Metapodien
deutlich ausgebildet, hinten gleichmässig gebogen. Peritrema
(Figg. 2, 4, 7) mässig lang, erstreckt sich vom Stigma zuerst

beinahe gerade nach vorn und ist an diesem Teil am breitesten, biegt sich dann stumpf nach aussen und beschreibt einen fast unmerklichen, nach oben konkaven, etwas unregelmässigen Bogen bis zum Aussenrand, knickt sich hier um eine vom Coxa des 2. Beinpaares schräg nach oben und aussen bis zum Aussenrande verlaufende Chitinleiste scharf nach innen herum, geht dann, allmählich sich verjüngend, wiederum in einem oben sanft konkaven Bogen nach innen und etwas schräg nach unten und endigt mit einer stumpfen Spitze einwenig oberhalb seiner ersten stumpfen Biegung nach aussen.

Männliche Geschlechtsöffnung (Fig. 4) eiförmig, zwischen den Hüftgliedern des 3. Paares gelegen. Weibliche Geschlechtsöffnung (Fig. 2) ziemlich gross, oval, hinten abgestutzt, erstreckt sich nach hinten bis zum Zwischenraum zwischen dem Vorderrand der Hüftglieder des 4. Beinpaares; der sie umgebende Chitinring vorn in einen kurzgestielten löffelförmigen Fortsatz verlängert. Analöffnung kreisrund, einwenig vor dem hinteren Körperende gelegen.

Tectum gerundet fünfeckig. Epistoma lang zugespitzt, seitlich gefränzt, wodurch es ein fiederförmiges Aussehen erhält.

Beine mit kurzen Dornen und Haaren besetzt. Die Hüftglieder des 1. Beinpaares an der Aussenseite mit kurzen, ziemlich scharf rechteckigen Chitinhöckern (Fig. 2). Die Femoralglieder sämtlicher Beinpaare an der Unterseite mit je zwei nach einander folgenden Chitinvorragungen; von denen des 1. Paares ist die hintere klein und höckerig und trägt an ihrer Spitze ein kurzes Haar, die vordere langgestreckt, blattartig und unregelmässig schwach gezähnelt. Von den Chitinvorragungen des 2. Paares (Fig. 8) ist die hintere, welche beim ♂ mächtiger entwickelt ist als beim ♀, bedeutend dicker, erscheint demgemäss bei Ventralansicht als quergestellt, und läuft in einen grösseren kegelförmigen und einen kleineren härchentragenden Höcker aus; die vordere dagegen ist dünn, blattförmig, dreieckig, fein vertikalgestreift. An den Schenkeln des 3. und 4. Beinpaares sind die beiden Chitinvorragungen blattförmig; die hintere sehr klein und niedrig, die vordere verhältnismässig noch langgestreckter als an dem 2. Beinpaare. Tarsen des 1. Beinpaares

namentlich am distalen Ende mit zahlreichen ziemlich langen
Haaren besetzt, von denen eines das Ambulacrum um mehr als
doppelt überragt; Ambulacrum lang gestielt (der Stiel an den
proximalen $^2/_3$ seiner Länge glashell, dann plötzlich schwach
braun getrübt), mit zwei mässig langen, gebogenen Krallen und
einem beiderseits dreieckig flügelförmig ausgezogenen Haftlappen
versehen (Fig. 9). Tarsen der 2—4. Beinpaare mit einzelnen
kurzen Haaren und Dornen besetzt; Ambulacrum etwas kräf-
tiger entwickelt, auch die Krallen und Haftlappen etwas grösser
als an dem 1. Beinpaare; das Haftorgan aus zwei unteren kleineren, schmalen und spitzen, seitlich vorspringenden, und drei
oberen grösseren Loben zusammengesetzt, von welchen letzteren
zwei ziemlich grosse, etwa dütenartig geformte seitlich einander gegenüber stehen und in der Mitte, wo sie einander kreuzen,
unten von einem unpaaren, blattähnlichen, gespitzten Lobus bedeckt werden (Fig. 10).

   Nympha (homeomorpha) (Fig. 12). — Kleiner (0,82—
0,93 mm lang und 0,59—0,68 mm breit) und heller als die geschlechtsreifen Individuen, mehr lehmgelblichbraun. Umgekehrt
oval, namentlich an der hinteren Hälfte verhältnismässig merklich breiter als die Geschlechtstiere, am Hinterende stets gleichmässig breit gerundet, vorn seitlich ausgeschweift. Rückenschild ziemlich flach gewölbt, von dem Aussenrand nicht deutlich abgesetzt, hinten nicht quer geteilt, fein punktiert. Die steif
ausgesperrten Borsten des Aussenrandes, wie überhaupt die des
Rückenschildes, verhältnismässig länger als bei den geschlechtsreifen Tieren, oben in nicht ganz regelmässigen konzentrisch
ovalen Kreisen angeordnet. Die beiden vordersten Borsten am
Grunde von einander entfernt, eher kürzer als die Mehrzahl der
übrigen Randborsten. Sternigenitalschild von dem Ventrianalschild deutlich getrennt, sehr fein granuliert, in der Mitte eine
längliche, seitlich zwischen den Coxalgliedern rundlich vorspring-
gende Konfiguration zeigend, mit einigen paarweise angeordneten
kleinen Härchen besetzt. Metapodien am Innenrande ausgeschweift, dann hinten gerundet, stark nach oben gebogen. Ventrianalschild hinten halbkreisförmig, vorn beiderseits schwach
ausgeschweift, mit ziemlich langen Haaren besetzt, fein undeut-

lich punktiert. Analöffnung gross, gleich vor dem Hinterrand
gelegen. Peritrema (Figg. 12, 13) lang und stark geschlängelt,
in seiner ganzen Länge beinahe gleichmässig breit; geht vom
Stigma eine recht kurze Strecke gerade nach oben, beschreibt
dann einen kurzen, aussen konvexen, nur in der Mitte sanft
eingedrückten Bogen, biegt sich plötzlich nach aussen, wird aber
bald, in ziemlicher Entfernung von dem Aussenrand, wieder
plötzlich nach innen umgeknickt und verläuft dann in einem
mehr oder weniger starken und etwas geschlängelten, aussen
konkaven Bogen nach oben bis zu dem Aussenrand, wo es gleich
am Ende des Peritremalschildes aufhört. Inbezug auf die Behaarung und Bedornung der Beine sowie auf die Chitinvorragungen finden sich zwischen den Nymphen und den geschlechtsreifen Weibchen und Männchen keine nennenswerten Unterschiede. Das Haftorgan sämtlicher Ambulacren aus einer runden dütenförmigen Saugscheibe bestehend (Fig. 14); die Krallen
des 1. Beinpaares merklich kleiner als die der übrigen.

Uropoda obnoxia gehört den *Uropodæ nitidæ* und zwar
dem Manipulus VII von Berlese an, welcher durch den Besitz
eines kleinen hinteren Rückenschildes charakterisiert und als
dessen Typus U. obscura Can., Berl. bezeichnet wird [1]. Später
hat Berlese die grosse Gattung *Uropoda* in mehrere kleine
geteilt und zwar wird die soeben genannte Art als Typus der
Gattung *Uropoda* s. str. betrachtet [2].

Die hier neubeschriebene Art, *U. obnoxia,* ist gerade mit
Canestrini's und Berlese's *U. obscura* am nächsten verwandt,
welche letztere Art angeblich mit *U. ovalis* Koch (nec Kramer)
identisch ist. Weil die älteren Beschreibungen dieser Art (wie
auch vieler anderer Acariden) allzu dürftig sind, mehr allgemeine Habitusschilderungen enthalten und keine konzisen Dar-
stellungen wichtigerer Strukturmerkmale geben, weil zudem die
Abbildungen Koch's [3] meines Erachtens allzu oberflächlich sind,

---

[1] Vgl. Berlese, A. Acari, Myriopoda, Scorpiones etc., Ordo Mesostigmata, S. 89.

[2] Berlese, A. Acari nuovi. Redia, 1. Fasc. 2. Firenze 1904. S. 249.

[3] Koch, C. L. Deutschlands Crustaceen, Myriapoden und Arachni-
den. Heft 27. N:o 21: *Notaspis ovalis; N. obscurus,* H. 2. N:o 5, soll nach

um eine sichere Identifizierung zu ermöglichen, werde ich —
da mir die Typen von *U. ovalis* Koch (bezw. *U. obscura* Can.,
Berl.) nicht zugänglig gewesen sind — hier die neue Art zunächst
mit den von Canestrini[1]), Berlese[2]) und Oudemans[3]) gegebenen Beschreibungen und Abbildungen von *U. obscura* ver-
gleichen, in denen strukturelle Merkmale der betreffenden Art
eine genauere Berücksichtigung gefunden haben.

Von *U. obscura* unterscheidet sich meine *U. obnoxia* durch
eine Summe von Merkmalen, von denen besonders die folgenden
hervorzuheben sind:

♂, ♀: Rückenschild von *U. obnoxia* vorn weniger stark
vorgezogen; die beiden am Vorderende stehenden Borsten am
Grunde einander stets bedeutend näher stehend. Die Form der
mehr nach aussen gebogenen Metapodien verschieden. Gestalt
der männlichen und namentlich der weiblichen Geschlechtsöffnung deutlich verschieden, der nach vorn ziehende Fortsatz
des die weibliche Geschlechtsöffnung umgebenden Chitinrings
nicht, wie dies Oudemans abbildet, in zwei spitze Zähne aus-
laufend, sondern löffelförmig, vorn geschlossen[4]). Auch die
femoralen Chitinvorragungen sind etwas verschieden gebaut. Die
ambulacralen Haftlappen, die als sehr wichtige Artcharaktere
zu betrachten sind, durchaus verschieden gebaut[5]).

Trouessart (op. cit., p. 31) die homeomorphe Nymphe von *ovalis* sein,
was mir indessen fraglich erscheint. Ob auch *N. marginatus* Koch und
N. immarginatus Koch (Op. cit., H. 27. N:o 22. 23) hierher gehören, scheint
mir sehr zweifelhaft.

[1]) Canestrini, G. Op. cit., p. 103. Taf. IV.

[2]) Berlese, A. Ac., Myr., Scorp. Ordo Mesostigmata. Fasc. XI.
N:o 5 (Gen. *Uropoda* characteres), Figg. 1, 3, 4, 6, 7 und Fasc. XI. N:o 8.

[3]) Oudemans, A. C. Bemerkungen über Sanremeser Acari. Tijdschr.
voor Ent. XLIII. 1900. S. 131. Pl. VII. Figg. 23, 24.

[4]) Dieser Fortzatz wird weder von Canestrini noch von Berlese
erwähnt, bezw. abgebildet.

[5]) Vgl. Berlese, op. cit. Fasc. XI. N:o 8. Fig. 5 d. Berlese gibt
nicht an, welchem Beinpaar das von ihm abgebildete Ambulacrum angehört,
nicht einmal, ob es dasjenige eines geschlechtsreifen Tieres oder einer Nymphe
darstellt. Jedenfalls kommt ein so gebildetes Ambulacrum bei *U. obnoxia*
nirgends vor.

Nympha homeomorpha: Die Körperform von *U. obnoxia* deutlich verschieden, am Hinterende konstant viel breiter gerundet. Der Ventrianalschild vorn stets seitlich ausgeschweift, nicht wie bei *U. obscura* schwach gleichmässig gebogen. Peritrema, das sonst von etwa ähnlicher Gestalt ist, hat die scharfe Umbiegung (in der Mitte seines Verlaufes) bedeutend weiter vom Aussenrande des Körpers entfernt; auch der Rand besitzt keine das Ende des Peritremas aufnehmende Lamelle, wie sie von Oudemans beschrieben und abgebildet worden ist.

Die jetzt angeführten Unterschiede sind so zahlreich und bedeutend, dass die von mir beschriebene *Uropoda*-Art füglich als selbständige Art betrachtet werden muss.

Inwieweit die *U. obscura* von Canestrini und Berlese tatsächlich mit *U. ovalis* Koch identisch ist, wage ich nicht zu entscheiden, ebensowenig wie die Frage, ob überhaupt die ziemlich verwickelte Synonymie der nämlichen Art, auch in ihrer von Trouessart neuerdings revidierten Form [1]), richtig ist. Wenn zwei einander so nahe stehende Arten, wie *U. obscura* und *U. obnoxia*, welche jedoch durch sehr gute, konstante, meistens aber erst bei stärkerer Vergrösserung deutlich erkennbare strukturelle Merkmale geschieden werden, recht grosse habituelle Ähnlichkeiten aufweisen, scheint mir diese Synonymie unsicherer denn je. Mit Rücksicht hierauf erscheint es auch nicht unmöglich, dass die neue Art, *U. obnoxia,* mitunter für *U. ovalis* (bezw. *U. obscura*) gehalten worden ist, um so mehr als diese Art ebenfalls u. A. in Treibbeeten vorkommen soll. Von Trouessart wird *U. ovalis* (*obscura*) als die in Europa wahrscheinlich häufigste *Uropoda*-Art bezeichnet, die aus Deutschland, Frankreich, Italien und England bekannt ist. In Finland ist sie dagegen niemals angetroffen worden. Vielleicht stellt *U. obnoxia* eine im Norden vikariierende Art dar.

---

[1]) Trouessart, op. cit., p. 30—32.

Tafelerklärung.

Uropoda obnoxia n. sp.

Fig. 1. ♀, Dorsalansicht. $^{45}/_1$.

"   2. " . Ventralansicht. $^{45}/_1$.

"   3. ♂, Dorsalansicht. Umrissbild eines breiten Individuums. $^{45}/_1$.

"   4. " . Ventralansicht; Extremitäten und Behaarung der Ventralseite weggelassen. $^{45}/_1$.

"   5. Vorderteil des Rückenschildes (♀). $^{94}/_1$.

"   6. Vorderende desselben. $^{290}/_1$.

"   7. Peritrema (♂). $^{94}/_1$.

"   8. Femur des 2. linken Beinpaares (♂), von der Innenseite gesehen. $^{216}/_1$.

"   9. Tarsalende mit Ambulacrum des 1. linken Beinpaares (♂), Ventralansicht. $^{860}/_1$.

"   10. Tarsalende mit Ambulacrum des 4. rechten Beinpaares (♀), Ventralansicht. $^{860}/_1$.

"   11. Borste am hinteren Teil des Aussenrandes (× in Fig. 1). $^{290}/_1$.

"   12. Homeomorphe Nymphe, Ventralansicht; Extremitäten und Behaarung der Ventralseite weggelassen. $^{45}/_1$.

"   13. Peritrema der homeomorphen Nymphe. $^{94}/_1$.

"   14. Tarsalende mit Ambulacrum des 3. rechten Beinpaares der homeomorphen Nymphe, Ventralansicht. $^{360}/_1$.

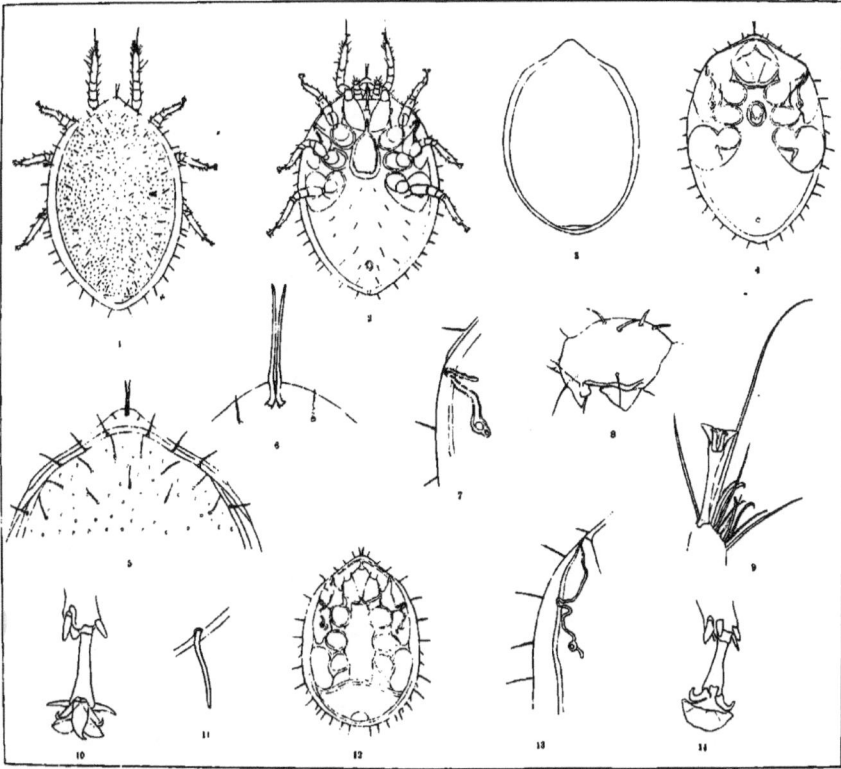

ACTA SOCIETATIS PRO FAUNA ET FLORA FENNICA, 27, N:o 6.

BEITRÄGE ZUR

METAMORPHOSE DER TRICHOPTEREN

VON

A. J. SILFVENIUS.

MIT 4 TAFELN.

Vorgelegt am 7. Oktober 1905.

HELSINGFORS 1905.

KUOPIO 1905.

GEDRUCKT BEI K. MALMSTRÖM.

Mit dieser Arbeit schliesse ich eine Reihe von deskriptiven Untersuchungen über die Metamorphose der finnischen Trichopteren, die in diesem und den nächst vorhergehenden Bänden dieser »Acta« (XXI, 4; XXV, 4, 5; XXVI, 2, 6; XXVII, 2) veröffentlicht worden sind. In diesen sieben Abhandlungen wird die Metamorphose von 101 Trichopteren mehr oder weniger eingehend behandelt. Den grössten Teil des Materials habe ich seit dem Jahre 1898 in verschiedenen Gegenden Süd-Finlands (Isthmus karelicus, Sortavala, Wiipuri (Wiborg), Lappeenranta, Tuusula, Esbo, Tvärminne) gesammelt; ausserdem habe ich durch die Freundlichkeit des Herrn. Stud. M. Weurlander einige von ihm in Esbo und auf den Ålandsinseln gefundene Metamorphosen (*Holostomis atrata* Gmel., *Erotesis baltica* Mc Lach., *Hydropsyche lepida* Pict., *Holocentropus dubius* Ramb., *H. auratus* Kol., *H. stagnalis* Albarda, *Cyrnus trimaculatus* Curt.) beschreiben können.

In der ersten dieser deskriptiven Arbeiten habe ich dargetan (I, p. 3—4), in wie verschiedenem Grade die Kenntnis der früheren Entwickelungsstadien in den sieben Trichopterenfamilien fortgeschritten war. Es waren die Familien der Phryganeiden, Limnophiliden und Hydropsychiden am wenigsten bekannt. Durch die in den letzten Jahren erschienenen Untersuchungen über Trichopterenmetamorphose sind von einem grossen Teil der europäischen Arten dieser drei Familien die Larven und Puppen bekannt geworden, und man kann, wie aus folgender Tabelle hervorgeht, behaupten, dass die Kenntnis der Entwickelungsstadien der finnischen Trichopteren relativ befriedigend ist. Von den 57 in Finland vorkommenden Trichopterengattungen sind nur 4 (*Arctœcia, Asynarchus, Chilostigma* und *Arctopsyche*) hinsichtlich der Metamorphose ganz unbekannt.

Anzahl der finnischen Arten		Anzahl der bekannten Metamorphosen	Anzahl der finnischen Arten		Anzahl der bekannten Metamorphosen
Phryganeidæ	14	14	*Hydropsychidæ*	31	22
Limnophilidæ	78	42	*Rhyacophilidæ*	6	4
Sericostomatidæ	10	7	*Hydroptilidæ*	19	12
Leptoceridæ	32	20			

Noch steht somit die Familie der Limnophiliden, was die Kenntnis der Entwickelungsstadien betrifft, hinter den übrigen zurück.

Von den 48 in dieser Arbeit behandelten Arten waren folgende 14 hinsichtlich der Metamorphose unbekannt oder unvollständig bekannt: *Neuronia lapponica* Hagen, *Brachycentrus subnubilus* Curt., *Micrasema setiferum* Pict., *Molannodes Zelleri* Mc Lach., *Leptocerus fulvus* Ramb., *L. cinereus* Curt. = *L. bilineatus* L. (Wallengr.). *L. excisus* Mort., *Erotesis baltica* Mc Lach., *Hydropsyche lepida* Pict., *Holocentropus auratus* Kol., *H. stagnalis* Albarda, *Cyrnus trimaculatus* Curt., *Lype* sp., *Glossoma vernale* Pict.

Es waren also für den grössten Teil der in dieser Arbeit beschriebenen Arten die Larven und Puppen bekannt. Die früheren Angaben, deren Richtigkeit ich bestätigen konnte, habe ich hier natürlich nicht wiederholt; ausser komplettierenden Mitteilungen erwähne ich nur solcher Beobachtungen, die von den früher mitgeteilten abweichen. Dieses betrifft besonders die Mundteile, die in den Familien (resp. Unterfamilien) viel einförmiger gebaut sind, als man nach den bisherigen Beschreibungen vermuten konnte. Am Anfang der Beschreibung solcher früher bekannten Arten zitiere ich die Arbeiten, in welchen sie eingehender behandelt sind, und die meine Beschreibung vervollständigen soll. Viele für die Bestimmung der betreffenden Larven und Puppen wichtige Charaktere sind in den folgenden Deskriptionen somit nicht aufgenommen, sondern sind in den zitierten Abhandlungen zu finden.

Die zu beschreibenden Arten führe ich hauptsächlich in derselben Ordnung, wie Mc Lachlan (I, p. LXXXIII—XCI), auf und habe auch seine Familien beibehalten. Um die Wiederholung derselben Charaktere bei verschiedenen Arten einer Unterfamilie zu vermeiden, habe ich in den »allgemeinen Merkmalen» solche Eigenschaften zusammengestellt, die für die in meinen Arbeiten behandelten Arten gemeinsam sind.

Die Untersuchungen sind zum Teil auf der zoologischen Station Tvärminne, zum Teil im zoologischen Museum der Universität Helsingfors ausgeführt. Die Deskriptionen der Sericostomatiden waren schon im Frühjahr 1903 fertig, die anderen sind im Sommer 1904 und später geschrieben worden. Somit war der grösste Teil des Manuskripts fertig, als die interessante Arbeit August Thienemanns: Biologie der Trichopteren-Puppe (II) erschien. Einige von seinen Beobachtungen über Puppenorgane, die ich unabhängig von ihm gemacht hatte, wiederhole ich in den folgenden Beschreibungen, da sie in dieser ökologischen Arbeit natürlich nicht in der Folge des Systems aufgeführt und somit für diagnostische Zwecke schwer zu finden sind.

Den Herren Prof. Fr. Klapálek, K. J. Morton und G. Ulmer, die die Imagines von verschiedenen Arten, die ich — oft wegen des spärlichen Materials — nicht bestimmen konnte, determiniert haben, spreche ich hier meinen besten Dank aus.

Phryganeidæ.

Neuronia lapponica Hagen.[1]

Fig. 1 a—b Larve, c—d Puppe.

Die Grundfarbe der stärker chitinisierten Teile der 24 mm langen *Larve* ist gelblich. *Auf dem Stirnschilde liegt ein me-*

---

[1] Es sollen vornehmlich nur solche Merkmale erwähnt werden, die diagnostisch verwerthbar sind. Übrigens passen die allgemeinen Charaktere der Phryganeiden auch auf diese Art (s. Klapálek II, p. 5; Silfvenius I, p. 6–10, VII, p. 4; Ulmer IV, p. 34–35, V, p. 262).

dianer, *dunkelbrauner Fleck*, der im Hinterteile kreisförmig
erweitert und mit blassen Punkten versehen ist (Fig. 1 a). Die
Gabellinienbinden sind dunkelbraun, die Wangenbinden, wie
auch zum Teil die Ventralfläche braun. Auf den hinteren Teilen
der Pleuren liegen zahlreiche, gelbe Punkte, die besonders auf
den Gabellinienbinden deutlich sind.

Das Hügelgebiet am Vorderrande der Oberlippe ist nicht
entwickelt; die Dorne der Oberlippe sind normal, lang (vergl.
z. B. *N. ruficrus* Scop., Silfvenius VII, p. 5). Der rechte Oberkiefer ist auf den beiden Schneiden mit zwei Zähnen bewehrt.

*Über alle Thorakalsegmente und das erste Abd.-segment
laufen zwei braune Binden*, die vorn in die Gabellinienbinden
und Wangenbinden fortgesetzt werden. Auf dem Pronotum sind
der Hinterrand und die Hinterecken schwarz, die anderen Ränder braun bis schwarz (Fig. 1 b). Meso- und Metanotum häutig,
beide mit je einem dunklen, borstentragenden Chitinfleck auf
den dorsalen Vorderecken.

Die Sporne und der Basaldorn
der Klaue auf den Vorderfüssen
sind normal (vergl. z. B. *N. clathrata* Kol., l. c., p. 7), der obere
Sporn der Vordertibien ist lang, die
Dorne der Vorderfemora wie bei
N. ruficrus (l. c., p. 5). Die postsegmentalen Kiemen der Seitenreihe
tragen auch auf dem 2. Abd.-seg-
mente Haare. Die Kiemenzahl $2 +
6 + 6 + 6 + 5 + 5 + 5 + 1 = 36$.
Die Seitenborste des Rückenschildes
auf dem 9. Abd.-segmente ist länger als die nächste mittlere. Die
Klaue des Festhalters mit 3 Rückenhaken.

	Rücken	Seiten	Bauch
I			1 / 1
II	1 / 1	1 / 1	1 / 1
III	1 / 1	1 / 1	1 / 1
IV	1 / 1	1 / 1	1 / 1
V	0—(1) / 1	1 / 1	1 / 1
VI	1	1 / 1	1 / 1
VII	(0)—1	1 / 1	1 / 1
VIII	1		

Rücken- Seiten- Bauch-
reihe der Kiemen der
Larve von *N. lapponica*
Hagen.

Die ♀-*Puppen* sind 20 mm
lang, 4 mm breit; die Antennen
und Flügelscheiden reichen bis zum Ende des 4. Abd.-segments.
Die Stirn ist wenig konvex; von der Basis der Oberlippe zieht,

wie bei der Puppe von *N. ruficrus* (Klapálek II, p. 7), eine breite, braune Binde über die Stirn bis auf den Scheitel, wo zwischen den Antennen ein stumpfer Höcker steht. Oberlippe wie bei *N. ruficrus* (l. c., p. 7, Fig. 1,4), gleich breit wie lang; doch stehen, wie bei den Phryganeiden im allgemeinen, proximal jederseits drei Borsten. Von diesen ist die laterale kurz, blasser, die zwei übrigen sind schwarz, die mediane ist sehr lang. *Die Oberkiefer mit sehr kurzer, stumpfer Klinge;* die breite Schneide ist dorsal ausgehöhlt; der Rückenhöcker ist stark und trägt zwei lange Borsten (Fig. 1 c). Die Maxillar- und Labialpalpen des ♀ sind dick, jedes distale Glied ist schwächer als das nächste proximale; von den fünf Gliedern der erstgenannten ist das 3. am längsten (0,65–0,75 mm), dann folgen das 5. (0,6–0,65 mm), das 4. (0,55–0,6 mm), das 2. (0,45–0,53 mm) und das 1. Glied (0,34–0,38 mm).

Der Fortsatz des 1. Abd.-segments hat dieselbe Form, wie bei *N. ruficrus* (l. c., p. 8, Fig. 1,6), somit ist der Hinterrand nicht in Spitzen ausgezogen, sondern konvex oder gerade. Der Fortsatz ist distal ausgehöhlt und mit Spitzchen bewehrt. Haftapparat: III 3–6. IV 3–8. V 5–8; 5–13. VI 5–8. VII 3–8.[1]) Die Kiemen wie bei der Larve, ausser dass die Kiemen des ersten Abd.-segments fehlen. Die dorsalen Höcker des 9. Abd.-segments sind schwach, nicht stärker chitinisiert und tragen drei Borsten. Lateral von diesen steht ein noch schwächerer Höcker mit einer Borste und lateral von diesem eine Borste. Die Analanhänge [2]) sind dorsal ausgehöhlt, der Rand

---

[1]) Nach Vorbild von Ulmer (IV, p. 25) gebe ich das Schema der Chitinhäkchen in verkürzter Form an.

[2]) Z. B. Klapálek (I, p. 10) nennt ›alle Anhänge des Hinterleibendes, — — — die aber verschiedenen Ursprunges und verschiedener Natur sind› Analanhänge und fasst unter diesem Namen ausser den apikal am Körperende stehenden Loben und Stäbchen auch die ventralen Erhöhungen, die auf dem 9. Abd.-segmente besonders der ♂-Puppe zu finden sind, zusammen. Um die verschiedene Natur dieser letzteren als Futterale der Genitalfüsse und des Penis der ♂-Imago hervorzuheben, nenne ich sie Anlagen der Genitalfüsse und des Penis und behalte den Namen Analanhänge nur für die apikalen Anhängen des Hinterleibendes, die meist der Puppe eigentümliche

der Aushöhlung ist nur schwach chitinisiert. Ventral sind die
Anhänge konvex, der aborale, mediane Winkel ist abgerundet.
Die ventralen Borsten sind schwarz (Fig. 1 d). Die Anlagen der
Genitalfüsse sind kurz, ihr Aussenrand ist konvex, Hinterrand
schief abgestutzt und Innenrand konkav. Sie reichen etwas
weiter nach hinten als die breite, zweigeteilte Anlage des Penis.
Der Hinterrand des 9. Abd.-segments ist beim ♂ und ♀ ventral
jederseits in einen Lobus verlängert, der etwa sieben Borsten
trägt; proximal stehen auf dem 9. Segmente jederseits noch drei
ventrale Borsten.

Das *Puppengehäuse* ist 24—40 mm lang, 5—6 mm breit
und wie bei den Phryganeiden im allgemeinen eben, beinahe
zylindrisch. Es ist meist aus 4—5 mm langen, gleich abge-
bissenen Stücken von Kiefernnadeln aufgebaut, doch können,
bisweilen sogar ausschliesslich, breitere, dünne Borkenteilchen als
Baumaterial angewendet werden. Die Materialien sind in einer
Spirale von 5—10 Windungen gelegt. Am Vorderende des Gehäuses ist ein bis 10 mm langes, von unregelmässig gelegten
Pflanzenteilchen verfertigtes Anhängsel gefügt. Am äusseren
Ende dieses Anhängsels liegt das vordere Netz (vergl. Thienemann II, p. 10), das wie auch das Netz des Hinterendes von
dem bei dieser Familie gewöhnlichen Typus ist. Auf den beiden
Netzen können Pflanzenteilchen geklebt sein.

Durch den Fund der früheren Stadien von *N. lapponica*
sind von allen finnischen Phryganeiden wenigstens die Larven
und Gehäuse bekannt. Von *Holostomis phalænoides* L. sind die
Puppen noch unbekannt, und von vielen Arten sind die für Bestimmung der Puppe so wichtigen Anlagen der Genitalfüsse und
des Penis nicht abgebildet. Durch die über den Thorax ziehenden braunen Binden sind die Larven von *N. lapponica* von
allen anderen finnischen Phryganeiden ausser *N. ruficrus* gleich
zu unterscheiden. Von dieser Art wieder kann man sie leicht
trennen durch den Besitz des medianen Fleckes auf dem Stirn-

Organe sind und Putzapparate des Hinterverschlusses des Puppengehäuses
darstellen (Thienemann II, p. 28).

schilde, der bei *N. ruficrus* fehlt. Andere gute Merkmale für
die Larven von *N. lapponica* bieten die Form dieses Fleckes,
die Zeichnungen des Pronotums, das häutige Mesonotum. Auch
die Puppen von *N. lapponica* gleichen von den übrigen finnischen
Phryganeiden am meisten denjenigen von *N. ruficrus*, wie z. B.
die Binde auf der Stirn und die Form des Fortsatzes auf dem
1. Abd.-segmente zeigen. Die Mandibeln, die Analanhänge (vergl.
Fig. 1 c und d mit Klapáleks II, Fig. 1,6 und 7) und die Kiemenformel dagegen bieten Charaktere für Unterscheidung der
Puppen dieser zwei Arten.

Agrypnia picta Kol.

Fig. 2 a—b Puppe.
Silfvenius VII, p. 16—19.

Die Analanhänge der *Puppe* sind nicht immer in eine
aborale, mediane Spitze verlängert, sondern es werden ihr Hinter-
und Innenrand meist in einem rechten Winkel vereinigt. Die
Anlagen der Genitalfüsse des ♂ sind sehr lang[1]), so dass sie
nach hinten beinahe bis zum Hinterrand der Analanhänge
reichen. Von oben gesehen sind sie auch zu Seiten der Analanhänge sichtbar, wie auch zwischen diesen die Anlage des
Penis. Über die Form der Anlagen der Genitalfüsse und des
Penis vergl. Fig. 2 a, b. — Das Puppengehäuse kann bis 53 mm
lang sein und aus 12 Windungen bestehen.

Die ♂ von *A. picta* sind durch die Anlagen der Genitalfüsse und des Penis von denjenigen von *A. pagetana* Curt.
leicht zu unterscheiden. Jene wiederholen einigermassen die
Form der Genitalfüsse der Imago, indem sie bei *A. pagetana*,
bei welcher die Genitalfüsse »very deeply furcate» sind
(Mc Lachlan I, p. 29), auf dem medianen Rande einen starken
Lobus tragen, in welchen der kürzere, untere Ast der Genitalfüsse steckt (Silfvenius I, p. 29, Fig. 6 n), bei *A. picta* aber
den Lobus entbehren, da bei dieser Art die Genitalfüsse nicht
so in zwei Äste geteilt sind. Auch reicht die grosse Penis-

[1]) Es sind ja die Genitalfüsse des ♂ »enormously large» (Mc Lachlan
I, p. 28).

anlage bei *A. picta* relativ weiter nach hinten als bei *A. pageтana*. Weitere Merkmale zu Unterscheidung der Puppen von *A. picta* von den Puppen anderer Phryganeiden bieten, wie ich früher (VII, p. 19) bemerkt habe, die Form der Oberlippe und der Oberkiefer (deren Schneide concav sein kann) und die Kiemenformel.

Sericostomatidæ.

Notidobia ciliaris L.

Fig. 3 a—b Larve.

Klapálek II, p. 43—47. | Struck III, Taf. II, Fig. 14.
Struck II, p. 23, Fig. 28. | Ulmer IV, p. 79—81.

Abdomen der *Larve* ist nach hinten wenig verschmälert, sogar das 9. Segment ist nur wenig schmäler als die oralen. Metanotum, Thorakalsterna und Abdomen sind blass, das Schutzschild des Festhalters wie auch der Festhalter gelb, die Klaue des Festhalters ist braun.

Am Kopfe können die Punkte der pleuralen Reihen weiss sein. Auf der ventralen, weisslichen Partie liegen weisse Punkte, und solche, die dunkler sind als die Unterlage; ausserdem jederseits einige, meist zwei, kleine, braune Punkte (Fig. 3 a). Hypostomum ist braun, so auch die Ränder des Foramen occipitis.

Dorsal liegen auf der Oberlippe drei Gruben, je eine laterale bei der Basis der Dorne nahe dem Vorderrande und eine mediane zwischen den medianen Borsten. Cardo der Maxillen ist schwarz, mit zwei Borsten, Stipes wie bei den Limnophiliden (Silfvenius I, p. 34). Auf dem Innenrande des 1. Gliedes der fünfgliedrigen Maxillarpalpen steht eine Borste; das 5. Glied trägt einige Sinnesstäbchen. Cardo der Unterlippe ist stärker chitinisiert, quer elliptisch. Labiallobus jederseits mit einer ventralen und einer dorsalen Borste; auf dem 2. Gliede des Labialpalpus liegt eine Grube, und distal stehen auf ihm zwei zweigliedrige und einige ganz kurze Sinnesstäbchen.

Das Schild des Pronotums ist sehr breit, rektangulär, die Hinterecken sind zum kleinen Teil schwarz, nicht aber der Hinterrand. Mesonotum mit zahlreichen dunklen Flecken, die seitlich eine grössere Makel bilden. Metanotum jederseits mit einem Chitinpunkt. Die Stützplättchen der Vorderfüsse sind zwei; über ihre Form, Borsten und Farbe vergl. Fig. 3 b. Am aboralen Plättchen ist der hinter der Chitinleiste befindliche Teil schwächer chitinisiert als der vordere Teil. Auch die Stützplättchen der Mittel- und besonders die der Hinterfüsse sind schwach chitinisiert, von einer dorsoventral laufenden Chitinleiste geteilt. Der Sporn auf dem Prosternum fehlt, so auch alle Punkte und Schildchen der Thorakalsterna.

Auch der obere Rand der Vordercoxen ist schwarz und der Hinterrand der Vorderfemora dunkel. Der distale Teil der Aussenfläche der Mittel- und Hintercoxen ist braun, der Hinterrand ist auch dunkel, im übrigen sind diese Coxen weiss; auf der weissen Partie liegen auf der Aussenfläche einige dunkle Flecke, und von dem schwarzen, äusseren Teile des Oberrandes zieht distalwärts auf der Aussenfläche eine Reihe von dunklen Punkten.

Auf der Spitze der Seitenhöcker des 1. Abd.-segments eine längliche, dichte Gruppe von kleinen, zapfenähnlichen Haaren. Die Haare der Seitenlinie fehlen, die Chitinpunkte des 3—7. Abd.-segments tragen keine Börstchen sondern einen kleinen Höcker, der den am nächsten liegenden, oralen Punkt bedeckt. Somit wird eine Längsreihe gebildet, die die Punkte mit einander verbindet. Die Punkte des 8. Abd.-segments liegen abgesondert und tragen je zwei starke Börstchen.

Die Ventralfläche der Abd.-segmente ohne Chitinellipsen, dagegen liegt ventral auf dem 3—8. Segmente jederseits eine Gruppe von hellen Pünktchen; diese zwei Gruppen können auch zusammenfliessen. Die Kiemen des 1. Abd.-segments liegen nicht praesegmental, sondern etwa in der Mitte des Segments. Ausser den früher beobachteten, zu Büscheln vereinigten Kiemen, die auf dem 2—8. Segmente praesegmental liegen, befindet sich bei der Seitenlinie auf dem praesegmentalen Rande des 4—7. Abd.-segments je ein kleiner, stumpfer Kiemenanhang und auf dem postsegmentalen Rande des 3—7. Segmente je ein dreieckiger, breiter, spitzer, aboral gerichteter. Diese Kiemen sind bei der Puppe verschwunden und sind somit von den anderen, fadenförmigen Kiemen ganz verschieden. Das 9. Abd.-segment ohne Schildchen, der Wulst auf den Seiten des 8. Abd.-segments und die Kiemenanhänge des 10. Segments fehlen. Das Schutzschild des Festhalters ist nur ventral und seitlich stärker chitinisiert und dunkler.

	Rücken	Seiten	Bauch
I	(1)--2		1 3
II	2 -4	2 - 3	2 - 4
III	3 -4	(3) 4 / 1	3 4
IV	2 4	1 / 1	3 - 5
V	2 -3	1 / 1	3 5
VI	(0) 1	1 / 1	3 - 4
VII		1 3—(4) / 1	
VIII		2 3	

Rücken- Seiten- Bauch-reihe der Kiemen der Larve von *N. ciliaris* L.[1])

Die ♀-*Puppe* kann 14 mm lang und 3,5 mm breit werden. Die Antennen sind beim ♂ etwas länger als der Körper, beim ♀ reichen sie an den Anfang des 8—10. Abd.-segments. Die vorderen Flügelscheiden reichen beim ♂ bis zur Mitte des 6—7., beim ♀ bis zur Mitte des 4—5., die hinteren Flügelscheiden dagegen reichen beim ♂ bis zur Mitte des 5—6., beim ♀ bis zum Anfang — zur Mitte den 4. Abd.-segments. Die Antennen sind am distalen Ende etwas nach aussen gebogen, ihr erstes Glied ist viel länger und stärker als die folgenden und trägt an der Basis einige Börstchen. Auf der Stirn und vor den Augen einige Borsten.

Der Hinterrand der Dorsalseite des 1. Abd.-segments ist etwas stärker chitinisiert. Haftapparat: III 2—(3). IV 2—(3). V 2—((3)); 2—(3). VI 2. VII 2—((3)).[2]) Wie gesagt sind die seitlichen, einzeln stehenden Kiemen der Larve bei der Puppe verschwunden, denn die praesegmentalen seitlichen Kiemen der Puppe sind von ganz anderer Form als die der Larve (jene

--

[1]) Die Seitenlinie zieht somit in der Mitte der mittleren Kolonne des Schemas.

[2]) Bei einer Puppe fand ich auf einer Seite auf dem 2. Abd.-Segmente ein kleines, praesegmentales Haftplättchen mit einem Häkchen.

sind fadenförmig, den anderen Kiemen gleich, diese viel breiter).
Der postsegmentale Rand des 3—7. Abd.-segments ist ganz
gerade oder auf der Stelle der postsegmentalen Larvenkieme unmerklich
ausgebuchtet. — Die praesegmentale,
laterale Kieme des 7. Abd.-segments
liegt ventral von der Seitenlinie.

Distal stehen auf dem Analstäbchen bis 4 ventrale, starke, gelbe Borsten (über die Analstäbchen s. auch
Thienemann II, p. 33, Fig. 34). Unter
der zweigeteilten Penisanlage (deren
Hälften abgerundet sind) liegt ein brei-
terer, ebenfalls zweigeteilter, abgerundeter Lobus, der weiter nach hinten
reicht als die Anlagen der Genitalfüsse
(Klapálek II, Fig. 12,11).

Die *Larvengehäuse* sind bis 18 mm
lang, vorne bis 3,5, hinten bis 2,7 mm

II	3—4	2—5	4—5
III	4—5 3	—4	4—5
IV	2—5 1	—2	3—5
V	1—4	1	3—5
VI	1—3	1	3—5
VII	0—1	0—1	2—5
VIII			2—4

Rücken- Seiten- Bauch-
reihe der Kiemen der
Puppe von *N. ciliaris* L.

breit. Die Gehäuse können zum Teil aus dunklen Glimmerblättchen verfertigt sein, die gegen die blassen Sandkörnchen
sehr kontrastieren, so dass die Gehäuse bunt werden. Das Hinterende ist gerade, seine gerade, grauliche bis schwärzliche Ver-
schlussmembran liegt ganz am Ende. — Das *Puppengehäuse* ist bis
18 mm lang. Die Membranen sind gerade. An den Rändern des
Hinterendes sind bisweilen grössere Sandkörner angeklebt. Die
Gehäuse werden mit den beiden Enden mittels 1—4 gestielter Haftscheiben befestigt (siehe auch Thienemann II, p. 33, Fig. 29—31).

Sericostoma personatum Spence (Klapálek I, p. 25—28;
Ulmer IV, p. 79—80). Viele der in oben gegebener Beschreibung für *Notidobia ciliaris* aufgeführten Eigenschaften passen
auch auf diese Art. Das betrifft z. B. das Metanotum, die Stützplättchen, die Thorakalsterna, die Farbe der Coxen, die Seitenhöcker, die Kiemen der Larve. — Die Punkte des Pronotums
wie bei *N. ciliaris,* auf dem gelblichen Mesonotum liegen auch
dunklere Punkte.

Von den Gliedern der Antennen der Puppe ist das 1. viel stärker und länger als die anderen, mit einigen Basalborsten versehen (vergl. Klapálek, l. c., p. 27). Die Stirnhöcker, die Glieder der Maxillarpalpen beim ♀ wie bei *Notidobia* (Klapálek II, p. 46). Auf der Oberlippe stehen auf dem Vorderrande jederseits zwei gelbliche Borsten und dorsal auf dem Vorderteile jederseits drei dunkle (vergl. Klapálek I, Fig. 9,4). Die Krallen des letzten Tarsalgliedes sind als schwach chitinisierte, ganz kleine Höcker entwickelt. Auf dem 1—2. Gliede der Vordertarsen stehen einige Haare. Haftapparat: III 2. IV 2--(3).

	Rücken	Seiten	Bauch
I	1—2		1—3
II	3—4	2—4	2—3
III	3—4	2—5 / 1	2—4
IV	1—3	1 / 1	2—4
V	0—2	1 / 1	2—3
VI	0—1	1 / 1	2—3
VII		1 / 1	1—2
VIII			0—2

Rücken- Seiten- Bauch-
reihe der Kiemen der
Larve von *S. personatum*
Spence.

	Rücken	Seiten	Bauch
II	3	3	2—3
III	2—3	3—5	3
IV	2—3		3
V	0—1		3
VI	0—1		3
VII			2—3
VIII			1--2

Rücken- Seiten- Bauch-
reihe der Kiemen der
Puppe von *S. personatum*
Spence.

V 2—(3); 2—(3). VI 2—(4). VII 2—(3). Die Analstäbchen und die ventralen Loben des 9. Abd.-segments wie bei *N. ciliaris* (p. 13). Die Anlagen der Genitalfüsse scheinen jedoch breiter, distal spitzer zu sein und reichen ebenso weit nach hinten wie der unter der Anlage des Penis liegende zweigeteilte Lobus. Die Penisanlage reicht weniger weit nach hinten als die Anlagen der Genitalfüsse, der laterale, aborale Winkel ihrer Hälften ist spitz wie auch der Winkel zwischen den Hälften.

Silo pallipes Fabr.

Fig. 4 a—f Larve, g—h Puppe.

Ulmer III, p. 208—210.	Ulmer VI, p. 350.
Ulmer IV, p. 81—84.	Thienemann II, p. 34—35, Fig. 35—37.

Die *Larven* sind 7—8 mm lang, am Metathorax und ersten Abd.-segmente 2 mm breit, am Prothorax 1,5 mm breit. Das 2., 9. und 10. Abd.-segment sind schmäler und niedriger als die gleich breiten 3—8 Segmente.

Kopf, Pro- und Mesonotum beinahe schwarz, die Schilder des Metanotums braun oder schwärzlich, die Füsse gelblich oder braun, die nicht stärker chitinisierten Teile der Brust und des Hinterleibes blass. Kopf, Thorakalnota und das 1. Abd.-segment chagriniert, die Chagrinierung ist an den dunklen Partien deutlicher und dunkler.

Kopf schmäler als Prothorax. Von oben gesehen ist nur der hinterste Teil der Dorsalseite des Kopfes sichtbar, in der Seitenansicht bildet die Dorsalseite zwei stumpfe Winkel. Die drei so entstandenen Flächen sind ganz plan, oder es ist die mittlere Fläche etwas konkav. Diese mittlere Fläche, die von dem Hinterteile des Stirnschildes und von den angrenzenden Teilen der Pleuren gebildet wird, ist oft dunkler als die übrigen Teile der Dorsalfläche (Fig. 4 a) Doch kann die ganze Dorsalfläche schwärzlich sein; die Ventralfläche und besonders die Seiten sind blasser. *Auf dem hinteren Teile des Stirnschildes liegen einige blasse Punkte.* Die Antennen sind eingliedrig und stehen auf einer blassen Erhöhung. Foramen occipitis reicht sehr weit nach vorn, beinahe bis zum hinteren Ende des kurzen Hypostomums.

Die Maxillen und das Labium reichen weiter nach vorn als die Oberlippe. Die Zwischengelenkmembran und das Schild der Oberlippe sind braun. Über die Oberlippe vergl. Fig. 4 b. Die lateralen Borsten am vorderen Rande des Schildes sind gelblich, die anderen schwärzlich, die vier Borsten auf der blassen Partie der Oberlippe sind blass. Die Mandibeln sind im distalen Teile sehr seicht median ausgehöhlt, die obere Schneide, auf welcher die Innenbürste steht, ist höckerig. Die

kurzen Rückenborsten stehen nahe bei der Basis der Mandibeln.
Cardo der Maxillen ist stark chitinisiert, der innere Rand und
die Mitte sind schwarz, am vorderen Rande steht eine Borste.
Stipes wie bei den Limnophiliden (Fig. 4 c); der äussere, hintere
Teil ist stärker chitinisiert, gelblich, zum Teil schwärzlich, der mediane Rand ist braun. Die Maxillarpalpen sind fünfgliedrig.
Cardo der Unterlippe ist breit, kurz, stärker chitinisiert. Auf
der Ventralfläche des Stipes liegen zwei Chitinschildchen, die
am vorderen Rande mit einer Borste versehen sind, und zwei
Chitinstangen, die lateral von dem vorderen, lateralen Winkel
dieser Schildchen ziehen. Der Labiallobus ist wie bei den
Limnophiliden (Silfvenius I, p. 34); die Labialpalpen sind zweigliedrig, das 2. Glied trägt ein langes, zweigliedriges und einige
kurze, eingliedrige Sinnesstäbchen.

Die Vorderecken des Pronotums (Fig. 4 d) sind in einen
Fortsatz verlängert. Von der Spitze dieses Fortsatzes zieht eine
erhabene Chitinleiste parallel mit den Seiten nach hinten. Nahe
bei dem Vorderrande des Schildes liegt eine Querfurche. *Das
Schild ist zum grössten Teil schwarzbraun, auf der Mitte beider
Hülften liegt eine grössere, gelbe Makel, die oft von einigen kleineren Flecken umgeben ist. Auf der Mitte der, besonders im
Hinterteile erhabenen Mittelnaht liegt eine dritte, gelbe Makel,*
die mit dem gelben Hinterrande zusammenhängen kann (Fig. 4 d).
Der Vorderrand ist breit gelb, die Seiten sind schmäler gelb
oder braun. Die Stützplättchen der Vorderfüsse sind zwei. Das
vordere ist stumpf dreieckig, mit einer kurzen Borste und zwei
blassen Börstchen versehen. Das hintere Plättchen wird von einer
Chitinleiste geteilt, der vordere Teil ist dunkel, der hintere mit
1—2 Borsten. Von ventralem Rande des hinteren Stützplättchens geht an der Grenze beider Teile ein gebogener, dreieckiger,
ventral gerichteter, an der Basis schwarzer Fortsatz aus. —
Das Mesonotum ist von drei Paar Schildchen und von den
grossen Stützplättchen der Mittelfüsse bedeckt (Fig. 4 e). Die
medianen Schildchen sind braun, *besonders der Vorderteil ist
schwärzlich. An diese Schildchen grenzen jederseits zwei hinter
einander liegende Schildchen,* die braun oder gelblich sind. Auf
dem hinteren von diesen lateralen Schildchen zieht eine schiefe,

erhabene Chitinleiste, die median auf dem Hinterteile der medianen Schildchen parallel mit dem Hinterrande, lateral dagegen bis zu der Spitze des langen, stumpfen Fortsatzes der Stützplättchen der Mittelfüsse fortgesetzt wird. Der vor dieser Linie befindliche Teil der Schildchen auf dem Mesonotum ist wie ausgehöhlt, concav. Die Borsten des Pro- und Mesonotums treten nicht deutlich hervor. — Auf dem Metanotum vier paar Schildchen (Fig. 4 f). Die medianen Schildchen liegen nahe bei dem Vorderrande. Lateral von diesen befindet sich jederseits ein schwach chitinisiertes Schildchen und hinter diesem ein dreieckiges. Meist lateral liegt nahe bei den Seiten des Metathorax jederseits ein Schildchen, das von einer queren Chitinleiste geteilt ist. Auch die Stützplättchen der Hinterfüsse sind mit einer dorsoventral ziehenden Chitinleiste versehen, die der Chitinleiste am hinteren Teile der Stützplättchen der Mittelfüsse entspricht. Die Stützplättchen der Hinterfüsse haben die Form eines hohen, gleichschenkligen Dreiecks, dessen Spitze dorsal gerichtet ist. Auf dem Prosternum ein deutlicher Sporn, aber keine Punkte und Schildchen, auf dem Mesosternum liegt jederseits am Hinterrande ein Fleck, der von dunklen Punkten gebildet ist, Metasternum ohne Punkte.

Das Längenverhältnis der Füsse ist wie 1 : 1,1—1,2 : 1,1—1,2. Die Coxen sind oft dunkler als die übrigen Glieder, der obere und hintere Rand der Coxen und Trochanteren und ausserdem der untere Rand der Coxen und der Hinterteil des Gelenks zwischen Femur und Tibia sind schwärzlich. Die Coxen, Trochanteren und Femora sind chagriniert. Der blasse Basaldorn der Klauen kann etwas weiter reichen als die Klaue.

Die Seitenlinie reicht vom Ende des 3. Abd.-segments bis zum Anfang des 8. Dorsal von ihr liegen auf dem 4—7. Segmente 1—7 Chitinpunkte mit je zwei Haaren. Auf den Seiten des 8. Segments ein stumpf konischer Wulst. *Die Seitenreihe der Kiemen fehlt; so auch die praesegmentalen Kiemen des 2. und die dorsalen, praesegmentalen Kiemen des 3. Abd.-segments.* Die ventralen Chitinellipsen der Abd.-segmente fehlen meist. Auf dem 9. Abd.-segmente kein Schildchen. Das Schutzschild des Festhalters ist nur lateral und ventral stärker chitinisiert.

Die *Puppe* ist 7,5—8,5 mm lang, 1,5—2 mm breit; am Meso- und Metathorax und am 5—7. Abd.-segmente am breitesten. Beim ♂ reichen die Antennen bis an das Ende des 8—9., beim ♀ bis an den Anfang des 7. — an das Ende des 8. Abd.-segments. Die vorderen Flügelscheiden reichen bis an die Mitte des 5. — an das Ende des 6.; die hinteren Flügelscheiden sind ein wenig kürzer.

	Rücken	Bauch
II	1—2	1—2
III	2—4	2—5 / 3—4
IV	2—3 / 3—4	2—3 / 2—3
V	3 / 3—4	2—3 / 3
VI	3 / 3—5	2—3 / 2—3
VII	3—4 / 3—4	2—3 / 3—4

Rücken- Bauchreihe der Kiemen der Larve von *S. pallipes* Fabr.

Das 1—2. Glied der Antennen sind mit einigen Borsten versehen; auch das 2. Glied ist stärker als die folgenden. Am distalen Ende der Antennenglieder stehen kleine Spitzchen. Die Stirn ist nur wenig convex oder gerade, *auf ihr stehen zahlreiche Borsten.* Ausser den am vorderen Teile stehenden, gelblichen und schwarzen Borsten befinden sich *auf dem hinteren Teile der Oberlippe jederseits drei Borsten* (Fig. 4 g). Die Maxillarpalpen sind beim ♂ kurz, dick, ihr erstes Glied ist nur halb so lang als *die gleich langen 2. und 3.* Beim ♂ ist das Längenverhältnis der Maxillar- und Labialpalpen wie 1 : 1,1—1,5, beim ♀ wie 1,8—2,3 : 1.

	Rücken	Bauch
II	1	1
III	3—4	3 / 3—4
IV	1—3	2—3 / 2—3
V		2—3 / 2—3
VI		2—3 / 2—3
VII		2—3

Rücken- Bauchreihe der Kiemen der Puppe von *S. pallipes* Fabr.

Pronotum mit zahlreichen, Meso- und Metanotum mit einigen Borsten. Gegenüber den Spornen steht auch auf den Mitteltibien ein stumpfer, konischer Höcker. — Die schwarzbraunen Höcker des 1. Abd.-segments stehen sehr weit von einander. Die Häkchen der braunen, praesegmentalen Haftplättchen sind gross, die der relativ kleinen, blassen, postsegmentalen Plättchen sind klein. Haftapparat: III 1—4. IV 1—4. V 2—4; 10—18. VI 2—4. VII 2—4. Die Dorsalfläche der Abd.-segmente, besonders die des 8—9. ist behaart. Die Seitenlinie bildet auf der Ventralfläche des 8. Abd.-segments einen durchbrochenen Kranz. Die ventralen Kiemen etwa wie

bei der Larve (doch fehlen die postsegmentalen Kiemen des
7. Abd.-segments), *dorsale Kiemen nur auf dem 2—4. Segmente.*
Die Anlagen der Genitalfüsse des ♂ sind abgerundet und
reichen etwas weiter nach hinten, als die am Ende gespaltene
Penisanlage (Fig. 4 h). Auf der Ventralfläche des 10. Segments
beim ♂ und ♀ Borsten und auf der Dorsalseite des 9—10. Segments kleine, braune, postsegmentale Spitzchen.

Das *Puppengehäuse* ist 7,5—9,5 mm lang, 2—3 mm, mit den
seitlichen Steinchen 5·—6 mm breit. Jederseits sind drei Steine.
Über die Membranen vergl. Thienemann (II, p. 34—35). Das gerade
Hinterende ist von einer braunen oder schwarzen Sekretmembran verschlossen, die von 4—9, mit unregelmässigen Rändern
versehenen Löchern durchbohrt ist. Die beiden Enden sind
mit kurzgestielten, lappigen, von der Ventralseite ausgehenden
Haftscheiben auf der Unterseite der Steine in rasch fliessenden
Bächen befestigt. — Am Larvengehäuse ist das Hinterende durch
einer Membran verschlossen, die von einem nach oben gerückten,
runden Loche durchbohrt ist.

Goëra pilosa Fabr.[1])

Fig. 5 a—b Larve, c—e Puppe.

Klapálek II, p. 48—52.	Ulmer IV, p. 82—83.
Struck I, Fig. 22 c.	Ulmer VI, p. 350.
Struck II, p. 23, Fig. 26.

Das 2—8. Abd.-segment der Larven sind gleich breit. *Die*
stärker chitinisierten Teile sind gelbbraun. Im hinteren Teile
des Stirnschildes und auf den Seiten der Gabeläste liegen mehr
blasse Punkte als bei S. pallipes, und auf dem hinteren Teile
der Wangen dunkle Punkte. Die erhabenen Ränder des mittleren Feldes auf der Dorsalseite des Kopfes sind oft dunkel,
wie auch die Vorderecken des Stirnschildes und die Grenzen
gegen die Mundteile. Der schmale Hinterteil des Stirnschildes
ist länger und der breite Vorderteil schmäler als bei *S. pallipes.*

[1]) Da die Larven und Puppen sehr denjenigen von *Silo pallipes* gleichen, führe ihr nur die unterscheidenden Merkmale auf.

Die Haare der medianen Haarbürste der Mandibeln sind länger als bei *S. pallipes.*

Die Vorderecken des Pronotums sind spitzer und die zum Teil dunklen Borsten deutlicher und zahlreicher als bei S. pallipes (Fig. 5 a). *Besonders zahlreich sind die Borsten auf den erhabenen Seiten des Hinterteils der Mittelnaht.* Diese erhabene Partie ist mit einigen dunklen Punkten versehen, auf welchen die gewöhnliche Chagrinierung fehlt. *Zahlreiche dunkle Punkte liegen auf dem hinteren Teile der beiden Hälften des Pronotums. — Das Mesonotum ist ausser von den Stützplättchen der Mittelfüsse von zwei paar Schildchen bedeckt,* da die bei *S. pallipes* hinter einander liegenden, kleinen Schildchen hier einheitlich, dreieckig sind. *Auf allen Schildchen des Mesonotums stehen zahlreiche, deutliche Borsten,* auf den medianen Schildchen sind sie auf der erhabenen Chitinleiste und hinter dieser am zahlreichsten. — *Die Schildchen des Metanotums sind blasser und undeutlicher als bei S. pallipes, und jederseits liegen nur drei Paar,* da die den kleinsten, schwach chitinisierten Schildchen von *S. pallipes* entsprechenden hier fehlen (Fig. 5 b). Auf dem Mesosternum liegen keine dunkle Flecke, bisweilen kommt hier eine Gruppe von undeutlichen Punkten vor. — Die Füsse sind braun, auch der Hinterteil des Gelenks zwischen Trochanter und Femur ist schwärzlich.

	Rücken-reihe	Seiten-	Bauch-reihe
II	(2)—3 / 3	(2)—3	3 / 3
III	3 / 3		3 / 3
IV	3 / (2)—3		3 / 3
V	3 / 3		3 / 3
VI	3 / 3		3 / 3
VII	3 / 3		3 / 3

Rücken- Seiten- Bauch-reihe des Kiemen der Larve von *G. pilosa* Fabr.

Die Seitenlinie reicht von der Mitte des 3. Abd.-segments bis zum Ende des 8.; dorsal von ihr liegen auf dem 3—7. Segmente 2—6 Chitinpunkte. *Auf dem 2. Abd.-segmente stehen auch laterale, postsegmentale Kiemen, ausserdem kommen auch auf dem 2—3. Segmente praesegmentale Kiemen vor.* Auf dem 3—7. Abd.-segmente ausser den ventralen Chitinellipsen je eine dorsale, mediane Ellipse und jederseits ein dorsaler, lateraler Chitinring. Ausserdem können auf dem 3—7. Abd.-segmente Gruppen ventraler Pünktchen liegen.

Die *Puppe mit im Hinterteile reich behaarter Oberlippe* (Klapálek II, p. 49, Fig. 13,7). Die Schneide der Mandibeln ziemlich gerade (Fig. 5 c). *Die Maxillarpalpen des ♂ sind eigentlich viergliedrig, das 1. und 2. Glied sind dick, kurz, das 3. lang, gebogen, das 4. kurz, stumpf* (Fig. 5 d; das Längenverhältnis ist wie 2,3 : 1,6 : 10 : 1; nur ein ♂ untersucht). Beim ♂ sind die Maxillarpalpen ein wenig, beim ♀ viel länger als die Labialpalpen. Das Längenverhältnis der Glieder der Labialpalpen wie 1 : 1,8 : 2,3, das 1. Glied ist kurz, das 2. und 3. sind lang. — Haftapparat: III 2. IV 2—3. V 2—3; 20. VI 2—3. VII 2—3.

Die Anlagen der Genitalfüsse sind sehr klein, abgerundet, sie reichen nicht weiter nach hinten, als die kleine, am Hinterrande convexe Penisanlage (Fig. 5 e).

Die beiden Enden des 10—15 mm langen, mit den seitlichen Steinchen 6—9 mm, ohne diese 3—4 mm breiten *Puppengehäuses* sind mit Haftscheiben oder Sekretfäden an Steine befestigt. Bisweilen liegen auf jeder Seite 4 Steinchen. — Ausser in Bächen und Flüssen findet man

	Rücken-	Seiten-	Bauch-
II	2—3 / 3	3	3
III	3	1—3	3
IV	3		2—3
V	3		3
VI	3		3
VII	3		

Rücken- Seiten- Bauch-reihe der Kiemen der Puppe von *G. pilosa* Fabr.

die Larven und Puppen in Seen; auch im östlichen Teile des Finnischen Meerbusens habe ich diese Art gefunden.

Brachycentrus subnubilus Curt.

Fig. 6 a—d Larve, e—f Puppe, g—h Gehäuse.

Eaton, p. 398.   Ulmer IV, p. 87.
Mc Lachlan II, p. 257—259.   Ulmer VI, p. 347.

Die *Larven* sind am Metathorax am breitesten; die Breite der Thorakalsegmente verhält sich wie 1 : 1,6 : 2,1. Kopf und

Prothorax sind gleich breit, das 9. Abd.-segment ist viel schmäler als die vorderen. Die stärker chitinisierten Teile sind gelblich bis bräunlich. Der Kopf (Fig. 6 a) ist, wie schon Mc Lachlan II, p. 257 und Ulmer IV, p. 87 und VI, p. 347 aufgeführt haben, mit kurzen, undeutlichen, dunklen Gabellinienbinden und mit einem dunklen Flecke auf dem Stirnschilde versehen. Dieser bedeckt den Hinterteil des Stirnschildes (doch ist die Umgebung des Gabelwinkels blasser), und es liegen auf ihm 5—8 blasse Punkte, die zusammenfliessen können. Blasse Punkte liegen auch oral auf dem Stirnschilde und ausserdem auf den Pleuren. Die Gabellinienbinden sind deutlich chagriniert. Die Ränder der Pleuren gegen das breite Hypostomum sind schwarz.

Die kurzen Antennen stehen gleich hinter der Basis der Mandibeln. Sie sind eingliedrig, das Glied trägt am distalen Ende ein kurzes Haar und einen blassen Fortsatz. Über die Borsten, Dorne, Bürsten und Gruben der Oberlippe vergl. Fig. 6 b. Es steht somit jederseits nahe bei dem Vorderrande eine dorsale, kleine Haarbürste. Der Dorn nahe bei der Einbuchtung auf dem Vorderrande ist stark, gelb. Von den gewöhnlich vorkommenden drei dorsalen Gruben fehlt die mediane. Die Form und Behaarung der Mandibeln, die Maxillen und das Labium wie bei *Br. montanus* Klp. (Klapálek II, p. 56—57, Fig. 15,2—4), *die fünf Zähne der Mandibeln sind stumpf.* Das 5. Glied der Maxillarpalpen und der Maxillarlobus sind distal mit einigen kurzen, blassen Sinnesstäbchen und dieser ausserdem am medianen Rande mit Haaren und starken Stäbchen versehen. Das 2. Glied der kurzen Labialtaster ist mit kurzen Sinnesstäbchen versehen.

Das Pro- und Mesonotum wie bei *Br. montanus.* Jenes ist in der Mitte am schmälsten, der Hinterrand ist schwarz, und von der Mitte der Seiten zieht parallel mit dem Hinterrande bis zu der Mittelnaht eine schwarze Linie. Der Zwischenraum zwischen dieser und dem Hinterrande ist oft dunkler als die Grundfarbe, und zwischen der Linie und der braunen, gebogenen Linie auf dem vorderen Teile liegen meist undeutliche, blasse Punkte. Auch kann die Partie zwischen diesen beiden Linien

dunkler sein als der vorderste Teil des Pronotums. — Die
Schildchen des Mesonotums (Fig. 6 c) reichen nicht bis zum
Vorderrande und bedecken nicht die Seiten des Mesothorax. —
Die medianen, kleinen, queren Schildchen des Metanotums ste-
hen nahe dem postsegmentalen Rande, die lateralen sind läng-
lich, dreieckig, hinten breiter.

Die Stützplättchen der Vorderfüsse sind einheitlich, mit
einer dorsoventralen, schwarzen Chitinleiste versehen. Der hinter
dieser Leiste befindliche Teil ist mit einer Borste versehen, der
vor der Leiste befindliche, am oralen Rande schwarze Teil bildet
einen schnabelförmigen, dreieckigen Vorsprung, auf welchem
eine Borste und zwei Börstchen stehen (Fig. 6 d). Die deutlichen, gelblichen, dreieckigen Stützplättchen der Mittel- und
Hinterfüsse sind von einer schwarzen, dorsoventral ziehenden
Chitinleiste geteilt, ihr ventraler Rand ist dunkel. Auf den blassen
Thorakalsterna keine Punkte, der Sporn der Prosternums fehlt.

Das Längenverhältnis der Tibien, Tarsen und Klauen ist
an den Vorderfüssen wie 1,5 : 1 : 1,5, an den Mittelfüssen wie
1 : 1 : 1,2, an den Hinterfüssen wie 1 : 1 : 1. Die Füsse ohne
Punkte, auch der obere Rand der Coxen ist schwarz. Um die
Basis des geraden, langen, starken Basaldorns der Klauen stehen einige Spitzchen.

Die zahlreichen borstentragenden Chitinpunkte am Vorderende der Seiten des 3—6. Abd.-segments liegen in vielen
Reihen. Auf dem Vorderteile der Seiten des 7. Abd.-segments
steht ein stumpfer, nach vorn gerichteter Wulst, der sehr zahlreiche
Chitinpunkte mit je 2 nach hinten gerichteten Borsten trägt.
Hinter diesem Wulst wird die Seitenlinie auf dem 7. Abd.-seg-
mente mit einigen schwachen Haaren fortgesetzt. Auf dem
8. Abd.-segmente kein Wulst. Ausser den dorsalen, in Büscheln vereinigten, auf den Strikturen zwischen dem 2. und 3.
etc. bis 8. Segmente stehenden Kiemen, giebt es nur genau laterale, postsegmentale, bei der Seitenlinie einzeln stehende Kiemenfäden, aber keine ventralen. Das kleine Rückenschild des
9. Abd.-segments ist undeutlich begrenzt. Die Schutzschilder
der Festhalter werden ventral auf dem 10. Abd.-segmente als

ein spitzer, schmaler Streifen fortgesetzt. Ventral auf dem 3—8. Abd.-segmente Gruppen von Pünktchen.

	Rückenreihe	Seitenreihe
II	5—6	0—1
III	4—6	1
IV	4—6	1
V	3—6	1
VI	3—6	1
VII	2—3	
VIII		

Rücken- Seitenreihe der Kiemen der Larve von *Br. subnubilus* Curt.

Die ♂-*Puppe* 8 mm lang, die ♀-Puppe 9—10,5 mm lang, 2 mm breit. Meso- und Metathorax und das 5—7. Abd.-segment sind am breitesten; von 7. Abd.-segmente aboralwärts ist die Puppe stark verschmälert. Beim ♂ reichen die Antennen bis an die Mitte des 8. Abd.-segments, beim ♀ bis an den Anfang des 6.; die vorderen Flügelscheiden reichen bis an den Anfang des 5—6. Abd.-segments, die hinteren Flügelscheiden sind etwas kürzer.

Von der Dorsalseite gesehen ist der Kopf rektangulär, in der Seitenansicht dreieckig. Die Antennen stehen weit von einander, am distalen Ende besonders der distalen Glieder steht eine Bürste von kurzen Börstchen. Das erste Glied ist mit einigen blassen, kurzen Haaren bewehrt. Zwischen den Antennen stehen zwei Borsten, auf der Stirn jederseits zwei, auch vor den Augen Borsten. Die Spitze der Oberlippe ist mehr abgerundet als bei *Br. montanus*, und auf dem proximalen Teile stehen jederseits drei Borsten. Die Borsten am Vorderrande sind blass, die anderen gelblich. Die Borsten auf der Mittelpartie stehen jederseits auf einem undeutlich begrenzten Flecke (Fig. 6 e). Beim ♀ sind die Maxillarpalpen länger als die Labialpalpen, ihr 3. Glied ist am längsten, dann folgen das 5., 4., 2. und 1. (das Längenverhältnis ist wie 2—2,6 : 1,8—2,6 : 1,7—2 : 1—1,3 : 1). Das 3. Glied der Labialpalpen ist am längsten, das 1. am kürzesten.

In der Seitenansicht erhebt sich das Pronotum hoch über den Kopf hervor. Auf den Vorder- und Mittelcoxen Borsten. Die Sporne sind ziemlich stumpf; die Vordertibien und -tarsen sind ziemlich dicht behaart. Die abgerundeten Warzen des 1. Abd.-segments stehen weit von einander, auch der Hinterrand des Segments zwischen den Warzen ist braun. Auf dem 1.

Segmente liegen jederseits 1—4 dorsale Borsten. Haftapparat:
III 5—9. IV 5—8. V 3—9; 17—29. VI 2—10. VII 4—11. Die
praesegmentalen Haftplättchen des 3—7. Segments sind elliptisch.
Auch beim ♂ ist die postsegmentale
Hakenreihe auf dem 5. Segmente
durch einen freien Zwischenraum in
zwei Hälften mit je 17—29 Haken
geteilt. Die dorsalen Kiemen liegen
auf den Strikturen zwischen dem 2.
und 3. etc. bis 5. Abd.-segmente, die
lateralen und die ventralen postsegmental, ventral von der Seitenlinie.
Auf dem Hinterrande der Dorsalfläche des 9. Abd.-segments Borsten
in einem Querbogen und auf den
Seiten und der Ventralfläche auch
einige Borsten. *Zwischen der Basis*
der Analstäbchen ein Hügel, der in der Seiten- und Dorsalan-
sicht sichtbar ist (Fig. 6 f).

	Rücken	Seiten	Bauch
II	5—6		1
III	6	1	1
IV	3—6	1	1
V		1	1
VI	(0)—1	1	

Rücken- Seiten- Bauch-
reihe der Kiemen der
Puppe von *Br. subnu-*
bilus Curt.

Die *Gehäuse der jungen Larven sind regelmässig viereckig,*
mit scharfen Kanten, aus Sekret, quergelegten Algenfäden,
schmalen Blatt- und Rindenteilchen aufgebaut; die Oberfläche
ist ganz eben, die Gehäuse sind schwarz und braun gestreift.
Die etwa 8—10 mm langen, 1—1,5 mm breiten *Gehäuse der*
erwachsenen Larven haben im vorderen, undeutlich gestreiften
Teile oft mehr abgerundete Kanten, da dieser Teil ausschliesslich
aus Sekret besteht (Fig. 6 g). Das Vorder- und Hinterende des
Gehäuses sind viereckig, gerade, letzteres ist oft mit einer, von
einem runden Loche durchbohrten Sekretmembran verschlossen. — Die *Puppengehäuse* sind 9—13 mm lang, 2 mm breit,
braun oder schwärzlich, mit abgerundeten Kanten, aus quergelegten Sekretfäden gebaut und dadurch quergestreift (Fig. 6 h).
Das gerade, abgerundet viereckige oder runde Vorderende ist
oft von einem dickeren Ring umgeben. Die beiden Enden
sind mit blassbraunen oder braunen Membranen verschlossen,
die oft in der Mitte dunkler sind. Diese dunkle Partie ist noch
von einem dunklen Ringe umgeben. Die vordere, abgerundet

viereckige oder runde Membran ist in ihrer Mitte von 8—25,
die hintere, runde Membran von 5—17 Löchern durchbohrt[1]).
Die beiden Enden sind oft mit Pflanzen- und Schlammteilchen,
mit Steinchen u. s. w. bedeckt. Die Gehäuse werden oft viele
zusammen auf Steinen mit beiden Enden durch 1—3 kurzgestielte, breite, lappige Haftscheiben befestigt. Die vordere Membran wird von der ausschlüpfenden Puppe wie ein Deckel
abgeschnitten. — Ausser in Flüssen habe ich auch diese Art
im östlichen Teile des Finnischen Meerbusens gefunden.

Micrasema setiferum Pict.[2])

Fig. 7 a Larve, b—c Puppe.

Das Stirnschild der *Larve* ist gelbbraun, oral dunkler; im
aboralen Teile liegt eine keulenförmige, dunklere Figur, die im
hinteren Teile mit einigen undeutlichen, blasseren Punkten versehen ist.

Die Oberlippe wie bei *M. minimum* (Klapálek II, Fig. 18,2);
die Borsten der Dorsalfläche stehen in einem nach hinten convexen Bogen. Auf dem Vorderrande stehen jederseits nahe bei
einander drei blasse, kurze, gebogene Dorne und auf der Dorsalfläche nahe bei dem Vorderrande jederseits ein medianer. Kein
Borstenbüschel auf der Dorsalseite (vergl. Ulmer IV, p. 88). Die
Mandibeln (Klapálek II, Fig. 18,3) sind in der Seitenansicht kurz,
dreieckig, mit vier stumpfen Zähnen, von welchen einer undeutlich ist. Dorsal stehen auf dem 1—2. Gliede der Maxillarpalpen Haare.

Das Schild des Pronotums (Fig. 7 a) ist relativ sehr breit.
Auf dem Vorderrande und auf dem vorderen Teile des durch
die gebogene Querlinie und den Vorderrand begrenzten Feldes
stehen zahlreiche Borsten, auf der Querlinie jederseits vier. Die
medianen Schildchen des Mesonotums mit undeutlichen Punkten

---

[1]) Die Membranen sind aus konzentrisch die Mitte umgebenden Sek-
retringen aufgebaut.

[2]) Die Charaktere, die für diese Art und *M. minimum* Mc Lach. (nach
der Beschreibung von Klapálek II, p. 67—70) gemeinsam sind, sind hier
nicht erwähnt.

und mit zahlreichen Borsten auf dem oralen und aboralen Teile.
Die lateralen Schildchen sind dreieckig, aboral schmäler; der
laterale Rand ist convex und parallel mit ihm zieht ein blasser
Streifen; besonders auf dem oralen Teile stehen Borsten.

Die Stützplättchen der Füsse sind gelblich, mit je einer
schwarzen Chitinleiste; die der Vorderfüsse wie bei *Br. subnubilus* (Fig. 6 d). Auf den Vorderfüssen steht im oralen Ende
der Chitingrenze des zweiteiligen Trochanters eine lange, gelbe
Borste und im distalen Teile des Vorderrandes starke, gelbe
Dorne. Die Vorderfemora sind dick, dreieckig. Mittel- und
Hintertibien und -tarsen sind nicht in einen Höcker verlängert.

Das Rückenschild des 9. Abd.-segments gelblich, undeutlich begrenzt, auf dem hinteren Teile stehen zahlreiche (über 20)
Borsten. Das Schutzschild des Festhalters ist auf dem inneren
Teile des dorsalen Hinterrandes mit zahlreichen Borsten versehen
und reicht als ein schmaler Streifen sehr weit ventral auf dem
10. Segmente. Die Klaue des Festhalters kurz, gerade, mit drei
Rückenhaken (s. Ulmer IV, p. 88).

Die ♀-*Puppe* 4,5 mm lang, die Antennen reichen bis an
das Ende des 7. Abd.-segments, die vorderen Flügelscheiden bis
an das Ende des 6. — den Anfang des 7. Segments.

Der Kopf ist in der Seitenansicht dreieckig, die wenig pro-
minenten Mundteile befinden sich im unteren Winkel des Drei-
eckes. Stirn etwas concav. Die Borsten des Kopfes und die
Glieder der Antennen wie bei *Br. subnubilus* (p. 24). Oberlippe
(Fig. 7 b) mit einer blassen Borste jederseits auf dem Vorderrande (vergl. Ulmer IV, p. 89). Die zehn Borsten auf dem Mittelteile der Oberlippe sind gelb. Die Oberkiefer wie bei *M. minimum* (Klapálek II, Fig. 18,8), doch ist der Rücken weniger gebogen, und es liegt kein Einschnitt auf der Rückseite zwischen
der Klinge und der Basis. Das 5. Glied der Maxillarpalpen ist
beim ♀ am längsten, dann folgen das 3., 4., 2. und 1. Glied
(das Längenverhältnis ist wie 2,4 : 1,8 : 1,5 : 1,1 : 1). Beim ♀ sind
die Maxillarpalpen länger als die Labialpalpen.

Die Hintertarsen sind nackt; die Krallen des letzten Tarsalgliedes sehr undeutlich. — Die Warzen des 1. Abd.-segments
sind braun und stehen sehr weit von einander, der Hinterrand

des Segments zwischen den Warzen ist auch braun. Die Häkchen der praesegmentalen, querliegenden Haftplättchen stehen in Querreihen. Haltapparat: III 4—10. IV 6—11. V 4—11; 20—24. VI 6—10. VII 7—12. Der dorsale, postsegmentale Rand des 9. Abd.-segments ist erhaben, und auf ihm stehen zahlreiche Borsten besonders auf einem medianen Höcker.

Die Anlagen der Genitalfüsse sind gross und stehen sehr weit von einander nahe den Seiten des 9. Abd.-segments. Ventral befindet sich auf dem 10. Abd.-segmente beim ♂ und ♀ jederseits eine kleine Erhöhung, die drei Borsten trägt (Fig. 7 c). Die Läppchen des 10. Abd.-segments (Klapálek II, p. 66, 69) sind mit oral gerichteten Spitzchen versehen.

Das *Puppengehäuse* ist 4,6—6 mm lang, 0,8—1 mm breit, hinten nur wenig schmäler, gerade oder schwach gebogen, braun oder grau, aus sehr feinen Sandkörnern aufgebaut, so dass die Oberfläche eben ist. Die Verschlussmembranen (vergl. auch Thienemann II, p. 37, Fig. 39—40) sind gelblich bis braun, die vordere ist von etwa 20 Löchern durchbohrt, die von einem, oft dunkleren Ring umgegeben sind. Auf der hinteren Membran fehlt der Ring, die Mitte ist blasser als der übrige Teil und von 14—30 Löchern durchbrochen. Die Gehäuse werden mit einem oder beiden Enden mittels Sekretfäden oder 1—2 kurzgestielter Haftscheiben befestigt. — Kivennapa, Rajajoki, Lintulanjoki (von Klapálek mit einigem Zweifel als zu dieser Art gehörig angesehen), am $^{1-10}/_6$ 1898 fertige Puppen.

Bestimmungstabellen für den bisher bekannten Larven und Puppen der Gattung Micrasema.

I.   Auf der Oberlippe der *Larve* jederseits ein starkes, dorsales Büschel von weisslichen Fiederborsten (Klapálek II, Fig. 17,1). Oberkiefer mit 4 scharfen Zähnen. Mittel- und Hintertarsen in einen distalen, starken Höcker verlängert. Klaue des Festhalters mit 2 Rückenhaken. — Auf der Mitte der Oberlippe der *Puppe* jederseits nur 3 Borsten, auf dem Vorderrande keine (Klapálek II, Fig. 17,6). Seitenlinie beginnt am Hinterrande des 6. Abd.-segments. — *Gehäuse* aus Sekret, die Vordermembran des Puppengehäuses mit 1—4 Löchern.

M. longulum Mc Lach.

II.   Auf der Oberlippe der *Larve* kein dorsales Büschel. Oberkiefer mit stumpfen Zähnen. Mittel- und Hintertarsen ohne distalen Höcker. — Seitenlinie der *Puppe* beginnt am Hinterrande des 5. Abd.-segments. — *Gehäuse* aus Sandkörnchen, die Vordermembran des Puppengehäuses mit zahlreichen Löchern.

A.   Klaue des Festhalters der *Larve* mit 2 Rückenhaken. — Auf der Mitte der Oberlippe der *Puppe* jederseits 3 Borsten, auf dem Vorderrande keine (Klapálek II, Fig. 18,7).

M. minimum Mc Lach.

B.   Klaue des Festhalters der *Larve* mit 3 Rückenhaken. — Auf der Mitte der Oberlippe der *Puppe* jederseits 5 Borsten, auf dem Vorderrande jederseits 1 (Fig. 7 b).   *M. setiferum* Pict.

Lepidostoma hirtum Fabr.

Fig. 8 a Larve.

Klapálek II, p. 75—79.   Struck III, Taf. II, Fig. 15.
Struck II, p. 23, Fig. 29.   Ulmer IV, p. 89—90.

Die Antennen der *Larve* tragen kein distales Haar. Die mediane Grube auf der Oberlippe fehlt; die Borsten, die am Rande des stärker chitinisierten Schildes stehen, sind blass (Fig. 8 a). Auf den beiden Schneiden der Mandibeln stehen zwei Zähne. Cardo der Maxillen besonders am Innen- und Hinterrande schwarz, er ist, wie der Stipes, wie bei den Limnophiliden (Silfvenius I, p. 34). Die Maxillarpalpen sind 5-gliedrig, ventral steht am medianen Rande des 1. Gliedes eine kurze Borste und nahe bei dem Vorderrande eine lange. Das 5. Palpenglied und der Maxillarlobus sind am Ende mit Sinnesstäbchen versehen. Der basale Teil des Lobus ist blass, reich behaart. Die Borsten und Schilder der Unterlippe wie bei den Phryganeiden (l. c. p. 7—8), das zweite Glied der Labialpalpen ist mit einer Grube und am distalen Ende mit zwei blassen Sinnesstäbchen versehen.

Die beiden Hälften des Pronotums sind von einer queren, schwarzen Chitinleiste zweigeteilt (vergl. Struck, Taf. II, Fig. 15). Auch der hintere Teil ist mit einigen Punkten versehen. Auf dem Metanotum liegen jederseits drei Chitinschildchen. Die lateralen, oblongen Plättchen sind am grössten, die beiden anderen sind sehr klein, besonders die vorderen, die näher bei einander stehen als die hinteren.

Auf dem Prosternum kommt ein deutlicher, spitzer Sporn vor, der jedoch kürzer ist als bei den Limnophiliden.[1]) Die Thorakalsterna ohne Punkte und stärker chitinisierte Schildchen. Die Stützplättchen der Vorderfüsse sind zwei, und ihre Form gleicht derjenigen bei den Limnophiliden (Silfvenius VII, p. 28). Das vordere Plättchen ist mit einer Borste und einem blassen Börstchen, der hintere Teil des hinteren Plättchens mit einer Borste versehen. Auch die Stützplättchen der Mittel- und Hinterfüsse haben dieselbe Form wie bei den Limnophiliden, ihr ventraler Rand ist dunkler, mit zwei Borsten versehen, von welchen je eine vor und hinter der die Plättchen teilenden, dorsoventral laufenden, dunklen Chitinleiste steht.

Die Vorderfüsse sind kurz, dick. Der Ober-, Hinter- und Unterrand der Coxen, der Ober- und Hinterrand der Trochanteren und der Hinterteil des Gelenks zwischen den Femora und den Tibien sind in allen Füssen dunkel, in den Vorderfüssen noch der Hinterteil des Gelenks zwischen den Trochanteren und den Femora. Auf den Vordercoxen und den Femora kann ich keine schwarzen Punkte sehen (vergl. Klapálek II, p. 77).

Die seitlichen Höcker des 1. Abd.-segments sind mit langen Spitzchen versehen. Die Seitenlinie beginnt auf dem 3. Abd.-segmente. Die ventralen Chitinellipsen und die Punkte der Abd.-sterna fehlen. Auf den Seiten des 8. Abd.-segments ein abgerundeter, aboralwärts gekehrter Wulst. Das Rückenschild des 9. Segments ist schwer zu unterscheiden. Auf dem 10. Segmente steht nahe bei dem Anus jederseits ein Kiemenfaden.

---

[1]) Da somit der Sporn des Prosternums bei den Goërinen und Lepidostomatinen vorkommt, fällt das einzige durchgehend unterscheidende Merkmal der Larven der Sericostomatiden und Limnophiliden, das Ulmer (IV, p. 30—31, VII, p. 5) aufgestellt hat, weg.

Die Klauen des letzten Tarsalgliedes der *Puppe* sind wie
bei *Lasiocephala basalis* Kol. (Thienemann II, p. 69, Fig. 121)
stark, besonders auf den Vorder- und Mittelfüssen stärker chitinisiert.

Das Hinterende des *Gehäuses* der erwachsenen Larve ist
mit einer kleinen, von einem zentralen, grossen Loche durchbohrten Membran verschlossen, ausserdem kann das Hinterende
mit Pflanzenstücken verengt sein. Die Larven leben auch im
Finnischen Meerbusen, und die Gehäuse der erwachsenen Larven sind dann ausschliesslich oder zum Teil aus quadratischen
Fucusfragmenten aufgebaut, die auf jeder der vier Seiten zu
6—17 liegen. Die dem Hinterende am nächsten liegenden Fucusstücke können über das Hinterende aufgekrümmt sein. — Die
Puppengehäuse sind so verkürzt, dass auf jeder Seite nur 5—6
Fucusstücke liegen. Die beiden dünnen Verschlussmembranen
sind mit kleinen Fucusstücken bedeckt, und ausserdem sind die
vordersten Fragmente über das Vorderende aufgekrümmt. Die
vordere Membran kann 2 mm nach innen vom vorderen Ende
liegen. — Nur am Hinterende des Puppengehäuses fand ich einen
kurzen Sekretstiel, mit welchem das Gehäuse am Steine befestigt
ist. — Ausser in Bächen leben die Larven und Puppen, wie
gesagt, im Finnischen Meerbusen, wo sie weit verbreitert sind,
und wo man jene auf Fucus und Chara findet.

Bestimmungstabelle der bisher bekannten Larven der finnischen Sericostomatiden.[1])

    I. Pronotum vorn stark ausgeschnitten und an den Vor-
derecken stark vorgezogen. Gehäuse aus Sand mit seitlich an-
gefügten Steinchen.

    A. Mesonotum jederseits mit drei und Metanotum mit vier
Schildchen (ausser den Stützschildchen der Füsse). Keine lateralen und auf dem 2—3. Abd.-segmente keine dorsalen, praesegmentalen Kiemen.   *Silo pallipes* Fabr.

---

[1]) Von den 10 in Finland gefundenen Arten dieser Familie ist die
Metamorphose von 3 (*Brachycentrus albescens* Kol., *Micrasema gelidum*
Mc Lach. und *M. nœvum* Hag.) unbekannt.

B. Mesonotum jederseits mit zwei und Metanotum mit drei Schildchen. Auf dem 2. Abd.-segmente laterale, postsegmentale Kiemen und auf dem 2—3. dorsale, praesegmentale.

Goëra pilosa Fabr.

II. Pronotum vorn nicht ausgeschnitten. Gehäuse ohne seitlich angefügte Steinchen.

A. Auf dem Prosternum ein deutlicher Sporn. Die oralen Stützplättchen der Vorderfüsse nicht in eine Spitze verlängert.

Lepidostoma hirtum Fabr.

B. Prosternum ohne Sporn.

1. Pronotum durch eine gebogene Querlinie zweigeteilt. Stützplättchen der Vorderfüsse einheitlich, mit einem oralen Fortsatz.

  a. Kopf mit kurzen Gabellinienbinden und mit einem dunklen Flecke auf dem Stirnschilde. Gehäuse aus Sekret und Vegetabilien.

Brachycentrus subnubilus Curt.

  b. Kopf ohne diese Zeichnungen. Gehäuse aus Sand-körnchen. *Micrasema setiferum* Pict.

2. Pronotum ohne gebogene Querlinie. Stützplättchen der Vorderfüsse zwei, das orale in eine Spitze verlängert.

  a. Mesonotum oral hornig, aboral häutig.

Notidobia ciliaris L.

  b. Mesonotum häutig, mit einigen Chitinflecken.

Sericostoma personatum Spence.

Bestimmungstabelle der bisher bekannten Puppen der finnischen Sericostomatiden.

I. Spornzahl 2—4—4.

A. Letztes Abd.-segment mit zwei schlanken Analstäbchen.

1. Oberlippe jederseits mit drei proximalen Borsten. Keine lateralen Kiemen und auf dem 2—3. Abd.-segmente keine dorsalen, praesegmentalen. *Silo pallipes* Fabr.

2. Oberlippe jederseits mit zahlreichen proximalen Borsten. Auf dem 2. Abd.-segmente laterale, postsegmentale und auf dem 2—3. dorsale, praesegmentale Kiemen. *Goëra pilosa* Fabr.

B. Letztes Abd.-segment mit zwei flachen, dreieckigen
Analloben.   *Lepidostoma hirtum* Fabr.
   II. Spornzahl 2—2—4.
   A. Alle Tarsen nackt.   *Notidobia ciliaris* L.
   B. Mittel- (und spärlich Vorder-)tarsen bewimpert.
                             Sericostoma personatum Spence.
   III. Spornzahl 2—3—3.   *Brachycentrus subnubilus* Curt.
   IV. Spornzahl 2—2—2.   *Micrasema setiferum* Pict.

Leptoceridæ.

Beræodes minuta L. (Morton III, p. 233—235; Klapalek
II, p. 80—84; Struck II, p. 24, Fig. 37; Ulmer IV, p. 95—96).
Die Antennen der ♂-*Puppe* reichen bisweilen nur bis zum
Anfang des 8. Abd.-segments. Das 1. Glied der Antennen ist
viel länger und stärker als die übrigen; es trägt keine Borsten.
Die Antennenglieder sind länger als breit, die mittleren tragen
auf der inneren Seite distal einen Höcker ohne Spitzchen und
die äusseren sind distal etwas erweitert. Auf der Stirn stehen
zahlreiche Borsten (jederseits etwa 14). Auf dem proximalen
Teile der Oberlippe stehen, wie Klapálek (Fig. 21, 6) abgebildet
hat, jederseits, ausser den drei normal vorkommenden, stärkeren Borsten, median von diesen noch zwei Borsten; auf
den Vorderecken dagegen stehen jederseits drei gelbliche Borsten und ein kurzer Dorn (nahe der Mittellinie). Nach hinten
und seitlich von der Basis dieser Dorne liegt jederseits eine
Grube und eine dritte in der Medianlinie, auf dem Vorderteile
der Oberlippe. Auf der Ventralfläche der Oberlippe keine Borsten. Das 1. und 2. Glied der gebogenen Maxillarpalpen sind
0,14 mm lang, das 3. 0,16, das 4. 0,23, das 5. 0,27 mm; das 5.
Glied endigt spitz. Das 1. und 2. Glied der Labialpalpen sind
0,12 mm lang, das 3. 0,19 mm.

Die Flügelscheiden reichen gleich weit nach hinten. Auf den Vordertibien ist der eine Sporn ganz kurz und beide sind stumpfer als die Sporne der anderen Tibien. Die 4 ersten Glieder der Vorder- und Mitteltarsen sind bewimpert, die Krallen sind als ganz kleine, spitze Höcker entwickelt. Die Seitenpartien des 2—8. Abd.-segments sind von der Rücken- und Bauchseite durch braune Chitinleisten getrennt, ausserdem liegt auf dem 8. Segmente ventral noch eine quere, postsegmentale Leiste. Die postsegmentalen Plättchen des 5. Abd.-segments können 3—4 Häkchen tragen. Auf dem Hinterrande des 9. Abd.-segments steht ein dorsaler, medianer, mit Spitzchen besetzter Höcker. Die Analstäbchen gehen von der Dorsalseite des 10. Segments aus; sie sind mit dorsalen Spitzchen besetzt, wie auch die zwei Erhebungen lateral auf dem 10. Segmente. Die Penisanlage ist deutlich zweiteilig.

Das *Puppengehäuse* ist bis 7,5 mm lang, vorn bis 1,2, hinten bis 0,5 mm breit; die Enden sind nicht durch fremde Partikel verschlossen. Da die hintere Öffnung sehr gross ist, findet man die Reste der Larvenexuvie nicht im Puppengehäuse. Der Kopf der Puppe ist dem breiteren Ende des Gehäuses zugekehrt.[1]

Molanninæ.

Allgemeine Merkmale.

Ulmer IV, p. 97—98.

Die *Larven* sind von 2. Abd.-segmente an oralwärts stärker verschmälert, aboralwärts weniger; das 9. Abd.-segment ist viel schmächtiger als die vorderen. *Auf dem Stirnschilde zieht eine*

---

[1] Diese Lage der Puppe habe ich auch bei von mir untersuchten Leptocerinæ beobachtet, und bei allen Arten dieser Unterfamilie fehlen die Reste der Larvenexuvie im Puppengehäuse (wie es auch Thienemann II, p. 14 bei *Mystacides longicornis* L., *Leptocerus aterrimus* Steph. und *Triænodes bicolor* Curt. gefunden hat).

orale, bogenförmige, schwarze Linie (Fig. 9 a, 10 a), *die pleuralen Linien fehlen* (p. 43). Hypostomum ist gross, zum grössten Teil dunkelbraun (Fig. 9 b). Die Antennen stehen gleich hinter der Mandibelbasis; sie bestehen aus einem breiteren Grundgliede und einem schwächeren, zylindrischen Gliede, das an seinem distalen, blassen Ende ein blasses Börstchen und einige sehr kurze Sinnesstäbchen trägt. Gelenkmembran der Oberlippe ist blass. Auf der dorsalen Fläche der Oberlippe stehen jederseits zwei Borsten auf dem blassen, oralen Teile, der von dem schwach chitinisierten Schilde der Oberlippe nicht bedeckt ist. *Die Seitenbürsten fehlen.* Dorsal liegen auf der Oberlippe drei Gruben (Fig. 9 c), ventral jederseits drei laterale, gelbe Dorne und schwache, blasse Spitzchen. Auf der oberen Schneide des rechten Oberkiefers stehen zwei Zähne, auf der unteren einer; auf den beiden Schneiden des linken Oberkiefers steht je ein Zahn; alle Zähne sind stumpf. Cardo der Maxillen ist dreieckig, stärker chitinisiert, aboral und median dunkler, mit zwei oralen Borsten versehen. Stipes der Maxillen wie bei den Phryganeiden (Silfvenius I, p. 7), mit einer lateralen und einer medianen Borste. *Die Maxillarpalpen sind fünfgliedrig,* das 1. Glied trägt ventral eine orale Borste und median einen kurzen Dorn. Über die anderen Glieder der Maxillarpalpen und den Maxillarlobus vergl. Klapálek II. Fig. 22,4; das 5. Palpenglied trägt distal einige ganz kurze Sinnesstäbchen. Maxillarlobus ventral mit einer basalen Borste und mit einigen schwachen, distalen Börstchen und Sinnesstäbchen. Dorsal stehen auf dem 1. Gliede der Maxillarpalpen blasse Härchen und Dörnchen, eine mediane Borste und drei starke, gelbe Dorne, die distal erweitert und zerfranst sind. Cardo des Labiums (Fig. 9 b) ist stumpf dreieckig, besonders aboral stärker chitinisiert; Stipes blass. Labiallobus wie bei den Phryganeiden (Silfvenius I, p. 8), vom Stipes ist er durch einen Chitinring getrennt, er trägt ventral jederseits zwei Chitinstäbe und auch dorsal jederseits eine Borste. Die Labialpalpen sind zweigliedrig, das 2. zylindrische Glied trägt zwei längere, zweigliedrige und ein kurzes, eingliedriges Sinnesstäbchen.

Die Hinterecken des Pronotums sind in einen stumpf dreieckigen Fortsatz verlängert. Über die Form und die erhabene,

schwarze Chitinleiste des Schildes vergl. Fig. 9 d, 10 b. Das
Schild des Prothorax bedeckt auch die Seiten des Segments, das
des Mesothorax nicht das ganze Notum. Mesonotum (Fig.
10 e) ist von einer Mittelnaht und von einer bogenförmigen Quernaht
geteilt. Es sind zwei Stützplättchen der Vorderfüsse vorhanden; das vordere ist stumpf dreieckig, zum Teil dunkel, mit einer
Borste und mit einem Börstchen versehen; die Mittelpartie des
hinteren ist schwarz, und hinter diesem schwarzen Teile steht
eine Borste. Der ventrale Rand der Stützplättchen der Mittelfüsse ist schwarz, der der Hinterfüsse braun; die Plättchen, besonders die der Hinterfüsse, sind sehr schwach chitinisiert. Eine
schwarze, dorsoventrale Chitinleiste, vor und hinter welcher je
eine Borste steht, teilt die Plättchen. Die Thorakalsterna sind
ohne Schildchen, die Abd.-sterna ohne Chitinringe und Punkte;
auch der Sporn des Prosternums fehlt.

Die Hinterfüsse sind um Hälfte länger als die Vorderfüsse.
Die Trochanteren und die *Hintertibien sind zweigeteilt, nicht aber
die Femora.* Die Vorder- und Mittelklauen mit einem starken,
kurzen Basaldorn, die Hinterklauen mit einem langen. Der
Ober-, Hinter- und Unterrand der Coxen, der Ober- und Hinterrand der Trochanteren, der Hinterrand der Femora, und die
Grenze zwischen den Femora und den Tibien sind dunkel. Auf
den Coxen liegen einige dunkle Punkte. Auf dem Vorderrande
der Vorder- und Mitteltrochanteren stehen distal blasse Fiederborsten, so auch proximal auf dem Vorderrande der Vorder-
und Mittelfemora. Mitteltrochanteren mit einem kurzen Dorn.
Auf den Hinterfüssen keine Fiederborsten und Dorne. Die Vordertarsen tragen auf der inneren Fläche einen starken Dorn,
*auf der inneren Fläche der Vordertibien steht eine schräge Reihe
von 5—6 Dornen*, die stufenweise nach dem distalen, hinteren
Winkel zu länger werden.

Die Seitenlinie ist mit dichten, graubraunen Wimpern besetzt. Auf dem 8. Abd.-segmente ist sie durch eine bogenförmige Reihe von Chitinpunkten angedeutet, von denen jeder zwei
steife Börstchen trägt. Die laterale Kiemenreihe liegt, obgleich
praesegmental, unter der Seitenlinie. Das 9. Segment ist mit
einem etwa halbmondförmigen, schwach chitinisierten Schild-

chen versehen. Die Stützplättchen der Festhalter tragen etwa 25—45 dorsale Borsten und Stachel. Sie reichen auf die Ventral-fläche des 10. Abd.-segments, die im übrigen mit kleinen Spitzchen besetzt ist. Die Klaue des Festhalters ist mit einem stärkeren und zwei schwächeren Rückenhaken versehen.

Der Kopf der *Puppe* ist querelliptisch, mit wenig aufgebla-sener Stirn. Jederseits stehen auf der Stirn zwei Borsten, zwi-schen den Antennen eine, vor den Augen zwei. Das 1. Glied der Antennen ist mit einigen Borsten versehen und stärker als die übrigen, von welchen besonders die mittleren auf ihrem distalen Ende einen mit Spitzchen bewehrten, medianen Höcker tragen. Die proximalen Glieder sind *breiter als lang* oder etwa quadra-tisch, die anderen länger als breit und besonders am äusseren Ende der Antenne distal dicker. Der Vorderrand der Oberlippe ist in einen medianen, mit Spitzchen bewehrten Höcker vorgezogen; die Oberlippe trägt jederseits proximal drei und distal fünf Bor-sten (Fig. 9 f). *Die Oberkiefer sind gross, scharf gesägt,* mit zwei Rückenborsten (Fig. 10 d). Die Maxillarpalpen sind in Bogen nach hinten gerichtet, das 1. und 2. Glied sind viel kürzer als die distalen Glieder, das 5. ist am längsten und endigt ziem-lich spitz.

Die vorderen Flügelscheiden sind etwas länger als die hin-teren. *Die vier ersten Glieder aller Tarsen sind bewimpert,* die anderen Beinglieder sind nackt. Die Sporne sind kurz, stumpf, *die Paare sind auf den Mittel- und Hinterfüssen etwa gleich lang,* auf den Vorderfüssen ungleich lang. Die Krallen sehr wenig entwickelt oder fehlen.

Der Hinterrand des 1. Abd.-segments ist gewölbt und wenig-stens zum Teil mit Spitzchen bewehrt. Die Häkchen der deut-lichen Haftplättchen sind gerade. Die Seitenlinie bildet auf dem 8. Abd.-segmente einen ventralen Kranz. Die lateralen Kiemen wie bei der Larve (p. 36). Die Seitenpartien des 1—8. Abd.-segments sind gegen die Rückenfläche und die des 2—8. Segments gegen die Bauchfläche durch schwarzbraune Chitin-leisten abgegrenzt. Das 9. und 10. Abd.-segment sind dunkler als die vorderen, da sie mit Spitzchen bewehrt sind, die beson-ders median auf dem postsegmentalen, dorsalen Rande des 9.

Segments zahlreich sind; auf diesem Rande stehen auch zahlreiche Borsten. Die Analstäbchen sind mit Spitzchen, einigen
(2—10) dorsalen und 2 starken, gelben, distalen Borsten versehen. Beim ♀ keine Loben ventral auf dem 9—10. Abd.-
segmente.

Molanna angustata Curt.

Fig. 9 a—e Larve, f—g Puppe.

Klapálek II, p. 84—88.   Struck II, p. 26, Fig. 35.
Morton III, p. 128—131.   Struck III, Taf. III, Fig. 2.
Struck I, Fig. 27.   Ulmer IV, p. 98.

Thienemann II, p. 19—20, 42—43, Fig. 57—59.

Die Grundfarbe des Kopfes der *Larve* ist gelblich bis gelbbraun, über die Zeichnungen des Kopfes vergl. Fig. 9 a und
Klapálek II, p. 84. Ventral ist der Hinterteil des Kopfes, zwei
braune Flecke am oralen Ende des Foramen occipitis ausgenommen, weisslich. Die Ränder gegen die Mundteile sind
braun. — *Auf dem Labialstipes stehen jederseits 8—12 Borsten in
einer Querreihe.*

Der Vorderrand des Pronotums ist braun bis schwarz,
der Hinterteil braun bis dunkelbraun; *der grösste Teil ist gelblich,
auf dem Schilde liegen dunkelkontourierte Punkte* (Fig. 9 d). Das
gelbliche bis braune Mesonotum mit dunklen Punkten (Fig. 9 e).
— Vordertrochanteren mit drei Dornen.

*Die Zahl der Kiemen in einer Gruppe der dorsalen und
ventralen Reihe ist auf dem 1—5. Abd.-segmente 3—4.*[1]) Auf
dem 2—8. Segmente liegt dorsal, praesegmental jederseits nur
ein Chitinpunkt. *Das Rückenschild des 9. Abd.-segments jederseits mit 9—10 Borsten.*

Bei ♂-Puppe reichen die Antennen bisweilen nur zum Anfang des 9. Abd.-segments. Das 1. Glied der Antennen trägt
einen lateralen, stumpfen Höcker. Die Oberlippe (Fig. 9 f) trägt
meist eine mediane Grube und immer jederseits eine distale,

[1]) Bei einer Larve stand das Kiemenbüschel des 1. Abd.-segments in
der lateralen Reihe.

dagegen können die proximalen Gruben fehlen.[1]) Das 1. Glied
der Maxillarpalpen ist 0,28—0,38 mm lang, das 2. 0,23—0,31, das
3. 0,54—0,62, das 4. 0,63—0,69 und das 5. 0,8—0.9 mm, somit
ist das 2. Glied am kürzesten. Das 1. Glied der Labialpalpen
ist 0,2—0,25, das 2. 0,38—0,4 und das 3. 0,52—0,56 mm lang.

	Rücken-	Seiten-	Bauch-
I	(3)—4		
II	4	1—2	3—(4)
III	4—(5)	1—(2)	3
IV	(3)—4	1	3
V	3	(0)—1	3
VI	2—3	(0)—1	(2)—3
VII	2—(3)	0—(1)	2—(3)
VIII	2—3		

Rücken- Seiten- Bauchreihe der Kiemen der Larve von *M. angustata* Curt.

	Rücken-	Seiten-	Bauch-
II	3—4	2	3
III	3—4	1—(2)	3
IV	2—4	1—(2)	2—(3)
V	2—3	1	2—(3)
VI	2—3	1	3
VII	2—3	0—1	2—3
VIII	1—3		0—(1)

Rücken- Seiten- Bauchreihe der Kiemen der Puppe von *M. angustata* Curt.

Die Krallen fehlen. Auf dem 1. Abd.-segmente ist die
Mitte des Hinterrandes nicht mit Spitzchen bewehrt. Haftapparat: III 2—5. IV 2—5. V 2—5; 3—7. VI 3—5. Dorsal stehen
auf dem postsegmentalen Rande des 9. Abd.-segments 16—22
Borsten und auf den aboralen Teilen des 10. Abd.-segments
jederseits 5—7.

Die Anlagen der Genitalfüsse (Fig. 9 g) sind in einen
kurzen, medianen Fortsatz verlängert. Zwischen den oralen
Teilen der beiden Anlagen oder sogar vor diesen liegt von den

---

[1]) Bei einer Puppe standen auf der Oberlippe auf dem Vorderrande
jederseits zwei blasse, schwache Borsten (somit auf dem Vorderteile jederseits sieben).

Wimpern der Seitenlinie bedeckt die einheitliche, distal nicht zweigeteilte, abgerundete Penisanlage, die nach hinten nur bis zur Basis des medianen Fortsatzes der Anlagen der Genitalfüsse reicht.

Das *Larvengehäuse* ist bis 26 mm lang, mit den Flügeln bis 12 mm breit, das Puppengehäuse bis 22 mm lang, bis 10 mm breit. Die Grösse der Sandkörnchen in den verschiedenen Teilen des Gehäuses variiert (vergl. Klapálek II, p. 88), auf der Ventralseite des Röhrchens sind sie am kleinsten, doch ist auch diese bisweilen im Vorderteile aus gröberen Körnern aufgebaut. Andrerseits können auch die Flügel aus ganz feinen Sandkörnchen aufgebaut sein, oder können die Körnchen der Rückenseite am gröbsten sein. Auf den Sandkörnern können Samen, Nüsschen u. a. kleine, pflanzliche Fragmente befestigt werden. Man findet auch Gehäuse, in welchen solche vegetabilische Teilchen, besonders in den oralen und lateralen Verlängerungen als Baumaterial gebraucht sind und sogar den Hauptteil des Gehäuses bilden. Dann sind die Materialien quer oder schief gelegt, und das Gehäuse ist dunkel. Auch Schalen von Pisidium und Limnæa können als Baumaterial angewendet werden.

Molannodes Zelleri Mc Lach.[1])

Fig. 10 a – c Larve, d Puppe.

Klapálek III, p. 123—124. | Thienemann II. p. 42—43.

Die *Larven* sind bis 12 mm lang, 1,5—2,2 mm breit. Die Grundfarbe des Kopfes ist gelblich, *die hinteren Teile der Pleuren sind weiss bis weissgelb.* Von den Rändern des Foramen occipitis sind nur die lateralen und jederseits ein Streifen am oralen Winkel braun. *Das Stirnschild ist bis zu der queren Chitinlinie braun, oder seine Mittelpartie ist blassbraun. Bei den Augen zieht von den Gabelästen medianwärts eine median erweiterte Chitinlinie* (Fig. 10 a). Auf den dunklen Teilen der

---

[1]) Die Zugehörigkeit der beschriebenen Larven und Puppen zu *Molannodes Zelleri* ist nicht durch Zucht gesichert; doch halte ich es für sicher, dass sie zu dieser Art gehören, da diese Art und nicht andere Molanninen an den Orten herumflog, wo die Larven und Puppen gesammelt wurden.

Pleuren liegen blasse und auf den weisslichen undeutliche, dunkle Punkte; die Umgebung der Basis der dorsalen Borsten, die auf den braunen Partien des Kopfes stehen, ist deutlich blass. *Die Gabellinienbinden endigen bei dem Gabelwinkel und sind da lateral erweitert, so dass eine braune Binde hinter den Augen über den Wangen die Gabellinienbinden mit dem dunklen Vorderteile der Ventralfläche vereinigt.* Die Augen liegen auf einem sehr weiten, gelblichen Flecke. — *Stipes der Unterlippe jederseits mit nur einer Borste und einer Grube versehen.*

Pronotum ist zum grössten Teile dunkelbraun, nur der vorderste Teil ist blass, (auch der Vorderrand ist blass); auf der dunklen Partie liegen nur blasse, undeutliche Punkte (Fig. 10 b). Die Punkte des Mesonotums sind undeutlich, stehen aber in etwa derselben Stellung wie bei *M. angustata* (vergl. Fig. 9 e).

Die Füsse sind gelblich. *Die Hinterklauen* (Fig. 10 c) *sind sehr lang und mit kleinen Spitzchen besetzt, die distal länger werden.* Auf den Vordertrochanteren zwei kurze, gelbe Dorne, auf den Vorderfemora auf dem Vorderrande zwei starke, lange und einige schwächere. Auf den Mittelfemora auf dem Vorderrande einige kurze, starke, gelbe Dorne, auf den Mitteltibien auf dem Vorderrande ausser dem auf einem besonderen Ansatze stehenden, distalen Dorne, noch zwei lange, starke, gelbe Dorne. Auf dem Vorder- und Hinterrande der Mitteltarsen je ein langer, starker, gelber Dorn. Proximal steht auf den Hinterfemora nahe bei dem Vorderrande eine Reihe von abwechselnd kürzeren und längeren breiten Dornen.

Dorsal liegt auf dem 2—8. Abd.-segmente auf den Vorderecken jederseits eine Gruppe von Chitinpunkten. *Kiemen höchst zwei in einer Gruppe.* Die Schildchen des 9—10. Abd.-segments sind gelblich, das Rückenschild des 9. Segments jederseits mit 7 Borsten und Gruben.

Die ♀-*Puppe* ist 10 mm lang, 1,7 mm breit, vom Mesothorax bis zum 8. Abd.-segmente gleich breit. Die Antennen reichen bis zum Ende des 8., die vorderen Flügelscheiden bis zum Anfang des 5. Abd.-segments. *Auf der Stirn steht kein Höcker* und keiner auf dem 1. Antennengliede. Die Oberlippe trägt jederseits ausser den 5 Borsten auf dem Vorderteile eine blasse Borste auf dem Vorderrande; sie gleicht der Oberlippe von *M. angustata* (Fig. 9 f), doch kommt jederseits zwischen den zwei lateralen Borsten auf dem Hinterteile eine Grube vor, dagegen fehlen die mediane und die zwei distalen Gruben. *An den sehr gekrümmten Mandibeln ist die Spitze schärfer, die Schneide unregelmässiger als bei M. angustata* (Fig. 10 d). Das 1. Glied der Maxillarpalpen ist 0,15 mm lang, das 2. 0,2, das 3. 0,45, das 4. 0,48 und das 5. 0,7 mm, *somit ist das 1. Glied am kürzesten.* Das 1. Glied der Labialpalpen ist 0,22, das 2. 0,23 und das 3. 0,32 mm lang.

	Rücken-	Seiten-	Bauch-
I	2		
II	2	1	2
III	2	1	2
IV	1 –(2)	1	1
V	(0)—1	1	1
VI	(0)—1	1	1
VII		1	1

Rücken- Seiten- Bauch-reihe der Kiemen der Larve von *M. Zelleri* Mc Lach.

Krallen des letzten Tarsengliedes sind zwar klein, jedoch auf den Vorderfüssen als deutliche Ausstülpungen entwickelt, auf den Hinterfüssen sind sie kaum zu sehen. *Auf dem 1. Abd.-segmente ist der ganze Hinterrand mit Spitzchen besetzt,* dagegen fehlen die besonderen Spitzchenfelder, die bei *M. angustata* vorkommen. Haftapparat: III 2—3. IV 3—4. V 3—4; 4—5. VI 3—4. *Die Kiemen wie bei der Larve* (die Kiemen des 1. Segments fehlen). Auf dem postsegmentalen Rande des 9. Abd.-segments 12 Borsten und Gruben. Auf den Analstäbchen stehen dorsal, ausser den zwei Endborsten, nur zwei Borsten und zahlreiche Spitzchen, dagegen keine stärkeren, dorsalen Zähne und keine ventralen Spitzchen.

Das *Larvengehäuse* ist bis 20 mm lang, bis 6.5 mm breit, von der Form, wie Klapalek III, p. 123 abgebildet hat. Die Flügel und die orale Erweiterung sind meist ganz klein, und die Mundöffnung liegt oft ganz am Vorderende des Gehäuses. Als Baumaterial sind bald beinahe ausschliesslich Sandkörner, bald dagegen beinahe ausschliesslich ungleich gefärbte oder schwarze, vermodernde, meist quer gelegte, pflanzliche Fragmente angewendet. Wenn in den Gehäusen beide Materialien gleich-

zeitig vorkommen, ist das Röhrchen, besonders die Ventralfläche, meist aus jenen, die Flügel aus diesen verfertigt. Dann
sehen die Gehäuse sehr bunt aus. Das *Puppengehäuse* ist in
der ganzen Länge beinahe gleich breit, etwa 14 mm lang, 5 mm
breit. Die Oberfläche der Gehäuse ist eben, nur wenn die
pflanzlichen Materialien grösser sind, kann sie unebener werden.

Die Larven von *Molanna angustata* und *Molannodes Zelleri* sind durch die Zeichnungen des Kopfes, Pro- und Mesonotums, durch die Behaarung des Stipes der Unterlippe, durch
die Hinterklauen und die Kiemenformel leicht von einander zu
unterscheiden. Beim Bestimmen der Puppen bieten die Stirn,
die Mandibeln, die ersten Glieder der Maxillarpalpen, das 1. Abd.-
segment und die Kiemenformel gute Merkmale.

Obgleich die Gehäuse dieser zwei Arten meist von einander leicht zu unterscheiden sind, kommen dennoch Übergänge vor,
so dass man auf Grund der Gehäuse diese Arten nicht immer
sicher von einander trennen kann.

Leptocerinæ.

Allgemeine Merkmale.

Über diese Unterfamilie bemerkt Ulmer (IV, p. 100): »Noch
immerhin recht heterogene Arten enthaltend, sodass eine neue
Einteilung wohl nötig wird.» Obgleich die zahlreichen Gattungen, die zu dieser Gruppe gehören, hinsichtlich ihrer Larven und
Puppen bedeutende Differenzen aufweisen, haben sie dennoch auch
viele gemeinsame Charaktere, die die Beibehaltung dieser Unterfamilie wohl rechtfertigen.[1]) In der folgenden habe ich die Gattungen der Leptocerinæ in drei Tribus verteilt.

Die *Larven* sind am Metathorax am breitesten, oralwärts
werden sie stufenweise schmäler. Das 9. Abd.-segment ist deut-

---

[1]) In den »Allgemeinen Merkmalen» sind die für den Leptocerinæ
speziell charakteristischen Merkmale kursiv gedruckt.

lich schmäler als das 8. *Auf den Pleuren zieht vom Foramen occipitis jederseits eine weisse Linie ventral von den Augen, biegt vor den Augen auf der Dorsalseite um und wird mit den Gabelästen nahe beim oralen Ende vereinigt* (Fig. 11 a, 20 b). *Die Antennen sind relativ lang,* sie stehen gleich hinter der Basis der Mandibeln, distal tragen sie eine blasse Borste (Fig. 20 a; s. jedoch *Leptocerus senilis*, p. 53).

Gelenkmembran der Oberlippe ist blass. Dorsal liegen auf der Oberlippe drei Gruben, je eine lateral nahe bei dem Vorderrande und eine proximale median. Auf dem Vorderrande stehen jederseits zwei gebogene, blasse Dorne (Fig. 15 c). Cardo der Maxille ist stärker chitinisiert, *ohne Borsten*; Stipes mit zwei Borsten, er ist in der Mitte am breitesten, der mediane Rand ist gerade, der laterale gebogen, ventral sind der Hinter- und zum Teil der Innenrand braun; die hinteren und inneren Teile sind blassbraun, der Aussenteil blass. *Die Maxillarpalpen sind viergliedrig,* das 1. Glied ist am stärksten. Cardo der Unterlippe ein kleines, quer liegendes Schildchen. Stipes jederseits mit einer ventralen Borste. Labiallobus ist ventral und lateral vom Stipes durch eine dunkle Chitinspange getrennt. Ventral und dorsal trägt er jederseits eine Borste und ein Chitinstäbchen. Die Labialpalpen sind zweigliedrig, das 2. längere Glied trägt zwei längere, zweigliedrige und ein kurzes, eingliedriges Sinnesstäbchen.

Pronotum hornig; das Schild ist quer, rektangulär, mit abgerundeten Vorderecken, es bedeckt auch die Seiten des Segments. Vom Befestigungspunkt des Stützplättchens der Vorderfüsse zieht eine quere Chitinleiste über dem hinteren Teile des Schildes und vereinigt sich mit dem Hinterrande nahe bei der Mittelnaht. Der stärker chitinisierte Teil des Mesonotums bedeckt nicht das ganze Notum, er ist von einer Mittelnaht geteilt. Die Vorderfüsse haben zwei Stützplättchen. Das vordere trägt eine Borste und ein Börstchen (siehe *Oe. lacustris*, p. 86), das hintere ist von einer schwarzen Chitinleiste quer geteilt, auf dem hinteren Teile steht eine Borste (Fig. 19 a). Die Stützplättchen der Mittel- und Hinterfüsse sind auch von einer dorsoventral ziehenden Chitinleiste quer geteilt. Sporn des Prosternums, alle Schildchen auf dem Pro- und Metasternum, alle Chitinringe und Punktgruppen auf den Abdominalsterna fehlen.

Die Trochanteren sind in zwei Teile gegliedert, *so auch die Mittel- und Hinterfemora, indem der proximale Teil der letzteren, der in dem Trochanter steckt, von dem viel grösseren, distalen Teile durch eine weiche Partie gesondert ist.* Alle Fussglieder mit dunklen Borsten. Auf dem Vorderrande der Vorder- und Mitteltrochanteren (distal), und der Vorderfemora stehen blasse Fiederborsten. Der Unterrand der Coxen, der Oberrand der Trochanteren, der proximale und distale Teil des Hinterrandes der Femora und der proximale Teil des Hinterrandes der Tibien sind dunkler als die übrigen Ränder der Fussglieder.

Die Seitenhöcker des 1. Abd.-segments sind mit zahlreichen Spitzchen bewehrt. Seitenlinie von sehr kurzen Haaren auf dem 3—7. Segmente gebildet. Die Festhalter sind mit einer kurzen, starken Klaue versehen.

Der Kopf der *Puppe* ist quer elliptisch, mit gerader Stirn. Auf der Stirn stehen jederseits zwei Borsten, zwischen den Antennen jederseits eine, vor den Augen zwei, hinter den Antennen dorsal jederseits bis vier. Das erste Glied der Antennen ist länger und stärker als die übrigen und mit einigen Borsten versehen; *die übrigen Glieder sind dünn, viel länger als breit, im distalen Ende höchstens nur ein wenig dicker. Die Antennen sind um das Körperende wickelt. Die Mundteile stehen hoch auf der Stirn.* Auf dem proximalen Teile der Oberlippe stehen jederseits drei Borsten (jederseits eine proximalwärts von den übrigen). Mandibeln immer mit zwei Rückenborsten.

Die Flügelscheiden sind zugespitzt, schmal, die vorderen reichen weiter nach hinten als die hinteren. Die Coxen, Trochanteren und Femora sind nackt. *Die Paare der stumpfen Tibialsporne sind sehr ungleich lang.* Die 4 ersten Glieder der Vorder- (bei einigen Mystacidinen nur die 3 ersten) und Mitteltarsen sind behaart; die Krallen des letzten Tarsengliedes sind blass, kurz, stumpf.

Ausser auf den Hinterecken der Dorsalseite des 1. Abd.-segments stehen kleine Spitzchen jederseits auf dem Hinterrande dieses Segments. Die praesegmentalen Chitinplättchen sind länglich elliptisch, die postsegmentalen des 5. Segments quer ellip-

tisch. Die Seitenlinie beginnt mit dem 3. Segmente und bildet
auf dem 8. einen Kranz, ihre Wimpern sind kurz, blass. Die
Seitenpartien des 1—8. Segments sind gegen die Rückenfläche
und die des 2—8. gegen die Bauchfläche durch schwarze oder
schwarzbraune Chitinleisten begrenzt. *Auf der Dorsalfläche des 9.*
Abd.-segments steht jederseits ein oralwärts gekehrter, abgerundeter
Höcker mit oralwärts gerichteten Borsten. Die Analstäbchen gehen
vom dorsalen, postsegmentalen Rande des 10. Segments aus.

Leptocerini.

Allgemeine Merkmale.

Die Arten dieser Tribus bilden hinsichtlich der Larven und
Puppen gut von einander zu unterscheidende Gruppen, haben
aber auch gemeinsame Charaktere, die sie von den anderen
Leptocerinæ trennen, und von welchen die für diese Tribus
speziellen hier kursiv gedruckt sind.

Die Larven sind konisch. Die Antennen bestehen aus
einem stärkeren Grundgliede und einem fingerförmigen Endgliede,
das kürzer ist als bei den Mystacidinen (z. B. bei *L. cinereus* etwa
4-mal kürzer als der Oberkiefer). Vorderrand der Oberlippe
ist etwas eingebuchtet, dorsal steht jederseits eine Borste ganz
nahe bei der Einbuchtung, proximal von diesen jederseits zwei
Borsten und auf den Seiten nahe bei den Vorderecken je eine.
Auf der Ventralfläche stehen nahe bei den Vorderecken schwache
Haare, *die Seitenbürsten fehlen* (Fig. 15 c). Mandibeln mit zwei
Rückenborsten und die linke noch mit einer ganz schwachen,
von kleinen Stacheln gebildeten Innenbürste (s. *L. senilis*, p. 53).
Cardo der Maxillen ist besonders proximal und median schwarz.
Auf dem Maxillarstipes eine laterale Grube. Das 1. Glied der
Maxillarpalpen trägt ventral eine orale Borste und einen me-
dianen Dorn, dorsal dagegen drei gelbe Dorne, blasse Haare
und eine mediane Borste. Das 5. Glied der Maxillarpalpen trägt
distal einige kurze Sinnesstäbchen. Maxillarlobus ist proximal
mit einer Borste, mit einem zweigliedrigen und einem in einem
Haar endigenden Sinnesstäbchen, distal aber mit längeren und

kürzeren, fingerförmigen und mit mit einem Haare besetzten Fortsätzen versehen. Labiallobus wie bei den Phryganeiden (Silfvenius I, p. 8); dorsal trägt er blasse Haare, ventral jederseits zwei
Chitinstäbchen.

Der hinter der queren Chitinleiste liegende Teil des Pronotums ist dunkler als der vordere Teil. Das orale Stützplättchen der Vorderfüsse ist relativ breiter als bei den Mystacidinen
(vergl. Fig. 19 a). Die Stützplättchen der Mittel- und Hinterfüsse
sind unregelmässig dreieckig mit dorsal gerichteter Spitze. Auf
dem Mesosternum liegt jederseits am Hinterrande ein queres,
schmales Schildchen.

Die Hintertibien sind einheitlich. Auch der Oberrand der
Coxen (s. p. 45) ist dunkel, auf den Coxen liegen dunkle Punkte
(s. *L. fulvus* und *L. senilis*, p. 49, 54). Auf dem Vorderrande
der Vordertrochanteren stehen zwei distale, gelbe Dorne, auf
dem der Vorderfemora auch zwei, auf der Vordertibia und dem
Vordertarsus je ein distaler, auf der Oberfläche der Vordertibien
noch einer. Blasse Spitzchen stehen auf dem Vorderrande der
Vorderfemora, -tibien und -tarsen. Auch die Mittelfemora
(s. p. 45) mit blassen Fiederborsten. Auf dem Vorderrande der
Mittel- und Hintertibien und -tarsen steht eine Reihe von längeren, gelben, spitzen Dornen. Alle Klauen mit einem Basaldorn.

Die Höcker des 1. Abd.-segments sind stumpf. Die Seitenhöcker sind mit einer schief dorsoventral verlaufenden, schwarzen
Chitinleiste versehen, vor welcher Spitzchen stehen. Die Seitenlinie wird auf dem 8. Abd.-segmente durch eine Reihe von Chitinpunkte verlängert, die je zwei steife, gekrümmte Borsten
tragen. *Die Kiemenfäden sind zu Büscheln verbunden.* Bald
sind sie nur mit der Basis verwachsen, bald stehen mehrere
auf stärkeren Axen.

Auf der Oberlippe der *Puppen* liegt proximal jederseits
eine Grube; jederseits ist eine proximale Borste kürzer als die
anderen. Distal, dorsal stehen auf der Oberlippe jederseits fünf
Borsten (s. *L. fulvus* und *L. senilis*, p. 50, 55), und eine Grube;
ausserdem liegt auf der Oberlippe eine mediane Grube (Fig. 15 d),
aber keine ventralen Borsten. Die Maxillarpalpen reichen bis
zu der Mitte — bis zum distalen Ende der Mittelcoxen, gegen

die Spitze nehmen die Glieder an Stärke ab. Die Labialpalpen reichen nur bis zu der Mitte — bis zum distalen Ende des 2. Gliedes der Maxillarpalpen, ihre drei Glieder sind etwa gleich lang. *Spornzahl 2—2—2*, auf den Vordertibien sind die Sporne klein. Die mit Spitzchen besetzten Felder am Hinterrande des 1. Abd.-segments sind klein, und der grösste Teil des Hinterrandes entbehrt den Spitzchen (s. *L. fulvus* und *L. senilis*, p. 51, 55). *Kiemen zu Büscheln verbunden.*

Die Analstäbchen tragen immer vier Borsten, von welchen die erste dorsal, median und zwei meist auf der Spitze stehen. *Die Anlagen der Genitalfüsse reichen viel weiter nach hinten, als die zwischen ihnen liegende, schmale, zweigeteilte, abgerundete Penisanlage* (Fig. 11 d).

Leptocerus fulvus Ramb.

Fig. 11 a—b Larve, c—d Puppe.

Struck I, p. 15, Fig. 28.   ⁞ Struck II, p. 26, Fig. 39.

Die *Larven* sind bis 11 mm lang, bis 2,2 mm breit. Die Grundfarbe der stärker chitinisierten Teile ist blassgelb. Die Kopfkapsel ist relativ breit (Fig. 11 a). Wie bei *L. excisus*, geht *vom aboralen Ende der Gabeläste je eine weisse Linie aus, die auf den Pleuren dorsal von den Augen zieht und mit der ventralen Linie (p. 24) sich vereinigt* (Fig. 11 a). Der Teil der Pleuren, der von diesen dorsalen Linien und den Gabelästen begrenzt ist, ist braun, meist dunkler als die übrige Dorsalseite, so auch oft das Stirnschild; bisweilen ist die ganze Dorsalfläche braun. *Auf dem Kopfe liegen dorsale und laterale, meist undeutliche, braune Punkte. Ventral ist ein mittlerer, querer Gürtel weiss. die übrigen Teile der Pleuren sind braun*, bei blassen Exemplaren doch nur wenig dunkler als die Grundfarbe des Kopfes. Ventral liegen nur undeutliche, blasse Punkte auf den Seiten des Foramen occipitis; daselbst liegen bei blassen Exemplaren auch dunkle Punkte. *Hypostomum ist viel breiter als lang*, meist dunkler als die dunklen ventralen Partien der Pleuren (Fig. 11 b). Die Umgebung der Augen ist nur wenig blasser als die Grundfarbe des Kopfes.

Die Form der Oberlippe wie bei *L. senilis* (Klapálek 1, Fig. 13,1), ventral liegen auf den vorderen, lateralen Teilen zahlreiche Haare und jederseits drei Dorne. Die beiden Schneiden der beiden Mandibeln sind mit zwei Zähnen versehen (doch ist der untere Zahn der oberen Schneide oft undeutlich). Labialstipes wie bei *L. aterrimus* (p. 58).

Das Schild des Pronotums ist blassgelb bis gelbbraun, die etwas verlängerten Hinterecken sind schwarz, die hinter der queren Chitinleiste liegende Partie ist zum Teil schwarz, zum Teil braun, *der Vorderrand des Schildes ist braun, nicht wie bei L. senilis glänzend schwarz.* Auf den hinteren und seitlichen Teilen der vor der Leiste befindlichen Partie liegen dunklere Punkte. Das Mesonotum ist schwach chitinisiert, mit zwei schwarzen Längsstrichen, wie z. B. bei *L. annulicornis* (Struck III, Taf. III, Fig. 5). *Die Umgebung der Mittelnaht ist breit dunkler,* dunkle Punkte liegen auch auf den seitlichen und hinteren Teilen des Schildes. Metanotum ist ganz häutig. Das vordere Stützplättchen der Vorderfüsse endigt oral spitz. Auf dem Metasternum stehen jederseits nur einige Borsten.

Die Farbe der Ränder der Fussglieder wie bei *L. aterrimus* (p. 58); die Coxen bisweilen ohne Punkte. Die Fiederborsten am Vorderrande der Vorderfemora sind sehr spärlich. Auf den Mitteltrochanteren, -femora, -tibien und -tarsen und auf den Hintertibien und -tarsen stehen auf dem Vorderrande blasse Spitzchen.

Auf dem Rückenhöcker des 1. Abd.-segments sind die kurzen Chitinleistchen (s. *L. aterrimus,* p. 58) undeutlich. Schon auf dem Metanotum steht nahe bei dem dorsalen Ende des Stützschildes der Hinterfüsse (postsegmental) jederseits ein Kiemenfaden. Die Zahl der Kiemenfäden in einem Büschel kann bis auf 18 steigen.[1] Die Kiemengruppen sind wie auch bei der Puppe sehr zahlreich. Sie stehen auf dem 1—8. Abd.-segmente in drei Reihen, in je einer dorsalen, lateralen und ventralen. Die dorsale, über der Seitenlinie befindliche Reihe beginnt mit einem postsegmen-

---

[1] Schon auf dem 1. Abd.-segmente zählte ich in einem postsegmentalen Büschel 16 Fäden, auf dem 7. 17, auf dem 8. in einem praesegmentalen 8.

talen (lateral vom Rückenhöcker liegenden) Büschel auf dem
1. Abd.-segmente, auf dem 2—3. Segmente sind die Büschel
sehr zahlreich und liegen unregelmässig vom praesegm. bis
zum postsegm. Rande zerstreut. Auf dem 3. Segmente kann
man schon bisweilen eine Sonderung in einer prae- und postsegm. Büschelgruppe wahrnehmen, die auf den folgenden Seg-
menten deutlich wird, auch wird die Zahl der Büschel allmählich kleiner, jedoch können noch auf dem 8. Abd.-segmente
praesegmental zwei Büschel stehen (die Zahl der Büschel ist meist
praesegm. grösser). Die dorsale Kiemenreihe endigt mit einem
postsegm. Kiemenfaden auf dem 8. Segmente. Die laterale Reihe
(bei der Seitenlinie) besteht aus einer praesegm. Gruppe auf
dem 2. Segmente. Die ventrale Reihe liegt ziemlich weit von
der Seitenlinie, sie beginnt schon auf dem 1. Abd.-segmente mit
1—3 praesegm. Fäden; postsegmental steht ventral vom Seitenhöcker ein (bisweilen 2) Büschel. Auf dem 2. Segmente sind
die Büschel wieder zahlreich, über die ganze Ventralfläche zerstreut, auf dem 3. kann man eine beginnende Sonderung in je
eine prae- und postsegm. Büschelgruppe wahrnehmen. Auf
dem 4—8. Segmente steht je ein praesegm. Büschel, die Zahl
der postsegm. Büschel, die auf dem 7. Segmente endigen, variiert.
Da auch übrigens die Zahl der Büschel, um von den Kiemenfäden gar nicht zu sprechen, variierend ist, gebe ich nur als
ein Beispiel das Schema der Kiemen bei einer Larve (die
Ziffern bedeuten die Zahl der Büschel).

Das Rückenschild des 9. Abd.-segments ist undeutlich abgegrenzt, auf dem Vorderteile liegen dunkle Punkte, die in je einem
seitlichen, grossen Flecke zusammenfliessen können. Die Schutz-
schildchen der Festhalter sind braun, besonders der dorsale, mediane Rand. Klaue des Festhalters mit einem Rückenhaken.

Die *Puppen* sind 10 mm lang, bis 2,5 mm breit, stark;
das Abdomen ist grün. Die Antennen sind 2—3-mal um das
Körperende wickelt. Die Form der Oberlippe wie nach Klapálek bei *L. senilis* (I, Fig. 13.4), der Vorderrand ist abgerundet,
nicht in einen medianen Höcker verlängert. *Auf dem vorderen
Teile stehen jederseits nur vier Borsten.* Die Mandibeln sind wie
bei *L. senilis* scharf aber gleichmässig gesägt, und die Form

ist wie bei dieser Art (l. c., Fig. 13,5), doch ist die Schneide meist konkav. Von den Gliedern der Maxillarpalpen ist das 2. am längsten (0,75 mm), dann folgt das 4. (0,7), das 3. und 5. (0,6—0,65) und das 1. (0,32—0,42 mm) Glied.

Die Flügelscheiden sind relativ breit; die vorderen reichen bis zum Ende des 7—8. Abd.-segments. Die Mitteltibien sind behaart, so auch oft die Vordertibien distal; diese können auch nackt sein. Die Hintertarsen sind nackt, oder es stehen auf dem distalen Ende des 1. Gliedes und auf dem 2—4. Gliede einige Haare.

Die postsegmentalen Ecken der Rückenschuppe des 1. Abd.-segments sind in einen langen Fortsatz verlängert (etwa wie bei *L. excisus*, Fig. 16 d), und die dorsalen Chitinflecke auf dem Hinterrande dieses Segments sind so gross, dass sie zusammen wenigstens die Hälfte des Randes einnehmen.

	Rücken	Seiten	Bauch
I	1		1 / 1
II	9	1	8
III	3 / 2		4 / 5
IV	3 / 2		1 / 4
V	3 / 2		1 / 3
VI	2 / 2		1 / 3
VII	2 / 2		1 / 2
VIII	2 / 1		1

Rücken- Seiten- Bauchreihe der Kiemen einer Larve von *L. fulvus* Ramb.

Die Häkchen der Haftplättchen sind gerade, klein, die postsegmentalen Plättchen des 5. Segments sind breit und ihre Häkchen zahlreich. *Praesegmentale Plättchen auch auf dem 7. Segmente.* Haftapparat: III 3—5. IV 2—5. V 4—5; 12—18. VI 4—5. VII 3—5.

Die Kiemen sind im allgemeinen so geordnet wie bei der Larve, doch beginnen sie erst auf dem 2. Abd.-segmente. Durch die Chitinleisten sind sie deutlicher in Reihen gesondert als bei der Larve, und wird ihre Anordnung somit mehr übersichtlich. Die dorsale Reihe liegt ganz nahe an den dorsalen Chitinleisten, ventral von diesen; die ventrale ist in drei Reihen getrennt, von welchen die meist dorsal liegende nahe bei den ventralen Leisten, aber dorsal von diesen, die zweite auch nahe bei die sen Leisten, aber ventral von ihnen und die dritte ganz nahe der ventralen Mittellinie sich befindet.

Auf den Höckern des 9. Abd.-segments stehen 3—4 Borsten. Die Analstäbchen (Fig. 11 c) sind 0,7—1,1 mm lang und gleichen sehr denjenigen von *L. senilis* (Fig. 12 a, Klapálek I, Fig. 13,6), *doch sind sie stärker aufgeblasen, und auf der medianen Seite stehen* im etwa $^1/_3$—$^3/_4$ der Länge des Stäbchens (von der Basis) *1—2 stärkere Höcker.* Die Dörnchen sind meist spitz und stehen dorsal auf einem begrenzten, medianen Gebiete. Die proximale Borste steht *etwa im* $^1/_3$—$^3/_5$ *der Länge des Stäbchens,* an dessen dickster Stelle. Die Lage

	Rückenreihe		Seitenreihe		Bauchreihe	
II	viele	1	1		1	1
III	3 1		1	0—1 1	1	
IV	3 1		0—1	1	1	0—1
V	3 1		0—1	1	1	
VI	2 1		0—1	1	0—1	
VII	0—2 0—1		0—1	1	0—1	
VIII	0—2		0—1			

Rücken- Seiten- Bauch-reihe der Kiemen der Puppe von *L. fulvus* Ramb.[1]

der anderen Borsten variiert, so auch ihre Stellung zu einander, so dass die laterale Borste (vergl. Fig. 11 c) bei der proximalen medianen, zwischen dieser und der distalen oder sogar distal von letzterer stehen kann. Über die Anlagen der Genitalfüsse und des Penis vergl. Fig. 11 d. Ventral stehen auf dem 10. Abd.-segmente jederseits 2—3 Borsten und Gruben aber keine Loben.

Die *Larvengehäuse* sind grünlich oder bräunlich, bis 12 mm lang. Das Hinterende ist mit einem grossen, medianen, runden Loche versehen. Die *Puppengehäuse* sind 9—12 mm lang, vorne 2,2—3, hinten 1 mm breit, graubraun bis schwarz (die alten Gehäuse). Bisweilen findet man zwischen den Sekretfäden quergelegte, feine Stücke von Wurzelhaaren und anderen klei-

---

[1] Die Ziffern bedeuten die Zahl der Büschel, die in der dorsalen Reihe bedeutend variieren kann.

nen, pflanzlichen Fragmenten, die als Baumaterial angewendet werden, und es können, obgleich selten, grössere Partien aus Sandkörnchen verfertigt werden. Oft sind besonders die alten Puppengehäuse mit Algen, Spongien, Bryozoen, Insekteneiern bedeckt, und sind sie dann sehr dick und fest. Die Puppengehäuse werden mit der konkaven Seite (der früheren Bauchseite) mit beiden Enden durch je eine stiellose Haftscheibe auf der Unterfläche von Steinen befestigt, und es ist somit die Mundöffnung der Unterlage zugekehrt. Die ausschlüpfende Puppe beisst den vorderen Verschluss ringförmig ab, so dass er nur an einer kleinen Strecke mit dem Gehäuse zusammenhängt. — An den von mir untersuchten Puppengehäusen war die Befestigung des Gehäuses somit ganz normal, was mit Berücksichtigung von Strucks Angaben (I, p. 15; II, p. 26) besonders hervorgehoben werden muss (vergl. auch Thienemann II, p. 13).

Leptocerus senilis Burm.

Fig. 12 a Puppe.

Klapálek I, p. 37 - 39.   Thienemann II, p. 48, Fig. 76, 77,
Ulmer IV, p 100.   103.

Die stärker chitinisierten Teile der *Larve* sind blassgelb. Der Kopfkapsel und das Hypostomum haben dieselbe Form wie bei *L. fulvus* (Fig. 11 a, b); *die dorsalen Pleuralinien fehlen. Die Ventralfläche ist ganz blassgelb,* auch die Grenzen sind nicht dunkel. Die ungewöhnlich kurzen, distal etwas erweiterten Antennen tragen am distalen Ende kleine Sinneswärzchen und einen etwas grösseren, kegelförmigen Fortsatz aber keine Borsten. Auf der Ventralfläche der Oberlippe liegen jederseits zahlreiche Haare aber keine gelben Dorne. Auf der linken Mandibel fehlt die mediane Innenbürste, und die beiden Schneiden der beiden Oberkiefer können bei Larven vor der Verpuppung ganz zahnlos sein (bei jungen stehen auf den beiden Schneiden beider Mandibeln je zwei Zähne). Cardo der Maxille mit braunem Hinterrande, im übrigen gelblich. Labialstipes wie bei *L. aterrimus* (p. 58).

Auf dem Pronotum fehlen alle Punkte, die hinteren Ecken sind in einen kurzen Fortsatz verlängert, der Hinterrand und die Hinterecken sind schwarz. Auf dem ganz blassen, bisweilen gelblichen Mesonotum liegen undeutliche, dunklere Punkte beim oralen Ende der schwarzen Chitinstriche und zur Seiten des aboralen Teiles der Mittelnaht. Auch ist der Hinterrand des stärker chitinisierten Teiles jederseits bei der Mittelnaht auf einer kurzen Strecke schwarz. Metasternum mit zahlreichen Borsten.

Nur der Oberrand der Coxen und die distale Hinterecke der Femora sind schwarz, die anderen dunklen Ränder der Fussglieder (p. 45) sind braun; die Punkte auf den Coxen fehlen. Auf dem Vorderrande der Mittel- und Hinterfemora, -tibien und -tarsen blasse Spitzchen. Ausserdem steht auf den Mitteltibien und -tarsen je ein gelber Dorn.

Der Rückenhöcker des 1. Abd.-segments und die Kiemen wie bei *L. fulvus* (p. 49—50), doch ist die Zahl der Büschel etwas kleiner. (Auf dem Metanotum habe ich Kiemen nicht gefunden.) Ausser 2—3 Kiemenfäden steht in der postsegm. Gruppe des 1. Abd.-segments oft ein breites, dreieckiges Kiemenanhängsel, oder es ist diese Gruppe den anderen Büscheln gleich. Das Rückenschild des 9. Abd.-segments ist undeutlich begrenzt, schwer zu bemerken; das Schutzschild des Festhalters ist bräunlich, besonders der dorsale Medianrand. Die Klaue des Festhalters mit 2 Rückenhaken.

	Rücken	Seiten	Bauch
I	1		1 / 1--2
II	10	1	8
III	6		7
IV	2 / 2		1 / 2
V	2 / 2		1 / 2
VI	2 / 2		1 / 2
VII	1 / 1		1 / 2
VIII	1		1

Rücken- Seiten- Bauch-reihe der Kiemen einer Larve von *L. senilis* Burm.[1]

Die *Puppen* sind 9,5—12 mm lang, 1,8—2 mm breit. Die Antennen sind 2—5-mal um die Analanhänge wickelt. Die Ober-

[1] Die Ziffern bedeuten die Zahl der Büschel.

lippe wie nach Klapálek (Fig. 13,4), doch ist der Vorderrand in einen ganz kleinen, medianen Höcker verlängert. Auf dem proximalen Teile stehen jederseits, wie gewöhnlich, drei Borsten und eine Grube (p. 45, vergl. Klapálek I, p. 39), auf dem distalen Teile variiert die Zahl der Borsten jederseits von 4 bis 6. Die Mandibeln mit zwei gleich langen Rückenborsten, im übrigen wie nach Klapálek (Fig. 13,5), die Schneide ist somit gerade. Von den Gliedern der Maxillarpalpen ist des 2. am längsten (0,7—0,75 mm), dann folgt das 3. (0,65—0,75), das 4. (0,6—0,65), das 5. (0,4—0,45) und 1. Glied (0,37—0,39 mm).

Die Flügelscheiden sind relativ breit, die vorderen reichen bis zum Anfang des 6—8. Abd.-segments. Die Vordertibien sind im distalen Teile behaart, so auch die Mitteltibien in der ganzen Länge. Die Hintertarsen sind nackt, oder es stehen auf dem 3. und 4. und distal auf dem 1. Gliede je einige und auf dem 2. etwas mehr Borsten.

Die Fortsätze des 1. Abd.-segments wie bei *L. fulvus* (p. 51), so auch die Haftplättchen und ihre Häkchen; doch fehlen bei den von mir untersuchten Puppen die Plättchen des 7. Segments. Haftapparat: III 3. IV (2—)3—(5). V (2—)3—(4); 17—22. VI 2—5.

Die Kiemen wie bei *L. fulvus* (p. 51—52); in der ventral von den ventralen Chitinleisten ziehenden Reihe kann die Zahl der Büschel auf dem 2. Segmente auf vier und auf dem 3. auf zwei steigen.

Die Höcker des 9. Abd.-segments mit 3—4 Borsten. Über die 0,85—1 mm langen Analstäbchen vergl. Fig. 12 a und Klapálek I, Fig. 13,6. Sie sind somit mehr gerade als bei *L. fulvus* (Fig. 11 c), nicht aufgeblasen; auf der medianen Seite und dem grössten Teile der Dorsalfläche stehen stumpfe Wärzchen; eine etwas grössere Warze steht median etwa im $^2/_3$ der Länge des Stäbchens. Von den vier Borsten der Analstäbchen steht die *proximale ganz basal (im $^1/_{20}$—$^1/_5$ der Länge des Stäbchens)*. Die Lage der anderen Borsten variiert, doch stehen immer zwei median und eine lateral. Die Anlagen der Genitalfüsse und des Penis und die Ventralfläche des 10. Abd.-segments wie bei *L. fulvus* (p. 52, Fig. 11 d).

Das Hinterende des *Larvengehäuses* ist durch eine gewölbte Membran verengt, die von einem medianen Loche durchbohrt ist. Die *Puppengehäuse* sind 10—13 mm lang, vorn 2—3 mm, hinten bis 1,5 mm breit. Obgleich die Gehäuse meist ausschliesslich aus quergestreiftem Sekret aufgebaut sind, können doch fremde Materialien (Sandkörnchen, Samen, Stücke von Wurzelhaaren und andere vegetabilische Partikelchen) als Baumaterial gebraucht werden und können diese sogar in gewissen Partien des Gehäuses den Hauptbestandteil bilden. Die längeren, fremden Stücke sind quer gelegt.

Meine Beobachtungen über die Verschliessung des Puppengehäuses stimmen mit Thienemanns (II, p. 48) Mitteilungen ganz überein. Der hintere Verschluss ist braun, sein Loch rund, das Hinterende wird mit einer grauen, stiellosen Haftscheibe befestigt (über die Befestigung s. Klapálek I, p. 39, Fig. 13,7). Der Querspalt des oralen Verschlusses liegt etwas ventral, der membranöse Vorbau ist braun.

Die oben (p. 50—52) beschriebenen Puppen gehören sicher zu *L. fulvus*; die Zugehörigkeit der Larven ist nicht durch Zucht gesichert. Da die Reste der Larvenexuvie bei allen Leptocerinen im Puppengehäuse nicht mehr zu sehen sind, genügt das Finden des Puppengehäuses bei den Leptocerinen nicht, wie bei den anderen Trichopterenfamilien, zur Erkennung der wichtigsten Larvenorgane. Dies macht die Unterscheidung nahe verwandter Arten, wie gerade *L. fulvus* und *L. senilis*, bei Leptocerinen schwer. Die Gehäuse von *L. fulvus*, besonders die alten Puppengehäuse, scheinen mir dicker und fester und öfter von Spongien u. s. w. bedeckt zu sein als die Gehäuse von *L. senilis*, doch kommen Zwischenformen vor, so dass man auf Grund der Gehäuse diese Arten, die oft gleichzeitig auf denselben Lokalitäten fliegen, nicht trennen kann. Unter meinem Material von *Leptocerus*-Larven mit aus Sekret verfertigten Gehäusen befanden sich solche ohne Zeichnungen des Kopfes, des Pro- und Mesonotums und mit glänzend schwarzem Vorderrande des Pronotums (die somit nach Klapáleks Beschreibung (I, p. 37—38) zu *L. senilis* gehören) und aus-

serdem solche mit mit Zeichnungen versehenem Kopf, Pro- und
Mesonotum und mit braunem Vorderrande des Pronotums. Diese
habe ich als zu *L. fulvus* gehörig beschrieben. Jedenfalls ist
die Zugehörigkeit dieser Larven nicht sicher festgestellt, und
bedarf die Sache noch weiteren Untersuchungen.

Leptocerus annulicornis Steph.

Fig. 13 a Puppe.

Klapálek II, p. 88—91.　　　　　' Ulmer IV, p. 102.
Struck III, Taf. III, Fig. 5.

Die *Puppen* sind bis 10,3 mm lang, bis 2 mm breit. Die
Gruben der Oberlippe, die Flügelscheiden (die vorderen reichen
bis zum Ende des 5. — bis zur Mitte des 6. Abd.-segments)
wie bei dieser Gattung im allgemeinen (p. 47—48). Der Vorderrand der Oberlippe ist in einen stumpfen, medianen Höcker
verlängert. Auf den Vordertarsen und auf dem distalen Ende
der Vordertibien, auf den Mitteltibien zahlreiche Haare, auf
den Hintertarsen auf dem 1. Gliede distal einige Haare, auf
den 2—3. mehrere, oder das 3. ist nackt; die Hintertarsen können auch ganz nackt sein. Das erste Abd.-segment wie bei
L. excisus (p. 66, Fig. 16 d). Die Häckchen der Haftplättchen
kurz, gerade; der Haftapparat: III 2—4. IV 2—4. V 2—4;
14—20. VI 2—5. VII 2—4. Die Kiemenbüschel stehen wie bei
L. excisus (p. 57) in drei Reihen, von welchen die dorsale praesegmental auf dem 4—6., postsegmental auf dem 5—7. Abd.-
segmente endigt. Ventrale Reihen sind zwei, die laterale liegt
auf dem 2—7., die mediane auf dem 2—4. Segmente. Die
Höcker des 9 Segments tragen 2—5 Borsten. Die Ventralfläche
des 10. Segments wie bei *L. fulvus* (p. 52). Die Analstäbchen
(Fig. 13 a) mit eingebogener, scharfer Spitze; von den vier Borsten steht die erste im etwa $^3/_5$—$^4/_7$ der Länge des Stäbchens
(von der Basis), die zweite im $^3/_4$—$^6/_7$, die 3. und 4. ventral
auf der Spitze.

Die *Puppengehäuse* sind bis 11 mm lang, die hintere
Membran ist schwärzlich. An den Seiten und um die Mundöffnung sind oft grössere Sandkörner befestigt als auf der

Rücken- und Bauchfläche. In einem Gehäuse fand ich sogar Pisidium-Schalen auf den Seiten. — Die *Leptocerus*-Arten, die dorsoventral zusammengedrückte, gebogene Puppengehäuse haben, befestigen sie oft auf Schalen von Unioniden.

Leptocerus aterrimus Steph.

Fig. 14 a—c Puppe.

Klapálek I, p. 40—42. | Ulmer IV, p. 101.
Struck III, Taf. III, Fig. 6.

Bei blassen *Larven* können die Gabellinienbinden beinahe fehlen, und nur die dunklen Punkte bezeichnen ihren Platz. Die Grenzen des Foramen occipitis sind schwarz. Ventral stehen auf der Oberlippe nahe bei den Vorderecken drei gelbe Dorne. Hypostomum ist dreieckig, länger als breit. Auf der oberen Schneide der beiden Mandibeln stehen zwei Zähne, auf der unteren einer. Auf dem proximalen Teile des Labialstipes liegt ein medianes, mit kleinen Wärzchen besetztes, herzförmiges Gebiet, und auf dem Vorderrande dieses steht jederseits eine Borste.

Die Hinterecken des Schildes auf dem Pronotum sind steil, jedoch nicht in eine Spitze verlängert. Der hinter der queren Chitinleiste liegende Teil des Schildes ist schwarz, die Seiten sind braun. Die hintere Partie des vor dieser Leiste liegenden Teiles ist meist etwas dunkler als die vordere, grössere Partie (nur an sehr blassen Larven ist das Schild gleichgefärbt).

Mesonotum ist zum grössten Teil etwas dunkler als das Pronotum, am Vorderteile liegt jedoch ein medianer, blassgelber Fleck. Metanotum ist ebenso gefärbt wie die Abd.-segmente, nahe bei den Vorderecken liegt auf dem Metanotum ein stärker chitinisierter Fleck.

Die dunkleren Ränder der Fussglieder sind schwarz (p. 45, 47), auch die anderen Ränder sind braun. Auf der Oberfläche der Mittel- und Hintertrochanteren und -femora und der Mitteltibien stehen gelbe Spitzchen. Auf dem Vorderrande der Hinterfemora können blasse Fiederborsten stehen.

Der Rückenhöcker des 1. Abd.-segments ist rauh von kon-

zentrisch angeordneten, kurzen Chitinleistchen. Keine Kiemen
auf dem Metanotum. Die Kiemen auf dem 1—3. Abd.-segmente;
sie stehen jederseits in vier Reihen. In der dorsalen, die ein
wenig seitlich von dem Rückenhöcker liegt, stehen auf dem 2.
und 3. Segmente einige Büschel. Die seitliche Reihe, etwas dorsal von dem Seitenhöcker des 1. Abd.-segments, bei der Seitenlinie, hat ein postsegm. Büschel auf dem 1. Segmente, und ausserdem praesegm. und postsegm. Büschel auf dem 2. Segmente.
Von den zwei ventralen Reihen beginnt die mehr laterale (ventral
von dem Seitenhöcker) mit einer postsegm. Gruppe auf dem 1. Segm.
und hat auf dem 2. und 3. je ein prae- und postsegm. Büschel.
Die mediane, ventrale Reihe hat meist auf dem 1. Abd.-segmente
ein praesegm. und ein postsegm. Büschel (jenes besteht aus 2—3
Fäden), auf dem 2. kommen diese Büschel immer vor, auf dem
3. steht oft ein praesegm. Büschel. Ausserdem steht auf dem
1. Segmente vor dem Seitenhöcker ein praesegm. Kiemenfaden.

Der orale, grösste Teil des
Rückenschildes des 9. Abd.-segments
und das Schutzschild des Festhalters
sind braun. Auf jenem stehen jederseits aboral fünf Borsten und eine
Grube. Die Klaue des Festhalters
mit einem Basaldorn. Auf dem 10.
Segmente perianale Spitzchen.

	Rücken-	Seiten-	Bauch-
I		1	1
	1	1	1
II	1—2 2	1	1
	3 1	1	1
III	3	1	1
		1	1

Rücken- Seiten- Bauch-
reihe der Kiemen einer
Larve von *L. aterri-
mus* Steph.[1])

Die *Puppen* sind 7,5—11 mm
lang, 1,3—2,5 mm breit. Beim ♂
sind die Antennen bis 4-mal um das Körperende wickelt,
beim ♀ nur bis 1½-mal. Die Borsten und Gruben der Oberlippe wie bei den anderen *Leptocerus*-Arten (p. 47, vergl. Klapálek I, p. 41, Fig. 14,4). Ventral steht auf der Oberlippe
ein distaler, medianer, abgerundeter, kleiner Höcker, der mit
Spitzchen bewehrt ist; lateral von diesem Höcker stehen jederseits 6—7 Spitzchen in einem seichten Bogen. Die Rückenborsten der Mandibeln sind ungleich lang. Von den Gliedern
der geraden Maxillarpalpen sind das 2. und 3. 0,48—0,56 mm

---

[1]) Die Ziffern bedeuten die Zahl der Kiemenbüschel.

lang, das 4. 0,35—0,44, das 5. 0,34—0,39 und das 1. 0,18—
0,24 mm.

Die vorderen Flügelscheiden reichen bis zu der Mitte des
6—7. Abd.-segments. Alle Tibien sind nackt, auf den Hintertarsen stehen auf dem 2—4. Gliede einige Haare, oder sie sind
nackt. Die Spitzchenfelder auf dem Hinterrande des ersten Segments sind sehr schwach. Die Häkchen der Haftplättchen sind
schwach. Praesegmentale Plättchen nur auf dem 3—6. Abd.-
segmente. Haftapparat: III 2—4. IV 2—4. V 3—5; 2—7. VI 2—5.

Die Kiemenbüschel stehen auch bei der Puppe in vier
Reihen auf dem 1—3. Abd.-segmente; die praesegm. Kiemen
des 1. Segments fehlen. Die dor-

	Rücken	Seiten	Bauch	
I		1	1	
II	1	1	1	2
	1	2	1	1
III	1		1	1
			1	

Rücken- Seiten- Bauch-
reihe der Kiemen einer
Puppe von *L. aterri-
mus* Steph.[1]

sale Reihe steht nahe bei den dorsalen Chitinleisten, ventral von diesen, die laterale bei der Seitenlinie,
die laterale der ventralen Reihen
nahe bei den ventralen Chitinleisten,
dorsal von diesen und die mediane
nahe bei der ventralen Mittellinie. In
einem Büschel kann die Zahl der
Fäden bis auf 14 steigen. Der post-
segm. Rand des 3—7. Segments ist bei der Seitenlinie in
eine breit abgerundete, kurze Aussackung vorgezogen. Auf den
Höckern des 9. Abd.-segments 4—7 Borsten. Postsegmental auf
dem 10. Abd.-segmente eine dorsale, mediane, stärker chitinisierte Leiste zwischen der Basis der Analstäbchen (Fig. 14 a).
Die erste Borste des Analstäbchens steht im ersten, die zweite,
blasse, dornartige ventral, median im zweiten Drittel. Auf der
Spitze steht eine dorsale, laterale und eine ventrale, laterale
blasse, dornartige Borste und ein starker, ventraler, medianer
Zahn. Ausserdem stehen auf dem Stäbchen zwei kurze, mediane
Zähne (Fig. 14 a). Von der Seite gesehen ist die stumpfe Spitze
der Analstäbchen ein wenig aufwärts gebogen. Die Genitalfüsse
des ♂ (Fig. 14 b) sind etwas median gebogen, mit convexem Hinterrande; das distale Ende ist in zwei Loben gespalten, von wel-

[1] Die Ziffern bedeuten die Zahl der Kiemenbüschel.

chen in den lateralen der dorsale, längere und in den medianen
der ventrale, kürzere Ast der Genitalfüsse der ♂ Imago steckt
(Mc Lachlan I, p. 303, Pl. XXXIII). Auf der Ventralfläche des
10. Segments liegen beim ♂ und ♀ zwei mediane Loben und
seitlich von diesen zwei kleine laterale, die je vier Borsten tragen (Fig. 14 c).

Die *Larvengehäuse* sind bis 17 mm lang; das Hinterende
ist ganz offen, ohne Sekretmembran, die Öffnung ist etwas nach
oben geschoben. Die *Puppengehäuse* sind 7—11 mm lang,
vorn 1,6—2 mm, hinten 1,5 mm breit. Zwischen den blassen Sandkörnern liegen beinahe immer einige schwarze Pflanzenteilchen.
Einem Gehäuse war als Baumaterial (an die Sekretmembran an-
grenzend) ein 20 mm langes Hölzchen angefügt. Bisweilen sind an
den Enden längere, schmale Pflanzenfragmente oder mit Sekretfäden verbundene Sandkörner befestigt, und immer sind an die
gewölbten Verschlussmembranen Sandkörner geklebt, so dass
nur die medianen Öffnungen frei bleiben. Die Membranen sind
grau, die Mitte um die Öffnung ist braun. Die beiden Enden
sind mit je einer breiten, grauen, stiellosen oder gestielten Haftscheibe (selten sieht man zwei Haftscheiben an demselben Ende)
an Steinen oder an Wasserpflanzen so befestigt, dass die Längsaxe des Gehäuses mit der Längsaxe des Pflanzenteiles parallel ist.

Leptocerus cinereus Curt. (L. bilineatus L. (Wallengr.)[1])

Fig. 15 a—c Larve, d—h Puppe.

Hagen, p. 231.

Die Grundfarbe der stärker chitinisierten Teile der *Larve*
ist blassgelb. Abdomen ist grünlich. Die im Finnischen Meerbusen gefundenen Larven sind wie auch z. B. bei *Mystacides
longicornis* L. (p. 71) und *Oecetis furva* Ramb. (p. 82) relativ
dunkel. Auf den Pleuren liegen zahlreiche dorsale und laterale,
braune bis dunkelbraune Punkte. Die Gabellinienbinden sind

---

[1]) Die von Wallengren (p. 126) als *L. bilineatus* L. bezeichnete Art
ist identisch mit Mc Lachlans *L. cinereus* Curt. (I, p. 304), nicht aber
mit Mc Lachlans *L. bilineatus* L. (p. 308), die nach Wallengren wieder
L. gallatus Fourc. (p. 127) heissen soll.

bei dunklen Larven deutlich braun (Fig. 15 a) (wie auch das Stirnschild), bei blassen sind sie undeutlich, blassbraun. Der grösste Teil der Ventralfläche des Kopfes ist schwarz (die vorderste Partie ausgenommen), beim Foramen occipitis können blasse, ventrale Punkte liegen (Fig. 15 b). Die Umgebung der Augen ist immer breit blass. Hypostomum ist viel länger als breit (Fig. 15 b).

Auf der Ventralfläche der Oberlippe (Fig. 15 c) stehen jederseits nahe bei den Vorderecken drei gelbe Dorne. Die Form der Mandibeln wie bei *L. annulicornis* Steph. und *L. bilineatus* L. (Mc Lach.) (Klapálek II, Fig. 24,2, 25,3), auf der oberen Schneide stehen zwei Zähne, auf der unteren einer. Der Maxillarpalpus, der Maxillarlobus und der Labiallobus wie bei *L. bilineatus* (l. c., Fig. 25,4). Labialstipes wie bei *L. aterrimus* (p. 58).

Pronotum mit undeutlichen, spärlichen Punkten auf dem Hinterteile (auf dunklen Exemplaren ist der Hinterteil braun und die Punkte deutlicher). Die hinter der queren Chitinleiste liegende Partie des Schildes ist zum Teil schwarz; schwarz sind auch die steilen, nicht in eine Spitze verlängerten Hinterecken.

Auf dem Mesonotum kommen die zwei seitlichen, postsegmentalen, schwarzen, chitinisierten Längsstriche vor, wie bei *L. bilineatus, L. annulicornis* (Struck II, Taf. III, Fig. 4, 5) u. s. w. Das Mesonotum ist, wie bei diesen Arten, schwach chitinisiert und geht in die übrige Haut über. Braune Punkte sind über das Schild verstreut. Metanotum ist ganz häutig; auf dem Metasternum stehen nur einige Borsten.

Auf den Vorderfemora können Punkte liegen, und der ganze Hinterrand kann schwarz sein, übrigens sind die Ränder der Fussglieder wie bei *L. aterrimus*, so auch der Rückenhöcker des 1. Abd.-segments, die Borsten und Gruben des Rückenschildes auf dem 9. Segmente und die Spitzchen des 10. Segments (p. 58—59).

Die Anordnung der Kiemen gleicht sehr derjenigen bei *L. aterrimus*, doch scheinen die postsegm. Kiemen des 1. Abd.-segments immer zu fehlen. Die Zahl der Kiemen in einem Büschel kann bis auf 17 steigen; auf dem 1. Segmente steht vor dem Seitenhöcker ein Faden und in dem praesegm. Büschel der medianen, ventralen Reihe drei. Keine thorakalen Kiemen. Das Rückenschild des 9. Abd.-segments ist zum grössten Teil gelblich, aboral liegt jederseits ein dunkler Fleck. Die Klaue des Festhalters ist mit einem Rückenhaken versehen.

Die *Puppen* sind 12—13 mm lang, 2 mm breit. Beim ♂ sind die Antennen 3-mal um das Körperende wickelt, beim ♀ 1-mal. Über die Oberlippe vergl. Fig. 15 d. Der stärker chitinisierte, distale Höcker liegt ventral. Die Mandibeln mit einem Zahne auf der fein gesägten Schneide (Fig. 15 e). Das 3. Glied der gebogenen Maxillarpalpen ist 0,65—0,72

	Rücken	Seiten	Bauch
I		1	1
II	2	1—2 1	1
	2	1 1	1
III	1—2	1	1
	0—1	1	

Rücken- Seiten- Bauch-
reihe der Kiemen der
Larve von *L. cinereus* Curt. [1]

mm lang, das 2. 0,55—0,65, das 5. und 4. 0,46—0,53, und das 1. 0,26 mm.

Die Vorderflügelscheiden reichen bis zu der Mitte des 5—7. Abd.-segments. Alle Tibien sind nackt. Das 2—4. Glied der Hintertarsen ist behaart. Die Haftplättchen liegen auf dem 3—7. Abd.-segmente. Haftapparat: III 2—(3). IV 2—(3). V 2—(3); 2—6. VI 2—(3). VII 2—(3). Zwei Häkchen auf den praesegm. Plättchen sind stark, gebogen, das dritte, das bisweilen vorkommt, ist sehr klein. Die Häkchen der postsegm. Plättchen sind gerade, klein.

Die Kiemenbüschel nur auf dem 2—3. Abd.-segmente, in jedem Büschel 4—13 Fäden. Die Büschel sind in vier Reihen angeordnet, wie bei *L. aterrimus* Steph. (p. 60). Auf dem

	Rücken		Seiten	Bauch
II	0—1	1	0—1	1—2
	1	1	1	1
III	1		1	1

Rücken- Seiten- Bauch-
reihe der Kiemen der
Puppe von *L. cinereus* Curt. [1]

3—5. Abd.-segmente ist der postsegm. Rand bei der Seitenlinie und auf dem 6—7. Segmente dorsal von der Seitenlinie in eine kleine, abgerundete Aussackung vorgezogen, und auf dem postsegm. Rande des 5—7. Abd.-segments steht einwenig dorsal von den ventralen Chitinleisten je ein breites, stumpf

---

[1] Die Ziffern bedeuten die Zahl der Kiemenbüschel.

konisches Kiemenanhängsel. Die Höcker des 9. Abd.-segments
mit 4 Borsten.

Die Analstäbchen (Fig. 15 f, g) sind gerade, ziemlich schlank.
Von den vier Borsten steht die erste blasse im ersten Drittel
(von der Basis), die zweite blasse, ventrale, mediane bei der Mitte.
Auf der Spitze steht lateral je eine blasse ventrale und eine
dunkle, mehr dorsale Borste. Ausserdem stehen auf dem Stäbchen einige Zähne: ein ventraler, medianer bei der Mitte, im
zweitem Drittel median ein dorsaler und oft ein ventraler [1]),
an der Spitze ein grosser, ventraler, medianer. Noch stehen
im distalen Teile mediane Spitzchen.

Die Anlagen der Genitalfüsse sind am distalen Ende zweigespalten (Fig. 15 h); in dem lateralen, längeren Teil steckt der
»slightly curved hairy outer branch» und in dem medianen der
»testaceous hairy inner branch turned very strongly inward
and bifid at the apex» der »inferior appendages» (Mc Lachlan I,
p. 304). Ventral liegen auf dem 10. Segmente beim ♂ zwei
längere, abgerundete, mediane Loben, in welchen der »upper
penis-cover» Mc Lachlans steckt, und hinter diesen zwei kurze,
breite, abgerundete, mehr laterale Loben und jederseits vier Borsten. Beim ♀ ist der Hinterrand des 9. Abd.-segments ventral
in einen stumpf konischen Fortsatz verlängert, der am distalen
Ende zweigespalten ist; auf dem 10. Segmente liegen die zwei
kurzen Loben und jederseits vier Borsten.

Das *Larvengehäuse* ist bis 19 mm lang, vorn bis 2,3 mm,
hinten 0,8 mm breit, stark gebogen, mit kreisrundem Durch-
schnitte und ganz offenem Hinterende. Das *Puppengehäuse* ist
10—14 mm lang, vorn bis 3 mm, hinten 2 mm breit, eben,
ein wenig gebogen, aus feinen, bisweilen aus etwas gröberen
Sandkörnchen aufgebaut (einige kleine, schwarze Pflanzenteilchen kann man auch unter den Materialien finden). An den beiden Enden sind Algenklumpen, Steinchen, Fucusfragmente u. s. w.
befestigt, und die Enden sind mit runden Sekretmembranen verschlossen, auf welchen noch Sandkörner und Pflanzenfragmente

---

[1]) Bisweilen waltet hier Asymmetrie, indem das linke Stäbchen mit
zwei, das rechte mit einem Zahne versehen ist.

geklebt sind. Die vordere Membran ist grau, konvex, die dunklere Mitte ist gewölbt, oft röhrenförmig vorgezogen und von
einem runden, seltener elliptischen Loche durchbohrt. Die
hintere Membran ist gerade, braun, die Mitte ist gewölbt, von
einem grossen, runden oder elliptischen Loche durchbohrt. Das
Hinterende, bisweilen auch das Vorderende ist mit einer breiten,
kurzgestielten oder stiellosen Haftscheibe in Ritzen von Brettern,
die in der Tiefe von 1—1 1/2 m. liegen, auf Fucusthallus u. s. w.
befestigt.

Leptocerus excisus Mort.

Fig. 16 a—b Larve, c—f Puppe, g—h Larvengehäuse.

Die *Larven* sind bis 8 mm lang, bis 1,4 mm breit. Die
Grundfarbe der stärker chitinisierten Teil· ist gelblich bis braun.
Die Mundteile prominent. Die Farbe des Kopfes ist unbestimmt;
seine Punkte sind braun. Die Augen liegen auf einem blassen
Flecke, in welchem die breiten, dorsalen Pleuralinien verschwin-
den (Fig. 16 a). An mit Kaliumhydrat behandelten Köpfen sieht
man, dass diese dorsalen Linien dorsal von den Augen fort-
gesetzt und mit den ventralen Linien nahe bei dem dorsalen
Ende dieser vereinigt werden. Über die braune, aboral weisse
Ventralfläche vergl. Fig. 16 b. Hypostomum breiter als lang.
Die Oberlippe wie bei *L. annulicornis* (über die Form vergl.
Klapálek II, Fig. 24,1); ventral liegen auf ihr jederseits zwei
lange Dorne; die ventralen Haare sind spärlich. Auf der oberen
Schneide der beiden Oberkiefer stehen zwei Zähne, auf der unteren einer; die Form ist wie bei *L. annulicornis* (l. c., Fig. 24,2);
die Rückenborsten sind lang.

Die Hinterecken des Pronotums sind in einen abgerundeten,
kurzen Fortsatz verlängert. Der hinter der Chitinleiste liegende
Teil des Schildes ist schwarz; die Ränder und die hintere Partie
des vor der Leiste liegenden Teiles sind etwas dunkler als das
übrige, gelbliche Schild. Auf dem Schilde liegen undeutliche,
dunklere Punkte. Mesonotum nur schwach chitinisiert mit zwei
schwarzen Längsstrichen (wie z. B. bei *L. annulicorn s*, Struck
III, Taf. III, Fig. 5), der mittlere Teil ist blassbraun. Metanotum
ganz häutig. Auf den Metasternum stehen zahlreiche Borsten.

Die Farbe der Ränder der Fussglieder wie bei *L. aterrimus* (p. 58), die gelben Spitzchen auf der Oberfläche der Mittel- und Hinterfüsse fehlen. Die Kiemenbüschel stehen in drei Reihen, in einer dorsalen und zwei ventralen, auf dem 2—7. Segmente.

	Rücken-reihe		Bauch-reihe
I			
II	1		
	1		
	1	1	1
III	1		0—1
	1	1	1
IV	0—1		
	1	1	0—1
V	1	1	
VI	1	1	
VII		1	

Rücken- Bauch-reihe der Kiemen der Larve von *L. excisus* Mort. [2]

Die dorsale Reihe und die laterale, ventrale sind etwa gleich viel von der Seitenlinie entfernt.[1]

Das Rückenschild des 9. Abd.-segments tritt nicht vor, auch die Schilder des 10. Segments sind nur auf einem kleinen Gebiete beim Festhalter stärker chitinisiert. Die Klaue des Festhalters mit zwei Rückenhaken.

Die ♂-*Puppen* sind 6—7 mm lang, 1.2 mm breit, ihre Antennen sind fünfmal um das Körperende wickelt. Die Oberlippe hat dieselbe Form wie bei *L. annulicornis* Steph. (Klapálek II, Fig. 24,6), doch ist der Vorderrand in einen kleinen, abgerundeten, mit Spitzchen bewehrten, medianen Höcker vorgezogen. Von den fünf Borsten, die jederseits auf den vorderen Teilen stehen, sind vier länger, dunkler, eine sehr kurz, blass. Über die Mandibeln vergl. Fig. 16 c. Das 2. Glied der geraden Maxillarpalpen ist 0,65—0,7 mm lang, das 3. und 4. 0,55—0,6, das 5. 0,5—0,58, das 1. 0,25—0,33.

Die vorderen Flügelscheiden können bis zum Ende des 8. Abd.-segments reichen. Die Vordertibien sind am distalen Ende, die Mitteltibien in der ganzen Länge behaart. Die Hintertarsen sind nackt.

Die seitlichen Haftfortsätze des 1. Abd.-segments sind sehr deutlich, stärker chitinisiert (Fig. 16 d). Die Häkchen der Haft-

[1] Bei einer Larve stand auf dem Metanotum auf einer Seite ein prae-segm. Kiemenbüschel.

[2] Die Ziffern bedeuten die Zahl der Kiemengruppen.

plättchen sind schwach, gerade. Haftapparat: III 2—3. IV 2—3.
V 2—3; 10—14. VI 3—4. VII 2—4. Die dorsale Kiemenreihe
steht ventral von den dorsalen
Chitinleisten, nahe bei diesen;
von den ventralen steht die laterale
dorsal, die mediane ventral von
den ventralen Chitinleisten, beide
nahe diesen. Die Höcker des 9.
Abd.-segments mit 3—4 Borsten.

II	6 4 6	7	8
III	7—11 7	7	4—6
IV	6	7	3—7
V	6	5	
VI	5—7	3	
VII	0—3	3—4	

Rücken- Bauch-
reihe der Kiemen einer
Puppe von *L. excisus*
Mort.[1]

Die Analstäbchen (Fig. 16 e, f)
sind stark, mit scharfer, eingebogener Spitze. Im zweiten Drittel
sind sie erweitert, median mit
kleinen Wärzchen, mit einem
stumpfen, deutlichen, dorsalen und
1—2 undeutlichen Zähnen versehen. Im ersten und dritten Viertel
steht je eine mediane, dorsale
Borste und bei der Spitze je eine mediane ventrale und eine
laterale. Alle diese Borsten sind blass.

Die Anlagen der Genitalfüsse sind spitz, etwas median
gebogen. Auf der Ventralfläche des 10. Segments liegen zwei
abgerundete Erhöhungen mit einigen Borsten und Gruben
(Fig. 16 f).

Die *Larvengehäuse* gleichen sehr denjenigen von *L. annulicornis*. Sie sind dorsoventral zusammengedrückt, stark gebogen, aus Sandkörnern gebaut, die ventral sehr klein, auf den
Seiten und dorsal grösser sind, so dass diese Teile uneben sind
(Fig. 16 g). Die Mundöffnung liegt ganz ventral, das Hinterende
ist offen, rund, ohne Sekretmembran. Vor der Verpuppung kürzt
die Larve das Gehäuse ab (Fig. 16 h), schliesst das schief ventral
liegende Hinterende mit einer grauen, braunen oder schwarzen
Membran, auf welcher sie einige Sandkörner befestigen kann, und
die dorsal von einer horizontalen, elliptischen Öffnung durchbohrt
ist, und die Mundöffnung mit einer grauen oder braunen Mem-

---

[1] Die Ziffern bedeuten die Zahl der Fäden in den Büscheln.

bran, die auch mit einem dorsalen, horizontalen, elliptischen Loche versehen ist. Die *Puppengehäuse* sind bis 10 mm lang, vorn bis 3, hinten bis 1 $^1/_2$ mm breit. Die Puppengehäuse werden an Steinen und Brettern so befestigt, dass die Mund-öffnung gegen die Unterlage fest gedrückt ist, das Hinterende dagegen mit einer kleinen, ventralen Haftscheibe befestigt ist.

Die Larven und Puppen dieser Art leben in Bächen. Tvär-minne, ein Bach bei Trollböle und ein Fluss bei Leksvall nahe bei Ekenäs. Von diesen Orten stammen auch die Imagines her, auf Grund welcher Morton (IV) diese neue Art aufgestellt hat.

Mystacidini.

Allgemeine Merkmale.

Der Kopf und die zwei ersten Thorakalsegmente der *Larve* sind schmäler, als der Mesothorax und das 1—8. Abd.-segment, die ziemlich gleich breit sind. Die Augen liegen auf einem blassen Flecke. Hypostomum ist sehr breit und reicht bis zum Foramen occipitis, das ventral, oral stumpf endigt. Ausser den ventralen Pleuralinien liegt auf jeder der Pleuren eine mehr dorsale, die mit der ventralen bei den Augen sich vereinigt (Fig. 20 b). Die Antennen sind sehr gross, sie bestehen aus einem starken, kurzen, proximalen und einem langen, etwas gekrümmten, fingerförmigen, distalen Gliede (Fig. 20 a, b). Die Form des Vorderrandes, die dorsalen Borsten der Oberlippe wie bei den Leptocerini (p. 46, Fig. 15 c). Die Seitenbürsten sind zu sehen, median von ihnen liegen jederseits auf der Ven-tralfläche drei stärkere Dorne und median von diesen kurze, dornenförmige, medianwärts gerichtete Haare. Mandibeln mit zwei ziemlich gleich langen Rückenborsten und die linke noch mit einer sehr schwachen, von kleinen Stacheln gebildeten In-nenbürste. Maxillen wie bei den Leptocerini (p. 46). Stipes des Labiums blass.

Das Schild des Mesonotums (Fig. 18 e, f, 20 d) ist trapez-förmig, mit abgerundeten Ecken. Über die Stützplättchen der Vorderfüsse vergl. Fig. 19 a; die Stützplättchen der anderen Füsse wie bei den Leptocerini (p. 47).

Die Hintertibien sind bei der Mitte geteilt. Auf den Coxen stehen Spitzchen. Auch die Mittelfemora (vergl. p. 45) mit blassen Fiederborsten auf dem Vorderrande. Auf den Vorder- und Mitteltrochanteren, -tibien und -tarsen stehen gelbe Dorne, so auch auf den Vorderfemora (auf den Mitteltibien und -tarsen sind sie sehr zahlreich). Die Klauen sind lang, alle mit einem geraden Basaldorn, der auf den Vorderklauen kurz ist. Auf dem 8. Abd.-segmente ist die Seitenlinie wie bei den Leptocerini (p. 47). Die Kiemen stehen einzeln oder fehlen. Auf dem konvexen Hinterrande des Rückenschildes des 9. Abd.-segments stehen jederseits drei stärkere und zwei schwächere Borsten und eine Grube. Auf dem 10. Segmente stehen perianale Spitzchen und grössere lateral auf der Ventralfläche. Die Klaue des Festhalters mit zwei kurzen, geraden Rückenhaken.

Die Mandibeln der *Puppe* mit breiter Basis und schmaler, deutlich gesägter Klinge; die Rückenborsten sind kurz, gleich lang. Auf der Oberlippe keine ventralen Borsten. Die Maxillarpalpen reichen bis zum distalen Ende der Mittelcoxen — bis zu der Basis der Hintercoxen. Die Tibien sind nackt (über die Mitteltibien von *Mystacides* vergl. p. 73). Die Vordertarsen sind spärlich, die Mitteltarsen reichlich behaart. *Spornzahl 0—2—2 oder 1—2—2.*

Praesegm. Haftplättchen auf dem 3—6. Abd.-segmente. Kiemen einzeln oder fehlen. *Die Analstäbchen sind lang, dünn, der Medianrand ist im 2. Drittel (von der Basis) in einen stumpfen Winkel gebrochen* (Fig. 18 h, 19 c, 20 e).

Mystacides azurea L.[1])

Fig. 17 a Puppe.

Ulmer II, p. 489.   Struck III, p. 69, Taf. III, Fig. 9.
Ulmer IV, p. 105.

Die *Puppen* sind 7,5—11 mm lang, 1,5—1,8 mm breit. Die Antennen des ♂ sind 2¹/₂-mal um das Körperende wickelt, beinahe zweimal länger als der Körper, beim ♀ sind sie bis

---

[1]) Nur solche Eigenschaften der Puppe sind erwähnt, in welchen diese Art von *M. longicornis* L. (p. 72—73) sich unterscheidet.

2-mal um das Körperende wickelt, 1 $\frac{1}{2}$-mal länger als der
Körper. Die Oberlippe sehr klein, wie bei *M. longicornis* L.
(Fig. 18 g), doch steht jederseits die mittlere, blasse, kurze Borste
auf dem Hinterteile deutlicher näher der Basis der Oberlippe als
die zwei anderen proximalen Borsten.

Die Vorderflügelscheiden können bis zum Ende des 7. Abd.-
segments reichen. Die drei ersten Glieder der Vordertarsen sind
behaart. Die Spitzchenfelder auf dem Hinterrande des 1. Abd.-
segments sind stärker, mit zahlreicheren Spitzchen bewehrt als
bei *M. longicornis*, und die Zahl der Häkchen auf den Haftplättchen ist grösser. Haftapparat: III 3—4. IV 3—4—(5). V 3—5;
8—17. VI 3—7. *Kiemen fehlen.* Die Analstäbchen wie bei *M.
longicornis*, doch sind sie in der medianen Kante im letzten
Drittel nicht so stark ausgeschnitten, und die Spitze ist nicht hakenförmig eingebogen. *Die Anlagen der Genitalfüsse sind viel
schmäler und kleiner als bei M. longicornis, am Hinterrande
abgerundet und etwas lateral gerichtet*, sie reichen ebenso weit
nach hinten, wie die abgerundeten, kleinen Hälften der Penisanlage (Fig. 17 a). Die Aussenecken der Loben auf der Ventralfläche des 10. Abd.-segments sind spitzer als bei *M. longicornis*,
und der Hinterrand ist mehr bogenförmig.

Das *Puppengehäuse* ist 9—14 mm lang und ähnelt sehr
demjenigen von *M. longicornis*. Doch scheint es öfter aus Pflanzenfragmenten gebaut zu sein, obgleich auch solche Gehäuse zu
finden sind, die hauptsächlich aus Sandkörnchen bestehen. Die
Gehäuse werden mit der Ventralfläche mittels einer Haftscheibe
an jedem Ende und ausserdem mit von der ganzen Berührungs-
linie ausgehenden Sekretfäden auf aufrecht wachsenden Stengeln von Wasserpflanzen, auf der Unterfläche in Wasser liegender Bretter und Steine befestigt.

Mystacides longicornis L.

Fig. 18 a—f Larve, g—k Puppe, l—m Gehäuse.

Klapálek I, p. 42—45. Struck III, p. 69, Taf. III, Fig. 7.
Struck II, p. 25, Fig. 41. Ulmer IV, p. 105.

Thienemann I, p. 261.

Die Gesammtfarbe der stärker chitinisierten Teile der *Larve* variiert bedeutend. So sind bei blassen Larven die schwarzbraunen Punkte am Kopfe deutlich getrennt (Fig. 18 a), bei dunklen Larven (die im Finnischen Meerbuscn gefundenen Larven waren alle dunkel) fliessen sie zu grossen Makeln zusammen (Fig. 18 b). Es sind z. B. bei den dunklen Larven die vier oralen Punkte des Stirnschildes in einer Makel vereinigt, die den ganzen oralen Teil des Schildes bedeckt.[1]) Auf den Wangen liegen bei blassen Larven 10—15 Punkte, bei dunklen 2—3 Punkte und 2—3 Makeln. Ventral liegen auf den Pleuren bei blassen Larven 7—11 Punkte, die bei dunklen auf blassbraunem Grunde erscheinen, und ausserdem liegt bei diesen auf der Grenze der Pleuren gegen das Hypostomum eine schwache, braune Binde. Die oralen Ränder des Foramen occipitis sind braun; auf dem rektangulären Hypostomum liegen zwei aborale Punkte, im übrigen ist es bei blassen Larven der Grundfarbe gleich, bei dunklen zum grössten Teil braun. Die ventralen Pleuralinien sind ziemlich gerade, die dorsalen undeutlich. Das distale Glied der Antennen ist kürzer als bei *Triænodes* und *Erotesis*, etwa 0,1—0,15 mm lang. Auf den beiden Schneiden der rechten Mandibel stehen 2 Zähne, auf der oberen Schneide der linken 2, auf der unteren 3—4 (der 4., proximale Zahn ist immer undeutlich).

Obgleich das Aussehen des Pro- und Mesonotums sehr variiert (vergl. Fig. 18 c und d, e und f), ist die Lage der Punkte sehr konstant. Die Hinterecken des Pronotums sind abgerundet. Auf dem Metanotum liegt jederseits ein praesegmentaler Chitin-

---

[1]) Auch im übrigen gelten die von Ulmer (l. c.) als für die Larven dieser Art charakteristisch aufgeführten Farbenzeichnungen nicht für dunkle Exemplare.

punkt. Bei dunklen Larven sind die Stützplättchen der Füsse braun, das orale Stützplättchen der Vorderfüsse hat zum Teil schwarze Ränder, auch der ventrale und dorsale Rand der Stützplättchen der Mittel- und Hinterfüsse sind dunkel. Auf dem Mesosternum liegt jederseits ein schmales, postsegmentales, queres Schildchen.

Das Längenverhältnis der Füsse ist wie 1 : 1,5—1,6 : 2,7— 3. Auch die Hintertarsen sind zweigeteilt. Alle Grenzen zwischen den Fussgliedern und auch der Oberrand der Coxen sind deutlich dunkler als die gelblichen oder bräunlichen Flächen; dagegen ist die Grenze zwischen den beiden Teilen der Hintertibia und des Hintertarsus nicht dunkler. Auf den Coxen liegen braune Punkte. Auch auf den Hinterfemora, -tibien und -tarsen stehen lange Dorne am Vorderrande.

Die Seitenhöcker des 1. Abd.-segments sind lateral stärker chitinisiert, und die Umgebung der Basis der zahlreichen Spitzchen ist hier blass. Ausserdem ist der Dorsalrand des stärker chitinisierten Teiles schwarz. Das Rückenschild des 9. Abd.-segments hat einen geraden Vorderrand, zum grössten Teil ist es braun, nur der hinterste Teil und die Seiten sind blass. Auf dem Vorderteile des Stützplättchens des Festhalters liegen einige braune Punkte, der Innenrand kann dunkler sein, der distale Teil ist ventral stärker chitinisiert, braun. Die auf den lateralen Teilen der Ventralfläche des 10. Segments stehenden Spitzchen sind relativ gross, so auch die Rückenhaken der Klaue des Festhalters.

	Rücken-	Bauchreihe
II	1	1
	(0)—1	1
III	1	1
	0—((1))	1
IV	1	1
		1
V	1	1
		1
VI	1	1
		0—1
VII	(0)—1	(0)—1
VIII	0—((1))	0—((1))

Rücken- Bauchreihe der Kiemen der Larve von *M. longicornis* L.

Die *Puppen* sind 9—12 mm lang, 1,3—1,7 mm breit. Die Antennen des ♂ sind bis 4-mal, die des ♀ bis 3-mal um das Körperende wickelt. Über die Form, die Borsten und Gruben der Oberlippe vergl. Fig. 18 g. Von den hinteren Borsten ist jederseits die mittlere blass; die meisten distalen Borsten sind blass, die meist medianen sind doch immer dunkel. Von den Gliedern der Maxillarpalpen ist das 3. 0,5—0,62 mm lang, das 4. 0,43—0,6, das 5. 0,39—0,56, das 2. 0,38—0,5 und das 1. 0,31—0,36 mm lang.

Die vorderen Flügelscheiden reichen bis zum Anfang des 6—7. Abd.-segments. Die vier ersten Glieder der Vordertarsen sind schwach bewimpert. Auch die Mitteltibien sind behaart, und auf dem 2—4. Gliede der Hintertarsen stehen auch Haare (das erste Glied ist nackt, oder es stehen nur einige Haare auf dem distalen Ende).

Der grösste Teil des Hinterrandes des 1. Abd.-segments entbehrt der Spitzchen. Haftapparat: III 2—4. IV 2—4. V (2)— 3—((4)); 6—12. VI ((2))—3—4—(5). Die Höcker des 9. Abd.-segments mit 4—6 Borsten. Die Analstäbchen tragen dorsale und mediane Dorne und vier stärkere, blasse, dorsale Borsten (Fig. 18 h). Ventral fehlen die Dorne und Borsten. Die Anlagen der Genitalfüsse sind breit, am Hinterrande gerade, sie reichen ebenso weit nach hinten, wie die abgerundeten Hälften der deutlich zweigeteilten Penis-anlage (Fig. 18 i). Von der Seite gesehen sind die Anlagen der Genitalfüsse nach hinten, die Penisanlage nach unten gerichtet. Beim ♂ liegen auf der Ventralfläche des 9. Segments zwei, besonders von der Seite gesehen, deutliche, abgerundete Loben (Fig. 18 k), in welchen die »lateral valves» Mc Lachlans stecken. Der Hinterrand des 9. Seg-

	Rücken-reihe	Bauchreihe
II	0—1	1 / 1
III	1	1 / 1
IV	1	1 / 1
V	1	1 / 1
VI		1 / 0—(1)
VII		0—(1)

Rücken- Bauch-reihe der Kiemen der Puppe von *M. longicornis* L.

ments ist beim ♀ ventral in einen medianen, abgerundeten Höcker verlängert, der von der Seite gesehen zwischen den Loben sichtbar ist. Beim ♂ und ♀ liegen auf dem 10. Segmente ventral zwei Loben mit geradem Hinterrande und geraden Aussenecken (Fig. 18 i, j).

Das *Larvengehäuse* ist bis 15 mm lang, vorn bis 2 mm breit, mit offenen Enden. Die *Puppengehäuse* sind 10—14 mm

lang; die beiden Enden sind mit runden, grauen, gelblichen oder
braunen Deckeln verschlossen, deren gewölbte Mittelpartie in der
hinteren Membran breiter, in der vorderen schmäler dunkler ist.
Die grosse Öffnung des hinteren Deckels ist bald rund, bald
breit elliptisch. Die beiden Enden des Puppengehäuses sind
durch je eine (selten zwei) ventrale, gestielte oder stiellose,
graue, breite, formlose Haftscheibe befestigt.

Der Habitus der Gehäuse variiert sehr. Bald sind sie ganz
aus feinen Sandkörnern aufgebaut, blass, bald (und meist) aus
Sandkörnern und kleinen, quer, schief oder der Länge nach
gelegten, meist schwarzen, vermodernden, vegetabilischen Fragmenten verfertigt, (dann sehen sie sehr bunt aus); ferner findet
man Gehäuse, die ganz aus solchen Pflanzenteilchen bestehen.
Auch sind die Belastungsteile der Gehäuse sehr verschieden.
Bisweilen sieht man keine grösseren Pflanzenteilchen an den Gehäusen befestigt, bald viele, verhältnissmässig kleine, der Länge
nach gelegte, die zum Teil als Baumaterial verwendet sind,
bald 1—3 dicke, plumpe, den Seiten oder der Rückenfläche befestigte Rindenstücke u. s. w., die die Enden des Gehäuses nicht
überragen (Fig. 18 m), bald schliesslich sind an den Seiten (selten der Rückenfläche) 1—3, bis 43 mm lange, bis 4 mm dicke
Hölzchen, Stücke von hohlen Stengeln, Fichtennadeln u. s. w.
befestigt, die natürlich die Enden überragen (Fig. 18 l). Auch
diese langen Stücke sind zum Teil als Baumaterial verwendet
und grenzen an die Sekretmembran des Gehäuses; sie sind nicht
immer symmetrisch gelegt, sondern es können auf einer Seite zwei
Stücke liegen, auf der andren Seite keines. — Bisweilen sind die
Puppengehäuse auf der Unterfläche von Nuphar-Blättern befestigt.

Triænodes bicolor Curt.

Fig. 19 a Larve, b—d Puppe.

Klapálek I, p. 45—48.   Struck III, Taf. III, Fig. 10.
Struck II, p. 25, Fig. 42.   Ulmer IV, p. 106—107.

Ventral liegen auf dem Kopfe der *Larve* nach dem mit
dunklen Rändern versehenen Foramen occipitis zu zahlreiche
dunkle Punkte, und von diesen zieht jederseits eine dunkle

Binde bis zu der Mandibel. Die Pleuralinien wie bei *Erotesis baltica* (Fig. 20 b). Hypostomum ist hinten etwas schmäler. Das distale Glied der Antennen ist etwa 0,2—0,25 mm lang. Ausser der Spitze stehen auf der oberen Schneide der linken Mandibel zwei und auf der unteren vier Zähne. Auf der oberen Schneide der rechten Mandibel stehen zwei deutliche Zähne und bisweilen noch ein dritter, undeutlicher, proximaler Zahn; die Zähne der unteren Schneide sind drei.

Die Hinterecken des Pronotums sind steil, dunkler als das übrige Schild, zum Teil sogar schwarz. Jederseits liegen auf dem Pro- und Mesonotum etwa zehn schwarzbraune Punkte (über ihre Lage vergl. Struck III). Die Umgebung des oralen Teiles der Mittelnaht ist auf dem Pro- und Mesonotum mit braun gesprenkelt. Metanotum ganz blass. Die Stützplättchen der Füsse sind gelblich, die schwarze Chitinleiste des mittleren und hinteren Stützplättchens ist zum Teil braun gesäumt. Die Thorakalsterna ganz blass, ohne Plättchen.

Das Längenverhältnis der Füsse wie 1 : 1,4—1,6 : 2,35—2,45. Die Hintertarsen sind nicht zweigeteilt. Auch der Oberrand der Coxen (vergl. p. 45) und obgleich schwächer der ganze Hinterrand der Fussglieder sind dunkler; auf den Coxen liegen dunkle Punkte. Auf dem Vorderrande der Vordertibien und -tarsen stehen Spitzchen. Auf den Hinterfüssen fehlen die Dorne und Fiederborsten.

Der Rückenhöcker des 1. Abd.-segments ist hoch. Die Kiemen liegen meist praesegmental; die Seitenreihe ist nur durch einen, oft fehlenden, praesegm. Faden auf dem 2. Segmente, oberhalb der Seitenlinie vertreten. Der orale Rand des Rückenschildes auf dem 9. Abd.-segmente ist eingebuchtet, und der orale Teil des Schildes ist braun. Dorsal liegt auf dem

	Rücken-	Seiten-	Bauch-
II	1 1	0—(1)	1
III	1	0—(1)	1
IV	1		1
V	1		1
VI	1		1
VII	0 –1		0—1
VIII	0—1		0—1

Rücken- Seiten- Bauch-reihe der Kiemen der Larve von *Tr. bicolor* Curt.

Stützplättchen des Festhalters median eine braune Binde und lateral eine grosse und einige kleine, braune Makeln.

Die Antennen der *Puppe* sind bis $3\,^1/_2$-mal um das Körperende wickelt. Über die Borsten und Gruben der Oberlippe vergl. Fig. 19 b; alle Borsten sind blass. Die Schneide der Mandibeln ist bis zu der Spitze gesägt. Das 3. und 5. Glied der Maxillarpalpen sind 0,38—0,51 mm lang, das 2. und 4. 0,23—0,33, das 1. bis 0,27 mm.

Die vorderen Flügelscheiden reichen bis zum Ende des 6. Abd.-segments. Die drei ersten Glieder der Vordertarsen sind behaart.

Haftapparat: III 2—3. IV 2—3. V 2–4; 6—7. VI 2—3. Kiemen wie bei der Larve. Die Höcker des 9. Abd.-segments tragen 3—4 Borsten. Das 10. Segment ist bei der Basis der Analstäbchen dorsal stärker chitinisiert, aufgeblasen. Die Analstäbchen entbehren (wie auch das 9—10. Abd.-segment) der Spitzchen, auf der Dorsalfläche und dem medianen Rande stehen von der Mitte bis zur Spitze blasse Borsten (Fig. 19 c). Beim ♂ sieht man ventral auf dem 10. Abd.-segmente hinter den median gerichteten Anlagen der Genitalfüsse und hinter der einheitlichen Penisanlage zwei Loben (Fig. 19 d), in welchen das Ende des langen »very strongly curved in a almost geniculate manner» (Mc Lachlan 1, p. 321, Pl. XXV, 4) Fortsatzes der Genitalfüsse steckt. Beim ♀ keine Loben ventral auf dem 9—10. Abd.-segmente.

Das *Larvengehäuse* ist bis 28 mm lang, vorn bis 2,5 mm breit, meist ganz eben (nur bisveilen sind einige Stücke nicht abgebissen, sondern ragen nach hinten hervor). Die Zahl der Windungen kann bis 14 steigen, die vorderste und hinterste Windung endigen steil. Das Hinterende ist offen, ohne Sekretmembran. Meist ist das Gehäuse aus schmalen Wurzelstückchen u. s. w. verfertigt, doch können auch Moosblätter, Stücke von Grasblättern u. s. w. gebraucht werden. Das *Puppengehäuse* ist 9—13 mm lang; die beiden Enden sind durch graue oder gelbliche, in der Mitte erhabene Sekretmembranen verschlossen, von welchen die vordere mit einer runden, die hintere mit einer dorsoventral länglichen Öffnung versehen ist. Das Gehäuse wird mit den beiden Enden durch je eine breite, unregelmässige, kurzgestielte oder stiellose Haftscheibe auf Wurzeln, Blattstielen, Blättern und aufrecht wachsenden Stengeln der Wasserpflanzen so befestigt, das seine Längsrichtung parallel der Längsrichtung des Pflanzenteiles ist (einmal war doch ein Gehäuse nur mit einem Ende befestigt).

Erotesis baltica Mc Lach.[1])

Fig. 20 a—d Larve, e—f Puppe, g Gehäuse.

Die *Larven* sind bis 8,5 mm lang, 1,2 mm breit. *Die vorherrschende Farbe des Kopfes, des Pro- und Mesonotums ist braun.* Dorsal sind auf dem Kopfe die Umgebung der Augen und *eine breite Binde, die von Foramen occipitis bis zur Zwischengelenkmembran reicht, blassgelb* (Fig. 20 a). Der Hinterteil der Wangen ist blassbraun, die Ventralfläche dagegen, eine schmale, orale Partie ausgenommen, ist braun (Fig. 20 b). Die Ränder des Foramen occipitis sind nur bei einer kurzen Strecke jederseits am oralen Ende des Loches braun. *Auf den Pleuren liegen zahlreiche, deutliche, blasse Punkte* und auf der blassen Mittelpartie des Stirnschildes einige dunkle, undeutliche (Fig. 20 a, b).

Das Endglied der Antennen ist enorm lang (0,25—0,3 mm), so dass es weiter nach vorn reicht als die Oberlippe. *Der linke Oberkiefer auf der unteren Schneide mit drei Zähnen, der rechte auf den beiden Schneiden mit je zwei.*

Am Pronotum ist die Umgebung des Vorderteiles der Mittelnaht blass. Über die Anordnung der Punkte vergl. Fig. 20 c; die Umgebung der Basis einiger Borsten auf der Oberfläche ist auch dunkel. Mesonotum (Fig. 20 d) ist graubraun, der Hinterteil noch blasser. Die Stützplättchen der Füsse und die Füsse sind braun. Auf den Mittelfemora fehlen die kurzen Dorne, und die Hintertibien und -tarsen sind nicht so reichlich behaart wie bei *Triænodes*.

---

[1]) Die Larven und Puppen dieser Art sind denjenigen von *Tr. bicolor* so ähnlich, dass ich in dieser Beschreibung nur die unterscheidenden Merkmale hervorhebe.

Die Höcker des 1. Abd.-segments sind stumpf, und die Spitzchen der Seitenhöcker sind klein. An den wenigen von mir untersuchten Larven konnte ich keine Kiemen finden. Die Schilder des 9—10. Abd.-segments sind zum grössten Teil blass; das Rückenschild des 9. Segments ist nur am Vorderrande braun; auf den Schildern des 10. Segments liegen dorsal einige braune, mediane und laterale Punkte, der distale Teil ist braun. Die auf den seitlichen Teilen der Ventralfläche des 10. Segments stehenden Spitzchen sind relativ gross.

Die ♂-*Puppe* ist 8—8,5 mm lang, 1,4 mm breit. Auf dem Vorderteile der Oberlippe stehen jederseits lateral eine stärkere und *vier schwächere Borsten* und median eine stärkere. Von den Gliedern der Maxillarpalpen ist das 5. 0,50 mm lang, das 3. 0,51, das 2. 0,36, das 4. 0,31 und das 1. 0,25 mm. — Spornzahl 1—2—2.

Die Haftplättchen des 3—6. Abd.-segments sind deutlich, braun. Haftapparat: III 3—4. IV 3—4. V 4; 7—9. VI 4. *Kiemen fehlen.* Die Höcker auf der Dorsalfläche des 9. Abd.-segments sind gross. Das 10. Segment ist nicht dorsal bei der Basis der Analstäbchen aufgeblasen und nicht stärker chitinisiert. *Auf den Analstäbchen* (Fig. 20 e) *stehen nur 4 kurze, dorsale Borsten auf dem distalen Teile, dagegen ist die Dorsalfläche und der Innenrand mit kurzen Zähnchen besetzt. Die nach hinten gerichteten Anlagen der Genitalfüsse* (Fig. 20 f) *reichen viel weiter nach hinten als die abgerundete Penisanlage;* seitlich von dieser liegt auf der Ventralfläche des 10. Segments noch jederseits ein schwacher, abgerundeter Lobus.

Das *Larvengehäuse* ist bis 10 mm lang, vorn 1,5, hinten 0,8 mm breit, gerade, etwas nach hinten schmäler, eben, aus dunklen, etwa 1 mm langen Wurzelstückchen aufgebaut, die schief in Halbringen gelegt sind. In zwei Halbringen, die zusammen einen Ring bilden, stehen die Stückchen rechtwinkelig zu einander, und die Grenzen der Halbringe bilden eine in der Längsrichtung des Gehäuses verlaufende, dorsale und eine ventrale Zigzaglinie (Fig. 20 g). Das Hinterende des Gehäuses ist offen, ohne Sekretmembran. Das *Puppengehäuse* ist 8—10 mm lang. Das Vorderende ist mit einer runden, blassen, in der Mitte erhabenen und mit einer medianen, runden Loche versehenen Mem-

bran verschlossen. Die Membran des Hinterendes ist eckig, in
der Mitte erhaben und von einer medianen, dorsoventral lang
elliptischen, bei der Mitte etwas schmäleren Öffnung durchbohrt.
Die Enden sind mit je zwei langgestielten, breiten Haftscheiben
befestigt. — Finnström, Åland, von Stud. M. Weurlander gefunden, am $^{12}/_7$ 1904 Puppen.

Oecetini.

Allgemeine Merkmale.

Ulmer IV, p. 107—108.

Vom Metathorax nach hinten werden die *Larven* nur all-
mählich und wenig schmäler. Die dorsalen Pleuralinien fehlen.
Hypostomum klein, dreieckig. Die Seitenbürsten der Oberlippe sind
von wenigen, langen Haaren gebildet. Cardo der Maxille ist
beinahe ganz schwarz (bei blassen Exemplaren von *Oe. lacustris*
ist nur der orale Rand schwarz), die mediane Hinterecke des
Stipes ist auch schwarz. Dorsal stehen auf dem 1. Gliede des
Maxillarpalpus keine Haare und Dorne, ventral und auf dem
Innenrande fünf Borsten. Der Maxillarlobus fehlt nicht, wie
Klapálek (II, p. 99, 103, 108) und Ulmer angeben, sondern ist
lang, fingerförmig und trägt am distalen Ende verschieden geformte Sinnesfortsätze, wie sie am Ende des Maxillarlobus, nicht
aber am Ende des 5. Gliedes der Maxillarpalpen stehen. Er
schmiegt sich sehr dicht den distalen Gliedern der Maxillarpalpen an, ist aber deutlich zu sehen (Fig. 21 b). Proximal
trägt er zwei Borsten. Labialstipes blass; Labiallobus ist auch
dorsal vom Stipes durch eine dunkle Chitinspange getrennt.
Auf den Seiten des Lobus stehen einige blasse Haare.

Die Hinterecken des Pronotums sind schwarz (Fig. 21 c).
Senkrecht gegen die Mittelnaht des Mesonotums liegt auf dem
Hinterteile des Schildes eine quere Linie (Fig. 21 d; bei blassen
larven von *Oe. furva* und *Oe. lacustris* ist sie undeutlich). Mesosternum ist ganz häutig (bei *Oe. ochracea* kann man hier bisweilen jederseits ein dunkleres, postsegmentales Gebiet sehen).
Die Stützplättchen der Vorderfüsse wie in Fig. 19 a; das orale

Plättchen ist jedoch relativ breiter. Die Stützplättchen der Mittel- und Hinterfüsse sind undeutlich begrenzt, blass, nur die dunkle Leiste tritt deutlich hervor. Die dunklen Teile der Fussglieder (p. 45) und auch die obere Hinterecke der Coxen sind schwarz (vergl. *Oe. ochracea* p. 81), auf den Coxen liegen dunkle Punkte. Auf den Trochanteren, Femora, Tibien und Tarsen stehen zahlreiche gelbe Dorne, auf dem Vorderrande der Vordertibien und -tarsen von blassen Spitzchen gebildete Kämme. Auf den Mittelfemora fehlen die Fiederborsten. Die Hintertibien sind nicht zweigeteilt. Der basale Teil des Rückenhöckers auf dem 1. Abd.-segmente ist rauh von kurzen, konzentrisch angeordneten Chitinleistchen. Die Chitinpunkte auf den Seiten des 8. Segments, die bei den anderen Leptocerinæ je zwei steife Borsten tragen, fehlen. Kiemen einzeln, auf dem 2—8. Segmente steht je ein praesegmentaler Faden dorsal und ventral und auf dem 2. Segmente ein einziger postsegmentaler bei der Seitenlinie.

Die Oberlippe der *Puppe* distal mit zahlreichen dorsalen Börstchen und einer medianen Grube. Die Maxillarpalpen reichen bis zu der Spitze der Vordercoxen — bis zu der Mitte der Mittelcoxen, die Labialpalpen bis zu der Basis des 3. Gliedes der Maxillarpalpen.

Spornzahl eigentlich 1—2—2, obgleich der Sporn der Vordertibien rudimentär sein kann. Die Hinterfüsse sind nackt. Die Spitzchenfelder auf dem Hinterrande des ersten Abd.-segments sind klein. Die praesegm. Haftplättchen liegen auf dem 3—7. Abd.-segmente. Die Kiemen wie bei der Larve.

Die Analstäbchen sind dorsal und median mit Spitzchen versehen. Beim ♀ ist der Hinterrand des 9. Abd.-segments ventral vorgezogen und am aboralen Ende zweilappig geteilt. Die Anlagen der Genitalfüsse sind stumpf, sie reichen weiter nach hinten als die zwischen ihnen liegende, verkehrt herzförmige Penisanlage. Auf dem 10. Segmente liegt beim ♂ ventral eine Erhöhung, die jederseits einen stachelartigen Fortsatz trägt.

Oecetis ochracea Curt.

Fig. 21 a—e Larve.

Klapálek II, p. 99—103.　　| Ulmer IV, p. 109—110.

Die erwachsenen *Larven* sind 11—13 mm lang. Bei dunklen Larven gehen von der halbkreisförmigen Binde, die die 6 Punkte auf dem oralen Teile des Stirnschildes vereinigt, zwei aboral gerichtete, kurze Binden aus, auf welchen je ein dunkler Punkt liegt; übrigens passt Klapáleks genaue Beschreibung der Kopfzeichnungen gut (II, p. 99; vergl. Fig. 21 a). Bei ganz blassen Exemplaren verschwinden die dunklen Binden, und nur die dunklen Punkte sind zu sehen. Die Wangen und der grösste Teil der Ventralfläche sind gelbbraun, doch liegt auf der letzteren eine weissliche, quere Binde auf der Mitte. Hypostomum ist braun oder gelbbraun. Ventral sind die Ränder des Foramen occipitis und die Grenzen gegen die Mundteile braun. Verhältnis zwischen der Länge der Antenne und des Oberkiefers wie 1 : 4,4—4,8. Die dorsalen Haare der Oberlippe scheinen zahlreicher zu sein als nach Klapálek (Fig. 27,2).

Über die Zeichnungen des Pro- und Mesonotums vergl. Fig. 21 c, d und Klapálek II, p. 100. Bisweilen ist Mesonotum dunkler als Pronotum; es kann der ganze Vorderteil des Pronotums ebenso gefärbt sein wie die gelbbraune Querbinde, der hinter der Binde liegende Teil ist immer blass.

Der proximale Teil des Hinterrandes der Mittel- und Hinterfemora ist braun. Der Basaldorn der Klaue der Mittel- und Hinterfüsse fehlt nicht ganz, wie Klapálek und Ulmer angeben, sondern man sieht mit starker Vergrösserung an der Stelle des Basaldornes eine kurze, abgerundete Warze, die noch einen blassen, breiten Fortsatz trägt (Fig. 21 e). Jedenfalls sind diese Basaldorne somit ganz rudimentär. Das Rückenschild des 9. Abd.-segments ist gelblich, im Vorderteile dunkler, gefleckt, auf dem Hinterrande stehen jederseits 9—13 Borsten und eine Grube. Die Zahl der Rückenhaken auf der Klaue des Festhalters kann bis vier steigen.

Die *Puppen* sind bis 14 mm lang. Die Antennen sind

6

beim ♂ 4—5-mal um das Körperende gewunden; auf dem 1.
Gliede stehen zahlreiche Borsten.

Haftapparat: III 2—3. IV 2—4. V 2—3; 6—9. VI 2—4.
VII 3—4. Die Analstäbchen sind 1,6—1,9 mm lang, sie endigen stumpf; das Ende ist blass, etwas erweitert. Ausser den
Spitzchen stehen auf den Stäbchen 4 blasse Borsten; die erste
dorsale, laterale steht im $^2/_5$—$^8/_{15}$ der Länge des Stäbchens (von
der Basis), die zweite, mediane, steht bei der Biegung des Stäbchens (Klapálek, p. 102) im $^5/_6$—$^9/_{11}$ von der Basis, die dritte
und vierte ganz nahe der Spitze. In der Spitze der Anlagen
der Genitalfüsse steckt der längere Ast der Genitalfüsse des ♂
(Mc Lachlan I, p. 331, Pl. XXXVI).

Das Hinterende des *Larvengehäuses* ist bald offen, bald
durch eine erhabene Sekretmembran verengt, die von einem
grossen, medianen Loche durchbohrt ist. Bald sind die Gehäuse ausschliesslich aus Sandkörnchen (und Glimmerblättchen)
verfertigt, bald sind vegetabilische Teilchen beigemischt, die oft
ringförmige Partien in den Gehäusen bilden, bald sind die Gehäuse ganz aus quergelegten vegetabilischen Fragmenten (und
bisweilen zum Teil aus Schlamm und Sekret) aufgebaut. Solche
aus Pflanzenteilchen verfertigte *Puppengehäuse* sind 11—15 mm
lang, meist eben, schwärzlich, bräunlich oder grau. Gehäuse, die
aus Nüsschen von Wasserpflanzen, gröberen Sandkörnchen u. s. w.
bestehen, sind unebener. An den Rändern der Enden, nicht aber
auf den Membranen, sind grössere Pflanzenteile, Algenfäden,
Schlamm u. s. w. befestigt. Die hintere Membran ist von einem
horizontal, vertikal oder schief liegenden Spalte durchbohrt.

Oecetis furva Ramb. (Klapálek I, p. 103—107; Struck II,
Fig. 43, III, Taf. III, Fig. 14; Ulmer IV, p. 108—109). Die
Kopfkapsel der *Larve* ist etwa gleich lang wie breit (vergl.
Struck II). Bei blassen Larven fehlen die Binden, die die Punkte
des Kopfes vereinigen. Bei sehr dunklen Larven (im Finnischen Meerbusen gefunden) sind die Flecke gross, mit einander verbunden. So liegt bei diesen auf dem Hinterteile des
Stirnschildes eine grosse Makel, die Punkte auf dem Vorderteile des Schildes sind durch eine halbkreisförmige Binde

vereinigt, und zu Seiten des Gabelstieles liegt je eine Binde. Der grösste Teil der Dorsalfläche des Kopfes ist bei solchen dunklen Larven dunkel, sogar auf der Oberlippe liegt ein grosser, dorsaler, medianer, dunkler Fleck Die Grenzen der Kopfkapsel gegen die Mundteile sind braun. Das Verhältnis zwischen der Länge der Antenne und des Oberkiefers ist wie $1 : 1{,}6—2{,}3$. Die Mandibeln sind schon von der Spitze an gekerbt gesägt.

Auf dem Pronotum ist ausser den Punkten auch die Umgebung der Basis der Borsten dunkel, so dass das Schild bei dunklen Exemplaren sehr bunt aussieht. Auf dem Pronotum kommt, obgleich selten, eine undeutliche, dunklere Querbinde vor, wie bei *Oe. ochracea* (vergl. Fig. 21 c). Das Schild des Mesonotums ist bei blassen Individuen undeutlich begrenzt, und die Punkte (die ausser auf den Vorderecken auch spärlich auf dem hinteren Teile und zur Seiten der Mittelnaht liegen) sind undeutlich. Bei dunklen Exemplaren ist das Schild braun, und bei diesen sieht man deutlich die quere Chitinlinie auf dem hinteren Theile (p. 79, vergl. Fig. 21 d). Auf dem Metasternum stehen jederseits nur 2—3 Borsten. Bei dunklen Larven liegen dunkle Punkte auch auf den Trochanteren, Femora und Tibien.

Die ♂-*Puppen* sind bis 9,2, die ♀-Puppen bis 11 mm lang. Die vorderen Flügelscheiden können bis zum 9. Abd.-segmente reichen. Von den Gliedern der Maxillarpalpen ist das 3. 0,43—0,55 mm lang, das 2. 0,31—0,45, das 5. 0,29—0,45, das 4. 0,34—0,44. das 1. 0,24—0,3. Am distalen Ende des Vorderrandes der Vordertibien steht ein rudimentärer, höckerartiger Sporn. Die Tibien sind nackt.

Haftapparat: III 2—4. IV 1—5. V 2—5; 6 --17. VI 2—6. VII 2—4. Die praesegmentalen Plättchen stehen auf einem blassen, scharf begrenzten Gebiete.[1]) Die Spitze der 1,3--1,4 mm langen Analstäbchen ist bald eingebogen. scharf, bald gerade,

[1]) Bei einer Puppe von dieser Art fand ich an der Imago Rudimente des Haftapparats (vergl. Thienemann II, p. 63—64). Auf dem 3—7. Segmente lag nämlich praesegmental jederseits ein dorsales, länglich elliptisches, bräunliches, schwach chitinisiertes Schildchen. Der Hinterrand der Schildchen kann gelappt sein. Auf dem Hinterrande des 5. Segments waren keine Schildchen sichtbar.

etwas erweitert, stumpf. Die Zahl der blassen Borsten steigt bisweilen über die normale (4), die erste steht im etwa $^4/_7$—$^7/_{12}$ der Länge des Stäbchens (von der Basis), die zweite im $^3/_4$—$^5/_7$. Die *Puppengehäuse* sind 8—12 mm lang; sie können, wie auch die bis 14,5 langen Larvengehäuse, ausschliesslich aus kugelförmigen Cyanophyceen-Kolonieen oder aus Charablättern, Fucusfragmenten aufgebaut sein. Das Hinterende des Larvengehäuses ist durch eine Sekretmembran verengt, die von einem medianen Loche durchbohrt ist. Auf den Membranen des Puppengehäuses können kugelförmige Cyanophyceen-Kolonieen befestigt werden.

Oecetis lacustris Pict. (Klapálek II, p. 107—111; Struck III, Taf. III, Fig. 15; Ulmer IV, p. 109). Die Kopfkapsel der *Larve* ist unmerklich länger als breit. Bei den meisten von mir untersuchten Larven sind die Punkte des Kopfes sehr undeutlich, gelb, auf der Ventralfläche fehlen sie sogar. Bei dunklen Larven sind die Zeichnungen des Kopfes, wie Klapálek sie beschrieben hat. Auch bei blassen Larven sind die Grenzen der Kopfkapsel gegen die Mundteile dunkler, und die Ränder des Foramen occipitis ventral schwärzlich. Die dorsalen Haare der Oberlippe scheinen zum Teil länger zu sein als nach Klapálek (Fig. 29,1).

Am Pronotum ist der Hinterteil besonders seitlich blass; bei blassen Larven ist das Schild ohne Punkte und, ausser den Hinterecken, blass. Der Basaldorn der Klaue der Mittel- und Hinterfüsse wie bei *Oe. ochracea* (p. 81). Auf dem Metasternum stehen zahlreiche Borsten.

Die ♂-*Puppen* sind bis 7,2 mm lang, die vorderen Flügelscheiden können bis zum Ende des 8. Abd.-segments reichen. Die Antennen des ♂ können 5-mal um das Körperende gewunden sein. Von den Gliedern der Maxillarpalpen ist das 5. 0,45—0,47 mm lang, das 3. ist 0,43—0,44 mm, das 2. 0,35—0,36, das 4. 0,32—0,34 und das 1. 0,23 mm. Das dritte Glied der Labialpalpen endigt spitz. Tibien nackt.

Haftapparat: III 2—4. IV 2—3. V 2—3; 3—5. VI 2—3. VII 1—3. Die praesegmentalen Plättchen wie bei *Oe. furva*

(p. 83). Die 1,08—1,2 mm langen Analstäbchen endigen wie bei
Oe. ochracea (p. 82) in eine blasse, erweilerte Spitze. Sie tragen
vier Borsten, von welchen die erste im $1/2$—$2/3$, die zweite im
$6/7$ der Länge des Stäbchens steht; die zwei distalen stehen
auf der Spitze.

Die *Gehäuse* können zum Teil oder sogar ausschliesslich
aus kleinen, schwarzen Pflanzenteilen (Samen u. s. w.) aufgebaut sein, und die Sandkörner sind bisweilen zum Teil etwas
grösser, so dass die Oberfläche nicht immer glatt ist. Auf den
Membranen des Puppengehäuses, von welchen die vordere ein
wenig nach innen von der Mundöffnung liegen kann, sind bisweilen Sandkörner aufgeklebt. — Ausser auf Wasserpflanzen
sind die Puppengehäuse an der Unterfläche von Steinen befestigt.

Da die Larven von *Oe. ochracea* und *Oe. lacustris* auch
aus Pflanzenteilchen ihre Gehäuse aufbauen können, kann man
sie nicht mittels des Gehäuses von denjenigen von *Oe. furva*
unterscheiden (vergl. Ulmer IV, p. 108). Besonders sind die
Larvengehäuse von *Oe. ochracea* und *Oe. furva* einander täu-
schend ähnlich. Die Puppengehäuse dieser zwei Arten sind
durch die Öffnung der Hintermembran sicher von einander zu
unterscheiden (vergl. p. 90 und Klapálek II, p. 103 und 107).

Bestimmungstabelle der bisher bekannten Larven der finnischen Leptoceriden.

I. Gehäuse schildförmig. Auf dem Stirnschilde eine orale,
bogenförmige Linie, keine pleuralen Linien. Die Vorder- und
Mitteltibien mit einem distalen Vorsprunge am Vorderrande.
Hinterklauen mit Börstchen.   **Molanninæ.**

A. Kiemen bis vier in einer Gruppe. Stipes der Unterlippe jederseits mit 8—12 Borsten. Hinterklauen sehr kurz.

Molanna angustata Curl.

B. Kiemen bis zwei in einer Gruppe. Stipes der Unterlippe jederseits mit einer Borste. Hinterklauen sehr lang, bor-
stenförmig.   *Molannodes Zelleri* Mc Lach.

II. Gehäuse nicht schildförmig. Auf dem Stirnschilde keine

orale Linie. Die Vorder- und Mitteltibien ohne distalen Vorsprung. Hinterklauen ohne Börstchen.

    A. Mandibeln mit deutlicher Innenbürste. Maxillarpalpen
5-gliedrig. Auf dem 3—8. Abd.-segmente eine Reihe von lateralen Chitinpunkten. **Beræinæ.**

    1. Kiemen in Büscheln vereinigt. Auf dem Rücken der
Mandibeln ein distaler Borstenbüschel. *Beræodes minuta* L.

    2. Kiemen fehlen. Auf dem Rücken der Mandibeln kein
Borstenbüschel. *Berœa pullata* Curt.

    B. Die rechte Mandibel ohne Innenbürste, die linke kann
mit einer ganz schwachen versehen sein. Maxillarpalpen 4-gliedrig.
Chitinpunkte höchstens auf dem 8. Abd.-segmente. Auf den
Pleuren jederseits eine ventrale Linie. **Leptocerinæ.**

    1. Mandibeln messerförmig. Oberlippe mit Seitenbürste.
Kiemen einzeln. Keine Chitinpunkte auf dem 8. Abd.-segmente.

                       Oecetini.

        a. Die Klauen der Mittel- und Hinterfüsse mit einem
           deutlichen Basaldorn. Metasternum jederseits mit
           2—3 Borsten. *Oecetis furva* Ramb.

        b. Die Klauen der Mittel- und Hinterfüsse mit einem
           ganz rudimentären Basaldorn. Metasternum jeder-
           seits mit zahlreichen Borsten.

        α. Das orale Stützplättchen der Vorderfüsse mit zahl-
           reichen (etwa 13) Borsten. Das 9. Abd.-segment
           dorsal jederseits mit 5 Borsten. *Oe. lacustris* Pict.

        β. Das orale Stützplättchen der Vorderfüsse mit einer
           Borste. Das 9. Abd.-segment dorsal jederseits mit
           9—13 Borsten. *Oe. ochracea* Curt.

    2. Mandibeln meisselförmig. Auf dem 8. Abd.-segmente
jederseits eine laterale Reihe von Chitinpunkten.

        a. Die Kiemen stehen in Büscheln. Die Hintertibien
           sind einheitlich. Die Oberlippe ohne Seitenbürste.

                       Leptocerini.

        †. Gehäuse aus Sekret. Hypostomum breiter als lang.
           Mesonotum schwach chitinisiert, mit zwei schwarzen

Längsstrichen. Kiemen noch auf dem 8. Abd.-
segmente.

×. Kopf ohne Zeichnungen, Pronotum mit glänzend schwarzem Vorderrande.

Leptocerus senilis Burm.

××. Kopf mit Zeichnungen, Pronotum mit braunem
Vorderrande.   *L. fulvus* Ramb.

††. Gehäuse aus fremden Partikeln.

×. Kiemen noch auf dem 7. Abd.-segmente. Mesonotum wie *a* †.

∪. Pronotum ganz blass, ohne Punkte.

L. annulicornis Steph.

∪∪. Pronotum gelblich, aboral dunkler, mit
Punkten.   *L. excisus* Mort.

××. Kiemen nur auf dem 1—3. Abd.-segmente. [1]

∪. Mesonotum wie *a* †.

∆. Kopf ventral zum grössten Teil schwarz;
das Pro- und Mesonotum mit Punkten.

L. cinereus Curt.

∆∆. Kopf ventral braun; das Pro- und Mesonotum ohne Punkte (Klapálek II,
p. 92; Struck III, Taf. III, Fig. 4).

L. bilineatus L. (Mc Lach.)

∪∪. Mesonotum ohne die Längsstriche, stark
chitinisiert. Kopf meist mit deutlichen,
dunklen Gabellinienbinden. Pro- und Mesonotum meist mit deutlichen, dunklen
Punkten.   *L. aterrimus* Steph.

b. Die Kiemen stehen einzeln oder fehlen. Die Hintertibien sind zweigeteilt. Die Oberlippe mit Seiten-
bürste.   Mystacidini.

†. Gehäuse aus spiralig gelegten Pflanzenstoffen, ohne
Belastungsteile.   *Triænodes.*

---

[1] In Klapáleks Schema (II. p. 93) für *L. bilineatus* sind die Kiemen
als auf dem 2—4. Segmente stehend aufgeführt; aus dem Texte geht jedoch
hervor, dass sie auf dem 1—3. Abd.-segmente stehen.

×. Kopf mit deutlichen Gabellinienbinden.
> *Tr. bicolor* Curt.

××. Kopf ohne Gabellinienbinden (Ulmer IV, p. 106).
> *Tr. conspersa* Curt.

††. Gehäuse nicht aus spiralig gelegten Pflanzenstoffen, oft mit Belastungsteilen.

×. Kopf mit deutlicher, schwarzer H-förmiger Figur.

᠊. Kiemen auf dem 2—4. Abd.-segmente.
> *Mystacides nigra* L.

᠊᠊. Kiemen auf dem 2—7. (8). Abd.-segmente.
> *M. longicornis* L.

××. Kopf ohne H-förmige Figur.

᠊. Kopf mit dunklen Punkten; die Mittelpartie der Dorsalseite des Kopfes nicht blasser als die Umgebung.   *M. azurea* L.

᠊᠊. Kopf mit grossen, blassen Punkten; von Foramen occipitis zieht bis zu der Gelenkmembran eine breite, blasse Binde.
> *Erotesis baltica* Mc Lach.

Bestimmungstabelle der bisher bekannten Puppen der finnischen Leptoceriden.

I. Antennen nicht um das Körperende wickelt. Sporne der Hintertibien 4.

A. Gehäuse schildförmig. Spornzahl 2—4—4.
> **Molanninæ.**

1. Kiemen bis vier in einer Gruppe. Auf dem Hinterrande des 1. Abd.-segments jederseits ein Spitzchenfeld.
> *Molanna angustata* Curt.

2. Kiemen bis zwei in einer Gruppe. Der ganze Hinterrand des 1. Abd.-segments mit Spitzchen besetzt.
> *Molannodes Zelleri* Mc Lach.

B. Gehäuse konisch. Spornzahl 2—2—4.
> *Berœodes minuta* L.

II. Antennen um das Körperende wickelt, Sporne der Hintertibien 2.   **Leptocerinæ.**

A. Spornzahl 2—2—2. Kiemen in Büscheln vereinigt.
Leptocerini.

1. Gehäuse aus Sekret, mit einem ventralen Querspalte und vor diesem liegenden Vorbau am vorderen und mit einem dorsalen Loche am hinteren Ende. Kiemen auf dem 2—8. Abd.-segmente. Analstäbchen lang, schlank, ohne stärkere Zähne.

    a. Die basale Borste des Analstäbchens steht im $^1/_{20}$ —$^1/_5$ der Länge des Stäbchens (von der Basis).
Leptocerus senilis Burm.

    b. Die basale Borste steht im $^1/_3$—$^3/_5$ der Länge des Stäbchens.   *L. fulvus* Ramb.

2. Gehäuse aus fremden Partikeln, ohne oralen Vorbau.

    a. Gehäuse mit je einem horizontalen, dorsalen Spalte am Vorder- und Hinterende, breit, dorsoventral zusammengedrückt. Kiemen auf dem 2—7. Abd.-segmente. Analstäbchen stark.

    a. Puppen 6,6—10,3 mm lang. Dorsale, praesegm. Kiemen noch auf dem 4—6. Abd.-segmente. Die basale Borste des Analstäbchens steht im $^3/_5$—$^4/_7$ der Länge des Stäbchens.   *L. annulicornis* Steph.

    β. Puppen 6—7 mm lang. Dorsale, praesegm. Kiemen nur auf dem 2—3. Abd.-segmente. Die basale Borste steht im $^1/_4$ der Länge des Stäbchens.
L. excisus Mort.

    b. Gehäuse mit je einem medianen, runden oder vertikalen Loche am Vorder- und Hinterende, konisch. Kiemenbüschel fehlen auf dem 4—8. Abd.-segmente.

    α. Analstäbchen kurz, stark. Kiemen auf dem 1. Abd.-segmente. Die Häckchen der praesegm. Haftplättchen, die auf dem 3—6. Segmente liegen, schwach, gerade.   *L. aterrimus* Steph.

    β. Analstäbchen lang, schlank. Kiemen fehlen auf dem 1. Abd.-segmente. Die Häckchen der praesegm. Plättchen, die auf dem 3—7. Segmente liegen, stark, gebogen.

    †. Die Puppen 12—13 mm lang, Mandibeln mit einem

stärkeren Zahne, das 2—4. Glied der Hintertarsen
behaart.   L. *cinereus* Curt.

††. Die Puppen 7,5—8,2 mm lang, Mandibeln gleichmässig gesägt, Hintertarsen nackt (nach Klapálek II,
p. 94—95).   L. *bilineatus* L. (Mc Lach.).

B. Spornzahl 0—2—2 oder 1—2—2. Kiemen einzeln
oder fehlen.

1. Oberlippe mit zahlreichen dorsalen, distalen Börstchen.
Praesegm. Haftplättchen auf dem 3—7. Abd.-segmente. Oecetini.

α. Vordertibia (distal) und Mitteltibia behaart. Länge
10,5—14 mm. Spornzahl 1—2—2. Die dorsalen
Höcker auf dem 9. Abd.-segmente mit 9—12 Borsten. Der Vorderrand der Oberlippe in eine lange,
schnabelförmige Spitze verlängert. Die hintere
Membran des Puppengehäuses von einem Spalte
durchbohrt.   Oe. *ochracea* Curt.

β. Tibien nackt. Spornzahl 0—2—2 (vergl. p. 80).
Die dorsalen Höcker auf dem 9. Segmente mit
3—4 Borsten. Der Vorderrand der Oberlippe in
eine breit dreieckige, kurze Spitze verlängert. Die
hintere Membran des Puppengehäuses von einer
rundlichen Öffnung durchbohrt.

†. Länge 7—11 mm. Die Spitze der Oberlippe stumpf.
Das 2., 4. und 5. Glied der Maxillarpalpen beinahe
gleich lang, kürzer als das 3.   Oe. *furva* Ramb.

††. Länge 6—8,2 mm. Die Spitze der Oberlippe spitz.
Das 5. Glied der Maxillarpalpen am längsten, dann
folgen das 3., 2. und 4.   Oe. *lacustris* Pict.

2. Oberlippe jederseits mit 5—6 dorsalen, distalen Borsten. Praesegm. Haftplättchen auf dem 3—6. Abd.-segmente.
                                    Mystacidini.

α. Gehäuse aus feinen Pflanzenstoffen. Spornzahl 1—
2—2. Labrum mit einem stumpfen, medianen Fortsatze auf dem Vorderrande.

†. Kiemen sind vorhanden.

    ×. Analstäbchen auf dem Aussenrande mit einem
      dickeren Dorne (Ulmer IV, p. 106).

                              Triænodes conspersa Curt.

  ×. Der Dorn fehlt.   *Tr. bicolor* Curt.

††. Kiemen fehlen.   *Erotesis baltica* Mc Lach.

 β. Gehäuse hauptsächlich aus Sandkörnchen, meist
    mit seitlichen Belastungsteilen. Spornzahl 0—2—2.
    Mitte des Vorderrandes der Oberlippe eingebuchtet.

 †. Kiemen sind vorhanden.

    ×. Ende des Analstäbchens schwach umgebogen,
      stumpf (Thienemann I, p. 261).

                           Mystacides nigra L.

  ×. Ende des Analstäbchens stark klauenartig um-
    gebogen, zugespitzt.   *M. longicornis* L.

††. Kiemen fehlen.   *M. azurea* L.

Hydropsychidae.

Hydropsyche. [1])

Ulmer IV, p. 112—115.

Die Abdominalsegmente der *Larve* sind ziemlich gleich
breit, oder werden nach hinten ein wenig schmäler; das 9.
Segment ist immer schmäler als die vorderen. Kopf ist etwas
schmäler als Prothorax. Auf dem Stirnschilde stehen dunenartig verzweigte Borsten, und auf der ganzen Dorsalfläche und
den Seiten des Kopfes kurze Borsten und Stäbchen, die auf
dem Stirnschilde besonders auf den Vorderecken zahlreich sind.
Ventral ist der Kopf sehr spärlich beborstet. Da die Borsten
und Stäbchen auf den dunkel gefärbten Partien zahlreicher
sind, als auf den blassen, variiert die Stärke der Beborstung

---

[1]) Die hier aufgeführten Eigenschaften sind den Larven und Puppen
von *H. saxonica* Mc Lach., *H. angustipennis* Curt. und *H. instabilis* Curt.
gemeinsam; die Larven und Puppen von *H. lepida* Pict. weichen, wie aus
der Beschreibung p. 108—110 ersichtlich ist, in einigen Punkten von den
grösseren *Hydropsyche*-Arten ab.

bei derselben Art, ist aber immer sehr reichlich. Auf dem
dunklen Stirnschilde liegen normal vier blasse Flecke, nämlich
ein oraler, zwei laterale und ein aboraler. Von diesen sind die
lateralen am deutlichsten und die am regelmässigsten vorkommenden, die anderen können undeutlich sein oder fehlen; anderseits können die Flecke zusammenfliessen, wie auch ihre
Grösse bei derselben Art sehr variabel ist. Dagegen kommen
die kleinen, blassen Punkte immer in derselben Anordnung vor
(Fig. 22 a, 23 a, 24 a). Es liegen auf dem aboralen Flecke 4—6
Punkte, hinter ihm 2—3, zwischen dem aboralen und den lateralen jederseits 2—3 und zwischen den lateralen und dem oralen jederseits 2. Auch die 2 schwarzen Punkte bei der Mitte
des Schildes sind immer zu sehen. Die Gabellinienbinden sind
meist bei der etwa in der Mitte der Gabeläste liegenden Einbuchtung lateral erweitert, so dass die gelbliche Binde, die
auf den Wangen von dem die Augen umgebenden blassen
Flecke meist bis zum Foramen occipitis zieht, hier schmäler ist.
Ventral ist der orale Teil der Kopfkapsel meist blass, und
diese blasse Partie hängt mit den blassen Augenflecken zusammen. Auf den Gabellinienbinden, den Wangen und den hinteren, dunklen Teilen der Ventralfläche liegen dunklere oder
blassere Punkte. Die Ränder des Foramen occipitis sind schwarz,
und die Grenzen gegen die Mundteile dunkel. Die Pleuren berühren einander ventral vom Foramen occipitis bis zum Cardo
der Unterlippe, da das Hypostomum fehlt.

Die Antenne ist von einer blassen Erhöhung ganz nahe
bei der Basis der Mandibeln vertreten, die zwei blasse Borsten
und zwei kurze Sinnesstäbchen trägt. Die Gelenkmembran der
Oberlippe ist blass. Das Verhältnis zwischen der Breite und
Länge der Oberlippe ist wie 1,9—2,2 : 1. Die Seiten des stärker chitinisierten Schildes der Oberlippe sind winkelig gebrochen, der Vorderrand ist ziemlich gerade (Fig. 24 b). Auf
der Oberlippe stehen blasse, gelbliche und dunkle dorsale Borsten und ventrale Haare. Auf der oberen Schneide des rechten
Oberkiefers steht unter der Spitze kein Zahn, auf der unteren
unter der Spitze vier. Von diesen sind der erste und dritte
(von der Spitze gerechnet) am grössten, der zweite am klein-

sten, der vierte ist stumpf (Fig. 22 b). Die mediane Haarbürste
fehlt auf dem rechten Oberkiefer, dagegen steht nahe bei der
oberen Schneide dorsal eine Reihe von kurzen Härchen. Auf
der linken Mandibel steht zwischen den beiden Spitzen ein kleiner Zahn, auf der oberen Schneide auch ein kleiner und auf
der unteren vier, von welchen die drei distalen gleich sind;
der proximale Zahn ist stumpf, breit. Die mediane Haarbürste
ist auf der linken Mandibel vorhanden, und auf der oberen
Schneide steht eine dorsale Reihe von kurzen Härchen (Fig. 25 b).
Der Rücken der beiden Mandibeln ist ausgehöhlt, und in der
Aushöhlung stehen zahlreiche Borsten.

Der stärker chitinisierte, dunkelbraune Cardo der Maxille
trägt zahlreiche Borsten. Die mediane, aborale Partie des Stipes
ist stärker chitinisiert; auf der vorderen, medianen und hinteren,
lateralen Ecke des Schildchens und auf den anliegenden oralen,
weichen Teilen stehen auch Borsten. Die Maxillarpalpen sind
fünfgliedrig; das 1. Glied ist am stärksten und längsten, dann
folgt das 2., das 3—5. Glied sind sehr kurz; jedes distale Glied
ist schmäler als das nächste proximale; das 5. Glied trägt einige
kurze Sinnesstäbchen. Auf der Ventralfläche des 1. Gliedes
steht eine Borste auf dem Vorderrande des Schildchens und ein
kurzes Stäbchen auf dem Innenrande. Der Maxillarlobus ist
konisch, mit Sinnesstäbchen auf dem medianen Rande und auf
der Spitze. Dorsal sind der Stipes, das 1. und 2. Palpenglied
und der Lobus der Maxillen sammt der Labiallobus behaart
(auf dem letzteren steht jederseits auch eine kurze Borste). Der
gelbbraune Cardo der Unterlippe wie bei Klapálek (I, Fig. 18,3,
er ist somit aboral spitz vorgezogen), so auch der Stipes (der
proximal stärker chitinisiert und gelbbraun, distal blass ist) und
der Lobus. Dieser ist gegen den Stipes von einer dunklen,
breiten, ventral und lateral liegenden Chitinspange begrenzt. Das
Schildchen des Stipes ist beborstet, besonders die zwei vorderen
Läppchen. Die Labialpalpen sind zweigliedrig, das 2. Glied
ist kurz und trägt drei kurze Sinnesstäbchen, von welchen eines
zweigliedrig ist. Auf dem Lobus liegen ventral zwei Börstchen
und zwei Chitinstäbchen.

Die Thorakalsegmente sind, obgleich wenig, nach vorn

stufenweise schmäler. Das Schild des Pronotums bedeckt ganz
die Seiten, das des Mesonotums zum Teil, das des Metanotums,
das ausgebreitet schmäler ist als das Schild des Mesonotums, nur
sehr wenig. Das Schild des Pronotums ist durch eine Mittelnaht geteilt, die anderen sind ohne die Mittelnaht. Die Schilder sind ebenso gefärbt wie der Kopf oder etwas blasser, und
dann ist Metanotum am blassesten, Pronotum am dunkelsten. Auf
dem Schilde des Pronotums sind die Seitenränder, die Vorder-
und Hinterecken und meist, obgleich schwächer, die Mitte des
gezähnten Hinterrandes schwarz, der Vorderrand ist braun
(Fig. 23 b). Die Umgebung der Seiten ist blasser und die der
Mittelnaht dunkler als die Grundfarbe. In den Exuvien sieht
man undeutliche, dunklere Punkte auf der Mitte der beiden
Hälften des Pronotums. Auf den Vorderecken stehen längere,
dunkle Borsten, auf dem Vorderrande blasse Haare und gelbe
Stäbchen, auf der Dorsalfläche zahlreiche kürzere, dunkle Borsten und gelbe Stäbchen. Auf den Schildern des Meso- und
Metanotums liegen dunklere Punkte in der Anordnung wie
Fig. 22 d und e zeigen. Die Vorderecken sind breit schwarz,
die Seiten und die Hinterecken schmäler schwarz (Fig. 22 d, e).
Die Mitte des Hinterrandes des Mesonotums ist dreizackig ausgeschnitten, und hier liegt eine schwarze Makel, deren Form für
die verschiedenen Arten (Fig. 22 d, 23 c, 24 c) gute Charaktere
bietet. In der Mitte des Hinterrandes des Metanotums ist diese
Makel kleiner, hat aber wieder bei den verschiedenen Arten ihre
bestimmte Form (Fig. 22 e, 23 d, 24 d). Auf der Dorsalfläche
dieser Schilder zahlreiche Borsten und Stäbchen, jene sind am
Vorderrande dunkler. Die Stützplättchen der Vorderfüsse sind
zwei, über ihre Form vergl. Fig. 22 c. (Die Punkte sind Narben
abgebrochener Borsten.) Die Stützplättchen der Mittel- und Hinterfüsse sind von einer dorsoventralen, schwarzen Chitinleiste geteilt,
hinter welcher zahlreiche Borsten stehen, der ventrale Rand der
Plättchen ist schwarz. An die Stützplättchen der Mittel- und Hinterfüsse fügt sich ein orales, stumpf dreieckiges Schildchen mit
zum grössten Teil dunkleren Rändern und drei Borsten (Fig. 24 e).
Auf dem Prosternum stehen zwischen den Coxen und dem Hinterteile der Stützplättchen der Vorderfüsse kurze Borsten, und hin-

ter diesen liegt ein grosses, gelbbraunes, am Vorder- und Hinterrande schwarzes Schild, das bis zu den Hinterecken des Pronotumschildes reicht. Hinter diesem liegen noch zwei kleine Schildchen, die in je zwei Schildchen geteilt sein können. Der
Sporn fehlt. Beinahe auf dem ganzen Meso- und Metasternum
stehen kurze Borsten, die Schildchen fehlen.

Der Oberrand der Coxen ist stark schwarz, schwächer
schwarz sind der Unterrand der Coxen, der Ober- und Hinterrand der Trochanteren, der obere Teil des Hinterrandes der
Femora und die Grenze zwischen dem Femur und der Tibia,
auch die anderen Ränder der Glieder sind dunkler als die Grundfarbe. Auf den Füssen stehen zahlreiche dunklere und blassere Borsten und Dorne, blasse Haare und gelbliche, gefiederte
Dorne und Borsten. Auf dem Hinterteile der Coxen stehen
starke, schwarze Dorne und Borsten, auf dem Vorderrande des
Trochanters, des Femurs, der Tibia und des Tarsus gelbe Dorne
und Fiederdorne. Auf den Vordertrochanteren und -femora
sind die Fiederdorne am längsten. Vorderklaue vergl. Fig. 22 f;
der Basaldorn der Mittel- und Hinterklauen ist stark, zapfen-
förmig.

Auf dem Mesosternum steht jederseits ein lateraler Kiemenbüschel bei der Basis der Coxen, auf dem Metasternum jederseits
ein ähnlicher lateraler und ein medianer. Auf der Ventralfläche des 1. Abd.-segments stehen jederseits zwei Kiemenbüschel,
die nahe bei einander entspringen und zwischen dem lateralen
und dem medianen Büschel des 2. Segments sich befinden. Auf
dem 2—6. Abd.-segmente steht jederseits ventral ein medianer,
einfacher und ein lateraler, doppelter Kiemenbüschel, in welchem die Kiemenfäden von zwei stärkeren, von einem Punkte
ausgehenden Axen ausstrahlen. Auf der Ventralfläche des 7.
Segments findet man nur den lateralen, doppelten Kiemenbüschel,
oder er fehlt auch. Auf dem 3. Abd.-segmente steht lateral, postsegmental ein konisches Kiemenanhängsel, so auch auf dem 7.
Segmente (auf welchem man bisweilen hinter dem konischen ein
kürzeres, stumpfes, breites Kiemenanhängsel sieht). Das 4—6.
Abd.-segment sind mit je drei konischen, lateralen Anhängseln versehen, die hinter einander stehen; auf jedem Segmente ist das

orale Anhängsel am kleinsten, das aborale am grössten. Auf
dem 10. Abd.-segmente stehen postsegmental vier Analkiemen.
Auf der rötlichen Dorsalfläche des 1—8. Abd.-segments
liegen blasse Punkte und Binden, die auf dem blassen 9. Segmente fehlen. Das 1—9. Abd.-segment sind dorsal dicht mit
kurzen, dunklen Borsten und Stäbchen und ventral mit kurzen,
dunklen Borsten besetzt. Auf dem 8—9. Segmente sind die
Borsten ventral länger und zahlreicher als auf den vorderen;
auf den ventralen Chitinplättchen des 8—9. Segments stehen
gelbe Dorne.

Auf dem 8. Abd.-segmente liegen ventral zwei dreieckige, gelbbraune Chitinschildchen, auf dem 9. ebenfalls ventral zwei ähnliche, aber grössere Schildchen, die beinahe die
ganze Ventralfläche des Segments bedecken. Ausserdem liegen
auf dem 9. Abd.-segmente zwei kleinere, dreieckige, dorsale und
zwei noch kleinere, laterale Schildchen. Alle diese Schildchen
tragen lange Borsten und ausserdem die ventralen, wie gesagt,
gelbe Dorne. Das 1. Glied des Festhalters [1]) ist viel länger als
breit, stark beborstet, mit einem Chitinschilde versehen, das die
mediane Seite nicht bedeckt; am proximalen Ende ist das Schild
ventral und lateral schwarz. Am distalen Ende trägt es einen
grossen, schwarzen, dorsalen Borstenbüschel. Das 2. Glied des
Festhalters ist kurz, ventral gekehrt, lateral und median blass,
weich, ohne Borsten, dorsal und ventral mit je einem Chitinschildchen bedeckt und beborstet. Die Klaue des Festhalters
ist durch eine Chitinnaht zweigeteilt, auf den beiden Teilen
stehen einige Borsten. Die Klaue ohne Rückenhaken und ventrale Zähnchen (Fig. 23 c).

Die Antennen der ♂-*Puppen* reichen ebenso weit nach hinten
wie das Abdomen oder noch etwas weiter, am distalen Ende
sind sie leicht gebogen. Die Antennen des ♀-Puppe sind am

---

[1]) Um diese Deskriptionen mit den früheren von Klapálek und Ulmer
in Konformität zu bringen, beibehalte ich die früheren Bezeichnungen der
Glieder des Festhalters, obgleich z. B. das 1. Glied des Festhalters bei der
Gattung *Hydropsyche* mit dem 1. Gliede bei Polycentropinen und diese beiden mit dem 1. Gliede bei den raupenförmigen Trichopterenlarven gar nicht
homolog sind.

Ende gerade, kürzer als der Körper. Bei jungen Puppen ist das Abdomen rötlich, das 9. Segment, Kopf und Thorax gelblich, bei älteren schimmern die Teile der Imago durch, so dass sie dunkler werden.

Die Stirn ist etwas aufgeblasen, so dass zwischen ihr und der Oberlippe eine seichte Furche entsteht. Auf dem Kopfe, auch auf der Stirn, zahlreiche Borsten. Das 1. Glied der Antennen ist dicker, nicht aber länger als die folgenden und ist mit einigen Borsten versehen. Die meisten Glieder sind viel länger als breit und an ihrem distalen Ende breiter. Oberlippe, vergl. Fig. 24 f. Die beiden Mandibeln mit zahlreichen Borsten auf der Basis der Ventralfläche, ausserdem stehen auf dem Rücken 2—5. Borsten. Von den vier Zähnen der linken Mandibel ist der 2. (von der Spitze gerechnet) am kleinsten, der 4. am grössten; die Schneide und die Zähne der Mandibeln sind undeutlich und stumpf gesägt. Die Maxillarpalpen sind in einem seichten Bogen nach hinten gerichtet, das 5. Glied ist etwas gebogen, am schmälsten und längsten (1,40 —1,95 mm), dann folgen das 4. (0,35—0,48 mm), das 2. (0,31 —0,44), das 3. (0,32—0,43), welche zwei letztere etwa gleich lang sind, und das 1. (0,21 - 0,3). Von den Gliedern der geraden Labialpalpen ist das 3. am schmälsten und längsten (0,59—0,83 mm), dann folgt das 1. (0,21—0,38) und das 2. (0,21 —0,27) Glied.

Die vorderen Flügelscheiden reichen bis zum Anfang des 5. — zum Ende des 6. Abd.-segments; die hinteren sind ein wenig kürzer. Der Aussenrand der Flügelscheiden ist gebogen und am distalen Ende in einen stumpfen Fortsatz verlängert. Die vorderen Coxen sind reichlich, die mittleren und besonders die hinteren spärlich beborstet. Alle Trochanteren reichlich beborstet. Am distalen Ende des Vorder- und Mittelfemurs einige Borsten. Die Sporne der Vorder- und Mitteltibien sind spitz, ungleich lang, die der Hintertibien sind stumpfer. Am distalen Ende des Hinterrandes der Vorder- und Mitteltibien steht gegenüber den Spornen ein kleiner Höcker, der auf den Hintertibien schwer zu sehen ist. Das 1—3. Glied der Mitteltarsen ist reichlich, das 4. spärlich behaart. Die Krallen der Vordertarsen sind

7

sehr kurz, nicht stärker chitinisiert, die der Mittel- und Hintertarsen sind noch kleiner, oft als kaum wahrzunehmende Höcker
entwickelt (Fig. 23 f).

Auf den Thorakal- und Abdominalsegmenten stehen zahlreiche dorsale Borsten, besonders auf dem 4—5. Abd.-segmente
(auf dem 8—9. Abd.-segmente sind sie am spärlichsten). Auf
dem 4—9. Segmente stehen sehr lange Borsten. Auch ventral
ist das 2—9. Abd.-segment reichlich beborstet. Die Häkchen
der praesegmentalen Plättchen auf dem 3—8. Abd.-segmente
stehen in einer Querreihe. Die Häkchen des 3. und 5—8. Segments sind spitz, die des 4. stumpf. Auf den Plättchen des
5—8. Segments variiert die relative Grösse der Häkchen eines
Plättchens bei verschiedenen Individuen (vergl. Klapálek I, p.
50—51). Die postsegmentalen Plättchen des 3. Segments sind
stark, querlänglich, und auf ihrem vorderen und hinteren Rande
stehen sehr zahlreiche und spitze Häkchen in je einer Reihe.
Die postsegmentalen Plättchen des 4. Segments sind klein, mehr
rundlich und nur auf ihrem Hinterrande mit einer Reihe weniger, spitzer Häkchen bewehrt. Alle Häkchen gerade.[1]

---

[1] Bei der Gattung *Hydropsyche* ist in Ausnahmsfällen die Zahl der
Haftplättchen sowohl post- als praesegmental über das Normale vermehrt.
So fand ich bei einer Puppe von *H. saxonica* auf dem 2. Abd.-segmente
jederseits ein praesegm., undeutliches Plättchen mit je einem Häkchen. Bei
H. lepida scheint das Vorkommen der praesegm. Haftplättchen auf dem 2.
Abd.-segmente allgemein zu sein, wenn man auf Grund des spärlichen untersuchten Materials diesen Schluss ziehen darf. Von den zwei Puppen,
die von dieser Art untersucht wurden, lag nämlich bei der einen hier jederseits ein Plättchen mit spitzen Häkchen auf dem Hinterrande, bei der
anderen nur auf einer Seite. Auf dem den Trichopteren im allgemeinen
normalen Platz der postsegm. Plättchen, auf dem 5. Segmente, wo diese
Plättchen bei *Hydropsyche* gewöhnlich fehlen, lag bei einer Puppe von *H.
angustipennis* auf einer Seite ein postsegm. Plättchen mit drei in einer
Reihe auf der Mitte des Plättchens stehenden, oral gerichteten, stumpfen
Häkchen und bei einer anderen Puppe derselben Art zwei ähnliche Plättchen. Auch oralwärts können die postsegm. Plättchen vermehrt werden,
denn bei einer Puppe von *H. saxonica* fand ich auf dem 2. Segmente postsegm. auf einer Seite ein in zwei Teile getrenntes kleines Plättchen mit
fünf kleinen, spitzen Häkchen. Eine ähnliche, einseitige, abnorme Vermeh-

Die lateralen Kiemenanhängsel wie bei der Larve, auf dem 7. Abd.-segmente steht hinter dem spitz konischen Anhängsel immer noch eine breitere, kürzere, stumpfere Kieme. Auf der Ventralfläche des 2—6. (7.) Abd.-segments steht jederseits nur der laterale, doppelte Kiemenbüschel, die Kiemen des Thorax und des 1. Abd.-segments fehlen.

Die langen, stark chitinisierten Analanhänge sind am distalen Ende ausgehöhlt, und die mediane und laterale Ecke der Aushöhlung ist in eine Spitze verlängert. Der ventrale Rand der Aushöhlung ist gesägt. Auf dem distalen Teile der Dorsalfläche und des medianen Randes und auf dem ganzen lateralen Rande stehen schwarze Borsten und auf der Ventralfläche kleine Dörnchen auf einem Gebiete, das das ganze distale Ende einnimmt, proximalwärts aber immer schmäler werdend auf den Aussenrand sich fortsetzt (Fig. 24 g, h) [1]).

Die Anlagen der Genitalfüsse sind von oben gesehen zwischen den Analanhängen sichtbar und reichen viel weiter nach hinten als die zwischen ihnen liegende, kurze Penisanlage, die zweigeteilt, mit abgerundeten Hälften ist. Bei den verschiedenen Arten ist die Form der Anlagen der Genitalfüsse verschieden (Fig. 22 g, 23 g, 24 g).

rung der Haftplättchen konnte ich bei einer anderen Puppe dieser Art konstatieren, indem auf dem 3. Abd.-segmente auf einer Seite zwei praesegm. Plättchen mit 17 resp. 6 Häkchen lagen (auf der anderen Seite lag ein Plättchen mit 10 Häkchen) Bei derselben Puppe war auch das postsegm. Plättchen des 4. Abd.-segments auf einer Seite abnorm gebildet: dieses trug Häkchen auf ihrem Vorder- und Hinterrande, (zusammen 36), wie die postsegm. Plättchen des 3. Segments, welchen es auch ihrer Form glich, obgleich es nicht so schmal war wie sie.

[1]) Einige abnorme Analanhänge mögen hier beschrieben werden. Bei einem ♂ von *H. angustipennis* war der eine Analanhang normal, 0,7 mm lang, der andere aber war nur 0,3 mm lang, ventral standen zwei Borsten, alle anderen Borsten fehlten, beinahe die ganze Ventralfläche war von Dörnchen bedeckt; die distale Aushöhlung war ganz auf die Dorsalseite gerückt. — Bei einem ♂ von *H. instabilis* war der eine Analanhang ganz verkümmert, der andere war 0,34 mm lang, 0,18 mm breit, die Dörnchen und die distale Aushöhlung waren wie bei dem vorigen, ventral und dorsal standen einige distale Borsten.

Die losen, unregelmässigen Röhrchen der Larven bestehen zum grössten Teil aus vermodernden, schwärzlichen, vegetabilischen Teilchen (Wurzelteilchen, Hölzchen, Blattfragmenten),
die innen von einer Sekretmembran austapeziert sind. Oft sind
die Zufluchtsorte der Larven nicht röhrchenförmig, ringsum
geschlossen, sondern stellen breite, an der Unterseite nicht ge-
schlossene Deckel dar. Nur selten fand ich Sandkörner und
Steinchen in diesen Bauten der Larve. Die Puppengehäuse sind
meist aus relativ grossen Steinchen aufgebaut, von welchen die
grössten so schwer sind, dass es schwer zu verstehen ist, wie
die Larven sie zu transportieren im Stande sind. Die Bauchseite des Gehäuses ist gerade, von einer graulichen Sekrethaut
gebildet und auf der Unterfläche eines grösseren Steines befestigt.
Ausserdem können die Seiten oder die Rückenfläche auf einem
kleineren Steine befestigt werden (Fig. 22 h), oft mehrere Gehäuse auf demselben Steine. Der so befestigte Teil besteht
dann nur aus Sekret. Die das Gehäuse innen tapezierende
Membran ist an den beiden Enden von einigen Löchern durchbohrt, die sogar ein kleines Netz bilden können und die von
stärkerem Sekret umgeben sind (s. auch Thienemann II, p.
49—51).

Hydropsyche saxonica Mc Lach.

Fig. 22 a—f Larve, g Puppe, h—i Puppengehäuse.

Klapálek I, p. 51—54.

Da alle von mir untersuchten, bis 20 mm langen *Larven*
dieser Art von demselben Ort herstammen, sind ihre Zeichnungen ziemlich gleich. Die dunklen Teile des Kopfes sind dunkelbraun, der hintere Teil der Dorsalfläche der Pleuren ist gelb bis
gelbbraun, die übrigen blassen Partien des Kopfes sind gelblich.
Die lateralen Flecke des Stirnschildes sind gross (Fig. 22 a), die
anderen, besonders der orale, sind bisweilen undeutlich. *Auch
die hinteren kleinen Punkte des Stirnschildes sind blass, wie
auch die Punkte der Pleuren.* Auf dem Stirnschilde sieht
man zwischen dem aboralen und den lateralen Flecken je-

derseits nur zwei blasse Punkte (Fig. 22 a). Die ventralen
dunklen Flecke berühren aboral einander, sie reichen bald bis
zu den Mundteilen, bald ist die vordere Partie der Ventralfläche blass.

Die Thorakalnota sind graubraun, gelbbraun oder braun.
*Die Mitte des Hinterrandes der beiden Schildhälften ist auf dem
Pronotum braun. Die Umgebung der Vorderecken des Mesonotums ist meist blasser als das übrige Schild, die lateralen Partien
aber nur selten. Die Mitte des Vorderrandes ist am Mesonotum
braun,* die seitlichen Teile sind schwarz; selten ist der ganze
Vorderrand schwarz. Die schwarze Makel am Hinterrande des
Mesonotums füllt bald ganz die dreizackig ausgeschnittene Mitte
des Hinterrandes, bald ist sie in drei Teilen getrennt, die von
brauner Farbe verbunden sind. *Der Boden der mittleren Einbuchtung ist gerade, und vor ihm liegen undeutliche, dunkle
Punkte, wie auch jederseits zwischen dem seitlichen und
dem mittleren Teile der Makel. Die Form der Makel ist
immer so, wie sie Fig. 22 d zeigt.* Am Metanotum sind die Umgebung der Vorderecken und meist die lateralen Partien
blasser als das übrige Schild. *Der Vorderrand des Metanotums ist sehr selten schwarz, meist braun, oder die Mitte ist
sogar blass. Die schwarze, mediane Makel des Hinterrandes ist
meist unregelmässig dreieckig, am aboralen Rande mehrmals
eingekerbt, lateral von ihr liegen meist keine kleinen Makeln*
(Fig. 22 e).

Die Füsse und die stärker chitinisierten Teile des Festhalters sind gelblich bis gelbbraun. Der borstenförmige Basaldorn
der Vorderklauen (Fig. 22 f) kann bis zu der Spitze der Klaue
reichen. *Auf dem 7. Abd.-segmente kommen die ventralen Kiemenbüschel immer vor.*

Die ♂-Puppen sind 11—13 mm lang, 2,5 mm breit; die ♀
sind bis 14 mm lang und ihre Antennen reichen bis zum Ende
des 7—8. Abd.-segments. Die Schneide der Mandibeln ist deutlicher gesägt als bei *H. angustipennis* und *H. instabilis.* Das 4.
Glied der Mitteltarsen ist bald mit einigen Haaren versehen, bald
ist es reichlicher behaart.

Die *Zahl der Chitinhäkchen auf den postsegmentalen Haftplättchen des 4. Abd.-segments ist gross* (gewöhnlich 11—16). Der Haftapparat: III 9—14; ∞. IV 4—7; (9)—11—16—(20). V 4—8—(11). VI 6—9. VII 5—8. VIII 3—7. *Das 7. Abd.-segment immer mit ventralen Kiemen.* Die Anlagen der Genitalfüsse des ♂ sind am Aussenrande konvex, *am Innenrande dreimal eingebuchtet, der mediane, distale Winkel ist meist spitz, das distale Ende ist ein wenig eingebogen oder bisweilen gerade* (Fig. 22 g). Die Anlagen der Genitalfüsse berühren distal nicht einander und oft nicht die Penisanlage. Der ventrale Rand der Aushöhlung am distalen Ende der Analanhänge ist meist undeutlich gesägt.

	Lateral	Median
Mesost.	22—27	
Metast.	15	19
I	23+20	
II	24+26	19
III	17+20	13
IV	17+18	11
V	16+17	7
VI	10+7	7
VII	7+7	

Schema der Kiemenbüschel einer Larve von *H. saxonica* Mc Lach.

Die *Puppengehäuse* sind 16—21 mm lang, 9—14 mm breit, 6—11 mm hoch (Fig. 22 h). Die Länge des grössten als Baumaterial gebrauchten Steinchens war 8 mm, die Breite 5, die Höhe 6 mm. — Einige Puppengehäuse waren bis 23 mm lang, aus grossen, vermodernden, schwarzen Hölzchen und Rindenstücken und 4—7 blassen Gehäusestücken von *Notidobia ciliaris* L. aufgebaut (Fig. 22 i). Diese Baumaterialien sind quer oder schief gelegt. — Kirchspiel Sortavala; Lohioja u. a. Bäche.

Hydropsyche angustipennis Curt.

Fig. 23 a—e Larve, f—g Puppe.

Klapálek I, p. 48—51.   Struck III, p. 78.

Von dieser Art habe ich Material von mehreren Orten untersucht, und folgendes scheint mir für die *Larven* charakteristisch zu sein. Die Grundfarbe des Kopfes der bis 18 mm langen, 2 mm breiten Larve ist blassgelblich, die der Füsse gelblich oder gelbbraun, gelblich sind auch die stärker chitinisierten Teile des Festhalters. Die dunklen Partien des Stirnschildes sind braun bis schwarzbraun. *Der aborale Fleck des Stirnschildes ist meist undeutlich, klein, so auch, und noch öfter, der ovale, der sogar fehlen kann* (Fig. 23 a). Zwischen den lateralen und dem aboralen Flecke des Stirnschildes liegen jederseits drei Punkte, die wie auch die anderen *Punkte des Stirnschildes und die auf den dunklen Teilen der Pleuren liegenden meist deutlich blasser sind als die Umgebung.* Die Punkte auf dem aboralen Flecke des Stirnschildes fehlen bisweilen; bei sehr blassen Larven sind die Gabellinienbinden in der Mitte nicht lateral erweitert. *Der Hinterteil der Dorsalfläche der Pleuren ist breit blasser,* die Seiten des Gabelstieles sind jedoch meist dunkel. Die dunklen ventralen Flecke sind bald ganz von einander getrennt, bald verschmelzen sie aboral.

Pronotum ist gelbbraun bis braun, die Seitenpartien sind breit blasser. *Die Mitte des Hinterrandes der beiden Pronotumhälften ist breit braun* (Fig. 23 b). Meso- und Metanotum sind blass- oder graubraun, selten dunkelbraun; *die Umgebung der Vorderecken ist blasser, so auch meist die lateralen Partien in breiter Ausdehnung. Der Vorderrand des Meso- und Metanotums ist braun. Die schwarze Makel am Hinterrande des Mesonotums ist in drei Teile getrennt* (Fig. 23 c); *nahe bei ihr liegen keine oder nur undeutliche, blasse Punkte.* Bisweilen ist nur die mittlere Auszackung des Hinterrandes des Mesonotums schwarz, da die lateralen Teile der Makel fehlen. *Lateral von der medianen Makel am Hinterrande des Metanotums, die am aboralen Rande nur einmal eingekerbt ist, liegen meist keine kleinen Makeln* (Fig. 23 d). — Der Basaldorn der Vorderklauen kann bis zum

Ende der Klaue reichen. *Auf dem 7. Abd.-segmente kommen die ventralen Kiemenbüschel immer vor.*

Die ♂-*Puppen* sind 8—11 mm lang, 2—2,5 mm breit; die ♀ sind 10—12,5 mm lang, 2,5—3 mm breit, und ihre Antennen reichen bis zum Anfang des 6—8. Abd.-segments. Die Mandibeln sind sehr undeutlich gesägt.

Das 4. Glied der Mitteltarsen ist bisweilen beim ♂ ganz nackt, bald stehen auf ihm einige Haare, bald (immer beim ♀) ist es reichlicher behaart. Die Krallen des letzten Tarsalgliedes sind relativ stärker als bei *H. instabilis* (Fig. 23 f).

Die Zahl der Häkchen auf den postsegmentalen Haftplättchen des 4. Abd.-segments ist gewöhnlich 7—15. Der Haftapparat:

Schema der Kiemenbüschel einer Larve von *H. angustipennis* Curt.

	Lateral	Median
Mesost.	23—25	
Metast.	21—26	17
I	22+23	
II	25+22	19
III	24+26	17
IV	23+22	12
V	21+19	13
VI	14+11	10
VII	7+7	

Axe der Kiemenbüschel einer Puppe von *H. angustipennis* Curt.

	Laterale	Mediane
II	20—27	19
III	21—28	19—28
IV	18—25	19—20
V	17	13
VI	10	11—13
VII	4—12	8—10

III 5—11; ∞. IV 3—6; (6)—7—15—(19). V 4—8. VI 4—8. VII 5—7. VIII 4—7. *Auf dem 7. Abd.-segmente immer ventrale Kiemenbüschel. Die Anlagen der Genitalfüsse des ♂ sind ziemlich gerade, distal nicht oder sehr wenig eingebogen, so dass der me-*

diane und laterale Rand relativ gerade sind. Am distalen Ende berühren die Anlagen der Genitalfüsse einander, auch berühren sie die Hälften der Penisanlage (Fig. 23 g).

Die *Puppengehäuse* sind 10—17 mm lang, 5—12 mm breit, 4—8 mm hoch. Die grössten als Baumaterial angewendeten Steinchen waren resp. 8, 7, 6 mm lang, 3,5, 6, 4 mm breit, 2, 5, 3,5 mm hoch. Unter den Baumaterialien kann man auch Thonstücke finden, und solche Gehäuse, in welchen auch die Steinchen relativ klein sind, sind ziemlich lose, dunkel. Bisweilen sind die Puppengehäuse zum Teil oder ganz aus Sandkörnern oder aus vegetabilischen Teilen (Rinden-, Wurzel-, Holz-, Gras- und Carexblattstückchen, Moosstengeln u. s. w.) aufgebaut, die dann unregelmässig, der Länge nach, schief oder quer gelegt sind. Bisweilen sind dem Gehäuse längere Gras- und Carex- blattstücke und Hölzchen angefügt, die das Hinterende überragen können; da ausserdem die Materialien in solchen Gehäusen die Seiten und die Rückenfläche überragen können, sehen diese Gehäuse sehr unregelmässig aus (ein aus Pflanzenteilchen auf- gebautes Gehäuse war nur 4 mm breit, 3 mm hoch). Die Ge- häuse sind oft an einander befestigt, und fand ich sogar ein Gehäuse von *H. angustipennis* und ein von *H. instabilis* so mit einander verbunden.

Hydropsyche instabilis Curt.

Fig. 24 a—e Larve, f—h Puppe.

Ulmer II, p. 467.   ! Struck III, p. 78, Taf. VII, Fig. 2.

Auch von dieser Art habe ich Larven und Puppen von mehreren Orten untersucht, und die Zeichnungen der bis 17 mm langen, 2 mm breiten *Larven* waren ziemlich gleich. Die Grundfarbe des Kopfes, der Füsse und der stärker chitinisierten Teile des Festhalters ist gelblich bis gelbbraun. *Von den blassen Flecken des Stirnschildes ist auch der aborale meist deutlich, hell gelblich; der orale ist oft undeutlich. Doch können alle Flecke gross und deutlich sein, die lateralen mit dem oralen, oder sogar alle vier zusammenhängen* (Fig. 24 a). Im übrigen sind das Stirn- schild und die dunklen Partien der Pleuren meist schwarzbraun.

Dorsal sind von den Pleuren nur die Umgebung der Augen und
ein schmaler Teil hinten blasser (auch von diesem sind die
Seiten des Gabelstieles dunkel). Die dunklen ventralen Flecke
berühren einander nur aboral oder gar nicht. Der Vorderteil
der Ventralfläche ist breit blass. *Die Punkte, die auf den dunklen Partien der Pleuren liegen, sind, wie auch die aboralen
Punkte des Stirnschildes* (Fig. 24 a), *dunkler als ihre Umgebung*.

Der *Hinterrand des graubraunen bis dunkelbraunen Pronotums ist meist ganz schwarz,* die Mitte des Hinterrandes der
beiden Schildhälften kann jedoch braun sein. *Die Punkte des
graubraunen oder dunkelbraunen Meso- und Metanotums sind
deutlich; die Umgebung der Vorderecken ist blasser, nicht aber
die lateralen Teile. Der Vorderrand des Mesonotums ist meist
ganz schwarz,* bisweilen ist die Mitte braun. Der Vorderrand
des Metanotums ist bald braun, bald schwarz. *Die schwarze
Makel am Hinterrande des Mesonotums ist meist gross, so dass
sie die dreizackig ausgeschnittene Mitte des Hinterrandes ganz
füllt,* bisweilen ist sie jedoch in drei Partien geteilt, die von
brauner Farbe verbunden sind. *Meist ist der orale Rand des
Mittelteiles eckig eingeschnitten, und der Boden gerade* (Fig. 24 c),
bisweilen ist er jedoch gleichmässig bogenförmig, obgleich nie
so breit wie bei *H. angustipennis. Immer liegen am oralen
Rande der mittleren Einbuchtung 5—7 dunkle Punkte und ähnliche Punkte liegen auch jederseits zwischen dem seitlichen und
mittleren Teile der Makel. Auch am Hinterrande des Metanotums ist die schwarze Makel gross, am aboralen Rande mehrmals eingekerbt, lateral von ihr kann je eine kleine Makel liegen*
(Fig. 24 d). — Der Basaldorn der Vorderklauen reicht nicht
bis zum Ende der Klaue. *Auf dem 7. Abd.-segmente fehlen die
ventralen Kiemen.*

Die *Puppen* sind 9—12 mm lang, 2,5—3,5 mm breit. Die
Antennen der ♀-Puppe reichen bis zum Anfang des 7. Abd.-
segments. Die Mandibeln sind sehr undeutlich oder gar nicht
gesägt.

Das 4. Glied der Mitteltarsen ist dicht behaart, beim ♂
reichlicher als bei *H. angustipennis.* Die Krallen des letzten
Tarsalgliedes sind beim ♂ oft schwächer als bei *H. angusti-*

pennis, die der Mittel- und Hintertarsen sind oft kaum zu sehen. Der Höcker am distalen Ende des Hinterrandes der Hintertibien ist sehr undeutlich.

Die Zahl der Häkchen auf den postsegmentalen Haftplättchen des 4. Abd.-segments ist beim ♂ klein, meist 4—7, beim ♀

Mesost.	44	
Metast.	20	22
I	35+31	
II	46+36	29
III	40+34	25
IV	45+35	22
V	36+28	19
VI	24+19	14

Lateral   Median
Schema der Kiemenbüschel
einer Larve von *H. in-
stabilis* Curt.

II	36	28—29
III	31—35	27—28
IV	36	28
V	26—28	19—25
VI	17	18 15—16

Laterale   Mediane
Axe der Kiemenbüschel
einer Puppe von *H. in-
stabilis* Curt.

kann ihre Zahl zu 11 steigen. Haftapparat: III 7—12; ∞. IV 4—7; 4—7—(11). V 4—7. VI 4—6. VII 4—6. VIII 3—7. *Auf dem 7. Abd.-segmente fehlen die ventralen Kiemen. Die Anlagen der Genitalfüsse sind distal deutlich eingebogen, so dass der laterale Rand konvex, der mediane konkav ist; ihre Enden berühren meist einander. Die Anlage des Penis ist meist von den Anlagen der Genitalfüsse deutlich geschieden* (Fig. 24 g).

Die *Puppengehäuse* sind 14—21 mm lang, 6—13 mm breit, 5—8 mm hoch, ausser aus Steinchen auch aus Sandkörnern aufgebaut (das grösste als Baumaterial gebrauchte Steinchen war 9 mm lang, 8 mm breit, 8 mm hoch).

Hydropsyche lepida Pict.

Fig. 25 a—d Larve, e—f Puppe.

Pictet, p. 207, Pl. XVIII, Fig. 1 a—b. | Hagen, p. 222.

Die *Larven* sind bis 10 mm lang, 1 mm breit, von 5. Abd.-
segmente nach hinten gleichmässig schmäler, das 9. Segment
ist viel schmäler als das 8. Die stärker chitinisierten Teile sind
blassgelb, die Dorsalfläche des Abdomens ist nur schwach rötlich, und die blassen Linien und Punkte sind undeutlich.

Von oben gesehen ist der Kopf gelbbraun, nur der hintere
Teil der Pleuren ist blass. *Das Stirnschild ist ganz gelbbraun,
da auch die lateralen Flecke sehr undeutlich sind oder fehlen;*
dagegen sind die blassen und dunklen Punkte des Stirnschildes
immer deutlich. Die aboralen Punkte sind dunkel oder dunkel-
kontouriert. Die Punkte der Pleuren, die auf den dunkleren
(braunen oder gelben) Partien liegen, sind deutlich blasser als
die Umgebung. Die dunklen Flecke der Ventralfläche reichen
von Foramen occipitis bis zu den Mundteilen und sind in der
ganzen Länge gleich breit.

*Die rechte Mandibel hat auf der unteren Schneide vier
Zähne, von welchen der 4. am grössten ist und auf der dorsalen
Fläche eine Reihe von kurzen, dicken Haaren trägt* (Fig. 25 a).
*Von den vier Zähnen der unteren Schneide der linken Mandi-
bel ist der proximale am grössten, von derselben Form wie der
entsprechende Zahn der rechten Mandibel* (vergl. Fig. 25 a).

Pronotum ist etwas dunkler als die anderen Thorakalnota,
das Schild ist gleichfarbig, oder die Umgebung der Mittelnaht ist
etwas dunkler. Der Vorderrand des Pronotums ist blass, wie auch
in breiter Ausdehnung die Mitte des Hinterrandes der beiden
Schildhälften. Wie auch auf dem Kopfe, Meta- und Mesonotum
und auf der Dorsalfläche der Abd.-segmente fehlen die gelblichen
Stäbchen auf dem Pronotum. Auf dem ganzen Vorderrande des
Pronotumschildes stehen lange, dunkle Borsten. Die Seitenteile
auf dem Mesonotum sind noch blasser als die schwach blassgelbe
Grundfarbe, so auch auf dem schwach blassgelben Metanotum,
das jedoch ganz blass sein kann; die Punkte der Schilder sind
grau oder gelblich, undeutlich. Der Vorderrand des Mesono-

tums ist zum grössten Teile blass, *die schwarze Makel des Hinterrandes hat die Form, die Fig. 25 c zeigt*; im übrigen ist der
Hinterrand blass. Am Metanotum sind der Vorder- und Hinterrand blass, und die Mitte der Seiten ist braun; *über die schwarze
Makel des Hinterrandes vergl. Fig. 25 d.*

Besonders an den Vorderfüssen ist nur der Oberrand der
Coxen zum Teil schwarz, die übrigen, bei den anderen Arten
schwarzen Ränder der Fussglieder sind braun. Auf den Tibien
und Tarsen und oft auf den Femora fehlen die Fiederdorne.
Der Basaldorn der Vorder-
klaue reicht beinahe bis
zu der Spitze der Klaue.

*Die Kiemen sind we-
nig zahlreich; auf dem 7.
Abd.-segmente steht jederseits nur ein einfacher, lateraler Kiemenbüschel.*

Die ♀-*Puppe* ist 6—6,5
mm lang, 1,8 mm breit, ihre
Antennen reichen bis zum
Anfang des 9. Abd.-seg-
ments. Die Antennen des
♂ sind nicht am di-
stalen Ende gebogen. Die
Schneide und die Zähne
der Mandibeln sind deut-
lich aber stumpf gesägt.
*Von den Rückenborsten steht
die distale oberhalb der Mitte*

Mesost.	7		
Metast.	5		4
I		8+5	
II		8+8	5
III		8+8	4
IV		8+7	5
V		5+6	5
VI		5+(4—5)	2
VII		4—5	

Lateral   Median
Schema der Kiemenbüschel einer
Larve von *H. lepida* Pict.

(Fig. 25 e). *Von den Gliedern der Maxillarpalpen ist das 4.
kürzer als das 2. und 3.* (Das 1. ist etwa 0,14—0,16 mm lang,
das 2. und 3. 0,28—0,31, das 4. 0,23—0,26, das 5. 0,66—0,88 mm).
Das 1. Glied der Labialpalpen ist 0,25—0,26 mm lang, das 2.
0,17—0,20, das 3. 0,35—0,51.

Besonders die hinteren Flügelscheiden sind distal schmal,
zugespitzt. Die Sporne der Vordertibien sind sehr kurz, ziem-

lich stumpf, breit, gleich lang. Das 4. Glied der Mitteltarsen ist relativ reichlich behaart.

Die Borsten auf den Thorakalsegmenten, auf der Dorsalfläche des 1—2. und besonders auf der Ventralfläche des 2—8. Abd.-segments sind spärlich. Haftapparat: II (0)—4—5. III 4—6; 14—17. IV 3—4; 6—12. V 3—4. VI 3. VII 3. VIII 3—4. *Die postsegmentalen Plättchen des 3. Segments sind rundlich, und die relativ wenigen, spitzen Häkchen stehen auf der Mitte in einer Querreihe und auf den Seiten, weniger auf dem Hinterrande. Auch die postsegmentalen Plättchen des 4. Abd.-segments sind mehr rundlich als bei den grossen Hydropsyche-Arten, obgleich nicht in solchem Grade wie die des 3. Segments. Die meisten Häkchen der postsegmentalen Plättchen des 4. Abd.-segments stehen auf der Mitte in einer Querreihe, ausserdem befinden sich einige hinter*

II	7	7
III	8	8
IV	8	8
V	5—8	3—7
VI	4—6	4—5
VII	4	

Laterale Mediane Axe der Kiemenbüschel der Puppe von *H. lepida* Pict.

diesen und auf dem Hinterrande. Von der Seite gesehen erheben sich die Plättchen des 6—7., weniger die des 5. und 8. Segments deutlich über die Rückenfläche, sie sind hoch, gebogen, und die Häkchen stehen auf der Spitze.

Der Aussenrand der Anlagen der Genitalfüsse des ♂ (Fig. 25 f) ist regelmässig konvex, die Hinterecke spitz. Distal berühren die Anlagen der Genitalfüsse einander nicht, wohl aber die Hülften der Penisanlage. Auch beim ♀ steht auf der Ventralfläche des 9. Abd.-segments eine Erhöhung, die auch von der Seite gesehen sichtbar ist, und die in eine aborale und lateral gerichtete, stumpfe Spitze endigt.

Die *Puppengehäuse* sind 8—10 mm lang, 4—7 mm breit, 3—4 mm hoch, aus kleinen Steinchen, Sandkörnern und dunklen, vermodernden, vegetabilischen Teilchen (Rinden-, Blatt-, Holzfragmenten) aufgebaut und auf der Unterfläche von Steinen und Spänen befestigt. — Esbo, Bemböle, Qvarnfors, wo am

$^{28}/_6$ 1904 von Stud. M. Weurlander Larven, Puppen und Imagines gefunden wurden.

Hydropsyche sp.

Fig. 26 a—g Larve.

In einem kleinen Aufsatze »Ein Fall von Schädlichkeit der Trichopteren-Larven» (IV) habe ich über die Schäden berichtet, die *Hydropsyche*-Larven an einer Brücke nahe bei der Stadt Heinola angerichtet hatten. Bei näherer Untersuchung erwiesen sich diese Larven von den anderen Arten dieser Gattung sehr verschieden, so dass sie sicher einer Art gehören, deren Metamorphose bisher nicht bekannt ist, und die sogar zu einer anderen Gattung gehören kann. In der folgenden Beschreibung werden nur solche Merkmale erwähnt, in welchen diese Larven von den allgemeinen Merkmalen der *Hydropsyche* Larven sich unterscheiden (p. 91—100, Ulmer IV, p. 112—115).

Die *Larven* sind bis 25 mm lang, 4 mm breit. Der Kopf und die Thorakalnota sind dorsal rotbraun, das 1—8. Abd.-segment dorsal dunkelrot (mit sehr deutlichen blassen Linien und Punkten), ventral blass- oder dunkelrot, die Füsse und die stärker chitinisierten Teile des Festhalters sind gelbbraun bis braun. Auf dem Körper stehen meist nur Borsten, die Stäbchen fehlen oder sind spärlich.

Der Kopf ist gross, dorsoventral nicht zusammengedrückt. Das Stirnschild ist dunkelbraun, oral blasser, die dunenartig verzweigten Borsten fehlen. Über die blassen Flecken und dunklen Punkten vergl. Fig. 26 a. Dorsal sind auch die Pleuren dunkelbraun, nur die Umgebung der Augen und die Seiten des Gabelstieles sind blasser. Diese den Gabelstiel umgebende blasse Farbe wird oralwärts längs den Gabelästen etwa bis zu der Mitte des Stirnschildes und *aboralwärts in die blasse Mittelbinde der Thorakalnota bis zum Hinterrande des Metanotums fortgesetzt*. Die Gabellinienbinden sind bei der Mitte des Stirnschildes nicht lateral erweitert. Die Wangen sind dorsal gelb- oder graubraun, ventral schmal blassgelb. Ventral sind die Pleuren gelb- oder graubraun; *das schmale Hypostomum, das bis zum Foramen occipitis reicht,* ist braun, mit schwarzem Hinterrande und schon wegen ihrer Farbe von dem gelblichen, breiten Labialcardo zu unterscheiden. Auf den Pleuren liegen zahlreiche dunkle Punkte, auf den Gabellinienbinden auch blasse.

Die Zwischengelenkmembran mit drei gelben Längsbinden. Die Oberlippe ist ungewöhnlich breit (das Verhältnis zwischen der Länge und Breite wie 1 : 2,3—2,5. Auf dem Vorderteile kann man nicht die normal vorkommenden zwei längeren Borsten wahrnehmen (vergl. Fig. 24 b). *Auf der rechten Mandibel* (Fig. 26 b) *stehen auf der unteren Schneide nur drei Zähne, von welchen der mittelste am grössten, der proximale am kleinsten ist.* Die Schneiden der Mandibeln sind nur undeutlich gesägt. Die stärker chitinisierten Teile der Maxille und des Labiums sind gelblich; *das Schildchen des Stipes des Labiums ist am Vorderrande nur eingebuchtet, nicht in zwei Läppchen geteilt.*

Die Thorakalnota sind graubraun bis dunkelbraun, auf der Dorsalfläche jedes Schildes liegen besonders auf dem oralen Teile zahlreiche, deutliche, dunkle Punkte und besonders auf dem aboralen Teile dunkelkontourierte, blasse Punkte. Median zieht über alle Thorakalnota eine weisse Binde, die auf dem Mesonotum am breitesten ist. *Meso- und Metanotum sind von einer blassen, schmalen, über dem hinteren Teile verlaufenden Quernaht in je zwei Teile geschieden, die in den Exuvien leicht von einander getrennt werden.* Über die Zeichnungen der Nota vergl. Fig. 26 d, e, f (die blasseren Ränder der Schilder sind braun). *Das orale Stützplättchen der Vorderfüsse ist nicht gabelförmig* (vergl. Fig. 22 c), *sondern, da der dorsale Ast fehlt, einfach, spitz dreieckig,* mit Dornen und Borsten versehen. Vor der braunen Querleiste, die das aborale Plättchen teilt, liegen blasse Punkte. Die Stützplättchen der anderen Füsse sind auch von einer braunen Chitinleiste quergeteilt.

Die Thorakalsterna sind spärlich behaart. Am querliegenden Schilde des Prosternums sind die lateralen Teile des Vorderrandes schmal braun, und die Mitte des Hinterrandes ist breit schwarz; vor dieser schwarzen Partie liegen blasse Punkte. *Die kleinen Schildchen des Prosternums fehlen.*

Die Füsse sind ungleich lang, die Vorderfüsse sind am

kürzesten, die Hinterfüsse am längsten. (Das Längenverhältnis ist wie $1 : 1,3 : 1,45$.) Der Hinterteil der Coxen ist dunkel, auf den Coxen liegen dunkelkontourierte und auf den Femora blasse Punkte. Die Umgebung der Basis stärkerer Borsten und Dorne ist oft dunkler als die Grundfarbe. An den Vorderfüssen ist nur der Oberrand der Coxen zum Teil schwarz. Über die Mittel- und Hinterklauen vergl. Fig. 26 g.

Die Kiemenbüschel sind sehr zahlreich. Auf dem Mesosternum steht wie gewöhnlich jederseits ein Kiemenbüschel und

Mesost.		22		
Metast.		15		20
I		23—27	18—28	
II	12—17	(15—18)+(20—25)	20-23	
III	8—13	13—14 (13—16)+(12—18)	16—17	
IV	10	18	14+15	15
V	12	11	16+18	15
VI	9	13	13+18	11
VII		12—15 (10—11)+(12—15)		
VIII		9+(7—8)		

Lateral   Median
Schema der Kiemenbüschel der Larve von *Hydropsyche* sp.

auf dem Metanotum zwei. Auch auf dem 1. Abd.-segmente stehen jederseits zwei einfache Büschel. *Auf dem 2. Abd.-segmente stehen jederseits drei Büschel, von welchen jederseits der zweite doppelt ist, indem die Kiemenfäden auf zwei stärkeren Axen stehen. Auf dem 3—6. Segmente stehen jederseits vier Büschel, und der nächst mittlere ist doppelt. Der laterale Büschel dieser Segmente steht ganz postsegmental auf der Stelle der bei dieser Art fehlenden konischen, lateralen Kiemenanhängsel; die anderen sind ein wenig vom Hinterrande entfernt. Auf dem 7. Abd.-segmente steht jederseits ein lateraler einfacher und ein medianer doppelter Büschel und auf dem 8. jederseits ein medianer doppelter.* Die Büschel stehen in Längsreihen, wie aus der Tabelle auf p. 113 zu sehen ist. Bisweilen sieht man Kiemenfäden, die distal gabelig geteilt sind. Die Zahl der Analkiemen kann fünf sein. *Auf dem 8. Abd.-segmente liegt nur ein grosses, medianes Schild, das nur am Hinterrande und an den Seiten braun ist und nur da gelbe Dorne und dunkle Borsten trägt.* Die zwei ventralen Schilder des 9. Abd.-segments sind sehr gross. Auf dem Schilde des 1. Gliedes des Festhalters liegen blasse Punkte; die Klaue des Festhalters ist spitz.

Die Bauten der Larven bilden weite, unregelmässige Deckel oder Gänge, die aus grauem Sekret verfertigt sind (die Sekrethaut besteht aus sehr starken, einander kreuzenden, oft regelmässige, viereckige Maschen bildenden Fäden). Auf diesem Sekretfilze sind hier und da Blattfragmente, Holzstücke, grössere Hölzchen und andere vegetabilische Fragmente befestigt. — Heinola, Jyränkö Wasserfall, von Ingen. A. Sallmén gesammelt.

Im von mir untersuchten Material von der Gattung *Hydropsyche* befanden sich noch Larven, die hinsichtlich ihrer Kopfzeichnungen von den früher beschriebenen Arten dieser Gattung sich deutlich unterschieden, die aber, da Puppen und Imagines fehlten, nicht bestimmt werden konnten. So lagen mir von verschiedenen Orten Larven vor, bei welchen das Stirnschild sieben blasse Flecke trägt, die immer so geordnet sind, wie Fig. 27 a zeigt. Von den blassen Punkten des Stirnschildes (p. 92) sind nur die zwei aboralen, dunkelkontourierten und die vier vor diesen stehenden sichtbar. Die Gabellinienbinden sind zum grössten Teile sehr schmal und beginnen erst am Gabelwinkel. Die dunklen ventralen Flecke der Pleuren sind klein und liegen auf oder sogar vor der Mitte der Ventralfläche.

Am westlichen Ufer des Isthmus karelicus habe ich im Finnischen Meerbusen an verschiedenen Orten (Kivennapa, Kuok-

kala; Koivisto, Maisala) *Hydropsyche*-Larven gesammelt, die sehr
blass sind. Bei ihnen sind die blassen Teile des Kopfes blassgelb, die dunklen gelbbraun, die Thorakalnota gelblich. Am
Stirnschilde fehlen die lateralen Flecke, oder sind sie viel undeutlicher als die anderen; der aborale Fleck ist gross, von verschiedener Form, der orale ist meist am deutlichsten und oft am
grössten. Bei einer Larve war das ganze Stirnschild blassgelb
mit einem kleinen, dunklen Mittelflecke. Diese im Meere gefundenen Larven gehören vielleicht zu *H. guttata* Pict., die ich an
den westlichen Ufern des Isthmus karelicus reichlich angetroffen
habe, obgleich man nicht behaupten kann, dass diese Beschreibung mit Pictets (p. 204, Pl. XVII, Fig. 3) übereinstimme.

Ulmer (IV, p. 114) bemerkt, dass alle Organe der verschiedenen Larvenarten der Gattung *Hydropsyche* so ähnlich sind.
dass es zur Zeit unmöglich ist, die Arten zu trennen. Die
damals unbekannten Larven von *H. lepida* sind durch die Mandibeln, durch die Kiemenformel, die Beborstung und die Farbenverhältnisse des Kopfes, der Thorakalnota und durch die Füsse
sicher von den grösseren Arten zu unterscheiden. Auch scheint
es mir, wenn man die zuletzt kurz behandelten *Hydropsyche*-
Arten, deren Zugehörigkeit nicht ermittelt werden konnte, in
Betracht zieht, dass die Zeichnungen des Kopfes, besonders des
Stirnschildes, obgleich sie innerhalb den einzelnen Arten erheblich variieren, einen diagnostischen Wert haben. Es bleiben jedoch Arten übrig, bei welchen die Kopfzeichnungen im grossen
dieselben Züge aufweisen; solche sind z. B. *H. saxonica, angustipennis* und *instabilis*. Diese drei Arten scheinen mir durch folgende, gemeinsam zu beachtende Merkmale von einander unterschieden zu sein. Die Farbe der Punkte auf dem Stirnschilde
und auf den Pleuren, die Farbe des Hinterrandes vom Pronotum,
des Vorderrandes vom Meso- und Metanotum, die Form und
Grösse der schwarzen Makeln am Hinterrande des Meso- und
Metanotums und die Kiemenformel bieten zusammen mit der
Gesamtfarbe der stärker chitinisierten Teile und den blassen
Flecken des Stirnschildes solche unterscheidende Charaktere. Es
ist jedoch notwendig, diese Merkmale noch zu prüfen durch

Untersuchung von Material von mehreren Lokalen, eher man sicher behaupten kann, dass man im Stande ist, die Larven dieser schwierigen Gattung, welche so wichtig in den fliessenden Gewässern sind, zu bestimmen.

Bestimmungstabelle der hier behandelten Hydropsyche-Larven.

I. Auf der unteren Schneide der beiden Oberkiefer ist der proximale Zahn am grössten, auf dem rechten ist er mit einer dorsalen Reihe von kurzen Härchen versehen. Auf dem 7. Abd.-segmente jederseits ein einfacher, ventraler Kiemenbüschel. Die erwachsenen Larven bis 10 mm lang.

H. lepida Pict.

II. Auf der unteren Schneide der beiden Oberkiefer ist der proximale Zahn niedriger als der nächste distale; die dorsalen Härchen fehlen. Die erwachsenen Larven über 15 mm lang.

A. Auf dem 7. Abd.-segmente keine ventralen Kiemen. Die Punkte auf den Pleuren dunkel.   *H. instabilis* Curt.

B. Auf dem 7. Abd.-segmente jederseits ein doppelter, ventraler Kiemenbüschel. Die Punkte auf den Pleuren blass.

1. Der orale Rand der mittleren Einbuchtung der schwarzen Makel am Hinterrande des Mesonotums ist bogenförmig, und bei der Makel liegen keine Punkte.   *H. angustipennis* Curt.

2. Der Boden des oralen Randes der mittleren Einbuchtung dieser schwarzen Makel ist gerade, und bei der Makel liegen kleine, dunkle Punkte.   *H. saxonica* Mc Lach.

Bei der Bestimmung der Puppen bieten, wie es allgemein der Fall bei Trichopteren ist, die Anlagen der Genitalfüsse und des Penis die besten Merkmale. Da sie nur hinsichtlich der Männchen brauchbar sind, muss man andere unterscheidende Merkmale in der Kiemenformel und im Haftapparat suchen. Das Vorkommen oder Fehlen der ventralen Kiemenbüschel des 7. Abd.-segments scheint, wie auch bei der Larve, innerhalb der verschiedenen Arten ziemlich konstant zu sein und ist z. B. für die Puppen von *H. angustipennis* und *saxonica* einerseits und von *H. instabilis* andrerseits ein guter diagnostischer Charakter.

Dagegen variiert die Zahl der Kiemenfäden in den Büscheln
so stark und ist ausserdem so gross, dass man diese nicht
bequem beim Bestimmen der Larven und der Puppen brauchen
kann. Die Zahl der Chitinhäkchen auf den postsegmentalen
Plättchen des 4. Abd.-segments scheint auch brauchbar zu sein
beim Bestimmen der Puppen. Dass die weiblichen Puppen einander sehr gleichen, ist nicht zu verwundern, da auch die weiblichen Imagines schwer von einander zu unterscheiden sind. Die
Puppen von *H. lepida* sind ausser durch die Genitalanhänge,
die Kiemenformel und den Haftapparat durch ihre Grösse, durch
die Beborstung, die Flügelscheiden, die Mandibeln und die Maxillarpalpen von den Puppen der anderen Arten leicht zu unterscheiden.

Bestimmungstabelle der hier behandelten Hydropsyche-Puppen.

I.   Die Puppen bis 7 mm lang. Das 4. Glied der Maxillarpalpen kürzer als das 2. und 3. Die postsegmentalen Plättchen
des 3. Abd.-segments rundlich. Auf dem 7. Abd.-segmente jederseits ein einfacher Kiemenbüschel.   *H. lepida* Pict.

II.   Die Puppen über 8 mm lang. Das 4. Glied der Maxillarpalpen länger als das 2. und 3. Die postsegmentalen Plättchen des 3. Abd.-segments stark querlänglich.

A.   Auf dem 7. Abd.-segmente keine ventralen Kiemen.
Der mediane Rand der Anlagen der Genitalfüsse konkav.

H. instabilis Curt.

B.   Auf dem 7. Abd.-segmente jederseits ein doppelter,
ventraler Kiemenbüschel.

1.   Der mediane Rand der Anlagen der Genitalfüsse seicht
konkav oder gerade.   *H. angustipennis* Curt.

2.   Der mediane Rand der Anlagen der Genitalfüsse dreimal deutlich eingebuchtet.   *H. saxonica* Mc Lach.[1])

---

[1] Die ♀ Puppen von *H. angustipennis* und *H. saxonica* kann ich nur
durch die Exuvien der Larve von einander unterscheiden.

Philopotaminæ.

Allgemeine Merkmale.

Silfvenius II, p. 3—5. | Ulmer IV, p. 116.

Der Kopf und das Pronotum der *Larve* sind mit undeutlichen Punkten versehen (vergl. Ulmer l. c., p. 116). Auf der
breiten, blassen Erhöhung, die die Antenne der Larve vertritt,
stehen drei blasse Börstchen und zwei Sinnesstäbchen. Hypostomum fehlt, und die Pleuren berühren einander bis zum Labialcardo. Auf der Oberlippe stehen ausser den Randhärchen und
den auf der ganzen Ventralfläche befindlichen Härchen dorsale
Börstchen. Über diese und die drei dorsalen Gruben vergl.
Fig. 28 a. Die Mitte der Dorsalfläche der Oberlippe ist aufgeblasen, und die Seiten dieser Erhöhung sind stärker chitinisiert. Die obere Schneide der Mandibeln ist schwächer entwickelt als die untere (vergl. Klapálek II, p. 114, Silfvenius II,
p. 4), die mediane Haarbürste fehlt (vergl. Ulmer IV, p. 116).
Auf die Maxille und das Labium passt die von mir (l. c., p.
6—7, Fig. 1 c) gegebene Beschreibung dieser Teile bei *Wormaldia subnigra*. Doch ist der stärker chitinisierte, jederseits am
oralen Rande mit einer Borste versehene Teil der Unterlippe,
der als Cardo gedeutet war, als das einheitliche, proximale
Schild des Stipes aufzufassen. Cardo der Unterlippe ist früher
als Hypostomum beschrieben (s. auch Klapálek II, Fig. 30,5).
Maxillarstipes mit einer medianen Borste, einer lateralen Grube
und einer lateralen Borste (die früher, Silfvenius II, p. 6, als am
Vorderrande des Maxillarcardo stehend gedeutet worden ist). Auf
dem Labiallobus steht jederseits ein ventrales und ein dorsales
Börstchen. Die Labialpalpen sind zweigliedrig, und das 2. Glied
trägt wenige Sinnesstäbchen.

Die Hinterecken des Pronotums sind nicht wie bei den
Polycentropinen und Psychomyinen in einen langen Fortsatz,
sondern nur in eine kurze Spitze ausgezogen. Die Stützplättchen der Vorderfüsse sind zwei; das orale ist lang, ventral ausgehöhlt; das aborale ist mit einer dunklen Chitinleiste versehen
(Fig. 28 b). Der Sporn des Prosternums fehlt, so auch die Chi-

tinringe und Punkte der Abd.-sterna. Die Stützplättchen der
Mittel- und Hinterfüsse sind von einer dunklen, dorsoventral ziehenden Chitinleiste geteilt; auch der ventrale Rand der Plättchen
ist dunkel. Vom oberen Rande der Coxen geht ein Fortsatz aus,
der in der Basis des ventral ausgehöhlten, oralen Stützplättchens
der Vorderfüsse steckt und mit dem etwas vorgezogenen, ventralen Ende der Chitinleiste auf den mittleren und hinteren Stützplättchen artikuliert.

Distal stehen auf dem Vorderrande der Mittel- und Hintertarsen blasse Spitzchen und Fiederbörstchen. Die Klauen aller
Füsse sind mit zwei Basaldornen versehen, von denen der proximale kurz, der distale blass, haarähnlich ist (Fig. 28 c).

Die Borsten des Kopfes und der Antennen der *Puppe* wie
bei *Wormaldia* (l. c., p. 8). Die Vordersporne sind gleich lang,
spitz, die Mittelsporne lang, spitz, die Paare ungleich lang, wie
auch die der stumpfen, langen Hintersporne. Das 1–4. Tarsal-
glied der Vorder- und Mittelfüsse sind im aboralen Ende des
Vorderrandes mit zwei stumpfen Höckern versehen, an den Hinterfüssen sind diese Höcker undeutlich. Die Krallen (Ulmer V,
p. 263, Fig. 7) der Vorder und Mittelfüsse sind stark chitinisiert, gebogen, die der Hinterfüsse schwächer, ziemlich gerade,
jedoch deutlich.

Philopotamus montanus Donov.

Fig. 28 a—c Larve.

Morton I, p. 89—91.   Ulmer IV, p. 117.
Klapálek II, p. 112—115.   Ulmer VI, p. 347—348.

An den Exuvien der *Larve* kann man auf den hinteren
Teilen der Pleuren, auf der Mitte des Stirnschildes und auf dem
Pronotum undeutliche Punkte sehen. Auf dem letztgenannten
liegen einige Punkte zu Seiten des aboralen Teiles der Mittelnaht und nahe bei den Vorderecken, ferner mehrere postsegmental auf der Mitte der beiden Hälften.

Auf der oberen Schneide der Oberkiefer stehen unter der
Spitze zwei Zähne, auf der unteren zwei distale, scharfe, ein

langer, fein gezähnter und ein proximaler, stumpfer. Die Maxillarpalpen sind gerade; der lateral stärker chitinisierte Maxillarlobus trägt ventral zwei blasse Borsten und distal drei starke, gelbliche.

Auf dem oralen Stützplättchen der Vorderfüsse (Fig. 28 b) stehen zwei Börstchen und eine Borste und auf dem aboralen, hinter der Chitinleiste eine. Vor und hinter der Chitinleiste auf den Stützplättchen der anderen Füsse steht je eine Borste. Auf dem Meso- und Metasternum kann jederseits ein postsegmentales Chitinschildchen liegen, so auch auf dem Sternum des 1—2. Abd.-segments ein dunkler, medianer, praesegmentaler Fleck.

Auf der Oberlippe der *Puppe* liegen ausser den Borsten (Klapálek II, p. 114, Fig. 30,8) vier Gruben: eine mediane auf dem Vorderrande, eine mediane proximal von den distalen Borsten und eine jederseits zwischen der proximalen medianen Grube und der dieser am nächsten stehenden, proximalen Borste.

Die *Puppengehäuse* sind von einem heilen Kokon austapeziert, bis 18 mm lang, 12 mm breit, 10 mm hoch. Die Bauchseite ist gerade, der Rücken konvex. Bisweilen sind Hölzchen an den Gehäusen befestigt, und sie können ziemlich locker sein. — Ein Gehäuse, das ich (V, p. 149) als zu dieser Art gehörig im Gehäuse von *Stenophylax stellatus* Curt. gesteckt beschrieben habe, gehört zu einer Polycentropinen-Art.

Wormaldia subnigra Mc Lach.

Silfvenius II, p. 6—10.   Ulmer IV, p. 147.

Fig. 29 a Puppe.

In meiner früheren Beschreibung der Oberkiefer (l. c., p. 6) der *Larve* sind die Schneiden verwechselt worden. Auf der unteren Schneide der linken Mandibel stehen 2 Zähne, von denen der proximale breit, höckerig ist, auf der oberen Schneide zwei kleine Zähne, die ganz nahe an einander sich anschmiegen. Auf dem oralen Stützplättchen der Vorderfüsse stehen auf der Spitze zwei Börstchen und eine längere Borste näher der Basis, auf dem aboralen Stützplättchen stehen einige Borsten und Gru-

ben, wie auch hinter der Chitinleiste der Stützplättchen der Mit-
tel- und Hinterfüsse. — Auf dem vorderen Teile der Oberlippe
der *Puppe* (Fig. 29 a) stehen jederseits nur 3 Borsten.

Die Larven von *Philopotamus montanus* und *Wormaldia
subnigra* sind durch ihre Grösse, die Bezahnung der Mandibeln,
die Form der Maxillarpalpen und die Beborstung der Stützplättchen der Füsse zu unterscheiden. Die Puppen dieser zwei
Arten dagegen sind, ausser durch die Grösse, durch die Beborstung der Oberlippe, durch den Haftapparat auf dem 6—8.
Abd.-segmente und die Anlagen der Genitalfüsse und des Penis
(vergl. Klapálek II, p. 113—115 und Silfvenius II, p. 6—9) zu
unterscheiden.

Polycentropinæ.

Allgemeine Merkmale.

Silfvenius II, p. 10—11. | Ulmer IV, p. 117 119.

Kopf der *Larve* mit wenigen Borsten. Hypostomum fehlt,
und die Pleuren berühren ventral einander bis zum Labialcardo.
Die Antenne ist von einer blassen Erhöhung nahe bei der Basis der
Mandibeln vertreten, die 3 blasse Borsten und 1—2 (bei *Cyrnus
flavidus* bis 3) kurze, blasse Sinnesstäbchen trägt. Distal stehen
auf der Oberfläche der Oberlippe jederseits vier dorsale Borsten,
auf den Seiten und auf dem Vorderrande jederseits eine. Ausserdem liegen auf der Dorsalfläche der Oberlippe drei runde
Gruben (vergl. z. B. Silfvenius III, Fig. 1 b und II, Fig. 2 c).
Auf den beiden Schneiden des linken Oberkiefers stehen drei
Zähne; auf der oberen Schneide sind die Zähne spitz, und der
mittelste ist am grössten. Auf der rechten Mandibel stehen
auf der unteren Schneide drei Zähne, auf der oberen einer oder
zwei (dann ist der proximale sehr klein). Die Innenbürste fehlt
immer auf der rechten Mandibel, auch auf der linken ist sie
von wenigen Haaren gebildet. Cardo der Maxillen mit einer
Borste, Stipes mit einer lateralen und einer medianen; im übrigen
passt meine Beschreibung der Maxille und des Labiums von

Neureclipsis bimaculata L. (*tigurinensis* Fabr.) (II, p. 12) auf alle Arten dieser Unterfamilie. Jedoch ist auch hier der früher als Hypostomum gedeutete Teil als Labialcardo aufzufassen, und das blassgelbe Schildchen mit zwei Borsten am Vorderrande gehört zum Labialstipes.

Der Hinterrand des Pronotums ist dunkler als das übrige Schild; so auch der Berührungspunkt des Stützplättchens der Vorderfüsse. Jederseits liegen auf dem Pronotum einige Punkte neben der Mittelnaht und mehrere in einem Kreise auf der Mitte der beiden Hälften. Die Hinterecken des Schildes sind in je einen ventral gerichteten, langen, spitzen Fortsatz verlängert (Silfvenius II, Fig. 2 g, h; Fig. 34 b, 35 b), die einander auf dem Prosternum beinahe berühren; auf diesem Fortsatze zieht eine dunkle Linie von Berührungspunkt des Stützplättchens der Vorderfüsse bis zu der Spitze. Auf dem Pronotum stehen auf dem Vorderrande kürzere und längere Borsten und hinter diesen auf der Fläche einige. Auf der Dorsalseite des Meso- und Metathorax und des 1—8. Abd.-segments blasse Punkte und Binden. Die Stützplättchen der Vorderfüsse sind einheitlich, von einer schwarzen Chitinleiste quergeteilt; der orale Teil ist in einen langen, schmalen Fortsatz verlängert (Fig. 35 b), der nahe bei der Spitze zwei blasse Börstchen trägt. Auf der Basis des Fortsatzes steht eine Borste und hinter der Chitinleiste eine. Der ventrale Rand des Plättchens ist zum Teil schwarz. Die Stützplättchen der Mittel- und Hinterfüsse sind von einer dorso-ventral ziehenden, schwarzen Chitinleiste quer geteilt; der ventrale Rand ist schwarz; vor und hinter der Leiste steht je eine Borste. Der Sporn auf dem Prosternum fehlt, so auch alle Plättchen und Punkte der Thorakalsterna und alle Chitinringe und Punktgruppen der Abdominalsterna. — Um die Basis des Basaldornes der Klauen der Füsse stehen schwache Spitzchen. Auf den Seiten des 2—8. Abd.-segments zahlreiche Haare.

Das 1. Glied der Antennen der *Puppe* ist dicker, aber nicht länger als die folgenden, es ist mit wenigen Borsten versehen. Auf der Stirn stehen jederseits zwei Borsten und zwischen den Antennen jederseits eine. Labrum ist kurz, die Seiten sind eingekerbt, der Vorderrand ist abgerundet.

Die Paare der spitzen, kurzen Sporne der Vordertibien sind gleich lang, die der spitzen, grossen Sporne der Mitteltibien sind ungleich lang. Die Sporne der Hintertibien sind stumpf, die distalen Sporne ungleich lang, die proximalen sind verwachsen und meist auch ungleich geformt (s. *Neureclipsis*, Silfvenius II, Fig. 2 n); der eine ist breiter, dreieckig (III, Fig. 2 h). Die vier ersten Glieder der Mitteltarsen sind bewimpert (s. *Plectrocnemia*, l. c., p. 12). Die Krallen des letzten Tarsengliedes sind deutlich, gebogen, etwas stärker chitinisiert (Ausnahme: *Cyrnus*).

Auf den praesegmentalen Haftplättchen des 3—5. und 7—8. Abd.-segments stehen die Häkchen in einem nach hinten konvexen, seichten Bogen; auf den praesegmentalen Plättchen des 6. Segments stehen die spitzen Häkchen auf den Seiten und dem Vorderrande der Plättchen in einem nach hinten konkaven, tiefen Bogen. Die postsegmentalen Plättchen des 5. Segments sind ausgehöhlt und liegen lateral von den Plättchen des 6. Segments; ihre Häkchen stehen auf den Seiten und dem Hinterrande der Plättchen. Beim ♂ ist die Ventralseite des 8. Abd.-segments in einen stumpf konischen Fortsatz verlängert.

Die *Puppengehäuse* sind lose, länglich, dorsoventral zusammengedrückt; der Rücken ist meist gewölbt, die Bauchseite gerade. Von innen sind die Baumaterialien von einer grauen, heilen Sekretmembran austapeziert, die die einzige Bedeckung der Bauchseite bildet. Innerhalb dieser Membran liegt der durchscheinende, blassgraue, sehr feste Puppenkokon, in welchem auch die Larvenexuvie zu finden ist. Wie Thienemann (II, p. 51) bemerkt, und wie ich auch unabhängig von ihm gefunden hatte, ist dieser Puppenkokon an den beiden Enden von zahlreichen Löchern perforiert. Z. B. bei *H. auratus* Kol. kommt der von Thienemann erstens geschilderte Typus des Puppenkokons vor, wo die Enden aus stärkeren Sekretfäden aufgebaut sind, der Mittelteil aber aus sehr feinen Fäden besteht. *Neureclipsis bimaculata* L. dagegen besitzt einen Kokon von dem anderen Typus, wo auch die Enden aus feinem Gespinnste gebildet sind. Auch bei dieser Art ist jedoch das Hinterende durch einen dunkleren Ring von dem Mittelteile getrennt. — Dieser innere

Puppenkokon ist die Ursache, dass die Puppen der Polycentropinen so leicht zerrissen werden, wenn man, nach Öffnung der
Bauchseite des Gehäuses, sie herausziehen will.

Neureclipsis bimaculata L. (tigurinensis Fabr.)

Fig. 30 a Larve.

Silfvenius II, p. 11—16.   Ulmer IV, p. 147.

Auf dem vorderen Teile der Stützplättchen der Vorderfüsse
und auf den Coxen und Femora der Larve liegen einige undeutliche Punkte.   Auf der Dorsalfläche des 9. Abd.-segments kann
jederseits auf dem hinteren Teile ein etwas stärker chitinisierter
Fleck sein.   Auf den Seiten dieses Segments eine Borste und
auf der Ventralfläche jederseits zwei; die Umgebung der Basis
dieser Borsten ist etwas dunkler.   Ausserdem steht median auf
der Ventralfläche des 9. Abd.-segments jederseits ein kurzer
Haken mit aboral gerichteter Spitze auf einem kleinen Chitinschildchen (Fig. 30 a).   Diese Einrichtung ist vielleicht als eine
Anpassung ans Leben in stark fliessendem Wasser aufzufassen,
und es wirken die Haken gegen die Klauen der Festhalter (sie fehlt
z. B. bei den in stark fliessendem Wasser lebenden Larven
von *Plectrocnemia conspersa* Curt. und *Polycentropus flavomaculatus* Pict.).

Polycentropus flavomaculatus
Pict. (Klapálek I, p. 54—56; Struck III,
Taf. IV, Fig. 2; Ulmer IV, p. 119; Sil-
venius III, p. 12).   Die weichen Teile der
bis 13 mm langen *Larve* sind rötlich, auf
dem Meso- und Metanotum liegen zwei
hinten divergierende, blasse Binden, auf
der Dorsalseite des 1—8. Abd.-segments
jederseits zwei.   Die Grenzen der Kopfkapsel gegen das Foramen occipitis und
die Mundteile sind dunkel, auch auf der
Ventralfläche liegen beim Foramen occi-

II	1	
III	1	1
IV	1	1
V	1	1
VI	1	1
VII	1	1

Obere   Untere
Reihe der Kiemen
der Puppe von
*P. flavomacula-
tus* Pict.

pitis braune Punkte. — Das 2—4. Glied der Vordertarsen der *Puppe* sind behaart, auf dem 1. Gliede stehen Haare nur auf dem distalen Teile oder ist es nackt. Haftapparat: III 3—6. IV 3—6. V 3—6; 10—11. VI 10—11. VII 3—6. VIII 3—6.

Holocentropus auratus Kol.[1]

Fig. 32 a—b Larve, c Puppe.

Die Farbe der stärker chitinisierten Teile der *Larve* ist gelblich, die der weichen Teile rötlich bis ziegelbraun. Der Kopf ist mit zwei Gabellinienbinden und mit zwei Binden auf dem Stirnschilde verziert. Die dunkelbraunen oder braunen Binden des Stirnschildes sind im Vorderteile nur wenig oder gar nicht breiter, bei den Winkeln der Gabeläste sind sie wenig oder nicht dunkler als im übrigen Teile. Sie beginnen ein wenig hinter der breitesten Stelle der hinteren Hälfte des Schildes und reichen ununterbrochen bis zu der Gelenkmembran. Der grösste Teil des Vorderrandes des Schildes ist

------

[1] Die Larven von *H. auratus* und *H. picicornis* Steph. sind einander ganz gleich; zwischen den Puppen dieser Arten scheinen mir kleine Unterschiede in den Analanhängen zu existieren, die aber beim Untersuchen von einer grösseren Anzahl Individuen vielleicht verwischt werden. (Es sind alle in dieser Beschreibung erwähnten Merkmale der Puppen von *H. auratus* solchen Exemplaren entnommen, in welchen die einfarbig goldgelbe Behaarung der Vorderflügel der Imago zu sehen war, und die Merkmale der Larven den in Kokons dieser Puppen liegenden Exuvien. Ebenso ist mit *H. picicornis* verfahren worden). Auch die Imagines dieser zwei Arten sind nicht immer von einander zu unterscheiden; denn obgleich die Farbe meist verschieden ist, giebt es doch Zwischenformen, die z. B. die goldgelbe Behaarung der Vorderflügel von *H. auratus,* aber auch die Flecke von *H picicornis* besitzen. Auch können die Füsse, an welchen z. B. Wallengren (p. 151—152) Unterschiede aufführt, ganz gleich sein (die Coxen und Femora von *H. auratus* können braun sein). Da noch die Genitalanhänge gleich sind, ist es wohl am natürlichsten *H. auratus* als eine Varietät von *H. picicornis* aufzufassen, wie schon z. B. Wallengren (p. 152) von *H. auratus* erwälnt: ›Är måhända blott en varietet af föregående art.› — Die in dieser Beschreibung von *H. auratus* aufgeführten Merkmale der Larven, Puppen und Gehäuse passen somit auch auf *H. picicornis,* und ist diese Beschreibung als Komplettierung zu Ulmers Beschreibung von *H. picicornis* (I. p. 200—202) aufzufassen.

der Grundfarbe ähnlich, auf dem hinteren Teile liegt keine Querreihe von dunklen Punkten, oder die Punkte sind undeutlich,
gelblich (Fig. 32 a, b). Dagegen liegen Punkte auf dem vorderen Teile des Stirnschildes, zu Seiten des Gabelstieles, auf
den Gabellinienbinden und zahlreich auf den Wangen und der
Ventralfläche. Die Gabellinienbinden schliessen sich dicht dem
Gabelstiele und den Gabelästen an, nur bei den Winkeln der
Gabeläste weichen sie etwas von diesen ab.

Die Gelenkmembran, die Mundteile wie bei *H. dubius* Ramb.
(Silfvenius III, p. 4). Von den drei spitzen Zähnen der unteren
Schneide der linken Mandibel ist der proximale am grössten, am
oberen Rande höckerig. Die rechte Mandibel auf der oberen
Schneide mit zwei Zähnen, auf der unteren mit drei spitzen
Zähnen, von welchen der distale am grössten, der proximale am
kleinsten ist.

Die dunkleren Ränder des Pronotums (p. 122) sind schwarz,
der Vorderrand ist braun, die Punkte sind meist undeutlich.
Auf den Stützplättchen der Vorderfüsse, auf den Coxen und
Femora und oft auch auf den Vordertrochanteren und -tibien
liegen Punkte. Die Klaue des Festhalters (Fig. 31 a) ist mit
einem grösseren und wenigstens mit zwei kleineren Rückenhaken und mit einem ventralen Zähnchen versehen. Die Festhalter wie bei *H. dubius* (l. c., p. 8).

Die *Puppen* sind 6—10 mm lang, die Antennen reichen
bis zum Ende des 4. Abd.-segments — zum Ende des Körpers
(beim ♂), die Flügelscheiden bis zum Ende des 3—5. Abd.-
segments. Die Antennen, die Stirn, die Kiemen wie bei *H. dubius* (l. c., p. 9). Die Oberlippe ist an den von mir untersuchten
Exemplaren am Vorderrande abgerundet, nicht spitz vorgezogen
(vergl. Ulmer 1, Fig. 6). Von den sechs Borsten, die jederseits
auf dem vorderen Teile der Oberlippe stehen, sind zwei lang.
Wie Ulmer (l. c., p. 201) bemerkt hat, ist das 5. Glied der geraden Maxillarpalpen relativ kurz (so auch bei den anderen
Holocentropus-Arten), oft kürzer als das 4. und 3. zusammen.
Das 5. Glied ist 0,55—0,7 mm lang, das 4. 0,2—0,3, das 3. 0,35
—0,45, das 2. und das 1. 0,1—0,2 mm. Somit ist das 5. Glied
relativ länger als bei *H. stagnalis* Albarda (p. 128).

Das 1—4. Glied der Vordertarsen ist behaart, auf dem 1. Gliede stehen Borsten bis zu der Basis. Die Hintertarsen sind meist nackt, nur selten ist das 1—4. Glied mit schwer bemerkbaren Borsten besetzt. Die Mitteltibien und -tarsen sind beim ♀ erweitert. — Haftapparat: III 4—8. IV 4—8. V 4—7; 6—11. VI 4—12. VII 4—7. VIII 4—7.

Wie oben gesagt, sind die bisher untersuchten Puppen von *H. auratus* und *H. picicornis* von einander durch die Analanhänge zu unterscheiden. Bei *H. picicornis* (Fig. 31 b, c) sind diese kürzer als bei den anderen *Holocentropus*-Arten, doch sind sie an den von mir untersuchten Exemplaren nicht von so kurzen Höckern vertreten, wie Ulmer (I, Fig. 8) abgebildet hat. Von der Ventralseite gesehen sind sie 0,125 - 0,155 mm lang, 0,2 —0,235 mm breit, und es ist das Verhältnis zwischen der Länge und Breite somit wie 1 : 1,17—1,5. Bei *H. auratus* (Fig. 32 c) sind die oberen Analanhänge länger als bei *H. picicornis* und kürzer als bei *H. stagnalis*. Von der Ventralseite gesehen sind sie 0,185—0,22 mm lang, 0,22--0,225 mm breit, und es ist das Verhältnis zwischen der Länge und Breite somit wie 1 : 1,05—1,2; von der Seite gesehen ist das Verhältnis zwischen der Länge und Höhe wie 1 : 0,9—0,95. Der konische Fortsatz der Ventralseite des 8. Abd.-segments beim ♀ ist am distalen Ende eingeschnitten (Fig. 31 c).

Die *Puppengehäuse* sind 10--20 mm lang, 4—8 mm breit, meist graubraun oder gelbbraun, aus Schlamm, Sekret und ausserdem aus kleinen pflanzlichen Fragmenten aufgebaut. Auch kommen Gehäuse vor, die zum grössten Teil aus stärkeren Algenfäden (Cladophora) verfertigt sind. Die Fäden lassen grosse Ritzen zwischen einander, die von einer aus feinen Sekretfäden gebildeten Membran tapeziert sind. Noch können die Gehäuse zum grössten Teil aus grösseren, dünnen Blattstücken, Hölzchen, Holzfragmenten, Nadeln, Wurzel-, Stengelstücken aufgebaut sein; dann wird die Form mehr bestimmt, und die Gehäuse gleichen den von Struck (II, Fig. 47) abgebildeten. Doch fehlen in den von mir untersuchten Gehäusen meist die breiten, bedeckenden pflanzlichen Fragmente, und oft ist ausser der Bauchseite auch der Rücken von einer dünnen, grauen Sekretmembran gebildet, und nur die Seitenteile bestehen aus stärkeren Materialien.

Die Gehäuse sind oft an einander geheftet; in einer solchen Gruppe zählte ich 10 Gehäuse. Die Larven und Puppen sind auf im Schlamme liegenden Hölzern, in Ritzen dieser, auf Wurzelbüscheln, die von der Unterseite der Wurzelstöcke von Scirpus-Arten herabhängen, u. s. w. zu finden.

Holocentropus stagnalis Albarda.

Fig. 33 a Larve, b—c Puppe.

Die Larven und Puppen dieser Art gleichen so denjenigen von *H. picicornis* Steph. und *H. auratus* Kol., dass ich nur die unterscheidenden Merkmale hervorzuheben brauche. Die braunen Binden des Stirnschildes der *Larve* sind im vorderen Teile deutlich breiter, bei den Winkeln der Gabeläste sind sie am dunklesten, im hintersten Teile des Schildes fehlen die Binden oder sind sehr blassbraun. Der Vorderrand des Stirnschildes ist dunkel. Auf dem hinteren Teile des Schildes liegt eine deutliche Querreihe von dunkelkontourierten Punkten (Fig. 33 a). Die braunen Gabellinienbinden sind auf dem Vorderteile des Gabelstieles und dem Hinterteile der Gabeläste breiter als im oralen Teile.

Es scheint, als ob die Mandibeln von denjenigen von *H. picicornis* und *H. auratus* dadurch verschieden sind, dass von den drei Zähnen der unteren Schneide der linken Mandibel der distale am grössten, und der proximale nicht höckerig ist. Die drei ziemlich stumpfen Zähne der unteren Schneide der rechten Mandibel sind gleich gross, oder der mittelste ist am kleinsten.

Die ♂-Puppen sind 6,5—8 mm, die ♀ 9—10 mm lang, bis 2,2 mm breit. Das 5. Glied der Maxillarpalpen ist 0,37—0,44 mm lang, das 3. 0,26—0,34, das 4. 0,17—0,28, das 2. 0,14—0,19 mm.

Die Analanhänge sind länger als bei *H. picicornis* und *H. auratus* (Fig. 33 b, c); in der Ventralansicht sind sie 0,25—0,31 mm lang, 0,2—0,225 mm breit, und es ist das Verhältnis zwischen der Länge und Breite somit wie 1 : 0,7—0,9. Auch scheint die stumpfe Penisanlage etwas länger und schmäler zu sein als bei *H. picicornis* (vergl. Fig. 31 b und 33 b) und weiter nach hinten zu reichen, als die lateral stumpfwinklig ausgebuchteten, aboral breiten, geraden Anlagen der Genitalfüsse.

Das *Gehäuse* wie bei *H. auratus* (p. 127—128), meist schwärzlich, aus Schlamm und Sekret aufgebaut, auf diesen sind pflanzliche Fragmente und Sandkörner befestigt. — Finnström, Godby, am ¹³/₆ 1904 erwachsene Puppen (M. Weurlander).

Cyrnus trimaculatus Curt. [1])

In der folgenden Beschreibung sind nur die Merkmale erwähnt, in welchen die Larven und Puppen dieser Art von denjenigen der früher hinsichtlich der Metamorphose bekannten *Cyrnus*-Arten (Silfvenius III, p. 7—11; p. 131—132) zu unterscheiden sind. Die weichen Teile der bis 11 mm langen, bis 2,3 mm breiten *Larve* sind blassrötlich (in Alkohol konservierte Exemplare), die stärker chitinisierten blassgelblich. Die Punkte und Binden des Kopfes sind noch deutlicher als bei *C. insolutus.* Zu Seiten des Gabelstieles und auf der lateralen Seite der Gabeläste zieht bis zu den Winkeln der Gabeläste je eine braune Binde. Bei den Winkeln der Gabeläste zieht auch auf der medianen Seite der Äste je eine braune Binde (Fig. 34 a). Die Zähne des rechten Oberkiefers sind stumpf, und auf der unteren Schneide ist der mittelste Zahn am grössten.

Die dunklen Ränder des Pronotums (p. 122) sind schwarz, die Punkte sind deutlicher als bei *C. flavidus* (Fig. 34 b). Der

---

[1]) Die Zugehörigkeit der beschriebenen Larven und Puppen zu dieser Art ist nicht durch Zucht gesichert. Die beschriebenen Metamorphosestadien gehören sicher zu der Gattung *Cyrnus*; die Larven sind durch die Zeichnungen des Kopfes, die Puppen dagegen durch die Kiemenformel und durch die aus mineralischen Bestandteilen verfertigten Gehäuse von den früheren Stadien bisher bekannter *Cyrnus*-Arten (*C. insolutus* Mc Lach. und *C. flavidus* Mc Lach.) wohl zu unterscheiden. Nach Mitteilung von Stud. M. Weurlander, der diese Metamorphose gefunden hat, flogen *C. trimaculatus* und *C. crenaticornis* Kol. bei dem See umher, in welchem die beschriebenen Larven und Puppen gefunden wurden. Die Antennen und die Genitalanhänge der Imago, die in einer beinahe fertigen Puppe schon durchschimmerten, sind denjenigen der erstgenannten Art mehr ähnlich.

Hinterteil des Schildes ist oft bräunlich, dunkler als der Vorderteil. Der vordere Teil der Stützplättchen der Vorderfüsse ist dunkel, mit dunkleren Punkten versehen, auch die anderen Stützplättchen sind dunkel. Die Füsse wie bei *C. insolutus* (III, p. 11; p. 131).

Die *Puppen* sind 6—8 mm lang, 1,5—2 mm breit. Die Antennen reichen bis zum Anfang des 7. — zum Ende des 8., die vorderen Flügelscheiden bis zum Anfang — zum Ende des 4. Abd.-segments. Die Antennen sind im distalen Teile perlschnurförmig, im proximalen beinahe fadenförmig, da die proximalen Glieder nur in der Mitte wenig aufgeblasen sind. Die Füsse wie bei *C. insolutus* (III, p. 11; p. 131), in den von mir untersuchten Exemplaren waren die proximalen Sporne der Hintertibien nur wenig mit einander verwachsen.

Haftapparat: III 3—7. IV 5—8. V 4—6; 7—13. VI 7—10. VII 6. VIII 5—6. Die Kiemenzahl ist kleiner als bei *C. flavidus* und *insolutus*. So fehlen die Kiemen des 7. Abd.-segments ganz, und die einzige, nach unten gekehrte Kieme des 6. Segments (die auch fehlen kann) ist sehr kurz. Die Anlage des Penis ist von der Seite gesehen stumpf abgerundet, sie reicht etwas weiter nach hinten als die von der Seite gesehen stumpfen, am hinteren Ende geraden Anlagen der Genitalfüsse (Fig. 34 c). Die Analanhänge sind von der Seite gesehen 0,25 mm lang, 0,15 mm hoch.

Obere   Untere
Reihe der Kiemen
der Puppe von
C. trimaculatus
Curt.

II	1	
III	1	1
IV	0—1	1
V	0—1	1
VI		0—1

Die *Puppengehäuse* sind bis 12 mm lang, bis 6 mm breit, aus grossen Sandkörnern aufgebaut, jedoch lose. Auch Fragmente von Molluskenschalen oder ganze Schalen (Limnæa) können als Baumaterial gebraucht sein, und an den beiden Langseiten des Gehäuses sind oft grosse, bis 12 mm lange, 7 mm breite Rindenstücke befestigt, mit welchen das Gehäuse bis 14 mm lang und bis 9 mm breit wird. — Finnström, Godby, Långsjö, am ²⁸/₇ 1904, Larven, Puppen (M. Weurlander).

Cyrnus insolutus Mc Lach.

Fig. 35 a—b Larve.

Silfvenius III, p. 10—11.

Die weichen Teile der bis 11 mm langen *Larve* sind rötlich,
somit dunkler als bei *C. flavidus*; die Grundfarbe der stärker chitinisierten Teile ist gelblich. Die Punkte des Kopfes und des Pronotums (Fig. 35 a, b) sind viel deutlicher als bei *C. flavidus*.
Auch auf den Stützplättchen der Vorderfüsse, auf den Coxen,
Femora und Tibien und oft auf dem 3. Gliede des Festhalters
einige Punkte.

Die Dorsalseite des Kopfes ist bald zum grössten Teile
braun, bald sind nur das Stirnschild und die angrenzenden
Partien der Pleuren braun. Auf diesem dunkleren Teile liegen
gelbliche Flecke, und die Umgebung der Basis der Borsten ist
auch gelblich. Ventral sind die hinteren Partien der Pleuren und
die Umgebung der Mittelnaht etwas dunkler als die Grundfarbe,
und die Punkte sind deutlich.

Auf der Dorsalseite des Meso- und Metathorax und des 1.
Abd.-segments liegen jederseits eine blasse Binde und nach innen
von dieser blasse Punkte, auf der Dorsalseite des 2—8. Abd.-
segments liegen ausser Punkten jederseits zwei Binden. Die Stützplättchen der Mittel- und Hinterfüsse sind dunkel, so auch die
Basis der Mittel- und Hintercoxen. Die meisten Ränder der
Fussglieder sind dunkel.

Wie bei *C. flavidus* und *trimaculatus* liegen schon auf den
Seiten des 1. Abd.-segments postsegmental einige Haare, und
bei diesen drei Arten liegt auf der Dorsalseite des 9. Abd.-seg-
ments jederseits ein dunkler, stärker chitinisierter, postsegmentaler Fleck. Die Klaue des Festhalters mit einem Rückenhaken.

Die *Puppen* sind bis 6,5 mm lang. Die Antennen reichen
bisweilen länger als das Abdomen, und die vorderen Flügelscheiden können bis zum Anfang des 5. — bis zu der Mitte
des 6. Abd.-segments reichen. Wie bei *C. flavidus* und *trimaculatus* ist das 1. Glied der Vordertarsen bis zu der Basis bewimpert.

Die Larven leben in aus Schlamm oder vermodernden Pflanzenfragmenten verfertigten Gängen, oder zwischen Moos. rhizoiden. Die *Puppengehäuse* sind bis 15 mm lang, bis 5 mm breit, aus Schlamm aufgebaut. Sie können mit etwas grösseren Blattfragmenten und dickeren Hölzchen verstärkt sein und sind in Ritzen oder unter der Rinde im Wasser liegender Hölzer befestigt.

Cyrnus flavidus Mc Lach. (Silfvenius III, p. 7—10). Die Stützplättchen der *Larve* ohne Punkte, auf dem 3. Gliede der Festhalter können einige Punkte liegen. — Die *Puppengehäuse* sind bis 19 mm lang, 4—5 mm breit, beinahe zylindrisch. Sie können mit 10—15 mm langen Stücken von grünen Stengeln verstärkt sein, und man kann auch Fragmente von Molluskenschalen unter den Baumaterialien finden. Meist sind die Gehäuse auf am Boden liegenden Hölzern oder in Ritzen dieser befestigt.

Bei der Bestimmung der in Finland vorkommenden Larven der Polycentropinen scheinen die Festhalter für die Unterscheidung der verschiedenen Gattungen die besten Merkmale darzubieten. Die Charaktere, die man von den Festhaltern erhält, sind um so mehr brauchbar, da sie schon auf den frühesten Stadien aufzufinden sind, wogegen die Zeichnungen des Kopfes und des Pronotums erst später auftreten. Bei der Unterscheidung verschiedener Arten einer Gattung sind diese doch allein anwendbar, da die Festhalter in derselben Gattung sich konstant verhalten.

Bestimmungstabelle der bisher bekannten Larven der finnischen Polycentropinen. [1])

I. Nur das 3. Glied des Festhalters behaart, das 1—2. Glied kurz. Klaue des Festhalters ohne Rückenhaken und ventrale Zähnchen.   *Neureclipsis bimaculata* L.

---

[1]) Von den in Finland vorkommenden Polycentropinen ist jetzt die Metamorphose von *Polycentropus multiguttatus* Curt. und *Cyrnus crenaticornis* Kol. unbekannt.

II. Alle Glieder des Festhalters behaart.

A. Klaue des Festhalters mit vier ventralen Zähnchen.

1. Kopf und Pronotum mit deutlichen Punkten.

    a. Entlang des Gabelstieles und des hinteren Teiles der Gabeläste deutliche, dunkle Binden.

                            Cyrnus trimaculatus Curt.

    b. Kopf ohne solche Binden.   *C. insolutus* Mc Lach.

2. Besonders die Punkte des Pronotums sehr undeutlich.

                            C. flavidus Mc Lach.

B. Klaue des Festhalters mit höchstens einem ventralen Zähnchen.

1. Klaue des Festhalters stumpfwinklig gebogen.

                         Plectrocnemia conspersa Curt.

2. Klaue des Festhalters rechtwinklig gebogen.

    a. Klaue des Festhalters mit einem Rückenhaken oder ohne solchen.   *Polycentropus flavomaculatus* Pict.

    b. Klaue des Festhalters wenigstens mit 2 Rückenhaken.

    α. Kopf mit deutlichen Gabellinienbinden.

    †. Die Binden des Stirnschildes sind im vorderen Teile deutlich breiter, der Vorderrand des Stirnschildes ist dunkel. *Holocentropus stagnalis* Albarda.

    ††. Die Binden des Stirnschildes sind nicht im vorderen Teile breiter, der Vorderrand des Stirnschildes ist blass.   *H. picicornis* Steph. und *H. auratus* Kol.

    β. Kopf ohne Gabellinienbinden.   *H. dubius* Ramb.

In einer früheren Arbeit (III, p. 13) hatte ich zum Teil auf Grund älterer Angaben von Klapálek (*Polycentropus flavomaculatus* I, p. 55—56) und Ulmer (*Holocentropus picicornis*, I, p. 201—202) eine Tabelle der bisher bekannten Puppen der finnischen Polycentropinen gegeben. Bei Untersuchung meines Materials fand ich doch, dass die von mir dann zur Unterscheidung dieser Arten ausgewählten Merkmale nicht auf unsere Exemplare passen, und dass man somit die bisher bekannten finnischen Puppen der Polycentropinen auf Grund dieser Tabelle nicht bestimmen kann.

Bestimmungstabelle der bisher bekannten Puppen der finnischen Polycentropinen.

I. Der Hinterrand der Analanhänge gerade, in eine mediane Spitze verlängert. Die proximalen Sporne der Hintertibien einander gleich, weit mit einander verwachsen. Auf dem distalen Teile der Oberlippe jederseits vier lange Borsten.

Neureclipsis bimaculata L.

II. Die Analanhänge abgerundet. Die proximalen Sporne der Hintertibien ungleich.

A. Auf dem distalen Teile der Oberlippe jederseits keine lange Borste.[1]

1. Auf dem 7. Abd.-segmente keine Kiemen.

Cyrnus trimaculatus Curt.

2. Auf dem 7. Abd.-segmente wenigstens nach unten gerichtete Kiemen.

a. Antennen im proximalen Teile fadenförmig.

C. insolutus Mc Lach.

b. Antennen im proximalen Teile perlschnurförmig.

C. flavidus Mc Lach.

B. Auf dem distalen Teile der Oberlippe jederseits zwei lange Borsten.

1. Auf dem proximalen Teile der Oberlippe jederseits drei lange Borsten.   *Holocentropus dubius* Ramb.

2. Die laterale Borste jederseits auf dem proximalen Teile der Oberlippe kurz.

a. Vordertarsen nackt. *Plectrocnemia conspersa* Curt.

b. Wenigstens das 2—4. Glied der Vordertarsen behaart.

α. Das 1. Glied der Vordertarsen nackt oder nur im distalen Teile behaart.

. *Polycentropus flavomaculatus* Pict.

β. Das 1. Glied der Vordertarsen bis zu der Basis behaart.

[1] Jederseits steht gewiss eine Borste, die länger ist als die anderen, sehr kurzen, doch nicht in solchem Grade, wie die zwei langen Borsten der Gruppe II, B.

†. Die Analanhänge von der Ventralseite gesehen 0,125—0,155 mm lang, 0,2—0,235 mm breit.

Holocentropus picicornis Steph.

††. Die Analanhänge von der Ventralseite gesehen 0,185 —0,22 mm lang, 0,22—0,225 mm breit.

H. auratus Kol.

†††. Die Analanhänge von der Ventralseite gesehen 0,25 —0,31 mm lang, 0,2—0,225 mm breit.

H. stagnalis Albarda.

Psychomyinæ.

Silfvenius II, p. 16—18. | Ulmer IV, p. 120—121.

Auf die hier behandelten Arten passen die früher von mir für die »Tinodes-Gruppe» (l. c.) gegebenen allgemeinen Charaktere. Die Unterfamilie der Psychomyinen, die mit dieser Gruppe identisch ist, umfasst die Gattungen *Tinodes*, *Lype* und *Psychomyia*. Sie bildet einen Teil von Ulmers Unterfamilie Ecnominæ (l. c.) und von der mit dieser identischen Section V der Hydropsychiden von Mc Lachlan (I, p. 408) oder von Wallengrens (p. 154) Familie Psychomyidæ. — Es ist eigentümlich, dass, obgleich einige Arten der Psychomyinen bei uns gar nicht selten sind (*Tinodes wæneri* L., *Lype phæopa* Steph.), die Larven und Puppen sehr schwer zu finden sind.

Tinodes wæneri L.

Morton III, p. 38—42. | Ulmer IV, p. 123.

Fig. 36 a—c Larve.

Die Grundfarbe der stärker chitinisierten Teile der bis 8 mm langen *Larve* ist gelblich, doch sehen der Kopf und das Pronotum besonders mit schwacher Vergrösserung dunkel aus. — Die Grenzen der Kopfkapsel gegen das Foramen occipitis und gegen die Mundteile sind dunkel, das Stirnschild ist braun, im hinteren Teile noch dunkler und da mit blassen Punkten versehen. Zu den Seiten

des Gabelstieles und der hinteren Teile der Gabeläste ziehen auf
den Pleuren braune, kurze Gabellinienbinden, die nicht bis zu
den Augen reichen und die den Gabelwinkel blass lassen. Auf
den Gabellinienbinden und auch im übrigen auf den hinteren dorsalen Teilen der Pleuren dunkle Punkte (Fig. 36 a). Der hintere
Teil der Ventralfläche des Kopfes ist dunkler als die Grundfarbe, mit einigen klaren Punkten versehen; auf den Wangen
liegen die braunen Punkte in Längsreihen, die nicht bis zu den
Augen reichen, oder sie können auch fehlen.

Die Zwischengelenkmembran, die allgemeine Lage der Mundteile, die Oberlippe, ihre Borsten und Gruben wie bei *Psychomyia pusilla* Fabr. (Silfvenius II, p. 18, Fig. 3 a). Die Mandibeln wie Morton (III, Fig. 1—4) sie abgebildet hat; da in der
Beschreibung (l. c., p. 40) eine Verwechselung der beiden Mandibeln stattgefunden hat, und die Berichtigung (p. 90) leicht über-
sehen wird, mögen sie hier noch beschrieben werden. Auf der
linken Mandibel stehen auf der oberen Schneide zwei deutliche
Zähne und auf der unteren drei sehr stumpfe. Die Innenbürste
ist sehr lang und beginnt mit kurzen Stäbchen schon bei dem
proximalen Zahne der oberen Schneide. Der Rücken der linken
Mandibel ist nicht gefurcht, die zwei Rückenborsten stehen auf
dem dorsalen Rande des Rückens. Auf der rechten Mandibel
findet man von oben gesehen zwei sehr stumpfe Zähne, von
unten gesehen aber keinen. Auf dem Rücken der rechten Mandibel eine tiefe Furche; die Rückenborsten stehen auf der dorsalen Seite dieser Furche.

Cardo der Maxillen stärker chitinisiert, mit einer Borste.
Stipes mit nur einer, lateralen Borste (s. Morton, Fig. 5). Die
Borsten des Maxillarpalpus, des Maxillarlobus und des Labiallobus wie bei *Ps. pusilla* (Silfvenius II, p. 18—19). Ausserdem
steht auf dem medianen Rande des Chitinschildchens auf dem
ersten Gliede des Maxillarpalpus ein kurzer, proximaler Zapfen
und auf dem distalen Ende des Maxillarlobus zwei dorsale,
gebogene, gefiederte Zapfen. Auf dem Labiallobus zwei dorsale und zwei ventrale, blasse Börstchen. Der breit dreieckige Cardo und der mit zwei gelblichen Chitinplättchen versehene Stipes des Labiums wie in Mortons Fig. 5. Hypo-

stomum fehlt; die Pleuren berühren ventral einander bis zum Labialcardo.

In der Dorsalansicht ist das Pronotum etwas breiter als lang; über ihre Form und Farbe vergl. Fig. 36 b. Die Ränder und die Mitte der beiden Hälften sind dunkler als die Grundfarbe, auf dieser dunklen Mittelpartie, die sich an die Gabellinienbinden anschliesst, liegen dunkelkontourierte Punkte. Die Stützplättchen der Vorderfüsse sind einheitlich (Fig. 36 c), obgleich eine dunkle Leiste, längs welcher das Plättchen leicht zerrissen wird, schon die Teilung in zwei Plättchen andeutet. Oral ist das Plättchen in einen dreieckigen Fortsatz verlängert, der an der Spitze zwei Börstchen trägt. Ausserdem sind die Stützplättchen mit zwei Borsten versehen (Fig. 36 c). Die Stützplättchen der Mittel- und Hinterfüsse sind nur von einer dorsoventral ziehenden, breiten Chitinleiste vertreten, die im ventralen Ende in eine Querleiste übergeht. Hinter der erstgenannten Leiste steht eine Borste und eine vor ihr, ventral von der Querleiste. Von dem hinteren Teile des Oberrandes der Coxen geht ein kleiner, dreieckiger Fortsatz aus, der mit dem Stützplättchen der Vorderfüsse bei der Einbuchtung hinter dem dreieckigen Fortsatze (Fig. 36 c) und mit den anderen Stützplättchen wieder bei einer kleinen Einbuchtung in der Mitte der Querleiste artikuliert. Der Sporn des Prosternums, alle Schildchen, Punkte und Ringe auf den Thorakal- und Abdominalsterna fehlen.

Die blasse, starke Borste auf der Basis der Klauen der Füsse kann bis zum Ende der Klaue reichen. Die Seitenlinie fehlt gänzlich. Die Festhalter wie bei *T. Rostocki* (Klapálek II, p. 124, Fig. 33,7); die Klaue ohne Rückenhaken, mit bis sechs proximalen, ventralen Spitzchen bewehrt.

Die Larven leben in etwa 30 mm langen, 1,5—2,5 mm breiten, losen, graubraunen, aus Sekret- und Algenfäden, Pflanzenfibern und Sandkörnern aufgebauten Gängen. — Lappee, Saimaa, Larven am 27/6 1901.

Von den Larven von *T. Rostocki* Mc Lach. (nach Klapáleks Beschreibung, II, p. 122—124, Fig. 33.1—13) sind die Larven von *T. wæneri* L. durch die dorsalen Zeichnungen der Pleuren, die Behaarung der Oberlippe, die Bezahnung der Oberkiefer, die Zeichnungen des Pronotums zu unterscheiden. Auch die Örtlichkeiten, wo die Larven leben, sind verschieden. Über die Unterscheidung der Larven von *T. wœneri* und *T. aureola* Zett. vergl. Morton III, p. 41.

Lype sp.[1])

Fig. 37 a—b Larve, c Puppe.

Die *Larve* ist bis 8 mm lang. In der Dorsalansicht sehen der Kopf und der Prothorax braun aus, die übrigen Segmente sind dorsal rötlich, mit blassen Linien, ventral blass.

Die Grundfarbe des Kopfes ist gelblich, die dunklen dorsalen Partien (Fig. 37 a) sind dunkelbraun und reichen auch auf dem dorsalen Teile der Wangen. Auf diesen liegen dunkle Punkte in Längsreihen. Ventral ist der grösste Teil graubraun, die Grundfarbe kommt nur auf einer schmalen oralen Partie vor. Auf dem dunklen ventralen Teile liegen jederseits nur einige dunklere Punkte.

Die Rückenborsten der Mandibeln stehen nicht in der Mitte des Rückens, sondern in etwa $^1/_3$—$^1/_4$ von der Basis. *Die beiden Mandibeln sind distal median ausgehöhlt.* Ausser der Spitze stehen auf der oberen Schneide des linken Oberkiefers zwei Zähne und auf der unteren zwei deutliche, distale, ein ziemlich undeut-

---

[1]) Es sind nur solche Merkmale erwähnt, die für die beschriebenen Larven speziell charakteristisch sind. — Die Larven und Puppen stammen nicht von derselben Lokalität her, und ihre Zugehörigkeit zu dieser Gattung ist nicht durch Zucht gesichert. An dem Orte, wo die Larven gefunden wurden, fliegt von den Psychomyinen ausser *Lype*-Arten nur *Psychomyia pusilla* Fabr. umher, von welcher die Larven durch die Zeichnungen des Kopfes und des Pronotums und durch die rechte Mandibel sicher zu unterscheiden sind. Die Analanhänge und die Anlagen der Genitalfüsse der einzigen untersuchten ♂-Puppe sind von denjenigen von *Tinodes* und *Psychomyia* deutlich zu unterscheiden und besonders diese geben die Form der Genitalfüsse der Gattung *Lype* wieder (vergl. Mc Lachlan, inferior appendages, I, p. 422—425, Pl. XLV). Ausserdem gleichen die durch die Haut der Puppe schon durchschimmernden Genitalanhänge der Imago meist denjenigen dieser Gattung. Andere Psychomyinen als *Lype*-Arten wurden auf derselben Lokalität, wo die Puppe gefunden wurde, nicht angetroffen.

licher und ein ganz undeutlicher, proximaler, der fehlen kann. Der Rücken der linken Mandibel ist nicht gefurcht, die Innenbürste ist von distalen, langen Stäbchen und einer von diesen getrennten, proximalen Gruppe gefiederter Borsten gebildet. *Auf der oberen Schneide des rechten Oberkiefers stehen ausser der Spitze zwei Zähne, von welchen der distale deutlicher ist; auf der unteren Schneide stehen zwei scharfe, distale Zähne und ein undeutlicher, proximaler, der fehlen kann.* Der Rücken des rechten Oberkiefers ist gefurcht; die Innenbürste fehlt (Fig. 37 b).

Das ganze Pronotum ist dunkelbraun, der Hinterrand und die Seiten sind noch dunkler. Etwa in der Mitte liegt eine Querreihe von blassen Punkten, und über dem Schilde sind undeutliche, dunkelkontourierte Punkte zerstreut. Von den Basaldornen der Mittel- und Hinterklauen ist der distale länger, borstenähnlich, der proximale kurz, stumpf. — *Auf der Klaue des Festhalters fehlen die Rückenhaken und die ventralen Spitzchen.* — Esbo, Qvarnfors.

Die *Puppe* ist 5,5 mm lang. Das 4—7. Abd.-segment ist am breitesten, das 8—9. viel schmäler, das 9. ist sehr verlängert. Die Antennen wie bei *Psychomyia* (Silfvenius II, p. 20). Die Stirn ist nur wenig gewölbt (vergl. l. c., p. 17). Die Oberlippe ist kurz, breiter als lang, der Vorderrand ist abgerundet. Auf dem vorderen Teile stehen jederseits fünf gelbliche, schwache Borsten und auf dem hinteren jederseits drei gelbliche Borsten, von welchen die lateralen kurz sind. Die Form der Mandibeln gleicht mehr derjenigen von *Tinodes* als der von *Psychomyia*; so sind sie nicht peitschenförmig, ihre Spitze ist hakenförmig, und die Schneide ist in der Mitte gerade (bei *Psychomyia* konvex) und gezähnt.

Die Flügelscheiden sind zugespitzt, beinahe gleich lang. Die Vorder- und Hintertarsen sind nackt, die 4 ersten Glieder der Mitteltarsen sind reichlich behaart. Die Sporne der Vorder- und Mitteltibien sind spitz, die der Hintertibien stumpf, die distalen Sporne der Hintertibien sind ungleich lang. Die hintere, untere Ecke des Mittelfemurs ist in einen stumpfen Höcker verlängert. Die Krallen sind von blassen, abgerundeten, nicht stärker chitinisierten Höckern vertreten.

Die Spitzchen der praesegmentalen Haftplättchen auf dem
2—5. und 7—8. Segmente sind stumpf, gerade. Die Spitzchen
des 2—5. Segments stehen ohne Ordnung auf dem Hinterteile
der Plättchen. Die Spitzchen des 7—8. Segments dagegen stehen
in einer Reihe auf dem Hinterrande der Plättchen. Auf dem
Plättchen des 6. Segments sind die Häkchen spitz. Die postsegmentalen Plättchen des 5. Segments sind breit, ziemlich gross.
Haftapparat: II 6—8. III 6—9. IV 7—9. V 6—7; 12. VI 12—13.
VII 6—10. VIII 8—11.

Das letzte Abd.-segment ist zwar tief gespalten, die beiden
Hälften aber sind einheitlich (Fig. 37 c); sie tragen am distalen
Ende 8 schwarze Borsten. Auf dem proximalen Teile der Dorsalseite des letzten Abd.-segments liegt median, vor der das Segment
teilenden Spalte eine lange. in der ganzen Länge ziemlich gleich
breite Erhöhung. Die Anlagen der Genitalfüsse sind sehr lang,
zwischen ihnen liegt die Penisanlage, die viel weniger nach hinten
reicht als diese (Fig. 37 c). Von der Seite gesehen sind die Anlagen der Genitalfüsse stumpf und ein wenig nach oben gebogen.

Kirchspiel Sortavala, Lohioja, am ¹¹/₆ 1902, eine beinahe
fertige Puppe.

Bestimmungstabelle der bisher bekannten Larven der finnischen Psychomyinen.

I. Kopf mit nur in Exuvien sichtbaren Punkten. Der
rechte Oberkiefer mit einem grossen Zahne auf der einfachen
Schneide.   *Psychomyia pusilla* Fabr.

II. Kopf mit deutlichen Zeichnungen.

A. Der rechte Oberkiefer median deutlich ausgehöhlt, mit
deutlichen Zähnen auf den beiden Schneiden. Klaue des Festhalters ohne ventralen Spitzchen.   *Lype* sp.

B. Der rechte Oberkiefer median nicht ausgehöhlt, mit
undeutlichen Zähnen.

1. Kopf gelblich oder blassgrün mit braunem Stirnschilde
und braunen, kurzen Gabellinienbinden.   *Tinodes wæneri* L.

2. Kopf braun, mit zerstreuten blassen Punkten (Morton III,
p. 41).   *T. aureola* Zett.

Die Puppen von *Psychomyia pusilla* sind durch die peitschenförmigen Mandibeln und durch das Fehlen der proximalen Borsten der Oberlippe von denjenigen der anderen Psychomyinen leicht zu unterscheiden. Die Puppen der Gattungen *Tinodes* und *Lype* sind noch zu wenig bekannt, dass man eine Tabelle der Puppen der Psychomyinen geben konnte.

Rhyacophilidæ.

Rhyacophilinæ.

Rhyacophila nubila Zett.

Fig. 38 a—f Larve.

Klapálek I, p. 57—59.   Ulmer IV, p. 127.
Struck III, p. 79, Taf. IV, Fig. 5.

Die *Larven* sind bis 24 mm lang, am Metathorax am breitesten, aboral werden sie allmählich schmäler, doch ist das 8. Abd.-segment viel schmäler als das 7., und das 9. viel schmäler als das 8. Der Kopf und der Prothorax sind etwa gleich breit, erheblich schmäler als der Mesothorax. Von der Seite gesehen ist die Larve vom Mesothorax bis zum 4. Abd.-segmente am höchsten.

Das Stirnschild ist gelbbraun, aboral dunkelbraun, doch reicht diese dunkelbraune Farbe nicht bis zum Gabelwinkel. Der Vorderteil des Schildes ist dicht mit braun gesprenkelt, auf dem Hinterteile liegen meist 6 deutliche, blassere Punkte. Ausser dem grossen (Struck l. c.) und einem kleineren hellen Punkte liegen auf den Pleurabinden zahlreiche blasse und dunkle Punkte. Die Ränder des Foramen occipitis sind dorsal schwarz, ventral braun, lateral ist die schwarze Farbe stark breiter. Ventral sind die Pleuren jederseits bei dem oralen Ende des Foramen occipitis mit braun gesprenkelt. Hypostomum ist vom dunkleren Labialcardo deutlich getrennt, dreieckig; die Pleuren berühren einander ventral auf einer langen Strecke.

Die Antenne (Fig. 38 a) besteht aus einer blassen Erhöhung nahe bei der Basis der Mandibeln, die zwei stumpfe Sinnesstäbchen und eine blasse Borste trägt. Die Zwischengelenkmembran mit zwei blassen Binden.

Die Oberlippe (Fig. 38 b) trägt dorsal jederseits zwei laterale Gruben und eine mediane sammt sechs Borsten, von welchen zwei dunkler, länger und zwei ganz blass sind. Ventral sind die lateralen Teile reichlich behaart, und bei den kleinen Einbuchtungen des Vorderrandes steht jederseits ein stumpfer Höcker. Auf dem Vorderrande der Oberlippe ganz kurze Börstchen.

Der linke Oberkiefer ist 0,65—0,75 mm, der rechte 0,57—0,67 mm lang. Die rechte Mandibel messerförmig, mit einem kleinen Zahne. Die linke Mandibel ist median, distal ausgehöhlt; die ventrale Schneide trägt einen kleinen, scharfen, distalen Zahn und ist wie auch die Schneide der rechten Mandibel undeutlich gesägt. Die distale Rückenborste ist kürzer, blass, gebogen, die proximale dunkler.

Cardo der Maxille ist braun, mit einer Borste; Stipes proximal braun, stärker chitinisiert, distal blass, er trägt eine mediane und eine laterale Borste sammt eine laterale Grube. Die Maxillarpalpen sind fünfgliedrig; das 1., breiteste Glied trägt ventral eine distale Borste und ein medianes Dörnchen; das 5. Glied ist distal mit einigen ganz kurzen Sinnesstäbchen versehen. Das 3. Glied der Palpen ist am längsten, dann folgen das 1., 2., 5. und 4. Der Maxillarlobus trägt distal zahlreiche, verschieden geformte Sinnesstäbchen und -borsten (Fig. 38 c). Dorsal ist der proximale Teil des Maxillarlobus und das 1. Glied der Palpen behaart, wie auch der Labiallobus, der jederseits noch eine kurze, blasse Borste trägt. Ventral steht auf dem Labiallobus jederseits eine blasse, kurze Borste und ein Chitinstäbchen. Die Labialpalpen sind zweigliedrig, das 2. Glied trägt einige ganz kurze, schwer zu findende Sinnesstäbchen. Stipes der Unterlippe ist vom Lobus durch eine breite, braune, ventral und lateral liegende Chitinspange getrennt, er ist distal blass, proximal liegt ein braunes, ventrales, queres Schildchen, das jederseits eine Borste trägt. Cardo der Unterlippe ist braun, quer elliptisch.

Die Hinterecken und die Mitte des Hinterrandes des Pronotums sind breit schwarz; die Vorderecken und oft die Seiten sind schmal schwarz. Die braune Querbinde auf dem Hinterteile des Schildes reicht nicht bis zum Hinterrande und zu den Seiten, sie trägt undeutliche, blassere Punkte bei der Mittelnaht und bei der Mitte der beiden Hälften des Pronotumschildes. Die Hinterecken des Schildes sind in eine aboral und ventral gerichtete Spitze verlängert.

Die Stützplättchen der Vorderfüsse (Fig. 38 d) sind zwei; das vordere ist in einen oral gerichteten Fortsatz verlängert. Das hintere ist von einer dorsoventralen, schwarzen Chitinleiste zweigeteilt, der hintere Teil ist schwach chitinisiert. Es kommen keine stärker chitinisierten Stützplättchen der Mittel- und Hinterfüsse vor. Vom Oberrande der Mittel- und Hintercoxen zieht dorsal eine schwarze, am oberen Ende braune Chitinlinie und vom dorsalen Ende dieser eine andere, oral gerichtete, schwarze Linie. Der Sporn des Prosternums, alle Schilder und Punkte der Thorakal- und Abdominalsterna fehlen. Die Trochanteren, Femora, Tibien und Tarsen der Vorderfüsse sind mit von kleinen Spitzchen gebildeten Kämmen versehen, die an den anderen Füssen fehlen.

Über das Schild auf der Dorsalfläche des 9. Abd.-segments vergl. Fig. 38 c. Die Schilder des 9. Abd.-segments und des 1. Gliedes des Festhalters können mit blassen, undeutlichen Punkten versehen sein. Sechs Analkiemen vorhanden. Das 1. Glied des Festhalters trägt eine distale, dorsale, schlanke Klaue und einen proximalen, ventralen Haken; das 2. Glied ist mit einem dorsalen und zwei ventralen Schildchen versehen, von welchen das dorsale einen stumpfen Höcker trägt. Die Klaue des Festhalters ist von einer Chitinnaht quergeteilt; auf dem proximalen Teile steht ein Höcker mit einer gelben Borste, auf dem distalen zwei—drei stumpfe Dorne (Fig. 38 e, f).

Die *Puppen* sind 11—14 mm lang, 2—3,5 mm breit. Meso- und Metathorax und das 3—5. Abd.-segment sind am breitesten. Beim ♂ reichen die Antennen bis zum Anfang des 7—8. Abd.-segments, beim ♀ bis zum Anfang — zum Ende des 5.

Dorsal stehen auf dem Kopfe auf der konkaven Stirn jederseits zwei Borsten, vor den Augen eine, zwischen den Antennen jederseits eine und hinter diesen einige. Das 1. Anten-
nenglied ist viel stärker als die anderen und trägt einige Borsten, der proximale Teil der Antennen ist fadenförmig, der
distale perlschnurförmig, die distalen Glieder sind relativ länger.

Die Oberlippe halbkreisförmig, der Vorderrand in den von
mir untersuchten Exemplaren nicht so vorgezogen wie nach
Klapálek (Fig. 20,5), auf den Vorderecken stehen jederseits 5 Borsten und auf der Ventralfläche jederseits eine, die auch von oben
gesehen sichtbar ist. Der proximale Teil ist durch eine deutliche Querfurche vom distalen Teile getrennt und trägt jederseits
drei Borsten. Bei der Basis der zweiten proximalen Borste auf
jeder Seite liegt eine runde Grube und eine jederseits zwischen
den Borsten auf den Vorderecken.[1]) Eine Grube liegt median
am Hinterrande und oft eine in der Mitte der Oberlippe. Die
Mandibeln sind von der Spitze bis zu der Spitze des proximalen
Zahnes gesägt, von den drei Zähnen der rechten Mandibel ist
der distale der grösste, der proximale der kleinste, so auch von
den zwei Zähnen der linken Mandibel.

Das 5. Glied der Maxillarpalpen ist 0,59—0,71 mm lang,
das 3. 0,51—0,68 und das 4. 0,43—0,55 mm, das 1. und 2. sind
zusammen 0,43—0,54 mm. Das 4. Glied macht einen rechten
Winkel mit dem 3. und das 5. einen Winkel mit dem 4. Das
1. Glied der ziemlich geraden Labialpalpen ist am dicksten, das
3. am schlankesten (das 1. ist 0,26—0,38 mm lang, das 2. 0,28—0,4,
das 3. 0,4—0,5 mm).

Die Flügelscheiden reichen bis zu der Mitte des 4—5. Abd.-
segmentes; sie reichen etwa gleich weit, oder die hinteren etwas
weiter. Die Femora und Coxen der Vorder- und Mittelbeine
sind mit einigen Borsten versehen, die der Hinterbeine sind
nackt. Die Sporne der Vorder- und Mitteltibien sind spitz, die
der Hintertibien ziemlich stumpf. Die vier ersten Glieder der
Mitteltarsen sind sehr dicht bewimpert (bei einem Exemplare

---

[1]) Auf der Oberfläche einer Oberlippe standen auf einer Seite auf
den Vorderecken 10 Borsten und eine Grube (auf der anderen Seite war
die Zahl normal).

war das 1. Glied der Vordertarsen schwach bewimpert). Die Klauen der Vorder- und Mitteltarsen sind stark chitinisiert, hakenartig gebogen und spitz, die der Hinterfüsse viel kürzer und weniger gebogen, jedoch stark chitinisiert und spitz.

In den vor mir untersuchten Puppen liegen die quer länglichen postsegmentalen Haftplättchen auf dem 3—5. und die länglichen praesegm. auf dem 4—7. Abd.-segmente. Alle Häkchen sind gerade, und von den, die auf den praesegm. Plättchen stehen, sind die hinteren stumpf, grösser, die vorderen spitz. Haftapparat: III 25—30. IV 20—35; 35—45. V 40—50; 30—35. VI 35—40. VII 30—35.

Ventral steht auf dem 7. Abd.-segmente beim ♂ ein kleiner, postsegmentaler, medianer Höcker, der meist schwer zu sehen ist. In den sattelförmig ausgeschnittenen dorsalen Anhang des 9. Abd.-segments (Klapálek I, Fig. 20,7) steckt der Dorsalprocess des 9. Abd.-segments der ♂-Imago (Klapálek IV, p. 10, Mc Lachlans »dorsal process» I, p. 441), in den vorgezogenen Ecken des Anhanges, die zum 10. Segmente gehören (vergl. Fig. 39 a), die Appendices praeanales (Klapálek IV, p. 11 = lateral lobes, Mc Lachlan I, p. 433). Die mittleren Appendices Klapáleks (I, p. 59), die am distalen Ende ein wenig eingebuchtet und etwas mehr schräg abgeschnitten sein können als nach Klapálek (I, Fig. 20,9), sind die Anlagen der Genitalfüsse. Die »schräg konische Anlage des Penis und der unteren Appendices anales» (Klapálek I, p. 59) ist von einer Längsfurche zweigeteilt und im distalen Ende, besonders in der Dorsalansicht, deutlich eingekerbt. Von den in ihr steckenden Genitalanhängen der Imago sind die seitlichen Chitingräten (Titillatoren, Klapálek IV, p. 11, Taf. I, Fig. 3 = sheaths), am deutlichsten, doch sieht man auch die dorsale und ventrale Klappe des Stammes der Rute (upper und lover peniscover) in diese Anlage stecken. Wie beim ♂ ist das 10. Segment auch beim ♀ von dem 9. deutlich getrennt (vergl. Fig. 39 b) und trägt zwei ventrale, distale Höcker; der Hinterrand der Dorsalseite des 10 Segments ist beim ♀ gerade, und das 8. Segment ist stark verlängert. Die Form des Hinterleibsendes der ♀-Puppe ganz wie bei *Rh. septentrionis* (Fig. 39 b).

Die *Puppengehäuse* sind aus groben Steinchen aufgebaut,

bis 20 mm lang, 17 mm breit, 12 mm hoch (das grösste Steinchen war 18 mm lang, 14 mm breit und 10 mm hoch). Zwischen den Steinchen liegen auch Sandkörner und Löcher.
(Auch Schalen von Pisidium habe ich als Baumaterial gefunden.) Von
den die grosse (etwa 10—12 mm lange, 5—6 mm breite) ventrale Öffnung umgebenden Materialien gehen vom der Öffnung
zugekehrten Rande ganz kurzgestielte, oder stiellose, unregel-
müssige Haftscheiben ab, die das Gehäuse befestigen. Die Gehäuse können an einander befestigt sein. Der Puppenkokon ist
13—17 mm lang, 3—3,5 mm breit, gerade oder etwas gebogen.

Rhyacophila septentrionis Mc Lach.

Fig. 39 a—b Puppe, c Puppengehäuse.

Klapálek II, p. 126—128.	Ulmer IV, p. 127—128.
Struck III, p. 79, Taf. IV, Fig. 4.	Ulmer VI, p. 348, Fig. 8.

Ausser in den Farbenverhältnissen des Kopfes und des
Pronotums gleichen die *Larven* dieser Art denjenigen von *Rh.
nubila* [1]) vollkommen, so dass alle oben für *Rh. nubila* aufgeführten Details auch auf diese Art passen. Die Seiten der
Oberlippe sind jedoch nicht abgerundet, wie bei *Rh. nubila*, sondern in einen stumpfen Winkel gebrochen. Auch scheint mir
die Form des ventralen Hakens auf dem 1. Gliede des Festhalters
verschieden zu sein, indem der gerade Teil des Hakens bei *Rh.
septentrionis* länger und der gekrümmte Teil relativ kürzer ist;
die Klaue des Festhalters ist weniger gebogen (vergl. Fig. 38 f).

Was die Farbe des Kopfes der Larve betrifft, ist das blassgelbe Stirnschild im Vorderteile nur mit wenigen braunen Punkten versehen, und der hintere dunkelbraune Fleck zeigt bald
keine blasseren Punkte, bald vier Punkte, die jedoch nicht so
deutlich sind, wie bei *Rh. nubila*. Die Seiten und der hintere
Teil des Fleckes sind dunkler als die Mittelpartie. Die Pleurabinden sind, wie Ulmer (IV, p. 127) bemerkt, durch eine helle

---

[1]) Durch diese Farbenverhältnisse sind die Larven dieser zwei Arten
— der einzigen, die in Finland häufiger vorkommen — leicht und sicher
von einander zu unterscheiden.

Längsbinde in zwei Teile getrennt, biswcilen hängen diese zusammen, und dann treten auf der Binde die zwei hellen Punkte
auf, die bei *Rh. nubila* so deutlich sind. Gewöhnlich fehlen
diese Punkte wie auch die blassen Punkte der Binden, dagegen
sind die dunkelbraunen Punkte sehr zahlreich und deutlich.
Die Pleurabinden werden auch zu Seiten des Gabelstieles fortgesetzt wie auch die Reihen dieser dunkelbraunen Punkte. Auf
der Ventralfläche des Kopfes können undeutliche, bräunliche
Punkte liegen, dagegen ist das braune Gebiet bei der oralen
Spitze des Foramen occipitis undeutlicher als bei *Rh. nubila*.

Der ganze Hinterrand des Pronotums ist schwarz, und es
giebt keine einheitliche, braune Querbinde auf dem Hinterteile
des Schildes. Auf dem Schilde liegen dunkle Punkte bei der
Mittelnaht auf einem braunen Gebiete und jederseits bei der Mitte
der beiden Hälften des Schildes ebenso auf braunen Gebieten.

Die ♀-*Puppen* sind bis 16 mm lang, bis 3,5 mm breit;
ihre vorderen Flügelscheiden reichen bis zum Ende des 3. —
zum Anfang des 4., die hinteren bis zum Anfang — zum Ende
des 4. Abd.-segments.

Von den Puppen von *Rh. nubila* sind die ♂-Puppen dieser Art durch die Form des Hinterleibsendes sicher zu unterscheiden (vergl. Klapálek I, Fig. 20,7—9 mit II, Fig. 34,3—5),
dagegen gleichen die Puppen in beinahe allen anderen Hinsichten einander so vollkommen, dass man die ♀ dieser zwei
Arten nur durch Untersuchen der Larvenexuvie sicher von einander unterscheiden kann.

So sind die Form und die Borsten der Oberlippe [1]), die
Labialpalpen und die Behaarung der Tarsen bei diesen Arten
gleich (nach Klapáleks Beschreibung I, p. 58—59 und II, p. 128
scheinen in diesen Punkten Unterschiede zwischen diesen Arten
zu existieren). Die Haftplättchen stehen auch bei den Puppen
von *Rh. septentrionis* praesegmental auf dem 4—7. und postsegm. auf dem 3—5. Abd.-segmente. Die Plättchen des 3. Segments fehlen bisweilen. Die Zahl der Chitinhäkchen ist bei

---

[1]) Bei einer Puppe standen auf der Oberlippe auf einer Seite zwei
ventralen Borsten, auf der anderen eine.

den von mir untersuchten Puppen kleiner als bei *Rh. nubila.*
Haftapparat: III (0)--20—30. IV 3—15; 20—30. V 13—25;
20—30. VI 10—20. VII 10—15.

Besonders in der Seitenansicht sieht man bei *Rh. septen-
trionis* deutlich, dass die seitlichen Teile des breiten dorsalen
Anhanges am Ende des Abdomens von dem mittleren, zu 9.
Segmente gehörenden Teile durch eine Striktur getrennt sind
und zum 10. Abd.-segmente gehören (Fig. 39 a, vergl. Klapálek
IV, p. 11, Fig. 3).

Die *Puppengehäuse* gleichen auch denjenigen von *Rh. nubila*
(das grösste war 26 mm lang, 16 mm breit, 10 mm hoch), die
Steinchen können das Vorder- und Hinterende und die Seiten
des Gehäuses überragen, so dass das Gehäuse 27 mm breit
werden kann. Der Puppenkokon ist 11—18 mm lang, 3—4,5 mm
breit (Fig. 39 c).

Glossomatinæ.

Allgemeine Merkmale.

Ulmer IV, p. 128—129.

Die blasse Antennenerhöhung der *Larve* trägt ausser den
zwei zweigliedrigen Sinnesstäbchen zwei blasse Borsten (Fig. 41 b).
Hypostomum ist ganz klein, dreieckig; die Pleuren berühren
ventral einander auf einer langen Strecke. Die Augen stehen
auf einer blassen Erhöhung. Die Zwischengelenkmembran ist
blass. Das stärker chitinisierte Schild der Oberlippe (Fig. 41 c)
bedeckt nicht die Seiten und den vorderen Teil, auf ihr stehen
jederseits fünf stärkere Borsten, von welchen jederseits eine auf
dem vorderen blassen Teile. Die drei normalen, dorsalen Gruben der Oberlippe treten vor, die hintere, unpaare Grube liegt
eigentümlicherweise immer asymmetrisch, der rechten hinteren
Borste näher. Ventral ist die Oberlippe reich behaart. Mandibeln ohne Zähne. Von den zwei Rückenborsten ist die mehr
ventral stehende viel kürzer. Cardo der Maxillen ist mit einer
Borste versehen, der Stipes, dessen Hinter- und Innenrand dun-

kel sind, trägt eine mediane und eine laterale Borste und eine
laterale Grube. Maxillartaster und -lobus sind dorsal im proximalen Teile behaart, die Taster sind fünfgliedrig, das 1. Glied
ist stärker als die anderen, und sein Schildchen trägt ventral
eine orale Borste und ein kurzes medianes Stäbchen. Die anderen Glieder sind kurz, breiter als lang, das 5. trägt am distalen Ende Sinnesstäbchen, wie auch der Maxillarlobus. Cardo
der Unterlippe ist breit, bogenförmig; Stipes ist ventral mit zwei
dreieckigen Schildchen versehen, die am vorderen Rande je eine
Borste tragen. Auf dem Labiallobus steht ventral jederseits
eine kurze Borste und ein schmales, schwaches Chitinstäbchen.
Der Labialtaster ist zweigliedrig und trägt ein zweigliedriges
und zwei eingliedrige Sinnesstäbchen. Der Labiallobus ist gegen den Stipes von einer dunklen Chitinspange begrenzt.

Das Schild des Pronotums, das von einer Mittelnaht geteilt
ist, bedeckt den Rückenteil des Prothorax von der Basis des einen
Fusses bis zu der des anderen; von oben gesehen erscheint es als
ein Sechseck, dessen vordere und hintere Seite die längsten sind.
Der Vorderrand und die Seiten sind stark beborstet, auf dem hinteren Teile auch Borsten. Beinahe das ganze Prosternum ist von
einem Schilde bedeckt, dessen Mitte immer blasser ist, und das
oft — bei *Glossoma* — von einer medianen Naht geteilt ist
(Fig. 41 d). Auf dem Mesosternum liegt jederseits ein quer
längliches, postsegmentales Schildchen, das am Vorderrande in
einen oral gerichteten Fortsatz verlängert ist. Auf dem Hinterrande des Metasternums liegt, obgleich selten, jederseits ein ein-
faches, queres, schmales Schildchen. Der Sporn fehlt, so auch
alle Punkte der Thorakal- und Abdominalsterna (s. *Agapetus*, p. 154).

Die Stützplättchen der Vorderfüsse sind einheitlich, klein,
mit drei oralen Borsten versehen (Fig. 41 e); die anderen sind
dreieckig (die Spitze ist dorsal gerichtet) und von einer dorsoventral ziehenden, dunklen Chitinleiste geteilt, der ventrale Rand
trägt vor und hinter der Leiste je eine Borste. Die Beine sind
etwa gleich lang. Auf dem vorderen Rande der Femora eine
proximale Fiederborste.

Den grössten Teil der Dorsalfläche des 9. Abd.-segments

bedeckt ein Chitinplättchen, das am Hinterrande jederseits fünf
Borsten und eine Grube und auf der Oberfläche jederseits 1—2
Borsten trägt. Das lange 1. Glied des Festhalters (das 10. Abd.-
segment) ist dorsal und lateral stärker chitinisiert und mit
kleinen Spitzchen besät, am distalen Ende trägt es vier dorsale
Borsten. Das 2. Glied des Festhalters ist ventral entwickelt,
es ist mit zahlreichen Spitzchen und zwei blassen Borsten versehen. Die Klaue des Festhalters mit einem oder zwei grösseren
Rückenhaken (Fig. 41 f).

Auf dem hinteren, dorsalen Teile des Kopfes der *Puppe*
stehen einige Borsten, zwischen den Antennen und vor den
Augen jederseits eine, auf der Stirn jederseits zwei. Das 1.
Glied der Antennen trägt einige Borsten, es ist etwas stärker,
nicht aber länger als die folgenden Glieder, von welchen die
meisten länger als breit sind. Über die Gruben und Borsten der
Oberlippe vergl. Fig. 40 b, jederseits stehen normal drei proximale und sechs distale Borsten. Von den zwei Rückenborsten der symmetrischen, sensenförmigen Mandibeln ist die distale
länger (Fig. 40 c, 41 g). Das 4. Glied der Maxillarpalpen ist
kürzer als das 3. und 5.; die Maxillarpalpen sind gebogen
(Fig. 41 h), die Labialpalpen sind gerade.

Die vorderen Flügelscheiden sind ein wenig länger als die
hinteren. Die Coxen, Femora und Tibien der Vorder- und
Mittelbeine sind mit einigen Borsten versehen, und die Paare
der spitzen Tibialsporne auf diesen Beinen sind ungleich lang.
Die Sporne der Hintertibien sind stumpfer. Die vier ersten
Glieder der sehr verbreiterten Mitteltarsen sind stark behaart.
Die Klauen der Vorder- und Mittelfüsse sind spitz, stark chitinisiert und hakenförmig gebogen, die der Hinterfüsse sind
stumpfer, schwächer chitinisiert und weniger gebogen.

Die Häkchen des Haftapparates sind gerade. Die Penisanlage ist distal zweigeteilt. — Die Materialien, die die ventrale
Öffnung des *Puppengehäuses* umgeben, sind meist kleiner (Sandkörner) als die übrigen.

Glossoma.

Der Kopf der *Larve* ist breit oval. Auf dem Hinterteile
des Pronotums liegen jederseits zwei schiefe, etwas gekrümmte,
mit Borsten besetzte, blasse Streifen. Hinterrand des Pronotums
ist schwarz, so auch eine laterale Makel nahe bei den Stützplättchen der Vorderfüsse. Pronotum mit Punkten. Meso- und
Metanotum ganz häutig. Der ventrale Rand der Stützplättchen
der Mittel- und Hinterfüsse ist meist zum Teil dunkel. Auch
die Füsse mit Punkten; auf den Trochanteren einige kurze,
starke, blasse Dorne, am distalen Ende des Vorderrandes der
Tibien 2—3 gefranste, flache Dorne. Am distalen Ende des
Vorderrandes der Tarsen 1—2 Spitzchen. Der Basaldorn der
Klauen der Füsse besteht aus einem starken proximalen und
aus einem borstenförmigen distalen Teile (Klapálek II, Fig. 35,5).

Am 2. Abd.-segmente keine ventralen, mit Spitzchen besetzten Gebiete. Das Schild des 9. Abd.-segments ist fünf-
winklig; der Hinterrand besteht aus zwei Schenkeln. Am 10.
Segmente liegt lateral von Anus jederseits ein dorsaler, schmaler Chitinstreifen. Die Klaue des Festhalters mit nur einem
Rückenhaken und mit kurzen, basalen, ventralen Dornen.

Die Stirn der *Puppe* ist gleichmässig gewölbt. Oberlippe
an der Basis jederseits mit einem, durch einen tiefen Einschnitt
abgeschiedenen Lappen (Fig. 40 b). Der proximale Zahn der
Mandibeln kleiner als der distale; auch die kürzere Rückenborste deutlich, nicht um die Hälfte kürzer als die längere
(Fig. 40 c). Jedes distale Glied der Maxillarpalpen schlanker
als das nächste proximale, das 2. Glied ist nicht am distalen
Ende aufgeblasen.

Die Flügelscheiden sind breit. Auch die Paare der Sporne
auf den Hintertibien sind ungleich lang. — Auf dem 3—7.
Abd.-segmente zwei praesegmentale Haftplättchen, auf dem 4—5.
Abd.-segmente zwei postsegmentale und ausserdem beim ♂ auf
dem 8—9., beim ♀ auf dem 8 zwei erhöhte, stärker chitinisierte
Stellen, die mit kleinen, nach hinten gerichteten Spitzen besetzt
sind (Fig. 40 e).

Glossoma vernale Pict.

Fig. 40 a Larve, b—e Puppe.

Pictet, p. 190, Pl. XV, 4, Fig. a—c.   Hagen p. 143.

Der Kopf der *Larve*[1]) ist gelbbraun. Auf dem Stirnschilde
liegen deutliche, blasse Punkte auf dem Hinterteile und undeut-
lichere auf dem Vorderteile, der dunkler ist als der Hinterteil
des Schildes (Fig. 40 a); auf den Pleuren blasse, dunkelkontourierte Punkte auf dem Hinterteile (die Punkte sind im allgemeinen deutlicher als bei *G. Boltoni*). Die Mandibeln wie bei
G. Boltoni, jedoch sind die gefransten Borsten der medianen
Kante nicht zu zwei genähert (vergl. Klapálek II, p. 129,
Fig. 35,2).

Das Pronotum ist einfarbig, gelbbraun, wie auch die Stützplättchen der Mittel- und Hinterfüsse, die Füsse und die Schilder des 9—10. Abd.-segments. Die Punkte des Pronotums sind
undeutlich. Nur der Hinterrand, nicht der Hinterteil, der Fussglieder ist ein wenig dunkler als die Grundfarbe, am dunkelsten sind die Ränder der Coxen und Trochanteren und der
Hinterteil der Grenze zwischen Femur und Tibia; die Punkte
fehlen auf den Füssen.

Die *Puppen* (♀) sind etwa 7 mm lang, die Antennen
reichen bis zum Anfang des 6., die vorderen Flügelscheiden bis
zum Ende des 4. Abd.-segments. Der Vorderrand der Oberlippe ist deutlich eingebuchtet (Fig. 40 b; auf der abgebildeten
Oberlippe stehen auf einer Seite 7 distale Borsten).

Die Plättchen auf dem Hinterteile des 8—9. Abd.-seg-
ments gleichen ganz den anderen Plättchen des Haftapparates
(Fig. 40 e) und sind mit zahlreichen Spitzchen besetzt (auf dem
8. 20—30, auf dem 9. 40—50). Haftapparat: III 14—16. IV
17—22; 33—44. V 16—26; 31—42. VI 12—20. VII 14—40.
Die drei Borsten, die jederseits am distalen Ende der Dorsalseite des 10. Abd.-segments stehen, befinden sich beim ♂ auf
Hinterrande eines etwas dunkleren Gebietes. Beim ♀ keine

---

[1]) Die Larven sind nach Exuvien beschrieben. Ich hebe nur die von
G. Boltoni unterscheidenden Merkmale der Larven und Puppen hervor.

ventralen Anhänge auf dem 1—9. Abd.-segmente, beim ♂ ist der
Fortsatz des 6. Ventralbogens der ♂-Imago durch eine flache,
breite Erhöhung angedeutet. Beim ♂ sind die letzten Segmente
(8—10.) nur wenig unten gebogen, beim ♀ aber so stark, dass
die jederseits am distalen Ende der Dorsalseite des 10. Segments auf einer undeutlichen Erhöhung (Fig. 40 e) stehenden
drei Borsten auf der Ventralfläche des Abdomens liegen. Das
letzte (10.) Segment des ♀ trägt jederseits einen niedrigen,
stumpfen, undeutlich abgesetzten Lobus, so dass ihr Hinterrand etwas eingebuchtet ist (Fig. 40 d). In das distale Ende
der Loben steckt die Spitze des Cercus der ♀-Imago.

Die *Puppengehäuse* sind 8—11 mm lang, 6—8 mm breit,
3—4 mm hoch, aus Steinchen aufgebaut, die dorsal zwischen
einander Löcher lassen. Der gelbbraune Puppenkokon ist 6—7
mm lang. — Kivennapa, Rajajoki, Anfang Juni 1898. (Die Bestimmung der Imagines ist von Herrn G. Ulmer revidiert).

Glossoma Boltoni Curt.[1]) (Klapálek II, p. 128—131;
Struck III, p. 79—80, Taf. VII, Fig. 3; Ulmer IV, p. 129
—130). Der Kopf, das Pronotum und die Schilder des Mesosternums der *Larve* dunkel- oder schwarzbraun, die Füsse
und die Schilder des 9—10. Abd.-segments sind etwas blasser.
Der hintere Teil der Wangen und der Ventralfläche des Kopfes
ist blasser als die Grundfarbe, der Cardo, der Hinterteil des
Stipes und die Schilder der Palpenglieder der Maxillen sind
gelblich.

Die vier kleinen Streifen zwischen den zwei deutlichen auf
dem Hinterteile der Hälften des Pronotums (Klapálek l. c., p.
130) habe ich nicht gefunden. Eine Gruppe von deutlichen
dunklen Punkten liegt jederseits nahe bei den Vorderecken des
Pronotums, auf den beiden Hälften des Schildes zieht von
der Mittelnaht eine bogenförmige Reihe von blassen, kleinen
Punkten und ausserdem liegen grössere blasse, dunkelkontou-

---

[1]) Vergl. auch die ›Allgemeine Merkmale‹ dieser Unterfamilie (p. 148
—150), wo einige frühere Angaben besonders von den Mundteilen berich-
tigt sind.

rierte Punkte auf dem Hinterteile des Schildes. Auch auf den
Stützplättchen der Mittel- und Hinterfüsse, auf dem Hinterteile
der Coxen, Femora und Tibien und auf den Schildern des 9—10.
Abd.-segments können blasse Punkte liegen. Der Hinterteil der
Fussglieder ist dunkel.

Die Antennen der *Puppe* reichen bis zum Anfang des 7.
Abd.-segments (♀) — bis zum Ende des Abdomens (♂), die vorderen Flügelscheiden bis zum Ende des 4. — zu der Mitte des
5. Abd.-segments. Der Vorderrand der Oberlippe ist konvex. Die
Plättchen des Haftapparates sind deutlich, gelbbraun; zwischen
den normalen Spitzchen sieht man einige ganz kleine und einige,
die in drei Spitzen endigen. Haftapparat: III 17—21. IV 28—29;
50—64. V 26—28; 39—51. VI 22—25. VII 19—26.

Agapetus.

Ulmer IV, p. 130.

Der Kopf der *Larve* länglich eiförmig, länger als bei *Glossoma*. Auf dem Hinterteile des Pronotums jederseits eine Reihe
von Borsten, aber keine blassen Streifen. Mesonotum jederseits
mit einem Schildchen, Metanotum auch jederseits mit einem,
das kleiner und schwächer ist, als jenes und lateral von ihm
liegt. Die Füsse ohne Punkte, der ventrale Rand der mittleren
und hinteren Stützplättchen nicht dunkel. Die Trochanteren
ohne starke Dorne, das distale Ende des Vorderrandes der Tibien mit einem Sporn und zwei gefransten, breiten Dornen. Der
Basaldorn der Klauen der Füsse einfach, nicht auf einem Vorsprunge.

Auf dem 2. Abd.-segmente jederseits ein ventrales Gebiet
mit nach vorn gerichteten Spitzchen. Der Hinterrand des Schildes auf dem 9. Abd.-segmente ist bogenförmig, der Vorderrand
und die Seiten sind gerade. Die Klaue des Festhalters mit
zwei stärkeren Rückenhaken.

Die Stirn der *Puppe* ist gerade. Oberlippe ohne den Lappen
an der Basis (vergl. Fig. 40 b). Die ventrale, proximale Rückenborste der Mandibeln ist ganz kurz, stachelförmig (Fig. 41 g).

Das 2. Glied der Maxillarpalpen ist am distalen Ende aufgeblasen (Fig. 41 h).

Die Paare der Sporne auf den Hintertibien sind ziemlich
gleich lang. Praesegmentale Haftplättchen auf dem 4—7., postsegmentale auf dem 4. Abd.-segmente. Wenigstens auf der
Bauchfläche des 6. Abd.-segments beim ♂ und ♀ ein medianer
Fortsatz. Das 1—5. Segment trägt keine ventralen Fortsätze,
auch sieht man keine Anlagen der eigentümlichen Stigmen des
5. Abd.-segments beim ♂ (Klapálek IV, p. 9—10). Nur beim
♀ trägt das 9. Segment jederseits auf einem niedrigen Läppchen
zwei Borsten (Fig. 41 k—m), beim ♂ fehlen diese Borsten. Die
Loben des letzten Segments des ♀ sind nach unten zu gerichtet,
breit, kegelförmig, deutlich (Fig. 41 k—m). In diesen Loben
stecken die Cerci der ♀-Imago. Beim ♂ endigt das Abdomen
mit fünf Loben (Fig. 41 i); bis in die Spitze der »oberen
Appendices» (Klapálek I, p. 61) steckt das lange, röhrchenartige
10. Segment der ♂-Imago (Klapálek IV, p. 12, Fig. I, 17); die
»unteren Copulationsanhänge» (Fig. 41 j) stellen die Anlagen
der Genitalfüsse dar.

Agapetus comatus Pict.

Fig. 41 a—f Larve, g—m Puppe, n Puppengehäuse.

Klapálek I. p. 59—61.   Ulmer IV, p. 130.

Die *Larven* sind 4,5—5,5 mm lang, am 2—4. Abd.-seg-
mente am höchsten und breitesten. Am Kopfe sind die Ränder des
Foramen occipitis und die Grenzen gegen die Mundteile dunkler,
der Hinterteil der Wangen ist dagegen blasser als die Grundfarbe.
In den Exuvien sieht man deutlichere, blasse Punkte in einer
Querreihe auf dem Hinterteile des Stirnschildes und undeutliche
auf dem Vorderteile dieses Schildes (Fig. 41 a) sammt auf dem
Hinterteile der Pleuren (auf der Ventralfläche können auch un-
deutliche, dunkle Punkte vorkommen). Die Mandibeln (die Form,
die medianen Borsten) wie bei *A. fuscipes* Curt. (Klapálek II,
Fig. 35,2). Die stärker chitinisierten Teile der Maxille und des
Labiums sind braun oder blassbraun, nur der hintere und in-

nere Rand des Stipes der Maxille ist schwarz, im übrigen ist der
Stipes blass. Auch die Stützplättchen der Füsse und die Schildchen des 9—10. Abd.-segments sind gelbbraun, wie die Schildchen des Meso- und Metanotums, die, besonders diese, schwach
chitinisiert, undeutlich sind. Von den Rändern der Fussglieder
sind besonders der obere und untere Rand der Coxen, der
obere der Trochanteren und der Hinterteil der Grenze zwischen
Femur und Tibia dunkler als die Grundfarbe.

Die ♂ *Puppen* sind 3,5—4,7, die ♀ bis 5,4 mm lang; das
8—10. Abd.-segment sind recht- oder stumpfwinklig mit dem
übrigen Körper ventral gerichtet. Die Antennen reichen bis
zum Ende des 4—6. Abd.-segments, die vorderen Flügelscheiden
bis zum Ende des 5—7.

Die rundlichen Plättchen des Haftapparates sind schwach
chitinisiert. Haftapparat: IV 7—20; 40—80. V 14—35. VI 10—30.
VII 8—20. Beim ♂ ist der ventrale, stumpfe Fortsatz des 7.
Abd.-segments länger und schmäler als der des 6. Auch beim
♀ trägt die Bauchseite des 6. und 7. Abd.-segments je einen
stumpfen Höcker (Fig. 41 l). In den Höcker des 6. Segments
steckt der Zahn auf der Ventralfläche des 6. Segments bei der
♀-Imago, in den des 7. Segments dagegen der Haarbüschel von
Ventralfläche dieses Segments bei ♂-Imago (Mc Lachlan I, p.
475, 480). Die Appendices praeanales des ♂ (Klapálek IV, p.
11, Mc Lachlan I, p. 480) stecken in den unregelmässig einge-
buchteten seitlichen Teilen des 10. Abd.-segments (Fig. 41 i).

Das *Puppengehäuse* ist 4,5—6,5 mm lang, 2,5—4,5 mm breit,
1,5—2,5 mm hoch, die ventrale Öffnung ist 3,5—4,5 mm lang,
1,3—2,2 mm breit (Fig. 41 n). Die Steinchen der Rückenseite
können bis 3,5 mm lang, 2,8 mm breit, 2 mm hoch sein. Der
Puppenkokon ist 3,5—5 mm lang, 1—1,5 mm breit und ist an
das Gehäuse mit dem vorderen und hinteren Ende befestigt. —
Es scheint mir, als ob auch die erwachsenen Larven (aber nur
diese) aus Sandkörner aufgebaute, mehr lose Gehäuse besässen,
deren Form nicht so bestimmt ist, wie die der Puppengehäuse.
Solche festen Gehäuse, wie die Larven von *A. fuscipes*, bauen
die Larven dieser Art nicht. — Kirchspiel Sortavala, Lohioja.

Agapetus fuscipes Curt. (Klapálek II, p. 131—134;
Struck II, p. 28, Fig. 44—45; Ulmer IV, p. 130). Die *Larven*
dieser Art sind denjenigen von *A. comatus* sehr gleich, unterscheiden sich aber von diesen durch ihre Grösse (6—7 mm),
durch die Zeichnungen des Kopfes und des Pronotums (Klapálek II, p. 132) und durch die stärkeren, dunkleren Schilder
der Maxille, des Labiums, des Meso- und Metanotums, des Pro-
und Mesosternums und des 9—10. Abd.-segments. So ist der
ganze Hinterteil des Stipes der Maxille blassbraun. — Die Larvengehäuse dieser zwei Arten sind ganz verschieden (vergl. p. 156
und Klapálek II, p. 134).

Das Abdomen der *Puppe* ist mehr gerade als bei *A. comatus*, so dass erst das 9. Segment einen, oft sehr stumpfen
Winkel mit dem übrigen Körper bildet. Die Antennen reichen
bis zum Ende des 3—4. Abd.-segments. — Die Plättchen des
Haftapparates sind deutlich, stark chitinisiert, und die Zahl der
Häkchen ist grösser als bei *A. comatus*. Haftapparat: IV 25—47;
über 100. V über 50. VI 39—47. VII 34—38. Ausser durch
die Grösse, die Länge der Antennen und den Haftapparat sind
die Puppen dieser Art von denjenigen von *A. comatus* durch
das Hinterleibsende zu unterscheiden. Beim ♀ ist zwar die
Form des Hinterleibsendes gleich, der ventrale Höcker des 7.
Abd.-segments fehlt aber bei *A. fuscipes*. Das Hinterleibsende des
♂ (vergl. Fig. 41 i, j und Klapálek I, Fig. 21,10 mit Klapálek II,
Fig. 36,3—4) ist bei diesen Arten zu ihrer Form sehr ungleich.
(Doch ist die abgerundete Penisanlage auch bei *A. fuscipes* zwei-
geteilt und reicht nur ein wenig weiter nach hinten als das 10.
Abd.-segment). Von der Seite gesehen z. B. haben die ♂-Puppen
keinen Fortsatz auf dem 7. Segmente, und der Fortsatz des 6.
Segments ist sehr lang, — die zwei Borsten dieses Fortsatzes
(Klapálek II, Fig. 36,3) fehlen bei den zwei von mir unter-
suchten Puppen.

Bestimmungstabelle der bisher bekannten Larven der Glossomatinen.

A. Meso- und Metanotum ganz häutig.

1. Die stärker chitinisierten Teile dunkel- oder schwarz-braun.   *Glossoma Boltoni* Curt.

2. Die stärker chitinisierten Teile gelbbraun.

G. vernale Pict.

B. Meso- und Metanotum mit je 2 kleinen Chitinschildchen.

1. Pronotum ohne Punkte.   *Agapetus comatus* Pict.

2. Pronotum mit Punkten.   *A. fuscipes* Curt.

Bestimmungstabelle der bisher bekannten Puppen der Glossomatinen.

A. Postsegmentale Haftplättchen auf dem 4—5. Abd.-segmente (und ausserdem beim ♂ auf dem 8—9., beim ○ auf dem 8.).

1. Vorderrand der Oberlippe konvex.

Glossoma Boltoni Curt.

2. Vorderrand der Oberlippe eingebuchtet.

G. vernale Pict.

B. Postsegmentale Haftplättchen nur auf dem 4. Abd.-segmente.

1. Mandibeln mit zwei grossen Zähnen.

a. Das 7. Abd.-segment mit ventralem Höcker.

Agapetus comatus Pict.

b. Das 7. Abd.-segment ohne ventralen Höcker.

A. fuscipes Curt.

2. Mandibeln mit einem grossen und darunter mit einem winzigen Zahn (Ulmer IV, p. 131).   *A. laniger* Pict.

Verzeichnis der behandelten Arten.

Verzeichnis der zitierten Litteratur.

Eaton, A. E. On some British Neuroptera. Ann. Mag. Nat. Hist. (III) XIX, p. 395—401 (1867).

Hagen, H. Ueber Phryganidengehäuse. Ent. Zeit. Stettin. 25, p. 113—144; 221—263 (1864).

Klapálek, Fr. I, II. Metamorphose der Trichopteren. Arch. Landesdf. Böhmen. VI B., N:o 5 (1888); VIII B., N:o 6 (1893).

— III. On the probable case of *Molannodes Zelleri* Mc Lach. and some notes on the larva. Ent. Month. Mag. (2) V, p. 123—124 (1894).

— IV. Die Morphologie der Genitalsegmente und Anhänge bei Trichopteren. Bull. intern. de l'Ac. d. Sciences de Bohême VIII, p. 1—35 (1903).

Mc Lachlan, R. I. A monographic Revision and Synopsis of the Trichoptera of European Fauna (London, 1874—80).

— II. Description of the larva and case of *Brachycentrus subnubilus*, Curtis. Ent. Month. Mag. 10, p. 257—259 (1874).

Morton, Kenneth J. I. The larva & of *Philopotamus*. Ent. Month. Mag. 25, p. 89—91 (1888).

— II. Notes on the Metamorphoses of two species of the genus *Tinodes*. Ent. Month. Mag. (2) 1, p. 38—42 (1890).

— III. Notes on the Metamorphoses of British Leptoceridæ. Ent. Month. Mag. (2) 1, p. 127—131, 231—236 (1890).

— IV. A new species of Trichoptera from Western Finland, *Leptocerus excisus*. Meddel. Soc. Faun. Fenn. 30, p. 67—69 (1904).

Pictet, F. J. Recherches pour servir à l'histoire et à l'anatomie des Phryganides (Genève, 1834).

Silfvenius, A. J. I. Über die Metamorphose einiger Phryganeiden und Limnophiliden. Acta Soc. Faun. Fenn. 21, N:o 4 (1902).

— II, III. Über die Metamorphose einiger Hydropsychiden. Acta Soc. Faun. Fenn. 25, N:o 5 (1903), 26, N:o 2 (1903).

— IV. Ein Fall von Schädlichkeit der Trichopterenlarven. Medd. Soc. Faun. Fenn. 29, p. 54—57 (1903).

— V. Trichopterenlarven in nicht selbstverfertigten Gehäusen. Allg. Ztschr. f. Entom. IX, p. 147—150 (1904).

— VI. Über die Metamorphose einiger Hydroptiliden. Acta Soc. Faun. Fenn. 26, N:o 6 (1904).

Silfvenius, A. J. VII. Über die Metamorphose einiger Phryganeiden und
Limnophiliden III. Acta Soc. Faun. Fenn. 27, N:o 2 (1904).
Struck, R. I. Neue und alte Trichopteren-Larvengehäuse. Ill. Ztschr.
f. Ent. IV, p. 117 ff. (1899).
— II. Lübeckische Trichopteren und die Gehäuse ihrer Larven
und Puppen. Das Museum zu Lübeck (Lübeck, 1900).
— III. Beiträge zur Kenntnis der Trichopterenlarven I. Mt.
Geogr. Ges. u. Nat. Museum Lübeck. 2. Reihe. Heft 17 (1903).
Thienemann, A. I. Zur Trichopterenfauna von Tirol. Allg. Zeitschr.
f. Entom. IX, p. 209—215, 257—262 (1904).
— II. Biologie der Trichopteren-Puppe. Zool. Jahrb. Bd. 22.
Heft 5. Abt. f. System. (1905). (Paginierung des Separats).
Ulmer, G. I. Beiträge zur Metamorphose der deutschen Trichopteren.
IV. *Holocentropus picicornis* Steph. Allg. Ztschr. f. Entom.
VI, p. 200—202 (1901).
— II. Zur Trichopterenfauna des Schwarzwaldes. Allg. Ztschr.
f. Entom. VII, p. 465—469, 489—494 (1902).
— III. Weitere Beiträge zur Metamorphose der deutschen
Trichopteren. Ent. Zeit. Stettin, p. 179—226 (1903).
— IV. Über die Metamorphose der Trichopteren. Abh. naturw.
Ver. Hamburg XVIII, p. 1—148 (1903).
— V. Über das Vorkommen von Krallen an den Beinen einiger
Trichopteren-Puppen. Allg. Ztschr. f. Entom. VIII, p. 261
—265 (1903).
— VI. Zur Trichopterenfauna von Thüringen und Harz, mit
Beschreibung einiger neuen Metamorphosestadien. Allg. Ztschr.
f. Entom. VIII, p. 341—350 (1903).
— VII. Trichopteren in Hamburg. Magalhæns. Sammelreise,
p. 1—26 (1904).
Wallengren, H. O. J., Skandinaviens Neuroptera II. Neuroptera
Trichoptera. Svenska Vet. Ak. Handl. 24, N:o 10 (1891).

Verzeichnis der Abbildungen.

Taf. I.

1. *Neuronia lapponica* Hagen. a—b. Larve. a. Stirnschild[*1]) × 29.
b. Hälfte des Schildes des Pronotums* × 15. c—d. Puppe. c. Der
linke Oberkiefer, Ventralansicht × 32. d. Das Körperende des ♀,
Ventralansicht × 29.

[1]) In mit einem * bezeichneten Abbildungen sind die Borsten nicht mit-
gezeichnet.

11

2. *Agrypnia picta* Kol. a—b. Puppe. a. Das Körperende des
♂, Seitenansicht* × 15. b. Die Anlagen der Genitalfüsse und des
Penis, Ventralansicht × 15.
3. *Notidobia ciliaris* L. a—b. Larve. a. Kopf, Ventralansicht*
× 11. b. Stützplättchen des Vorderfusses, Lateralansicht × 32.
4. *Silo pallipes* Fabr. a—f. Larve. a. Kopf, Dorsalansicht × 32.
b. Oberlippe, Dorsalansicht × 64. c. Maxille, Ventralansicht × 100.
d. Hälfte des Schildes des Pronotums, Dorsalansicht* × 11. e. Die
Schildchen des Mesothorax, Dorsalansicht* × 11. f. Die Schildchen
des Metanotums, Dorsalansicht × 21. g—h. Puppe. g. Oberlippe,
Dorsalansicht × 64. h. Anlagen der Genitalfüsse und des Penis des
♂, Ventralansicht × 64.
5. *Goëra pilosa* Fabr. a—b Larve. a. Hälfte des Schildes des
Pronotums, Dorsalansicht × 11. b. Die Schildchen des Metanotums,
Dorsalansicht × 21. c—e. Puppe. c. Rechte Oberkiefer, Dorsalansicht
× 32. d. Maxillarpalpus des ♂, Ventralansicht × 21. e. Anlage des
Genitalfusses und des Penis des ♂, Ventralansicht × 64.
6. *Brachycentrus subnubilus* Curt. a—d. Larve. a. Kopf, Dorsalansicht × 44. b. Oberlippe, Dorsalansicht × 64. c. Die Schildchen einer Hälfte des Mesonotums, Dorsalansicht × 32. d. Das Stützplättchen des Vorderfusses, Seitenansicht × 100. e—f. Puppe. e.
Oberlippe, Dorsalansicht × 32. f. Körperende der ♀-Puppe, Seitenansicht × 32. g. Ein Larvengehäuse × 1. h. Zwei Puppengehäuse × 1.
7. *Micrasema setiferum* Pict. a. Hälfte des Schildes des Pronotums
der Larve, Dorsalansicht* × 32. b—c. Puppe. b. Oberlippe, Dorsalansicht × 100. c. Körperende des ♂, Ventralansicht × 64.
8. *Lepidostoma hirtum* Fabr. a. Oberlippe der Larve, Dorsalansicht × 64.
9. *Molanna angustata* Curt. a—e Larve. a. Kopfkapsel, Dorsalansicht* × 15. b. Hypostomum und Cardo der Unterlippe, Ventralansicht × 32. c. Oberlippe, Dorsalansicht × 64. d. Hälfte des Schildes des Pronotums, Dorsalansicht* × 15. e. Schild des Mesonotums,
Dorsalansicht* × 15. f—g. Puppe. f. Oberlippe, Dorsalansicht × 32.
g. Anlage eines Genitalfusses, Ventralansicht × 32.
10. *Molannodes Zelleri* Mc Lach. a—c. Larve. a. Kopf, Dorsalansicht* × 32. b. Schild des Pronotums, Dorsalansicht* × 32. c.
Klaue eines Hinterfusses × 32. d. Linke Mandibel der Puppe, Ventralansicht × 64.

Taf. II.

11. *Leptocerus fulvus* Ramb. a—b. Larve. a. Kopfkapsel, Dorsalansicht* × 42. b. Kopfkapsel, Ventralansicht* × 42. c—d. Puppe.
c. Ein Analstäbchen, Dorsalansicht × 32. d. Die Anlagen der Genitalfüsse und des Penis, Ventralansicht × 32.

12. *Leptocerus senilis* Burm. a. Ein Analstäbchen der Puppe, Dorsalansicht × 32.

13. *Leptocerus annulicornis* Steph. a. Ein Analstäbchen der Puppe, Dorsalansicht × 32.

14. *Leptocerus aterrimus* Steph. a—c. Puppe. a. Körperende des ♂, Dorsalansicht × 32. b. Die Anlagen der Genitalfüsse und des Penis, Ventralansicht × 32. c. Das 10. Abd.-segment des ♀, Ventralansicht × 32.

15. *Leptocerus cinereus* Curt. (*bilineatus* L. (Wallengr.). a—c. Larve. a. Kopfkapsel, Dorsalansicht* × 29. b. Dieselbe, Ventralansicht* × 29. c. Oberlippe, Dorsalansicht × 64. d—h. Puppe. d. Oberlippe, Dorsalansicht × 100. e. Der rechte Oberkiefer, Ventralansicht × 64. f. Ein Analstäbchen des ♀, von der lateralen Seite × 32. g. Dasselbe des ♂, Dorsalansicht × 32. h. Die Anlagen der Genitalfüsse und des Penis, Ventralansicht × 32.

16. *Leptocerus excisus* Mort. a—b. Larve. a. Kopfkapsel, Dorsalansicht* × 32. b. Dieselbe, Ventralansicht* × 32. c—f. Puppe. c. Der linke Oberkiefer, Ventralansicht × 64. d. Die Haftorgane des 1. Abd.-segments, auf einer Seite, Dorsalansicht × 64. e. Ein Analstäbchen, von der lateralen Seite gesehen × 32. f. Körperende des ♂, Ventralansicht × 32. g.-h. Gehäuse, g. einer jüngeren, h. einer älteren Larve × 1.

17. *Mystacides azurea* L. a. Die Anlagen der Genitalfüsse und des Penis der Puppe, Ventralansicht × 64.

18. *Mystacides longicornis* L. a—f. Larve. a. Kopfkapsel, c. Hälfte des Schildes des Pronotums, e. Hälfte des Schildes des Mesonotums einer blassen Larve, Dorsalansicht* × 29. b, d, f. Die entsprechenden Teile einer dunklen Larve, Dorsalansicht* × 29. g—k. Puppe. g. Oberlippe, Dorsalansicht × 100. h. Ein Analstäbchen des ♀, Dorsalansicht × 32. i. Das Körperende des ♂, Ventralansicht × 32; j. Dasselbe des ♀, Ventralansicht × 32. k. Dasselbe, Seitenansicht × 32. l—m. Gehäuse × 1.

19. *Triænodes bicolor* Curt. a. Die Stützplättchen des Vorderfusses der Larve, von der lateralen Seite × 64. b—d. Puppe. b. Oberlippe, Dorsalansicht × 100. c. Ein Analstäbchen, Ventralansicht × 32. d. Körperende des ♂, Ventralansicht × 32.

20. *Erotesis baltica* Mc Lach. a—d. Larve. a. Die Kopfkapsel, Dorsalansicht* × 32. b. Dieselbe, Seitenansicht* × 32. c. Hälfte des Schildes des Pronotums, Dorsalansicht* × 32. d. Hälfte des Schildes des Mesonotums, Dorsalansicht* × 32. e—f. Puppe. e. Ein Analstäbchen, Dorsalansicht × 32. f. Das Körperende des ♂, Ventralansicht (einseitig) × 32. g. Ein Teil des Gehäuses × 5.

21. *Oecetis ochracea* Curt. a—e. Larve. a. Die Kopfkapsel, Dorsalansicht* × 15. b. Der distale Teil des Maxillarpalpus und des

Maxillarlobus, Ventralansicht × 100. c. Das Schild des Pronotums. Dorsalansicht* × 15. d. Das Schild des Mesonotums, Dorsalansicht* × 15. e. Der proximale Teil des Vorderrandes der Mittelklaue mit dem rudimentären Basaldorn × 900.

Taf. III.

22. *Hydropsyche saxonica* Mc Lach. a—f. Larve. a. Stirnschild, Dorsalansicht* × 15. b. Der rechte Oberkiefer, Ventralansicht × 32. c. Stützplättchen des Vorderfusses, von aussen gesehen* × 32. d. Das Schild des Mesonotums, Dorsalansicht* × 10. e. Das Schild des Metanotums (einer anderen Larve), Dorsalansicht* × 10. f. Klaue des Vorderfusses × 100. g. Die Anlagen der Genitalfüsse und des Penis der ♂-Puppe, Ventralansicht × 32. h, i. Puppengehäuse × 1.

23. *Hydropsyche angustipennis* Curt. a—e. Larve. a. Stirnschild, Dorsalansicht* × 15. b. Hälfte des Schildes des Pronotums, Dorsalansicht* × 15. c. Die Mitte des Hinterrandes des Schildes am Mesonotum × 32. d. Die Mitte des Hinterrandes des Schildes am Metanotum × 32. e. Der Festhalter, von der medianen Seite gesehen* × 32. f—g. Puppe. f. Das letzte Glied des Hintertarsus, Seitenansicht × 32. g. Die Anlagen der Genitalfüsse und des Penis des ♂, Ventralansicht × 32.

24. *Hydropsyche instabilis* Curt. a—e Larve. a. Stirnschild, Dorsalansicht* × 15. b. Oberlippe, Dorsalansicht × 32. c. Die Mitte des Hinterrandes des Schildes am Mesonotum × 32. d. Die Mitte des Hinterrandes des Schildes am Metanotum × 32. e. Das Stützplättchen des Hinterfüsses, von der lateralen Seite gesehen* × 32. f—h. Puppe. f. Oberlippe, Dorsalansicht × 64. g. Körperende des ♂, Ventralansicht × 32. h. Distales Ende des einen Analanhanges, Dorsalansicht* × 64.

25. *Hydropsyche lepida* Pict. a—d. Larve. a. Der rechte Oberkiefer, Dorsalansicht × 100. b. Der distale Teil des linken Oberkiefers, von der medianen Seite gesehen × 100. c. Mitte des Hinterrandes des Schildes am Mesonotum × 32. d. Mitte des Hinterrandes des Schildes am Metanotum × 64. e—f. Puppe. e. Der linke Oberkiefer, Ventralansicht × 64. f. Die Anlagen der Genitalfüsse und des Penis des ♂, Ventralansicht × 64.

26. *Hydropsyche* sp. a—g. Larve. a. Stirnschild, Dorsalansicht* × 15. b. Das distale Ende des rechten Oberkiefers, Ventralansicht × 32. c. Dasselbe des linken Oberkiefers, Dorsalansicht × 32. d. Hälfte des Schildes des Pronotums, Dorsalansicht* × 15. e. Ein Teil des Schildes am Mesonotum, Dorsalansicht* × 15. f. Das Schild des Metanotums, Dorsalansicht* × 15. g. Mittelklaue 32.

27. *Hydropsyche* sp. a. Stirnschild der Larve, Dorsalansicht* × 15.

28.   *Philopotamus montanus* Donov. a—c. Larve. a. Oberlippe, Dorsalansicht × 32. b. Stützplättchen des Vorderfusses, von der lateralen Seite gesehen (die zwei kurzen Börstchen auf dem oralen Fortsatze schimmern durch) × 64. c. Die Klaue des Hinterfusses × 200.

29.   *Wormaldia subnigra* Mc Lach. a. Oberlippe der Puppe, Dorsalansicht × 64.

30.   *Neureclipsis bimaculata* L. (*tigurinensis* Fabr.). a. Eines der ventralen Schildchen des 9. Abd.-segments der Larve mit der hakenförmigen Borste × 200.

31.   *Holocentropus picicornis* Steph.ˑ a. Distaler Teil der Klaue des Festhalters der Larve, Seitenansicht × 100. b—c. Puppe. b. Körperende der ♂-Puppe, Ventralansicht* × 32. c. Körperende der ⌒-Puppe, Ventralansicht* × 29.

32.   *Holocentropus auratus* Kol. a—b. Stirnschild der Larve, Dorsalansicht* × 29. c. Körperende der ♀-Puppe, Ventralansicht* × 29.

Taf. IV.

33.   *Holocentropus stagnalis* Albarda. a. Stirnschild der Larve, Dorsalansicht* × 29. b—c. Puppe. b. Körperende der ♂-Puppe. Ventralansicht* × 32. c. Körperende der ♀-Puppe, Ventralansicht* × 29.

34.   *Cyrnus trimaculatus* Curt. a—b. Larve. a. Die Kopfkapsel, Dorsalansicht* × 15. b. Hälfte des Schildes am Pronotum (einer anderen, dunklen Larve), Dorsalansicht × 15*. c. Körperende der ♂-Puppe, Ventralansicht* × 32.

35.   *Cyrnus insolutus* Mc Lach. a—b. Larve. a. Die Kopfkapsel. Dorsalansicht* × 11. b. Hälfte des Schildes des Pronotums und das Stützplättchen des Vorderfusses, Dorsalansicht* × 15.

36.   *Tinodes wæneri* L. a—c Larve. a. Die Kopfkapsel, Dorsalansicht* × 29. b. Hälfte des Schildes am Pronotum, Dorsalansicht* × 21. c. Das Stützplättchen des Vorderfusses, von der medianen Seite gesehen, die zwei längeren Borsten und die Chitinleisten schimmern durch × 64.

37.   *Lype* sp. a—b. Larve. a. Die Kopfkapsel, Dorsalansicht* × 32. b. Der rechte Oberkiefer, Ventralansicht × 64. c. Körperende der ♂-Puppe, Ventralansicht × 32.

38.   *Rhyacophila nubila* Zett. a—f. Larve a. Antenne × 400. b. Oberlippe, Dorsalansicht × 32. c. Das distale Ende des Maxillarlobus, Ventralansicht × 200. d. Stützplättchen des Vorderfusses, von der lateralen Seite gesehen × 32. e. Die letzten Abd.-segmente, Dorsalansicht × 29. f. Der Festhalter, von der lateralen Seite gesehen × 29.

39.   *Rhyacophila septentrionis* Mc Lach. a—b. Puppe. a. Das 8—10. Abd.-segment des ♂, Seitenansicht* × 29. b. Das 8—10.

Abd.-segment des ♀, Ventralansicht* ✕ 32. c. Puppengehäuse, Ventralansicht ✕ 1.

40. *Glossoma vernale* Pict. a. Stirnschild der Larve, Dorsalansicht* ✕ 32. b—e. Puppe. b. Oberlippe, Dorsalansicht ✕ 64. c. Die linke Mandibel, Dorsalansicht ✕ 32. d. Die letzten Segmente des ♀, Ventralansicht ✕ 32. e. Dieselben, Dorsalansicht ✕ 32. In Figg. d. und e. sind die in natürlicher Lage nach unten zurückgebogenen Segmente mit den Borsten gerade nach hinten gerichtet.

41. *Agapetus comatus* Pict. a—f. Larve. a. Stirnschild, Dorsalansicht ✕ 64. b. Antenne ✕ 666. c. Oberlippe, Dorsalansicht ✕ 100. d. Schild des Prosternums, Ventralansicht ✕ 64. e. Stützplättchen des Vorderfusses, von der lateralen Seite gesehen ✕ 200. f. Festhalter, von der lateralen Seite ✕ 100. g—m. Puppe. g. Die rechte Mandibel, Ventralansicht ✕ 64. h. Maxillarpalpus des ♂, Seitenansicht ✕ 64. i. Körperende des ♂, Dorsalansicht ✕ 64. j. Dasselbe, Ventralansicht ✕ 64. k. Dasselbe des ♀, Dorsalansicht ✕ 64. l. Dasselbe, Seitenansicht ✕ 32. m. Dasselbe, Ventralansicht ✕ 64. n. Gehäuse, Ventralansicht, etwas vergr.

Inhalt.

Berichtigungen.

Seite	35,	Z. 2 oben	statt:	p. 43	lese:	p. 44
»	36,	» 3 »	»	Fig. 10 c	»	Fig. 9 c
»	48,	» 14 unten	»	p. 24	»	p. 44
»	54,	» 11 »	»	postsegm. Gruppe	»	postsegm., ventralen Gruppe
»	68,	» 14 oben	»	Mesothorax	»	Metathorax
»	82,	» 9 unten	»	Klapálek I	»	Klapálek II
»	82,	» 6 »	»	Struck II	»	Struck III
»	97,	» 11 »	»	Aussenrand	»	Vorderrand
	114,	» 10 »	»	sieben	»	neun
»	135,	» 8 »	»	Morton III	»	Morton II

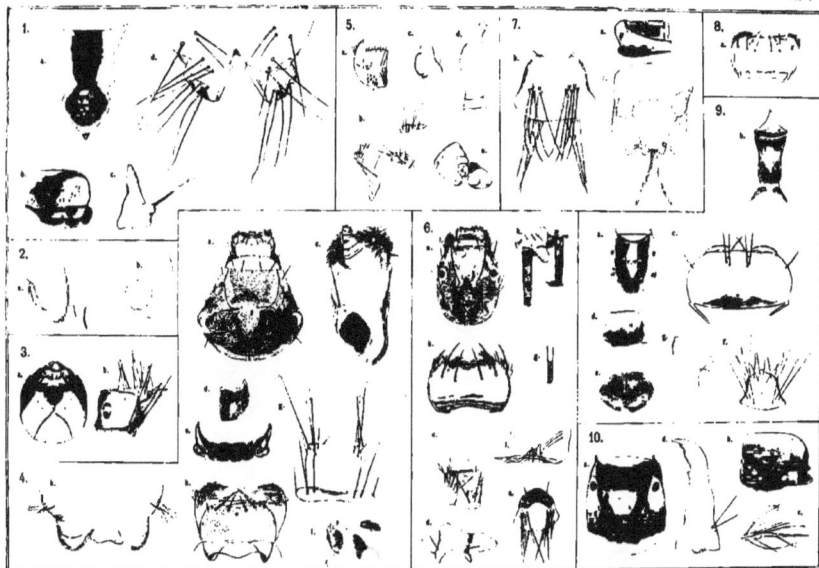

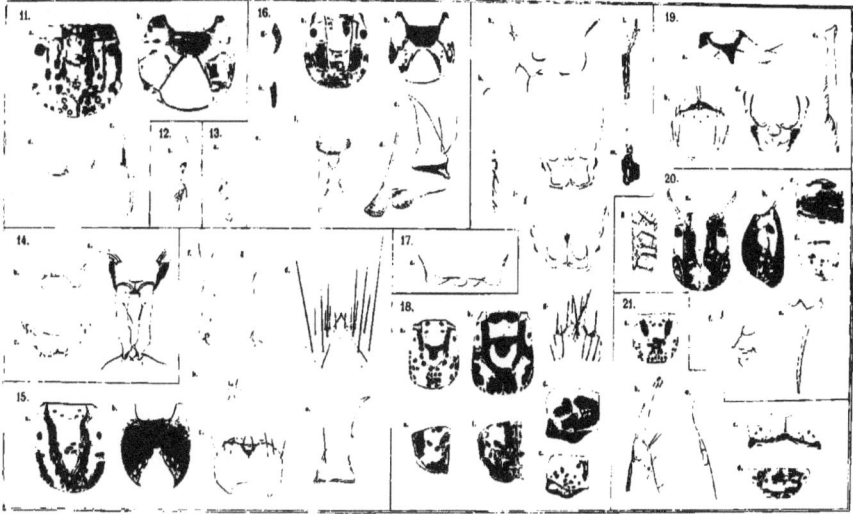

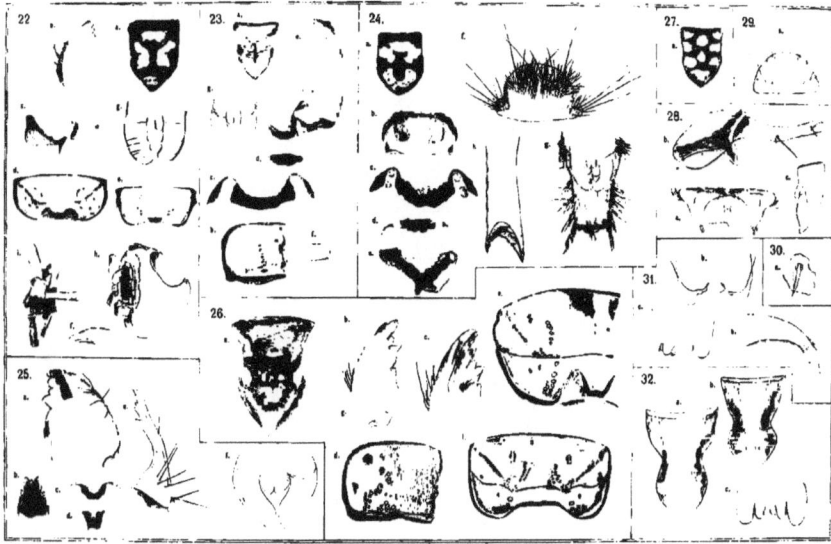

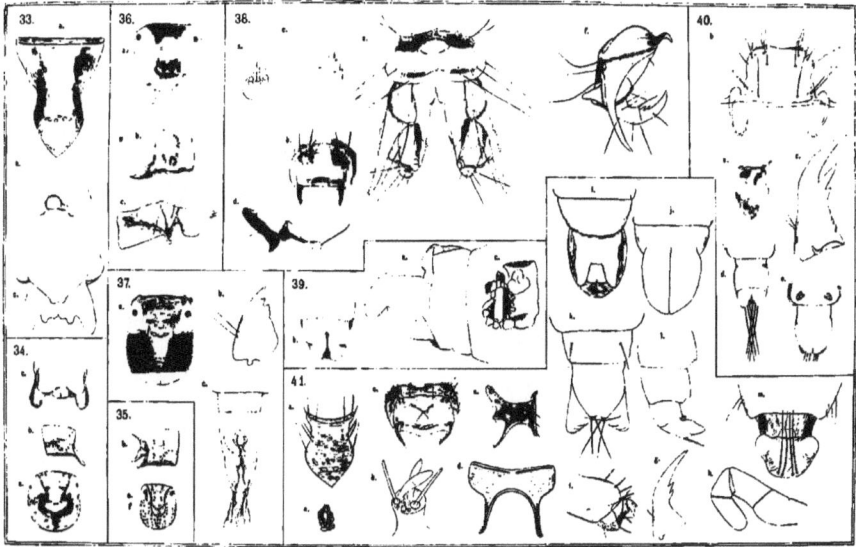

ACTA SOCIETATIS PRO FAUNA ET FLORA FENNICA, **27**, N:o 7.

BEITRAG

ZUR KENNTNIS DER

IM UFERSCHLAMM DES FINNISCHEN MEERBUSENS

FREI LEBENDEN NEMATODEN

VON

GUIDO SCHNEIDER.

MIT EINER TAFEL.

2.

(Vorgelegt am 11. November 1905).

HELSINGFORS 1906.

KUOPIO 1906.

GEDRUCKT BEI K. MALMSTRÖM.

Einleitung.

Während wir im allgemeinen über die Fauna der wirbellosen Tiere des Finnischen Meerbusens schon recht gut orientiert sind durch die Arbeiten von K. M. Levander, A. Luther, K. E. Stenroos, E. Nordenskiöld, A. J. Silfvenius und anderen, ist die artenreiche Klasse der Nematoden noch sehr wenig in angriff genommen worden. Abgesehen von den parasitisch in Fischen lebenden Nematoden, von denen ich eine Reihe von Arten in meinen Ichthyologischen Beiträgen III zusammen mit anderen Fischparasiten angeführt habe, finden wir nur wenige Angaben über frei im Meere vorkommende Nematodenspezies. In »La faune de la mer Baltique orientale et les problèmes des explorations prochaines de cette faune» führt Kojevnikov[1]) 4 an den Küsten Estlands und Kurlands gefundene Arten an, nämlich *Enchelidium marinum* Ehrb., *Oncholaimus vulgaris* Bast., *Monhystera velox* Bast. und *Spilophora setosa* Bütschli. Von diesen 4 Arten sind nur 2 im Bereich des Finnischen Meerbusens gefunden worden: *Enchelidium marinum* von Eichwald[2]) bei Hapsal, Reval und Wiborg und *Oncholaimus vulgaris* von M. Braun[3]) bei Reval.

Es waren also 2 echte Meeresformen die ersten, die aus dem Finnischen Meerbusen bekannt wurden. *Oncholaimus vulgaris* ist zwar auch von O. Bütschli bei Kiel gesehen worden,

---

[1]) Kojevnikov, La Faune de la mer Baltique orientale etc. Congrès international de zoologie. XII. Session, Moscou 1892. p. 142.

[2]) Eichwald, Beiträge zur Infusorienkunde Russlands. Bull. de la Soc. Imp. d. Nat. Moscou. 1844 (zitiert nach Kojevnikov).

[3]) M. Braun, Physikalische und biologische Untersuchungen im westlichen Teile des Finnischen Meerbusens. Archiv für Naturkunde Liv-, Est- und Kurlands Bd. X, 1884, Lief. 1.

aber *Enchelidium marinum*, welches von Eichwald an drei weit
von einander entfernten Punkten des Finnischen Meerbusens gefunden wurde, ist, soviel mir bekannt, in der Ostsee später nicht
angetroffen werden, und erst von der Niederländischen Nordsee-
küste finde ich eine Mitteilung von de Man [1]), der diese grosse
Art bei Walcheren beobachtet hat. Ich habe weder die eine,
noch die andere Art wiedergefunden, sehe aber darin keinen
Grund, an ihrem Vorkommen im Finnischen Meerbusen zu zweifeln, obgleich unter den 21 Arten, die ich beobachtet habe und
im folgenden näher schildern werde, keine typischen Vertreter der Meeresfauna sich finden, sondern ausschliesslich Brack-
wasserformen. Ich vermute nämlich, dass auch *Spiliphera (Chromadora) caeca* Bast. und *Anoplostoma (Symplocostoma) viviparum* Bast., die beide zuerst aus dem Estuary bei Falmouth beschrieben wurden, keine eigentlichen Meeresformen sind, sondern Bewohner des Brackwassers an Flussmündungen. Ich
schreibe die Abwesenheit von echten Meeresnematoden in dem
von mir untersuchten Material dem Umstand zu, dass es ausschliesslich Schlammproben aus 1 bis 2 Meter Tiefe waren, die
ich untersuchte und die in nächster Nähe der Zoologischen
Station Tvärminne dem Boden einer flachen Bucht entnommen
waren. Der Salzgehalt in dieser Bucht ist nämlich minim und
beträgt nur etwa 0,5 %.

Obgleich aber in dieser Bucht Süsswassertiere, Fische,
Mollusken, Oligochaeten etc., in grosser Zahl vorkommen, zeigte
sich nur eine einzige Nematodenspezies, *Monhystera dubia* Btli,
die als Süsswasserart bekannt war. Das Genus *Dorylaimus*
fehlte total, und aus den Gattungen *Aphanolaimus*, *Monhystera*, *Tripyla*, *Spiliphera* und *Chromadora* fand ich keine Art, die identisch gewesen wäre mit einer von denjenigen Arten, welche mir
aus einem nur 2 Kilom. vom Strande des Finnischen Meerbusens
entfernten See in Estland (Obersee bei Reval) bekannt sind, sondern nur teils neue Arten, teils notorische Brackwasserspezies.

Abgesehen von den neuen Arten, die ich natürlich für

[1]) De Man, Sur quelques Némntodes libres de la Mer du Nord.
Mémoires de la Soc. zoolog. de France T. I, 1888, p. 13, 14.

Brackwasserarten halten muss, da sie noch anderswo nicht gefunden worden sind, kann ich mit Sicherheit auch alle die Arten für das Brackwasser in anspruch nehmen, die von Bütschli
aus dem Kieler Hafen zuerst beschrieben worden sind, nämlich *Monhystera setosa*, *Tripyla marina*, *Cyatholaimus dubiosus* und *Axonolaimus* (*Anoplostoma*) *spinosus*, und von mir im
Finnischen Meerbusen wiedergefunden wurden. Sehr auffallend
und überraschend war es für mich, dass nicht weniger als vier
von mir bei Tvärminne gefundene Arten sich als identisch erwiesen mit solchen, die J. G. de Man »in feuchter von Brackwasser imbibierter Erde» auf der Insel Walcheren in Holland
zuerst entdeckt hat. Die Namen dieser Arten, die bei Tvärminne beständig in 1 bis 2 Meter Tiefe unter Wasser leben,
sind: *Monhystera microphthalma*, *Desmolaimus zeelandicus*, *Microlaimus globiceps* und *Oncholaimus lepidus*. Wahrscheinlich ist
zu dieser Gruppe von Arten auch noch *Spiliphera paradoxa* de
Man zu rechnen, als deren Fundort ebenfalls die Insel Walcheren genannt wird, von der aber nicht ausdrücklich gesagt
ist, ob sie im Meere oder im Brackwasser lebt. Denn die zur
Provinz Zeeland gehörende Insel Walcheren grenzt zwar an das
Meer, ist aber, da sie im komplizierten Delta der Schelde und
anderer Flüsse liegt, wohl meist von Brackwasser umgeben.

Die Isolierung der zu untersuchenden Nematoden aus dem
Schlamm geschah auf dem Objektträger mittels einer feinen Na-
del, worauf die Exemplare durch vorsichtiges Erwärmen über
einer Flamme getötet wurden. Dauerte die Untersuchung mehrere Stunden oder Tage, so wurde dem Präparat 2 % Formollö-
sung und darauf ein Tropfen Glycerin vom Rande des Deck-
gläschens her zugesetzt, um Zersetzung und Austrocknung zu
verhüten. Jede Art wurde möglichst frisch mit Hilfe des Leitz'-
schen Zeichenokulars skizziert und meist auch photographiert.

Um zu eruieren, bei welcher Reaktion die Verdauung
freilebender Nematoden vor sich geht, fütterte ich eine Anzahl
von Exemplaren verschiedener Arten mit Lakmuspulver, das
ich reichlich dem Schlamm beimengte, den die Tiere bewohnen.
Bei den Arten: *Tripyla marina* Btli, *Cyatholaimus dubiosus*
Btli, *Spiliphera paradoxa* d. M., *Spiliphera cacca* Bast., *Chroma-*

dora baltica n. sp., an denen ich in dieser Weise experimen-
tierte, erwies es sich, dass der Darminhalt vom Ende des Ösophagus bis zum Anfang der Kloake sauer reagierte. Der Inhalt
der Kloake bei den Männchen reagierte jedoch niemals sauer,
sondern stets deutlich alkalisch. Die aus dem Darm kommen-
den rötlichen, Lakmus enthaltenden Nahrungsballen werden
sofort blau, sobald sie in die Gegend der Spicula gelangen. Es
müssen also Drüsen vorhanden sein, deren alkalisches Sekret
sich in die Kloake ergiesst, welche von den keine Säure ver-
tragenden Spermatozoen passiert wird.

Im Ösophagus habe ich keine ausgesprochen saure oder
alkalische Reaktion nachweisen können. Die Ösophagusdrüsen
schieden kein Lakmus aus. Dagegen erhielt ich durch Fütterung mit Karmin und Dahlia Bilder, die darauf hindeuten, dass
diese Stoffe vielleicht doch durch die drei Ösophagusdrüsen aus-
geschieden werden. Die Versuche wurden an *Chromadora baltica* n. sp. und *Axonolaimus spinosus* Btli ausgeführt, indem
Karminpulver, resp. Dahlialösung dem Wasser zugesetzt wurde,
in dem die Tiere einige Tage verbleiben mussten. Da ich jedoch keine Gelegenheit hatte, auf Schnitten die mit Karmin
oder Dahlia gefärbten Stellen an der Ösophaguswand genauer
zu untersuchen, enthalte ich mich aller weiteren Vermutungen
über das Zustandekommen der Erscheinung.

»Die Ösophagealdrüsen stellen sich im Allgemeinen als
drei in ihrem hinteren Teile dichotomisch verästelte oder zahlreiche, querverlaufende Seitenäste aufnehmende Längsröhren
dar, welche in der Muskelwand des Ösophagus gelegen sind,
von hinten nach vorn verlaufen und in die Mundhöhle ausmün-
den«, schreibt de Man in seinen anatomischen Untersuchungen über freilebende Nordsee-Nematoden» (Leipzig 1886, Seite
3). Ohne besondere Praeparation gelang es mir nur bei *Monhystera setosa* Btli im hinteren Teil des Ösophagus solche Drüsen, wie sie de Man beschreibt, deutlich zu sehen, und zwar
sind es hier querverlaufende Seitenäste, welche zusammen mit
den drei Längsröhren das Bild einer doppelten Strickleiter geben. Fütterungsversuche, die auch mit dieser Art angestellt
wurden, führten zu keinem Resultat, denn die Tiere schienen

keinerlei Farbstoffe fressen zu wollen, worüber man sich nicht
wundern kann, da *Monhystera setosa* sehr genau ihre Nahrung
auswählt und sich ausschliesslich von einer Diatomaceenart ernährt, indem sie alles andere verschmäht.

Sowohl in faunistischer, als auch in experimentell-physiolo-
gischer Hinsicht lässt dieser erste kleine Beitrag zur Kenntnis
unserer nicht parasitischen Nematoden noch enorm viel zu wün-
schen übrig. Wenn schon die kurze Zeit, die ich neben anderen Arbeiten auf diese Tiergruppe verwenden konnte, und die
geringe Anzahl ein und derselben Lokalität entnommener Schlammproben eine Serie von 21 Arten — darunter 9 novae species
— zu erbeuten gestattete, so muss ich annehmen, dass die Ne-
matodenfauna der östlichen Ostsee keineswegs arm an Arten
ist, und dass das endgültige Ergebnis weiterer intensiverer und
extensiverer Forschungen vielleicht eine annähernd so lange
Liste von Artennamen sein wird, wie wir sie in den Werken
von Bastian und de Man bezüglich der Nordsee finden.

Aphanolaimus pulcher n. sp.

(Figg. 1,a; 1,b; 1,c).

Ende Juli und häufiger noch im August fand ich im Schlamm in
1 bis 2 m Tiefe eine Art von *Aphanolaimus*, die sich weder mit
Aphanolaimus attentus de Man[1]), noch mit *Aph. aquaticus* Daday[2]) identifizieren lässt. Dieser neuen Art, die sich auch
deutlich von der von W. Plotnikoff[3]) aus dem See Bologoje

[1]) De Man, Die frei in der reinen Erde und im süssen Wasserleben-
den Nematoden der Niederländischen Fauna, Leiden 1884. Seite 34, 35.
Taf. I, Fig. 4.
[2]) E. v. Daday, Nematoden. Resultate der wissenschaftlichen Erforschung des Balatonsees. Wien 1897. Bd. II, Teil 1. Seite 84—86.
[3]) W. Plotnikoff, Nematoda, Oligochaeta und Hirundinea. Berichte
der Biologischen Süsswasserstation der Knis. Naturforscher-Gesellschaft zu
St. Petersburg. Bd. I. 1901. Seite 244—245.

beschriebenen Art *Aphanolaimus viviparus* durch die gedrunge-
nere Gestalt und den viel kürzeren Schwanz unterscheidet, habe
ich wegen der schönen Struktur der Cuticula und der Durch-
sichtigkeit, die das Studium des inneren Baues sehr erleichtert,
den Namen *Aphanolaimus pulcher* gegeben.

A. pulcher n. sp. wird sowohl als ♂, wie auch als ♀ bis
2 mm lang. Der Körper ist verhältnismässig dick, wie bei den
übrigen Arten der Gattung, und verschmälert sich allmählich
gegen das stark zugespitzte Vorderende. Die Verschmälerung
gegen das Hinterende geschieht plötzlicher; denn noch in der
Gegend des Afters ist der Körper nicht viel schmäler, als in
der Mitte.

Die Cuticula ist über die ganze Länge des Tieres gleichmässig gefeldert, und die sechseckigen Feldchen halten 0,5 bis
0,6 μ im Durchmesser.

Das kleine, mit schwach angedeuteten Lippen versehene
Kopfende trägt 6 kurze Borsten, hinter denen unmittelbar die
beiden sehr grossen, doppelt konturierten, kreisförmigen Seitenorgane liegen.

Der Schwanz ist in beiden Geschlechtern kurz und beträgt
nur $^1/_{13}$ bis $^1/_{14}$ der ganzen Körperlänge.

Der Ösophagus ist etwa zehnmal kürzer als der Körper
und schwillt nach hinten gelinde an.

Die Vulva liegt in der Körpermitte.

Die Ovarien sind paarig.

Vor der männlichen Geschlechtsöffnung münden in der
ventralen Mittellinie 7 chitinisierte Drüsengänge, die hinteren drei
in mehr als doppelt so grossen Abständen von einander, als
die vorderen vier. Zwischen dem hintersten Drüsenröhrchen
und dem Anus findet sich eine kurze starre Borste und zwei
solche Borsten stehen in der ventralen Mittellinie des Schwanzes.
Eine vierte kurze Borste steht ventral unter der äussersten
Schwanzspitze, an der die Klebdrüse mündet.

Die Spicula sind gross, bogenförmig, am proximalen Ende
gespalten und am distalen Ende scharf zugespitzt. Sie werden
von hinten durch ein merkwürdig gebautes akzessorisches Stück
gestützt.

Dieses akzessorische Stück hat, von der Seite gesehen, die Form eines stumpfwinkeligen Dreiecks, dessen spitze Winkel nach unten und nach hinten gerichtet sind. Von der Ventralseite gesehen (Fig. 1,c) bildet das akzessorische Stück eine Platte, die seitlich von zwei parallelen Linien begrenzt ist, nach hinten in den Schwanz zwei spitze Ausläufer entsendet und vorn zwei halbkreisförmige Ausbuchtungen zeigt, in denen die Spicula gleiten.

Von *Aphanolaimas attentus* de Man unterscheidet sich die neue Art hauptsächlich durch bedeutendere Grösse, denn sie wird fast viermal länger als jene, durch kürzere Kopfborsten, durch die stärker gebogenen Spicula, durch das mit hinteren Fortsätzen versehene akzessorische Stück und durch die Zahl und Anordnung der chitinisierten Drüsengänge vor der männlichen Geschlechtsöffnung.

Von *Aphanolaimus aquaticus* Daday unterscheidet sich *A. pulcher* gleichfalls durch seine Grösse und seine kürzeren Kopfborsten. Ferner hat er kreisrunde Seitenorgane, während diese bei der Art aus dem Plattensee »mehr oder minder eiförmig» sind. Die Form der Spicula, die bei *Aph. aquaticus* ziemlich gerade zu sein scheinen, und der akzessorischen Stücke ist bei beiden Arten ganz verschieden. Verschieden ist auch die Anordnung der Drüsenröhrchen vor der männlichen Genitalöffnung, wenngleich in diesem letzten Punkt *Aph. pulcher* mehr der ungarischen als der holländischen Art sich nähert.

Auch hinsichtlich der Lebensweise gleicht *Aph. pulcher* aus dem Finnischen Meerbusen mehr der Süsswasserform *Aph. aquaticus* aus dem Plattensee als dem *Aph. attentus*, der ein Landbewohner ist und in feuchter Erde lebt. [1]

[1] De Man, Die einheimischen, etc., Nematoden, monographisch bearbeitet. Tijdschr. d. Nederland. Dierkund. Vereen. Deel V. Seite 6 des Separatabdrucks. »Ein sehr seltenes Tier, welches sich im feuchten Marschgrunde an den Wurzeln verschiedener Wiesenpflanzen aufhält.»

Monhystera microphthalma de Man.

(Figg. 2,a: 2,b).

Von dieser lebhaften kleinen Art, die de Man[1]) zuerst
aus »feuchter von Brackwasser imbibierter Erde« der Niederländischen Küste beschrieben hat, fand ich in einer Schlammprobe vom Ufer des Finnischen Meerbusens bei Tvärminne am
2. August ein junges Männchen von 0,6 mm Länge. Die Länge
der von de Man gemessenen Exemplare betrug 0,77 mm. Im
übrigen gleicht mein Exemplar fast genau der Beschreibung und
den Abbildungen, welche de Man liefert.

Der Körper ist schlank, nach vorn weniger, nach hinten
zu einem langen dünnen Schwanz verschmälert, der ungefähr
$1\frac{1}{4}$ der ganzen Körperlänge ausmacht. Am Schwanz lassen sich
zwei ziemlich scharf abgegrenzte Abschnitte unterscheiden. Auf
der Grenze zwischen dem ersten und zweiten Drittel seiner
Länge wird der Schwanz sehr schnell schmäler und nimmt ein
fadenförmiges Aussehen an. Der Ösophagus ist fünfmal kürzer, als der ganze Körper. Die rotvioletten beiden Ocellen liegen dicht hinter den kreisförmigen Seitenorganen genau wie in
der Abbildung von de Man (l. c. Taf. II, Fig. 8 b). Kurz vor
dem Übergang in den sehr dunkel granulierten Darm erleidet
der Ösophagus eine scharfe Einschnürung.

Die Spicula sind gross und stark gebogen.

Das akzessorische Stück ist nicht ganz so einfach gestaltet, wie es von de Man (l. c. Taf. II, Fig. 8 d) gezeichnet wird.
Bei meinem Exemplar besteht es, von der Seite gesehen, aus einem dreieckigen Körper, von dem drei schmale Fortsätze ausgehen. Zwei von diesen umgreifen dicht unter der Genitalöffnung von hinten her die distalen Enden der Spicula, während
der dritte Fortsatz dorsalwärts und nach hinten gewendet an
seiner Spitze hakenförmig nach unten und vorn umgebogen ist.
Da ich nur ein einziges Exemplar untersuchen konnte, weiss

---

[1]) De Man, Nematoden der Niederländischen Fauna. 1884. Seite 38,
39. (Taf. II, Fig. 8).

ich nicht, ob diese wunderliche Gestalt des akzessorischen Stückes für die Ostseeform von *M. microphthalmica* typisch ist, oder nur eine individuelle Misbildung darstellt.

Monhystera setosa Bütschli.

(Figg. 3,a; 3,b; 3 a).

Diese zuerst von Bütschli aus der Kieler Bucht beschriebene Art wurde von mir in den Monaten Juli und August recht häufig im Schlamm der Bucht bei Tvärminne gefunden. Die Exemplare, sowohl die ♀♀, als auch die ♂♂, waren bis 1,4 mm lang. Der Körper verschmälert sich nach beiden Enden. Die Cuticula ist deutlich geringelt und trägt lange Borsten über den ganzen Körper. Eine deutlich ausgebildete Seitenmembran beginnt jederseits hinter dem Ösophagus und verläuft bis zur Mitte des Schwanzes. Die relativen Maasse der einzelnen Körperteile entsprechen den Angaben, wie sie Bütschli giebt. Der Ösophagus ist, kurz bevor er in den Darm übergeht, scharf eingeschnürt. Nach vorn von dieser Einschnürung, also im hinteren Viertel des Ösophagus, erscheint bei Färbung des abgetöteten Tieres mit Methylenblau eine strickleiterförmige Zeichnung aus drei Längsstreifen, die durch ungefähr 9 Querstreifen verbunden sind (s. Fig. 3,c).

Die Spicula sind, wie schon Bütschli beschreibt, fast rechtwinkelig gebogen. Vor, d. h. proximalwärts von der Umbiegungsstelle zeigt jedes Spiculum eine ventralwärts gerichtete Verdickung. Das akzessorische Stück ist unpaar und ebenfalls im rechten Winkel gebogen. Der vordere, gegen die Geschlechtsöffnung gerichtete Teil des Stückes hat die Gestalt einer dreieckigen Platte mit abgerundeten Ecken und nach vorn aufgewulsteten seitlichen Rändern. In der Rinne zwischen den beiden erhabenen Rändern gleiten die Spicula. Der bedeutend schmälere und etwas längere hintere Schenkel des akzessorischen Stückes ist gegen die Schwanzspitze gerichtet. Vor den Spicula scheint ein flaches Chitinplättchen an der vorderen Wand des Genitalkanales befestigt zu sein.

Die Nahrung ist für diese Art so typisch monoton, dass man schon junge, noch nicht geschlechtsreife Exemplare einfach nach dem Darminhalt bestimmen kann. Sie besteht nämlich ausschliesslich aus einer Diatomeenart, wie mir scheint aus der Gattung *Pleurosigma*, von gelber Farbe und einer Länge bis zu 200 μ. Leider habe ich nicht beobachten können, wie die Würmchen es fertig bringen, so grosse Bissen hinabzuwürgen. Der Darm ist meist von den genannten Diatomeen prall gefüllt.

Monhystera dubia Bütschli.

Von dieser der vorigen recht nahe verwandten Art habe ich nur das Weibchen beobachten können. Da die relativen Maasse meiner Exemplare teilweise mit den von Bütschli[1]) an einem ♀ aus dem Main oder dem botanischen Garten zu Frankfurt gemessenen übereinstimmen und ausserdem das Seitenorgan sehr deutlich spiralig aussah, wie es Bütschli beschreibt, kann ich nicht daran zweifeln, dass diese Süsswasserart zusammen mit der Meeresform *M. setosa* im Schlamm des Finnischen Meerbusens vorkommt. Ich beobachtete das Tier im Juli. Die Gesamtlänge der allerdings noch nicht völlig reifen Weibchen betrug 1,2 mm. Der Ösophagus erreichte etwa $\frac{1}{4}$ bis $\frac{1}{3}$, der Schwanz $\frac{1}{6}$ der Körperlänge. Der Abstand der Vulva vom Schwanzende war ungefähr der Länge des Ösophagus gleich. Lange Borsten, die besonders dicht hinter den Seitenorganen durch ihre bedeutende Länge, welche den Durchmesser des Körpers an dieser Stelle deutlich übertrifft, auffallen, finden sich am ganzen Körper. Die Cuticula zeigt in ihrer mittleren Schicht schwache Ringelung. Im allgemeinen hat *Monhystera dubia* einen schlankeren Körper, als *M. setosa*. Die sehr schmale Seitenmembran verläuft nur bis hinter den Anus.

1) O. Bütschli, Beiträge zur Kenntnis der freilebenden Nematoden. Nova Acta der Ksl. Leop. Carol. Deutschen Akademie der Naturforscher. Bd. 36. 1873. S. 65, 66.

E. v. Daday[1]) beschreibt als *Monhystera dubia* Bütschli eine lang beborstete Art aus dem Plattensee in Ungarn, die sich gleichfalls durch einen auffallend langen Ösophagus auszeichnet, aber birnförmige Seitenorgane besitzt. Die Spicula und »Nebenspicula», wie sie Daday zeichnet, erinnern, von der Seite gesehen, auffallend an die Spicula und das akzessorische Stück an meinen Exemplaren von *M. setosa*, sind aber weniger gebogen.

Monhystera trabeculosa n. sp.

Figg. 4,a; 4,b).

Bei Beschreibung der »cavité générale du corps» der freilebenden Nematoden sagt A. F. Marion [2]): ·Dans la région oesophagienne, les muscles longitudinaux tégumentaires donnent en outre, assez fréquemment, diverses brides isolées s'insérant sur l'enveloppe de l'oesophage. Ces brides sont moins apparentes dans la chambre intestinale.» Ähnliche, zwischen dem Ösophagus und der Leibeswand ausgespannte Trabekel, wie sie Marion erwähnt und bei seinem *Heterocephalus laticollis* (l. c. Taf. D. 19, Fig. 1,a) abbildet, besitzt in ganz auffallend stärker Entwicklung die im Schlamm am Ufer des Finnischen Meerbusens am häufigsten von mir gefundene Art von *Monhystera*, die ich, da auf sie keine der vorhandenen Beschreibungen passt, als neue Art unter dem Namen *Monhystera trabeculosa* in die Wissenschaft einführe. Da ich den Wurm noch nicht auf Schnitten untersucht habe, will ich keinerlei Vermutungen äussern über die Herkunft und den histologischen Bau dieser obengenannten Trabekel, die in regelmässigen Abständen namentlich in der Ösophagealregion die Leibeshöhle durchziehen und sowohl von der Seite, als auch vom Rücken gesehen den Eindruck erwecken, als sei das Tier im vorderen Teil segmentiert. Die 9

[1] E. v. Daday, Nematoden. Resultate der wissensch. Erforschung des Balatonsees. Wien, 1897. Bd. 2. p. 86, 87.
[2] A. F. Marion, Nématoïdes non parasites marins. Annals des Sciences naturelles (zool.) Tome XIII, 1870, p. 44.

von der dorsalen Wand des Ösophagus ausgehenden Trabekel
entsprechen ihrer Lage nach fast genau einer meist ebenso grossen Zahl ventralwärts gerichteter Gewebsstränge (Fig. 4,a). Auch
vom Rücken gesehen erblickt man rechts und links vom Ösophagus 9 paar Trabekel. Hinter dem Ösophagus im Bereich des
Darmes finden sich nur wenige, namentlich die Dorsalseite des
Darmes mit der Leibeswand verbindende Stränge. Die Länge
reifer Exemplare beiderlei Geschlechts beträgt 1,2 bis 1,4 mm.
Der Körper ist in der Mitte verhältnismässig dick und verschmälert sich gleichmässig nach beiden Enden. Das Kopfende
ist schmal, trägt drei wenig ausgebildete Lippen und 6 kurze
Borsten. Die beim ♂ etwas grösseren, beim   kleineren Seitenorgane sind dem Vorderende sehr genähert. Die Cuticula ist
an der Oberfläche glatt, zeigt aber in der tiefsten Schicht eine
deutliche Ringelung. Die Länge des Ösophagus beträgt etwa
$^1/_6$ bis $^1/_5$ der Gesamtlänge des Körpers. Kurz vor dem Übergang in den Darm ist der Ösophagus scharf eingeschnürt und
bildet hinter dieser Einschnürung einen birnförmigen Ventilap-
parat, der mit seinem spitzen Ende in den Darm hineinragt.
Der Darm ist sehr dunkel granuliert. Der Schwanz des ♂ ist
etwa $^1/_7$ bis $^1/_6$ der Körperlänge gross, der Schwanz des ♀ ist
länger und nimmt etwa $^1/_5$ der Körperlänge ein.

Die Entfernung der Vulva von der Analöffnung kommt
ungefähr der Länge des Schwanzes gleich.

Das weibliche Genitalorgan ist unpaar und erstreckt sich
von der Vulva nach vorn. Die Eier furchen sich im Uterus,
wo sie das Gastrulastadium erreichen.

Die Spicula des Männchens sind in der Mitte scharf geknickt. Die beiden ziemlich gleich langen Schenkel jedes Spi-
culums bilden mit einander einen Winkel von ungefähr 120°.
Am proximalen Ende sind die Spicula tief gespalten, am distalen
eingekerbt und in eine nach hinten gerichtete kurze Spitze ausgezogen. Hinter den Spicula ist der distale Teil der Genitalkanales dicht vor der Mündung chitinisiert.

Genitalpapillen fehlen. 4 bis 5 kurze Borsten stehen in der
Mittellinie des Schwanzes beim Männchen und die Schwanzspitze trägt ausser der Klebdrüsenöffnung 2 kurze Borsten.

Während des ganzen Sommers fand ich diese Nematoden reichlich in allen Schlammproben aus der Bucht bei Tvärminne.

Monhystera bipunctata n. sp.

(Fig. 5,a; 5,b).

Obigen Namen verdankt diese neue Art zwei kleinen gelben Flecken, die neben einander auf der Dorsalseite hinter der Oberlippe zu sehen sind und wahrscheinlich als Ocellen angesprochen werden müssen. Die Art fand sich ziemlich zahlreich im Juli und August im Schlamm subsalser Buchten zusammen mit den oben schon angeführten Nematodenspezies.

Die Länge reifer Exemplare beträgt beim ♂ etwa 1,0, beim ♀ 1,3 mm. Der Körper ist schlank und nach beiden Enden verschmälert. Das Vorderende ist durch eine sehr seichte Furche einwenig vom Körper abgesetzt. Drei Lippen sind deutlich ausgebildet und mit 6 längeren und einigen ganz kurzen Borsten bewaffnet. Die Cuticula ist glatt und der Körper mit Ausnahme des Kopfendes ohne Haare.

Die Seitenorgane sind kreisförmig.

Der Ösophagus nimmt etwa den fünften Teil der Körperlänge ein, ist hinten nicht wesentlich dicker als vorn, zeigt vor seiner Vereinigung mit dem Darm eine scharfe Einschnürung und ragt mit einem lippenartigen Klappenventil in das Lumen des Darmes hinein. Der Darm ist hellgelb.

Die Länge des Schwanzes beträgt $\frac{1}{7}$ bis $\frac{1}{6}$ der Länge des Gesamtkörpers.

Die Vulva befindet sich etwa im Beginn des hinteren Drittels des Körpers. Von ihr zieht der unpaare weibliche Genitalapparat nach vorn bis zum Ende des ersten Drittels der Körperlänge.

Die Spicula bestehen aus einem dünneren proximalen Schenkel, der sich, von der Seite gesehen, am vorderen Ende in zwei klauenförmig gespreizte Zipfel spaltet, und einem breiten messer-

förmigen distalen Schenkel, der ohne Knickung einen stumpfen
Winkel von 130° mit dem proximalen bildet.   Das akzessorische Stück bildet dicht an der Genitalöffnung eine kleine dreieckige Platte, von der dorsalwärts zwei dünne, divergierende
Stäbchen sich abzweigen, welche an ihren freien Enden hakenförmig gebogen sind. Die drei Stücke scheinen gelenkig mit
einander verbunden zu sein.

Monhystera n. sp.

(Figg. 6,a; 6,b).

Nur ein einziges Exemplar ♂ fand ich von einer Art, die
ich weder in der Litteratur beschrieben finde, noch auch benennen
will, weil ich das zugehörige ♀ nicht kenne.   Das Exemplar
wurde am 8. August bei Tvärminne in einer Schlammprobe aus
1 bis 2 Meter Tiefe gefunden.

Die Länge beträgt 0,6 mm.   Der Körper ist schlank und
ausserdem nach beiden Enden hin noch stark verschmälert.

Die Cuticula ist glatt.   Bis auf die kurzen Kopfborsten
fehlt jegliche Behaarung.

Das Kopfende ist schmal und besitzt keine Lippen.

Der Mund führt in eine becherförmige Mundhöhle.

Der Ösophagus erweitert sich nach hinten gleichmässig,
ohne aber einen Bulbus zu bilden.   Seine Länge kommt fast
einem Viertel der Körperlänge gleich.

Die Seitenorgane sind kreisförmig.

Der Darm ist nicht auffallend gefärbt.

Der Schwanz nimmt etwa $^1/_5$ der Körperlänge ein und
wird in seinem letzten Drittel plötzlich dünn fadenförmig.

Sehr eigentümlich sehen die Spicula aus.   Sie bestehen
aus einem längeren, vorderen, proximalen Schenkel, der, von
der Seite gesehen, an seinem Vorderende in zwei gespreizte
Klauen sich zu spalten scheint und einem kürzeren, jedoch ebenso
dünnen distalen Teil.   Beide Schenkel bilden mit einander ei-

nen spitzen Winkel von 85° mit ziemlich scharfer Knickung an
der Biegungsstelle.

Das akzessorische Stück ist, von der Seite gesehen, ein fast
rechtwinkelig gebogenes, kleines Chitinstück, dessen längerer
Schenkel den Spicula dicht anliegt, während der ganz kurze
Schenkel gegen die Schwanzspitze gerichtet ist.

In der Form der Spicula erinnert diese Form an *Monhystera acris* Bast., von der sie sich jedoch unterscheidet durch
geringere Grösse, längeren Schwanz und kürzeren Ösophagus.
Auch das akzessorische Stück ist bei der von mir beobachteten
Form ganz anders gestaltet, als bei *Monhystera acris* [1]).

Monhystera n. sp.

'Figg. 7,a; 7,b).

Am 11. August fand ich in einer Schlammprobe aus der
Bucht bei Tvärminne ein 0,7 mm langes Exemplar, das noch
keine Anlage von Geschlechtsorganen besass, aber durch den
sehr dunkel gefärbten Darm schon auf den ersten Blick seine
wahrscheinliche Zugehörigkeit zum Genus *Monhystera* verriet.

Der Körper ist nicht schlank und verschmälert sich gleichmässig nach beiden Enden hin.

Der Kopf mit drei Lippen ist etwas vom Körper abgesetzt
und trägt 6 Borsten und 4 hellgelbe Punkte, von denen 2 auf
der dorsalen Lippe gelegene besonders deutlich sind.

Der Ösophagus verdickt sich nach hinten, bildet aber
keinen Bulbus. Seine Länge entspricht ziemlich genau $1/4$
der gesamten Körperlänge. Etwas hinter seiner Mitte befindet
sich der Nervenring. An der Übergangsstelle des Ösophagus
in den Darm finden sich einige Drüsen.

Der Darm ist sehr dunkel, fast schwarz granuliert und
besteht, von der Seite gesehen, aus einer Reihe grosser Zellen
mit deutlich aus der dunklen Umgebung sich abhebenden hellen Kernen.

---

[1]) De Man, Nématodes de la Mer du Nord et de la Manche. Mém. de
la Soc. zool. de France, Tome II, 1889, p. 182—183, Pl. V, Fig. 1.

Der ¹/₅ der Körperlänge einnehmende Schwanz spitzt sich sehr allmählig zu und zeigt keine Besonderheiten.

Eigentümlich ist die Beziehung des Ösophagus zu den Seitenorganen. Von der Seite gesehen sind die Seitenorgane kreisförmig. Von oben gesehen bilden sie kleine, linsenförmige Vorragungen über das Niveau der Körperoberfläche, und in derselben Lage erblickt man jederseits eine buckelförmige Ausbuchtung oder Verdickung der Ösophaguswand, welche mit ihrem Gipfel dicht bis an die proximale Fläche des Seitenorganes heranreicht.

Tripyla marina Bütschli.

(Figg. 8,a; 8,b; 8,c).

Der Beschreibung, die Bütschli [1]) gelegentlich seiner Entdeckung dieser Spezies im feinen Sand der Strandzone der Kieler Bucht giebt, habe ich nur einige Details namentlich hinsichtlich des männlichen Begattungsapparates hinzuzufügen.

Der Körper meiner Exemplare ist ziemlich schlank und verschmälert sich nach vorn sehr wenig. Die maximale Länge der ♂ Exemplare beträgt 1,6 mm. Voll ausgewachsene Weibchen habe ich nicht gesehen. Die Cuticula ist glatt.

Die Mundhöhle ist kugelförmig und im Beginn des Ösophagus finden sich die von Bütschli schon abgebildeten (l. c. Taf. III, Fig. 12 b) seitlichen Taschen. Die Länge des Ösophagus beträgt genau ¹/₆ der Körperlänge.

Es sind zwei kleine, kreisförmige, von Bütschli nicht erwähnte, Seitenorgane vorhanden, die, von der Dorsalseite gesehen, über das Niveau der Körperbedeckung linsenförmig hervorragen.

Der Schwanz ist beim ♀ etwas länger als beim ♂ und beträgt ¹/₁₀ bis ¹/₁₂ der Körperlänge.

Die Vulva liegt ziemlich in der Körpermitte.

---

¹) O. Bütschli, Zur Kenntnis der freilebenden Nematoden insbesondere der des Kieler Hafens. Abhand. d. Senckenb. Naturf. Gesellsch. 1874. Bd. IX. Seite 33, 34. Taf. III, Fig. 12 a—d.

Die Spicula sind sehr wenig gebogen, am proximalen Ende breit und flachgedrückt, gegen das distale Ende allmählich verschmälert und schliesslich scharf zugespitzt.

Die akzessorischen Stücke werden von Bütschli in der Seitenlage (Taf. III, Fig. 12 d) richtig gezeichnet, aber im Text nur ungenau erwähnt. An Quetschpraeparaten konnte ich feststellen, dass die akzessorischen Stücke, deren drei vorhanden sind, merkwürdig komplizierten Bau besitzen (Fig. 8,b und 8,c). Dicht an der Genitalöffnung liegen zwei, von der Seite gesehen, dreieckige, von oben gesehen, rundliche Stücke neben einander, und an diese schliesst sich proximalwärts eine unpaare, am vorderen Rande verdickte Chitinlamelle an.

Durch 13 Tage hindurch fortgesetzte Fütterung mit Lakmuspulver konnte ich konstatieren, dass der ganze Darm vom Ende des Ösophagus bis zum Anfang der Kloake beim ♂ sauer reagiert. In der Kloake jedoch wird die Reaktion plötzlich deutlich alkalisch, was sich durch die scharfe Blaufärbung der Lakmusballen kundgiebt.

Die seitlichen Aussackungen im Ösophagus verstreichen, wenn ein grösserer Bissen den Schlund passiert. Sie erleichtern also die Erweiterung des Schlundes.

Desmolaimus zeelandicus de Man.

(Figg. 9,a; 9,b; 9,c; 9,d).

De Man beschreibt unter obigem Namen eine interessante Spezies, die er charakterisiert als »ein lebhaftes Tierchen, das die feuchte, von Brackwasser imbibierte Erde auf der Zeeländischen Insel Walcheren bewohnt» [1]).

Ich fand im Juli und August in Schlammproben aus zwei Meter Tiefe der Bucht bei Tvärminne eine Art, die trotz einiger Besonderheiten doch vielleicht nicht von der holländischen Form spezifisch verschieden ist.

[1]) De Man, Nematoden der Niederländischen Fauna. 1884. Seite 50, 51 Taf. VI, Fig. 23.

Die Maximallänge der von mir gemessenen Exemplare, sowohl der ♀♀, als auch der ♂♂, betrug nur 1,5 mm. Sowohl der Ösophagusabschnitt, als auch der Schwanz nehmen je $^1/_9$ der Gesamtlänge des Körpers ein.

Der Körper ist ziemlich schlank und nach beiden Enden zu nur sehr wenig verschmälert.

Das Kopfende ist gleichmässig abgerundet und ohne Lippen. Die Zahl der in einiger Entfernung den Mund umstehenden Borsten habe ich nicht genau festgestellt. Sie sind sehr kurz und fein.

Die 1,8 μ dicke Cuticula ist glatt.

Die ziemlich grossen Seitenorgane sind kreisrund, doppelt konturiert und mit einem exzentrischen Pünktchen in der Mitte versehen.

Die Mundhöhle erweitert sich kegelförmig von vorn nach hinten und wird durch 3 parallele Chitinringe versteift, von denen der hinterste einen doppelt so grossen Durchmesser hat als der vorderste.

Der Ösophagus erweitert sich hinten zu einem muskulösen Bulbus, der von dicker Cuticula ausgekleidet ist und in seinem hinteren Teil ein stark lichtbrechendes kugelförmiges Gebilde enthält. Ziemlich nahe vor dem Bulbus befindet sich der Nervenring, und zwischen ihm und dem Bulbus mündet an der Ventralseite das Exkretionsorgan. Zwischen dem Bulbus und dem sehr dunkel, fast schwarz granulierten Darm findet sich ein heller, wenig muskulöser Abschnitt, der von de Man noch zum Ösophagus gerechnet wird.

Die Vulva liegt ziemlich genau in der Körpermitte und führt in das paarige weibliche Geschlechtsorgan mit den nicht umgeklappten Ovarien. Ein am 13. August frisch abgelegtes reifes Ei war kugelrund, von grünlicher Farbe und hatte einen Durchmesser von 30 μ, war also kaum halb so gross, wie jenes, das de Man im Uterus seiner Form beobachtete (0,07 mm).

»Die Spicula sind klein, gebogen, mit einfachem, grossem akzessorischen Stücke, welches in zwei, nach hinten gerichteten, Fortsätzen ausläuft», schreibt de Man. Weder diese Beschreibung, noch die Abbildung, die de Man dazu giebt (l. c.

Taf. VI, Fig. 23 f), entsprechen ganz genau den Verhältnissen,
die ich an meinen Exemplaren feststellen konnte. Bei diesen
gleichen die Spicula in ihrer Form kleinen Sicheln, deren Hand-
griff von einem kurzen proximalen Schenkel Gebildet wird, an
den sich unter scharfer Knickung der lange, allmählich sich
zuspitzende distale Teil in Form der Sichelschneide ansetzt.
Das akzessorische Stück ist kein einheitliches Gebilde, sondern
besteht aus zwei ungleichen, hinter einander liegenden Teilen,
die offenbar gelenkig mit einander verbunden sind, da sie bei
verschiedener Lage der Spicula mit einander verschiedene Winkel bilden (Fig. 9,b und 9,c). Das vordere Stück sieht von der
Seite dreieckig von oben elliptisch aus. Das hintere Stück lehnt
sich als eine quere, vorn konkave bogenförmige Spange an
das vordere an und trägt zwei ungleich lange Fortsätze, die
sich nach hinten in den Schwanz erstrecken. Diese beiden Fortsätze sind nicht durch einen so weiten Zwischenraum getrennt,
wie in de Man's oben zitierter Abbildung, sondern verlaufen
dicht an einander gelehnt.

Der Schwanz ist in beiden Geschlechtern vor der etwas
angeschwollenen Spitze, an der die Klebdrüse mündet, leicht
eingeschnürt und trägt beim ♂ in seiner ventralen Mittellinie
in gleichen Abständen etwa 8 feine Haare. Vor der Geschlechtsöffnung finden sich weder besondere Haare, noch Papillen.

Die Tierchen sind in ihren Bewegungen keineswegs lebhaft, wie sie de Man schildert, sondern eher recht träge und
können lange in ihrer Lieblingsstellung, nämlich in enger Spirale um irgend ein Härchen oder Stäbchen gewunden, ausharren.
Ihre Nahrung sind Diatomaceen.

Microlaimus globiceps de Man.

(Figg. 10,a; 10,b).

»Der ziemlich seltene *Microlaimus*, ein echter Brackwas-
sernematode, bewohnt die feuchte, von brackischem Wasser
durchtränkte Erde an den Wurzeln von hier lebenden Pflanzen».

In dieser Weise schildert de Man[1]) die Lebensweise des von ihm zuerst auf der Insel Walcheren in Holland entdeckten Wurmes. Ich fand nur einige ♂♂ von 0,5 mm Länge und ein noch nicht geschlechtsreifes Exemplar in Schlammproben aus der Bucht von Tvärminne am 6. Juli und am 2. und 8. August.

Im allgemeinen entsprechen meine Exemplare gut der von de Man gegebenen Beschreibung. Der Körper kann noch verhältnismässig schlank genannt werden und verschmälert sich gegen das Vorderende allmählich, nach hinten aber schneller.

Das Vorderende ist deutlich kopfförmig abgesetzt und trägt am hinteren Rande des rundlichen Köpfchens einige sehr feine Haare von 2,5 µ Länge, die den von de Man gesehenen Exemplaren fehlten.

Die Cuticula ist an der Oberfläche glatt, zeigt aber in der tieferen Schicht die von de Man beschriebene deutliche Ringelung.

In der geräumigen Mundhöhle findet sich ein dorsaler Zahn.

Doppelt konturierte kreisförmige Seitenorgane sind vorhanden.

Der Ösophagus schwillt an seinem Hinterende zu einem deutlichen Bulbus an. Seine Länge entspricht ¹/₆ der gesamten Körperlänge. Der Nervenring liegt hinter der Mitte des Ösophagus. Nach kurzer, nur 2 ½ Stunden dauernder Fütterung mit Methylenblau zeigten sich an der Ösophaguswand zwischen den Seitenorganen und dem Nervensystem drei blaugefärbte ovale Flecke, die fast in gleicher Entfernung vom Munde liegen (s. Fig. 10,a).

Die Spicula sind sanft gebogen, am proximalen Ende scheinbar gespalten, am distalen zugespitzt. Die akzessorischen Stücke sind fast gerade Stäbchen.

----

[1]) De Man, Nematoden der Niederländischen Fauna. 1884. Seite 51, 52, Taf. VI, Fig. 24.

Cyatholaimus dubiosus Bütschli.

(Fig. 11).

Bütschli[1]) beschreibt aus dem westlichen Teil der Ostsee bei Kiel zwei Arten, *Cyatholaimus dubiosus* und *C. proximus*, die einander ausserordentlich ähnlich sind. Ich zweifle nicht,
dass die von mir im Schlamm des Finnischen Meerbusens bei
Tvärminne ziemlich zahlreich gefundenen Exemplare zu einer
Art gehören, die auch bei Kiel vorkommt. Es fällt mir aber
sehr schwer, zu entscheiden, ob ich sie zu *C. dubiosus* oder *C.
proximus* stellen soll.

Die gesamte Körperlänge meiner Exemplare beträgt nur
etwa 1,2 mm, bleibt also hinter der Grösse der von Bütschli
beobachteten zurück. Hinsichtlich des Längenverhältnisses zwischen Ösophagusteil und Gesamtkörper, das bei meinen Exemplaren $^1/_7$ beträgt, stimmen sie mit *C. dubiosus* überein. Der
Schwanz aber ist verhältnismässig kürzer, denn er beträgt nur
$^1/_{12}$ der Körperlänge wie bei *C. proximus*. Da übrigens, wie
Bütschli selbst schreibt, systematisch so schwer ins Gewicht
fallende Teile wie die Spicula und akzessorischen Stücke bei
seinen beiden Arten »fast in gleicher Weise» ausgebildet sind,
wage ich es, die Artverschiedenheit von *C. dubiosus* und *C. proximus* überhaupt anzuzweifeln, und wähle den ersteren Namen,
um damit die von mir gefundene Form zu bezeichnen, die auch
sonst einwenig von Bütschli's Beschreibungen abweicht.

Der Körper ist am dicksten vor der Mitte, verschmälert
sich nach vorn nur sehr wenig und nach hinten allmählich und
gleichmässig bis an die Schwanzspitze, welche in die grosse
Ausführungsröhre der Klebdrüse sich verlängert.

Das Vorderende ist breit abgestutzt und trägt 6 mässig
lange Borsten. Die Cuticula ist aussen glatt, in der tieferen
Schicht aber fein punktiert geringelt und überall von gruppen-

---

[1]) Bütschli, Zur Kenntnis der freilebenden Nemateden, insbesondere des Kieler Hafens. Abhandl. Senckenb. Naturf. ges. Bd. 9. 1874. S. 48,
49. Taf. VII, Figg. 30, 31.

weis zusammenstehenden Poren durchbohrt, die wahrscheinlich
die Ausführungsgänge zahlreicher Hautdrüsen sind und den von
Bütschli (l. c. Taf. VII, Figg. 30, 31) abgebildeten granulierten
Feldchen entsprechen. Mit diesen Hautdrüsen bringe ich eine
Erscheinung in Zusammenhang, die ich nur bei dieser Spezies beobachtet habe. Für gewöhnlich bemerkte ich an dem Körper
der in Rede stehenden Nematoden keine Haare oder Borsten.
Bisweilen aber waren der Schwanz und andere Teile des Körpers, namentlich in der hinteren Hälfte ganz bedeckt von bü-
schelförmig stehenden haarähnlichen Gebilden, die jedoch bei
starker Vergrösserung als gleichmässig dicke Stäbchen erschie-
nen. Die Haare und Borsten der Nematoden sind, soweit ich
sie selbst habe beobachten können, immer gleichmässig kegelförmig gegen das spitze Ende verschmälert. Da die feinen
Stäbchen auf der Cuticula von *Cyatholaimus* sich sehr stark und
schnell mit Methylenblau färbten, konnte ich sowohl leicht erkennen, dass ihre Verteilung bei verschiedenen Individuen eine
ganz verschiedene ist, als auch feststellen, dass sie fast homo-
gen sind. Auf grund dessen glaube ich annehmen zu dürfen,
dass diese haarförmigen Stäbchen das Sekret der Hautdrüsen
sind, welche so reichlich überall unter der Cuticula von *Cyatholaimus* sich finden. Daraus folgt, falls meine Vermutung richtig ist, dass das erwähnte Sekret nicht klebrig ist, denn ich
habe nie, ausser an der Schwanzspitze, angeklebte Fremdkör-
per auf der Haut von *Cyatholaimus* gesehen.

Der Ösophagus verdickt sich gleichmässig nach hinten,
ohne aber einen Bulbus zu bilden.

Die Bewaffnung der Mundhöhle besteht aus einem dorsalen Zahn, der nach vorn gerichtet der chitinisierten Wand auf-
sitzt. Die ventrale Wand der Mundhöhle ist ebenfalls stark chitinisiert mit einer queren Chitinspange. Ausserdem finden sich
im vorderen Teil der Mundhöhle fünf Papillen.

Seitenorgane sind vorhanden. Sie sind dem Vorderende
sehr genähert und erscheinen bei verschiedener Lage des Tieres
bald als Kreischen mit einem Punkt in der Mitte, bald als Spiralen. Ocellen fehlen.

Der Darm ist dunkelbraun granuliert. Bei einem Exemplar (♀), das 10 Tage lang in Lakmuslösung gehalten wurde, war der Darminhalt rötlich gefärbt, und im hinteren Abschnitt des Darmes zeigten sich 4 Pakete von Zellen, 2 ventrale und 2 dorsale in alternierender Stellung (s. Fig. 11; die Zellen sind dunkel schraffiert), die sich besonders lebhaft rot gefärbt hatten. Die Vulva liegt einwenig hinter der Körpermitte.

Die bogenförmigen Spicula sind ziemlich lang, etwa doppelt so lang als die beiden hinter ihnen liegenden akzessorischen Stücke, die mit ihren distalen Enden an einem rundlichen unpaaren Stück befestigt sind. Von der Seite gesehen erinnert dieser Kopulationsapparat an die entsprechenden Teile bei *Cyatholaimus quarnerensis* D a d a y [1]); doch mit dem Unterschied, dass bei meinen Exemplaren die paarigen akzessorischen Stücke nicht gebogen sind.

Spiliphera paradoxa de Man.

Diese Art wurde von d e M a n [2]) an der Küste der Insel Walcheren in Holland zuerst gefunden, wo sie recht gemein ist. Ich fand im Juli in einer Schlammprobe aus der Bucht bei Tvärminne mehrere Exemplare beiderlei Geschlechts, welche mit der von d e M a n beschriebenen Art eine grosse habituelle Ähnlichkeit haben und sehr wahrscheinlich auch zu ihr zu rechnen sind.

Die gesamte Körperlänge des ♀ und ♂ beträgt fast genau 1 mm.

Die Cuticula ist deutlich punktiert geringelt, und die Seitenlinie ist durch gröbere Körnchen ausgezeichnet, die in zwei Reihen neben der Seitenlinie von vorn nach hinten sich erstrecken und zwischen sich einen 3 μ breiten Streifen der Cuticula freilassen, der sich mit Methylenblau dunkel färbt.

---

[1]) E. v. D a d a y, Freilebende Nematoden aus dem Quarnero. Termèszet. Füzelek. Bd. 24. 1901. Taf. XXI, Fig. 6 (vgl. S. 436—439).

[2]) D e M a n, Quelques nématodes de la Mer du Nord. Mémoires de la Soc. zoolog. de France. 1888. Vol. I, pag. 45—47. Pl. IV, Fig. 19.

Das Kopfende ist vom übrigen Körper durch eine umlaufende seichte Furche getrennt und trägt 4 nach vorn gerichtete mässig lange Borsten. In der Mundhöhle befindet sich ein dorsaler Zahn.

Der Ösophagus ist 6 mal kürzer als der Gesamtkörper, vorn in der Gegend der Mundhöhle angeschwollen, im mittleren Teil ziemlich dünn und in seinem hintersten Drittel zu einem auffallend langgestreckten Bulbus umgestaltet, dessen Länge genau $1/3$ von der Länge des ganzen Ösophagus ausmacht. Genau wie bei der von de Man abgebildeten Form zerfällt auch hier der lange, birnförmige Bulbus durch eine äusserlich sichtbare Einschnürung in zwei Teile, einen kleineren vorderen und einen grösseren hinteren, die jeder seine besondere Höhlung besitzen.

Augen fehlen.

Die Vulva liegt fast in der Mitte oder etwas hinter der Mitte des Körpers.

Der Schwanz endigt mit einem auffallend langen Klebdrüsenröhrchen und seine Länge beträgt etwa $1/9$ bis $1/10$ der gesamten Körperlänge.

Die Spicula des ♂ sind schlank und schwach gebogen. Die beiden akzessorischen Stücke sind ebenso gebogen, wie die Spicula, und erreichen $2/3$ von der Länge dieser.

Nach zehntägiger Fütterung mit Lakmuspulver war der ganze Mitteldarm deutlich rötlich gefärbt. Aber die Kloake des ♂ bewies auch hier durch intensive Blaufärbung ihres Inhaltes und der Spicula, die in diesem Abschnitt stets herrschende alkalische Reaktion.

Spiliphera caeca Bastian.

Die von de Man zum Genus *Spilophora* gezogene *Chromadora caeca* Bastian fand ich zusammen mit *Sp. paradoxa*, jedoch viel seltener.

Die Gesamtlänge des Körpers meiner Exemplare übertrifft

sowohl die von Bastian[1]) angegebene, als auch die Länge der
von de Man[2]) beschriebenen, nahe verwandten *Sp. tentabunda.*
Sie beträgt nämlich 0,8 bis 1 mm. Das Vorderende des ziem-
lich schlanken Körpers ist durch eine deutliche, ziemlich scharfe
Ringfurche abgegrenzt und trägt 4 starke Borsten, die wie bei
Sp. paradoxa nach vorn gerichtet sind.

Die Cuticula ist stark in ihrer mittleren Schicht geringelt,
und die Ringe lösen sich schon bei mässig starker Vergrösserung in Querreihen kleiner Feldchen auf. In der Seitenlinie erleidet die Ringelung keine Unterbrechung, und die Feldchen
sind hier nicht grösser. Feine Haare sieht man ab und zu in
den ventralen Submedianlinien.

In der Mundhöhle findet sich ein dorsaler Zahnhöcker.

Die Länge des Ösophagus geht 6 mal in der Körperlänge
auf. Vorn ist der Ösophagus ziemlich stark verdickt und erweitert sich erst im letzten Viertel zu einem wenig umfangrei-
chen und nicht deutlich abgesetzten Bulbus. Zwischen den beiden Anschwellungen ist der Ösophagus sehr dünn. Ocellen sind
nicht vorhanden.

Die Länge des Schwanzes beträgt beim ♂ $\frac{1}{8}$, beim ♀
etwa $\frac{1}{6}$ der gesamten Körperlänge. Das Endröhrchen der Klebdrüse ist aber deutlich, wenn auch nicht so auffallend lang wie
bei *Sp. paradoxa:*

Die Vulva liegt einwenig vor der Körpermitte.

Vor der männlichen Geschlechtsöffnung giebt es keine Papillen.

Die Spicula sind schlank und in der Mitte ziemlich scharf
geknickt, sodass der kürzere proximale mit dem etwas längeren
distalen Schenkel einen Winkel von 120° bildet. Die akzessorischen Stücke sind 2 Stäbchen, die den distalen Hälften der
Spicula dicht anliegen.

---

[1]) H. C. Bastian, Monograph on the Anguillulidae. Transact. of the
Linnean Soc. London. Vol. 25,2. 1865. p. 169. Pl. 13, Fig. 239—241.

[2]) De Man, Quatrième note sur les Nématodes libres de la Mer du
Nord et de la Manche. Mém. de la Soc. zoolog. de France. T. III, p. 177.
1890.

Der Darminhalt wird nach Fütterung mit Lakmus (10 Tage) rötlich gefärbt, der Inhalt der Leibeshöhle aber blau, namentlich im Schwanz. An der sonst ungefärbten Wand des Ösophagus färben sich mit Lakmus einige Stellen rot. Nach dem Absterben wird alle rote Lakmusfärbung in kurzer Zeit blau durch das Eindringen des alkalischen Seewassers in die Gewebe des Tieres, und deshalb gelang es mir nicht, genauer die Lage der sauren Zellen festzustellen.

Chromadora tenuis n. sp.

(Figg. 12,a; 12,b).

Von den drei Repräsentanten des Genus *Chromadora*, die ich im Juli und August im Uferschlamm des Finnischen Meerbusens bei Tvärminne fand, lässt sich merkwürdigerweise keine mit den in der Litteratur zahlreich beschriebenen Arten identifizieren. Ich war deshalb genötigt, drei neue Arten zu beschreiben. Die eine derselben, die ich *Chromadora tenuis* nenne wegen des auffallend schlanken Körpers, den das einzige am 30. Juli von mir gefundene Exemplar (ϑ) zeigte, ist etwa 0,9 mm lang.

Der Körper ist vom Anus bis zum breit abgestutzten Vorderende überall ungefähr gleich dick und verschmälert sich nur gegen die Schwanzspitze.

Die Cuticula ist scharf und unregelmässig geringelt, insofern als die der mittleren Schicht der Cuticula angehörenden Querringe sehr oft nicht geschlossen, sondern zu Spiralen ausgebildet sind, deren Enden sich frei zwischen die Ringe einschieben. Die Ringelung wird durch reihenweise angeordnete Pünktchen hervorgerufen. Die Seitenlinie ist nicht durch Fehlen oder Vergrösserung der Pünktchen besonders ausgezeichnet. Am Vorderende finden sich Ansätze zu Lippen, hinter denen die senkrecht zur Körperaxe gerichteten Kopfborsten inseriert sind. Feine Haare finden sich in den Submedianlinien.

Der Ösophagus, dessen Länge $^1/_6$ der Körperlänge entspricht, ist sehr dünn, vorn wenig erweitert und bildet hinten einen auffallend kleinen Bulbus, der kaum $1/4$ der Länge des Ösophagus ausmacht.

Die Länge des mit deutlichem Spinnzäpfchen versehenen Schwanzes beträgt etwa $1/7$ der Körperlänge.

Die männliche Genitaldrüse erstreckt sich bis an die Grenze des vordersten Drittels der Körperlänge.

Die Spicula sind sanft gebogen, am proximalen Ende breit, am distalen ziemlich stumpf abgerundet. Der akzessorische Stützapparat besteht aus 3 Stücken, einem distalen unpaaren, an welches sich proximalwärts 2, wie mir scheint, gespaltene Stäbchen ansetzen. Ganz genau habe ich leider an dem einzigen von mir gesehenen Exemplare diese Verhältnisse nicht eruieren können.

Vor der ♂ Genitalöffnung liegen in der Medianlinie 12 Papillen.

Chromadora erythrophthalma n. sp.

(Figg. 13,a; 13,b).

Diese Art ist offenbar sehr nahe verwandt mit *Chromadora chlorophthalma* de Man [1]) und *C. örleyi* de Man [2]), unterscheidet sich aber von ersterer, die aus dem Mittelmeere bekannt geworden ist, durch die mehr rötliche Farbe der Ocellen, von der letzteren ebenfalls durch die Farbe der Ocellen und ausserdem noch durch die etwas bedeutendere Länge des Körpers und die Gestalt des männlichen Kopulationsapparates.

Die Länge des Körpers beträgt 0,9 bis 1 mm. Die grösste Dicke zeigt der Körper hinter der Mitte und verschmälert sich bedeutend nach beiden Enden.

Die Cuticula ist fein geringelt, und die in der mittleren

[1]) De Man, Contribution à la connaissance de Nématoides marins du golfe de Naples. Tijdschrift der Nederlandsche Dierkundige Vereeniging. 1876. Bd. III. Seite 114, 115. Taf. IX, Fig. 18.

[2]) De Man, Nematoden der Niederländischen Fauna, Leiden 1884. Seite 59, 60. Taf. VIII, Fig. 31.

Schicht der Cuticula sichtbaren Ringe lösen sich erst bei sehr
starker Vergrösserung (Zeiss Apochrom. hom. Immers. 2 mm
und Okular 8) in Punktreihen auf. In der Seitenlinie ändert
sich die Struktur der Ringelung nicht.

Am schmalen Kopfende sind Lippen angedeutet, hinter denen die feinen Kopfborsten nach den Seiten abstehen. Die Bewaffnung der Mundhöhle ist derjenigen bei *C. örleyi* sehr ähnlich.
Die Mittelpunkte der einander auf der Dorsalseite sehr genä-
herten grossen, langgestreckt ovalen Ocellen befinden sich auf
der Grenze des ersten Sechstels der Ösophaguslänge. Ihre Farbe
ist rötlich gelbbraun.

Der Ösophagus nimmt $1/_6$ der Körperlänge ein, ist anfangs
recht schmal und erweitert sich in seinem letzten Viertel zu
einem grossen, dicken Bulbus.

Die Länge des mit sehr deutlichem Spinnzapfen versehenen Schwanzes beträgt beim ♀ $1/_7$, beim ♂ $1/_9$ der Körperlänge.

Die Vulva befindet sich einwenig vor der Körpermitte.

Vor der männlichen Genitalöffnung liegen in der Medianlinie in genau gleichen Entfernungen von einander 15 Papillen.

Die Spicula sind wenig gebogen, am proximalen Ende
scheinbar gespalten und am distalen scharf zugespitzt. Die beiden akzessorischen Stücke sind kleine, wurstförmige Stäbchen,
$1/_4$ so lang als die Spicula und liegen dicht an der Genitalöffnung. Am Schwanz des ♂ sah ich seitliche, feine Haare in gleichen Abständen von einander.

Chromadora baltica n. sp.

(Fig. 14).

Diese neue Art gehört zu den schönsten und am meisten
charakteristischen Schlammnematoden des Finnischen Meerbusens und wurde von mir vom Juni bis in den Spätsommer in
den meisten Proben häufig gefunden.

Die Gesamtlänge des Körpers beträgt 0,8 bis 0,9 mm. Die

Form ist gedrungen. Der in der Mitte recht dicke Leib fällt nach beiden Enden spindelförmig ab. Das ♀ ist etwas kürzer und dicker als das ♂.

Das Kopfende ist etwas verschmälert, quer abgestutzt und trägt an der Basis der deutlich vorhandenen Lippen 4 kurze Borsten.

Die Cuticula ist in ihrer mittleren Schicht sehr deutlich geringelt. Die einzelnen Ringe sind aus ziemlich weit auseinander stehenden Tüpfeln gebildet, die in den aufeinander folgenden Reihen nicht alternieren, sondern wie in der Abbildung, welche de Man[1]) von *Hypodontolaimus inaequalis* giebt, angeordnet sind. Neben der Seitenlinie, die frei von Tüpfeln ist, sind diese bedeutend grösser und viel deutlicher ausgebildet. Dafür sind die Seitenlinien jederseits durch eine deutliche Seitenmembran ausgezeichnet, die in der Gegend der vorderen Hälfte des Osophagus beginnend bis hinter den Anus zieht, wo sie plötzlich wie abgeschnitten endigt. 3 paar grössere und mehrere kleinere Haare bilden die Fortsetzung der Seitenmembran bis zur Schwanzspitze. Seitliche Haare finden sich auch symmetrisch vor dem Anfang der Seitenmembran.

Die Mundhöhle erinnert in ihrer Bewaffnung an *Hypodontolaimus inaequalis*, mit dem die in Rede stehende Art überhaupt grosse Ähnlichkeit hat. Tief in die dorsale Wand der Mundhöhle ist ein grosser, spitzer Zahn eingesenkt, der weit in die Mundhöhle hinabreicht und leicht den Eindruck hervorruft, als gehöre er zur ventralen Wand. Auch die übrigen Chitinspangen und Stücke und die, nach Jägerskiöld[2]), fingerförmigen Zapfen am Eingang des Mundes scheinen mit ähnlichen Teilen bei *H. inaequalis* gut übereinzustimmen.

Der Ösophagus füllt beim ♀ $1/_6$, beim ♂ $1/_7$ der Körperlänge. Er ist vorn zu einem starken, muskulösen Schlund erweitert in anbetracht der starken Bewaffnung der Mundhöhle.

---

[1]) De Man, Sur quelques Nématodes libres de la Mer du Nord, nouveaux ou peu connus; Mém. de la Soc. zoolog. de France. T. I, 1888. p. 41—44. Pl. IV, Fig. 18 b.

[2]) Jägerskiöld, Zum Bau des Hypodontolaimus inaequalis (Bastian), einer eigentümlichen Meeresnematode. Zool. Anz. 1904. Seite 417—421.

Sein hinteres Drittel bildet einen voluminösen, birnförmigen Bulbus.

Die Schwanzlänge beträgt beim ♂ etwa $1/9$, beim ♀ $1/7$ der Länge des ganzen Körpers. Der sog. Spinnzapfen am Ende ist klein, aber deutlich. Ausser den bereits oben erwähnten Haaren auf der Seitenlinie finden sich solche auch hier und da auf der Ventral- und Dorsalseite.

Die Vulva findet sich ziemlich genau in der Körpermitte, eher etwas hinter als vor derselben. Sie ist stark chitinisiert und von Drüsen umgeben. Vor der männlichen Genitalöffnung stehen in der Medianlinie 20 bis 21 Papillen in regelmässigen, kurzen Abständen.

Die Spicula sind stark und gleichmässig gebogen, am proximalen Ende sehr breit, am distalen stumpf abgerundet. Sie sind am hinteren Rande stark verdickt, gegen den vorderen Rand aber zu einer dünnen Lamelle abgeflacht. Die akzessorischen Stücke sind halb so lang als die Spicula, am distalen Ende verbreitert und gegen einander gebogen, vielleicht sogar verschmolzen, dorsalwärts divergierend und stabförmig gestreckt.

Der Darm ist gelb durch die vielen gelben Öltröpfchen, welche seine Zellen erfüllen. Nach Fütterung mit Lakmus während 13 Tagen färbte sich der Darminhalt rot, während der Inhalt der Kloake des ♂ sich blau färbte. Andere Teile wurden mit Lakmus nicht deutlich gefärbt. Nach sechstägiger Fütterung mit Karminpulver wurden etwas vor der Mitte des Ösophagus an dessen Wand zwei längliche, seitliche Flecke und hinter der Ösophagusmitte, wie es scheint, die Mündung des Exkretionskanales rot gefärbt.

Bütschli[1]) fand in der Strandzone der Kieler Bucht, also in der westlichen Ostsee, eine Form, die vor »dem After des Männchens in der Bauchlinie 21 bis 22 stark chitinisirte Bauchdrüsenöffnungen» besitzt. Wenn auch in der Grösse und einigen anderen Details jene Form, wie sie Bütschli beschreibt,

---

[1]) O. Bütschli, Zur Kenntnis der freilebenden Nematoden insbesondere des Kieler Hafens. Abhandl. d. Senckenb. naturf. Gesellsch. Bd. 9. 1874. Seite 44, 45. Taf. V u. VI. Fig. 23.

von meiner *C. baltica* abweicht, so zweifle ich doch nicht, dass sie, als Varietät vielleicht, zu dieser wird gerechnet werden müssen. Ebenso wie *Chromadora baltica* n. sp., **die** ihren Namen vielleicht dereinst, wenn die Scheidung der Genera *Spiliphera, Chromadora* und *Hypodontolaimus* definitiv durchgeführt sein wird, in *Hypodontolaimus balticus* wird verändern müssen, unterscheidet sich Bütschli's Form von *Hypodontolaimus inaequalis*, mit der beide zweifellos nahe verwandt sind, durch eine so grosse Differenz in der Zahl der praeanalen Papillen, dass eine Zugehörigkeit zu dieser in der Regel nur 13 Papillen besitzenden Art wohl als ausgeschlossen betrachtet werden kann. Derselben Ansicht sind auch de Man und Jägerskiöld (l. c. p. 421 Anm. 7) bezüglich der von Bütschli gefundenen Form.

Oncholaimus lepidus de Man.

(Figg. 15,a; 15,b; 15,c).

Von einer interessanten Form, die ich glaube mit der Brackwasserart *Oncholaimus lepidus* de Man [1]) identifizieren zu können, erhielt ich in den Monaten Juni, Juli und August nur männliche, oder ganz junge Exemplare, aber kein einziges reifes Weibchen aus meinen dem Uferschlamm bei Tvärminne entnommenen Proben.

Die Totallänge der reifen ♂♂ beträgt 2,5 mm. Der Körper ist schlank und vom Anus bis vor den Nervenring fast gleichmässig zylindrisch. Das Kopfende ist einwenig verschmälert. Der kurze Schwanz, dessen Länge nur etwa $\frac{1}{22}$ der Körperlänge beträgt, ist in seinem vorderen Drittel stark konisch zugespitzt und geht in den walzenförmigen, an der äussersten Spitze, wo die Klebdrüse mündet, etwas verdickten Schwanzfaden über, der den hinteren Teil des Schwanzes bildet.

[1]) De Man, Ueber zwei in der feuchten Erde lebende Arten der Gattung Oncholaimus Duj. Tijdschrift der Nederlandsche Dierkundige Vereeniging. Deel II (2. Serie) 1889. Seite 165—168. Taf. VI, Fig. 2.

Die Länge des Ösophagus beträgt etwa $1/4$ der Körperlänge ohne den Schwanz.

Die Cuticula ist glatt. Haare oder Borsten fehlen vollständig.

Das Kopfende ist abgerundet und trägt 2 Kreise kleiner Papillen.

Die Mundhöhle ist stark chitinisiert und mit 3 Zähnen versehen, von denen der grösste rechts subventral liegt.

Der Ösophagus erweitert sich nach hinten einwenig und dringt als ein lippenartiges Ventil in das Vorderende des Darmes ein.

Der Darm ist hellgelb gefärbt.

Die Spicula sind ungefähr von derselben Länge[1]) wie der Schwanz. Sie sind in ihren proximalen, breiteren und am Ende geknopften Teilen fast gerade, gegen die scharfen, äusseren Spitzen aber einwenig gebogen. Das unpaare akzessorische Stück ist, von der Seite gesehen, dreieckig mit einer scharfen, nach aussen gerichteten Spitze, von unten gesehen, länglich oval.

Vor der männlichen Genitalöffnung liegen in einer oder zwei, medianen oder submedianen Reihen, was ich nicht deutlich habe sehen können, 5 kleine, kegelförmige Papillen. Zwei ebensolche finden sich kurz vor der Stelle, wo der Schwanzkonus in den Schwanzfaden übergeht. 6 paar zu 3 und 3 einander genäherte spitze Papillen stehen sublateral am Schwanzkonus und 4 paar, von denen die beiden hintersten Paare einander genähert sind, am Schwanzfaden.

Bütschli bildet an der von ihm bei Kiel gefundenen Form, die er für *Oncholaimus albidus* Bastian hält, Kopfborsten ab[2]), weshalb ich mich nicht der Meinung de Man's anschliessen kann, dass diese Form auch *Oncholaimus lepidus*, oder die von mir untersuchte gewesen sei.

Oncholaimus vulgaris Bast., der an verschiedenen Stellen der Ostsee und auch, wie ich bereits in der Einleitung berich-

---

[1]) Durch ein Versehen des Lithographen sind die Spicula in Fig. 15,c ungleich lang geraten.

[2]) O. Bütschli, Zur Kenntnis der freilebenden Nematoden inbesondere des Kieler Hafens. Abhandl. der Senckenberg. Naturf. Gesellsch. Bd. 9. 1874. Seite 39, 40.

tete, im Finnischen Meerbusen beobachtet worden ist, wurde von mir nicht angetroffen. Nach den sehr interessanten Untersuchungen von Emil Buerkel [1]) sammelt sich dieser Wurm massenhaft sowohl an frischem, als auch an faulem Köder und bevorzugt als Lieblingsaufenthalt Pfähle, die reich mit *Mytilus* besetzt sind. Es wäre interessant, ähnliche Reusenversuche, wie sie Buerkel bei Kiel anstellte, auch im Finnischen Meerbusen durchzuführen. Vielleicht würden sich dabei ebenfalls grössere Mengen von *Oncholaimus vulgaris* erbeuten lassen. Dass nämlich ein Nematod in grossen Massen bei Tvärminne gelegentlich beobachtet wird, berichtete mir Dr. Al. Luther, der im Sommer 1904 am Rande eines seiner Aquarien anstelle der erwarteten Turbellarien eine dicke Schicht von Nematoden auftreten sah. Leider wurden diese nicht konserviert, und ich kann nur die ganz vage Vermutung aussprechen, dass es sich in diesem Fall vielleicht um eine ähnliche Massenversammlung von *Oncholaimus vulgaris* gehandelt hat, wie bei E. Buerkel's Köderversuchen mit *Mytilus edulis*.

Sphaerolaimus balticus n. sp.

(Figg. 16,a; 16,b; 16,c).

Am 9. August fand ich im Schlamm aus der Bucht von Tvärminne ein völlig ausgewachsenes ♂ einer noch unbekannten Spezies der Gattung *Sphaerolaimus*. Es hatte eine Länge von 1,5 mm, war in der Mitte ziemlich dick und nach den Enden allmählich verschmälert.

Das Kopfende ist deutlich vom Rumpf abgesetzt und trägt zwei Kreise langer Borsten, aber keine Lippen und Papillen.

Die Cuticula ist glatt, dick und ungeringelt. Sie trägt eine grosse Menge von langen Haaren, die namentlich vorn in der Gegend des Ösophagus lang und dicht gestellt sind. Die kleinen Seitenorgane sind kreisförmig.

---

[1]) Emil Buerkel, Biologische Studien über die Fauna der Kieler Föhrde (158 Reusenversuche) Kiel—Leipzig 1900. Seite 22—24.

Die Länge des Ösophagus kommt fast $1/_5$ der Körperlänge gleich.

Der Schwanz, der sich allmählich zuspitzt nimmt etwa $1/_7$
der Länge des Gesamtkörpers ein.

Die Mundhöhle ist von einer dicken Chitinkapsel umgeben, die fast kugelförmig ist und ein birnförmiges Lumen besitzt. Innen besitzt diese Kapsel eine eigentümliche Skulptur,
nämlich eine Anzahl dreieckiger, mit nach vorn gerichteter, feiner Spitze versehener Verdickungen, die einen zusammenhän-
genden Gürtel bilden. Nach vorn öffnet sich die Mundhöhle
durch ein zylindrisches Rohr ohne Längsstreifung (vgl. Fig. 16,a).

Der Ösophagus ist in seiner ganzen Länge von einer dicken Chitinschicht innen ausgekleidet, die mit der Mundhöhlen-
kapsel zusammenhängt und eine direkte Fortsetzung derselben
darstellt. An beiden Enden ist der Ösophagus einwenig verdickt
und etwas vor der Mitte vom Nervenring umgeben.

Der Darm ist sehr dunkel granuliert.

Die Spicula sind lang, schlank und nur sehr wenig gebogen. Ihre distalen Enden sind scharf zugespitzt, die proximalen
erscheinen gespalten. Sehr merkwürdig ist das unpaare akzessorische Stück gestaltet. Von der Seite gesehen ist es beinahe
dreieckig mit langen, nach vorn gerichteten Ausläufern. Die
wahre Gestalt zeigt es aber, wenn man es von oben oder unten sieht. Es besteht nämlich aus einem flachen Schild mit
verdicktem, bogenförmig konvexem Aussenrande, das am Innenrande zwei stark vorspringende Lappen trägt. Von jeder der
lateralen Ecken dieses Schildes geht ein feiner Fortsatz aus, der
mehr als halb so lang und stärker gebogen ist als die Spicula
und parallel den Spicula dorsalwärts und nach vorn sich erstreckt.

Die Wände der Kloake sind stark cuticularisiert und noch
durch Chitinleisten versteift.

Von *Sphaerolaimus hirsutus* Bast. unterscheidet sich die
von mir gefundene Form sehr deutlich durch das Fehlen von
Längsstreifung und Granulation der Chitinauskleidung in der Mundhöhle, ferner durch die Lage der Seitenorgane, die bei *S. hir-*

sutus, nach Bütschli[1]), weit hinter der Mundhöhle, bei *S. balticus* aber genau im Querschnitt der Übergangsstelle der Mundhöhle in den Ösophagus liegen, durch die glatte Cuticula und
den längeren Schwanz[2]). Die Form der Spicula ist bei beiden
Formen sehr ähnlich. Dem akzessorischen Stück fehlen aber bei
S. hirsutus die beiden langen, feinen, seitlichen Hörner, welche
S. balticus besitzt.

Die Unterscheidungsmerkmale zwischen *S. balticus* und *S.
gracilis* de Man[3]) sind erstens die verschiedene Lage und Grösse
der Seitenorgane, die bei *S. gracilis,* nach de Man's Beschreibung, ziemlich gross sind, während ich sie bei meiner Form
als klein bezeichnen muss, ferner das ganz verschiedene Aussehen des männlichen Kopulationsapparates. Die Spicula sind
nämlich bei *S. gracilis* viel stärker gebogen und weniger schlank
als bei *S. balticus,* und dem nach hinten gerichteten, ganz anders geformten akzessorischen Stück, das ausserdem viel länger und schmäler ist als bei *S. balticus,* fehlen die langen, seitlichen Hörner. Die Mundhöhlen der beiden Formen sind ebenfalls ganz verschieden in der Anordnung der inneren Verdic-
kungsskulpturen[4]).

[1]) O. Bütschli, Zur Kenntnis der freilebenden Nematoden insbesondere des Kieler Hafens. Abhandl. Senckenb. Naturf. Gesellsch. Bd. 9.
1874. Seite 43. Taf. VII, Fig. 32.

[2]) H. C. Bastian, Monograph on the Anguillulidae. Trans. Linn.
Soc. London. Vol. XXV, 1865. p. 157.

[3]) De Man, Die frei in der reinen Erde und im süssen Wasser lebenden Nematoden der Niederländischen Fauna. Leiden 1884. Seite 72. Taf.
X, Fig. 41.

[4]) De Man, Onderzoekingen over vrij in de aarde levende Nematoden. Tijdschr. Nederl. Dierk. Vereen. Deel II, 1876.

Anoplostoma viviparum Bastian.

(Figg. 17,a; 17,b; 17,c).

Diese schon von Bütschli[1]) in der Ostsee, nämlich in der »Strandzone der Kieler Bucht in feinem Sand» gefundene vivipare Spezies findet sich auch nicht selten in der Bucht bei Tvärminne, wo ich sie im Juli in Schlammproben aus 1 bis 2 Metern Tiefe beobachtete.

Die Länge des schlanken und nach beiden Enden stark verschmälerten Körpers beträgt an meinen Exemplaren 1,6 bis 1,8 mm. Die Cuticula ist glatt.

Die Länge des Ösophagus beträgt $^1/_5$ der Länge des Körpers vom Vorderende bis zur Analöffnung, also ohne den Schwanz. Letzterer ist von wechselnder Länge und nimmt etwa $^1/_{10}$ bis $^1/_9$ der Gesamtlänge des Körpers ein.

Das Kopfende ist sehr schmal und vom Körper durch eine deutliche Ringfurche abgegrenzt. Es trägt 6 starke Borsten, hinter denen zuweilen noch 2 ganz kleine, die eine dorsal, die andere ventral, zu sehen sind.

Die Mundhöhle ist tief becherförmig, wie sie Bütschli beschreibt.

Seitenorgane, die Bütschli nicht erwähnt, sind vorhanden. Sie sind kreisförmig, doppelt konturiert und liegen um die doppelte Länge der Mundhöhle vom Vorderende des Körpers entfernt. Sie sind also nicht »petits sillons transversaux», wie sie de Man[2]) bei seiner Art, *Anoplostoma blanchardi*, beschreibt, und wurden von mir nur an ♂♂ deutlich gesehen.

Die Vulva liegt einwenig hinter der Mitte des Körpers und führt in den paarigen Uterus, der schon bei 1,6 mm langen ♀♀ 9 bis 10 reife Eier enthalten kann. Die der Vulva am näch-

---

[1]) O. Bütschli, Zur Kenntnis der freilebenden Nematoden insbesondere des Kieler Hafens. Abhandl. der Senckenb. Naturf. Gesellsch. Bd. 9. 1874. Seite 37. Taf. V, Fig. 21.

[2]) De Man, Sur quelques Nématodes libres de la Mer du Nord. Mémoires de la Soc. zoolog. de France. 1888, Vol. I. p. 18, 19, Pl. II, Fig. 10.

sten befindlichen Eier enthalten stets fadenförmig schlanke Embryonen, die sich lebhaft winden und drehen. Der Schwanz des ♀ verjüngt sich schnell, doch nicht so plötzlich wie beim ♂, in den verhältnismässig langen fadenförmigen Endabschnitt. Beim ♂ bildet der sehr rasch sich verengende konische vordere Schwanzteil nur ⅕ des ganzen Schwanzes. Der Rest wird vom Schwanzfaden gebildet. An der Übergangsstelle des Schwanzkonus in den Schwanzfaden finden sich beim ♂ zwei starke gebogene Borstenpapillen, welche ungefähr das hintere Ende der schwachen Bursa bezeichnen. Letztere, eine schmale Membran, erstreckt sich nach vorn etwa bis in die Gegend der proximalen Enden der Spicula.

Die Spicula sind lang, wenig gebogen, am proximalen Ende kolbig verdickt, distal zugespitzt. Die akzessorischen Stücke sind ganz kurze Stäbchen, deren H-förmige Verbindung ich nicht deutlich beobachtet habe.

Axonolaimus spinosus Bütschli.

(Figg. 18,a; 18,b).

Diese eigentümliche Spezies wurde zuerst von Bütschli[1] aus der Kieler Bucht beschrieben, wo sie zusammen mit *Anoplostoma viviparum* im Sande lebt. Später hat de Man[2] an der Küste von Walcheren, also an der Nordsee, eine ähnliche Form gefunden, von der er überzeugt ist, dass sie mit Bütschli's Art identisch sei. De Man's Verdienst ist es auch, der Art den neuen Genusnamen *Axonolaimus*[3] gegeben zu haben, da sie durchaus nicht in das Genus *Anoplostoma* hineingehört.

Ich fand bei Tvärminne in denselben Schlammproben, wo auch *Anoplostoma viviparum* vorkam, wenige Exemplare und

[1] O. Bütschli, Zur Kenntnis der freilebenden Nematoden etc. Abh. Senckenb. Naturf. Gesellsch. Bd. 9. Seite 37. Taf. V, Fig. 20.

[2] De Man, Sur quelques Nématodes libres de la Mer du Nord. Mém. Soc. zool. de France. 1888. Vol. I, p. 19—21. Pl. II, Fig. 11.

[3] De Man, Espèces genres nouveaux de Nématodes libres de la Mer du Nord et de la Manche. Mém. Soc. zool. de France 1889. Vol. II, p. 3.

zwar nur Männchen und ein Junges, von denen ich sicher annehmen kann, dass sie zu der von Bütschli aufgestellten Spezies gehören, obgleich sie von der Beschreibung etwas abweichen.

Die Länge meiner Exemplare beträgt bis 1,3 mm, doch
kann ich nicht annehmen, dass das die Maximalgrösse der Form
ist, denn das kleinste Exemplar von 1 mm Länge war noch
ganz unentwickelt hinsichtlich der Genitalorgane. Der Körper
ist sehr schlank und trotzdem nach vorn noch stark verjüngt.

Das Kopfende ist folglich beträchtlich zugespitzt. Es ist
durch eine seichte Ringfurche umgrenzt und trägt 4 verhältnismässig lange, starke Kopfborsten.

Die Cuticula ist glatt und trägt in der Halsgegend und am
Schwanz einige wenige feine Haare.

Die Mundhöhle ist ein tiefer, schmaler, wie scheint, drei-
kantiger Trichter und deutlich chitinisiert, ohne besondere Bewaffnung.

Die Seitenorgane liegen weit nach vorn gerückt, noch ganz
im Bereich des Teiles, der die Mundhöhle enthält, und sind
ovale Spalten, deren Länge dreimal die Breite übertrifft.

Der Ösophagus nimmt $1/6$ der Gesamtlänge des Körpers
ein und wird nach hinten allmählich dicker. Der Nervenring
umgiebt ihn einwenig hinter seiner Mitte und nicht vor der
Mitte, wie Bütschli in der Genusdiagnose von *Anoplostoma*
schreibt (l. c. Seite 36). Etwas vor der Mitte beobachtete ich
nach dreitägiger Fütterung mit Dahlia drei ovale Flecke an der
Ösophaguswand, die sich violett gefärbt hatten.

Der Schwanz trägt wenige feine Haare, und seine Länge
beträgt $1/10$ bei $1/9$ der Körperlänge.

Die Spicula sind spitz und stark gebogen. Das akzessorische Stück ist etwa $1/3$ mal so lang als die Spicula und mehr
dorsalwärts als nach hinten gerichtet, also in Grösse und Form
verschieden vom entsprechenden Teil bei den von de Man beschriebenen Exemplaren aus der Nordsee, die wahrscheinlich
einer neuen Art angehören.

Tafelerklärung.

b. ♂ Kopulationsorgan von der Seite; c. dasselbe von unten gesehen.

Fig. 17. *Anoplostoma viviparum* Bast., a. Vorderende von der Seite; b. Hinterende des ♂ von der Seite; c. dasselbe von unten gesehen.

Fig. 18. *Axonolaimus spinosus* Btli, a. Vorderende von der Seite; b. Hinterende des ♂.

Anm. Alle Figuren wurden mittels des Leitzschen Zeichenokulars nach lebenden oder frisch getöteten Exemplaren skizziert.

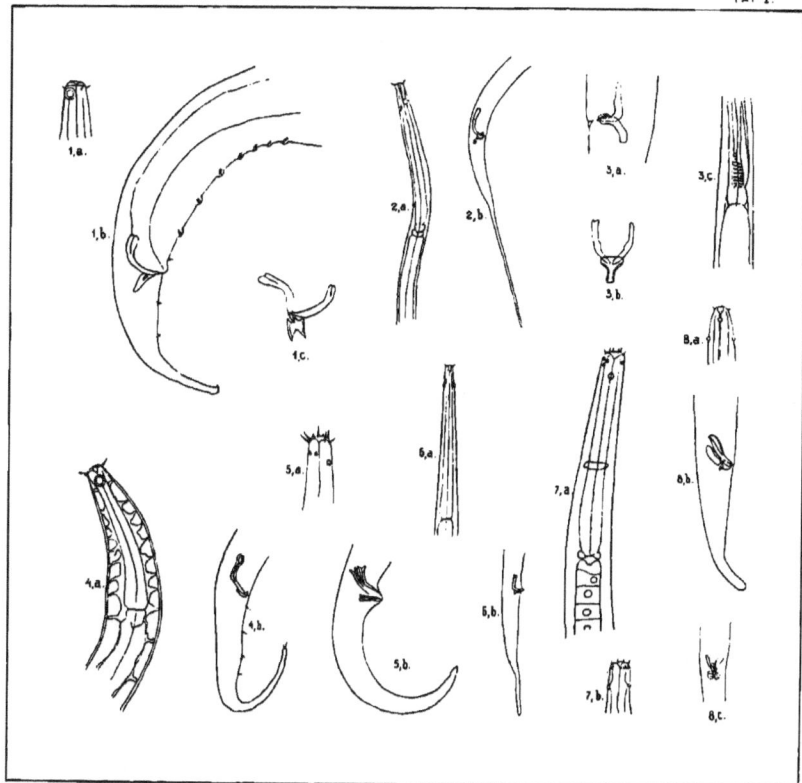

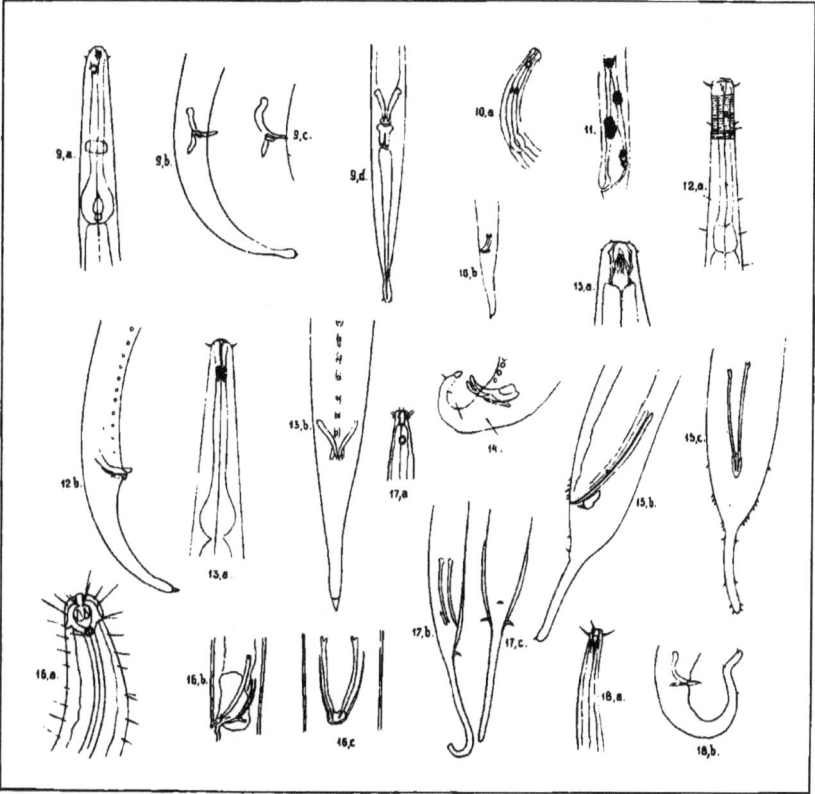

ACTA SOCIETATIS PRO FAUNA ET FLORA FENNICA, **27**, N:o 8.

ZUR

TRICHOPTERENFAUNA

VON

LADOGA-KARELIEN

VON

A. J. SILFVENIUS.

MIT 3 FIGUREN IM TEXT.

Vorgelegt am 7. Oktober 1905.

HELSINGFORS 1906.

KUOPIO 1906.

GEDRUCKT BEI K. MALMSTRÖM.

Im Sommer 1902 sammelte ich als Stipendiat der Gesellschaft Societas pro Fauna et Flora Fennica Trichopteren, besonders ihre Metamorphosestadien in der Umgebung der Stadt Sortavala in Ladoga-Karelien. Da nur wenige Trichopterenlisten irgend eines engeren Gebietes Finlands vorliegen[1]), halte ich es nicht für überflüssig die Liste der gesammelten Trichopteren zu veröffentlichen.

Das Verzeichnis enthält 98 Arten, von welchen folgende 11 in Sahlbergs Katalog[2]) nicht erwähnt waren: *Apatania majuscula* Mc Lach., *Berœodes minuta* L., *Hydropsyche saxonica* Mc Lach., *H. Silfvenii* Ulmer, *Cyrnus insolutus* Mc Lach., *Lype reducta* Hag., *Agraylea pallidula* Curt., *Hydroptila pulchricornis* Pict., *Orthotrichia Tetensii* Kolbe, *Oxyethira Frici* Klap. und *O. sagittifera* Ris. Ausserdem sind von den im Verzeichnisse erwähnten Arten 24 für Ladoga-Karelien neu. Alle für diese Provinz neuen Arten sind später mit einem Asteriscus bezeichnet. Da früher[2]) von dieser Provinz 92 Arten bekannt sind, steigt die Zahl der Trichopteren, die in Ladoga-Karelien gefunden sind, bis auf 127, die grösser ist als die Artenzahl für irgend eine andere Provinz Finlands.

Ohne näher auf die Charakterisierung der verschiedenen Aufenthaltsorte, wo die Trichopteren leben, einzugehen, will ich nur hervorheben, wie die Fauna des grossen Binnenmeeres Laatokka (Ladoga) in einigen Hinsichten sich der Fauna der fliessenden Gewässer nähert. Dies ist ein gemeinsamer Zug mit

---

[1]) A. J. Silfvenius, Verzeichnis über in Süd-Karelien gefundene Trichopteren. Meddel. Soc. Faun. Fenn. 26, p. 55—66 (1900). — Zur Kenntnis der Trichopterenfauna von Tvärminne. Festschr. f. Palmén. N:o 14 (1905).

[2]) Finska Trichoptera, bestämda af Rob. Mc Lachlan. Meddel. Soc. Faun. Fenn. 7, p. 159—189 (1881). John Sahlberg, Catalogus Trichopterorum Fenniæ præcursorius. Acta Soc. Faun. Fenn. IX, N:o 3 (1893).

der Fauna des finnischen Meerbusens, die auch solche Arten
aufzuweisen hat, die gewöhnlich im fliessenden Wasser leben.
Von solchen Arten der fliessenden Gewässer, die auf den Ufern
von Laatokka gefunden sind, sind folgende zu erwähnen: *Stenophylax stellatus* Curt., *Halesus interpunctatus* Zett., *Chœtopteryx*
sp., *Goëra pilosa* Fabr., *Polycentropus flavomaculatus* Pict., *P.
multiguttatus* Curt., *Lype phœopa* Steph., *L. sinuata* Mc Lach.,
Rhyacophila nubila Zett.

Von den im folgenden Verzeichnisse aufgezählten Arten
sind viele von den Herren Prof. Fr. Klapálek, K. J. Morton und
G. Ulmer gütigst bestimmt. Sie sind im folgenden mit K. d., resp.
M. d. und U. d. bezeichnet. — Wenn bei den Arten nur eine
Datumangabe zu sehen ist, so bezeichnet sie den ersten Tag, wo
Imagines von der Art gefunden wurden, und beziehen sich die
Zeitangaben auch im übrigen auf die Flugzeiten der Imagines.
Wenn Wallengren[1]) in der Benennung der Arten von der all-
gemein gebräuchlichen Nomenklatur von Mc Lachlan[2]) sich un-
terscheidet, sind seine Namen in Klammern aufgeführt.

Phryganeidæ.

1. *Neuronia ruficrus* Scop. (*N. striata* L.). Ein kleiner
Teich nahe bei dem Kirchhofe. Larven in August.

2. *N. lapponica* Ilag. Tamhanka, ein einziges Exemplar
bei einer Ackerrinne. $^3/_7$.

3. *N. reticulata* L. Bäche (Lohioja, Turpalamminpuro,
in Nälkäkorpi), auch im See Hympölänjärvi, bei Tuokslahti.

4. *Holostomis phalænoides* L. Flüsse und Bäche (Hotinjoki $^{27}/_6$, Turpalamminpuro, Kirjavalahti, K. Siltoin).

5. *Phryganea striata* L. (*bipunctata* Retz). Sehr allgemein. Seen (Laatokka, Vakkolahti, Vorssu, Kukkassaari,
Yhinlahti, Sisä-Tamhanka, Paksuniemi; Airanne; Liikolanjärvi),
Teiche (Tuhkalanlampi, Pyöreälampi, Petäjälampi, Törsävänlampi, Kalatonlampi, die Teiche auf Tamhanka), auch ruhig

---

[1]) Skandinaviens Neuroptera. II. Neuroptera Trichoptera. Svenska
Vet.-Ak. Handlingar 24, N:o 10 (1891).

[2]) A monographic Revision and Synopsis of the Trichoptera of the
European Fauna (London 1874—80).

fliessende Flüsse (Helylänjoki, Hotinjoki). Die Strandvegetation ist auf allen Lokalitäten, wo diese Art vorkommt, reichlich. Die Flugzeit reicht beinahe den ganzen Sommer ($^{23}/_6$—$^{23}/_8$).

6. *Phr.* varia Fabr. (*variegata* Fourc.). Eine fertige Puppe am $^3/_7$ in einem Teiche auf Tamhanka. In Sahlbergs Katalog (p. 8) ist diese Art nur von den westlichen Provinzen Finlands aufgeführt, früher habe ich sie auf Isthmus Karelicus gefunden.

7. *Phr.* obsoleta Mc Lach. Allgemein. Seen (Laatokka, Vakkolahti, Vorssu, Lahenkylä, Kukkassaari, Haavus, Sisä-Tamhanka, Paksuniemi, Kirjavalahti; Airanne; Liikolanjärvi; Hympölänjärvi; Helmijärvi; Ristijärvi), Teiche (Tuhkalanlampi, Raakanlampi, Pyöreälampi, Petäjälampi, Lahnalampi, Leppäsenlampi, Törsävänlampi, die Teiche auf Tamhanka). Auch auf den Fundorten der Larven und Puppen dieser Art ist die Strandvegetation reichlich. Die Flugzeit beginnt Ende Juli ($^{28}/_7$).

8. *Phr.* minor Curt. Nur Larven wurden in Teichen (Lukalampi, Teiche auf Tamhanka und bei dem Kirchhofe) gefunden.

9. *Agrypnia pagetana* Curt. Sehr allgemein. Seen (Laatokka, Vakkolahti, Vorssu, Kukkassaari, Yhinlahti, Kekrinlahti, Haavus, Sisä-Tamhanka, Paksuniemi, Kirjavalahti; Airanne; Hympölänjärvi; Liikolanjärvi; Helmijärvi; Haukkajärvi), Teiche (Tuhkalanlampi, Lukalampi, Lahnalampi, Kalatonlampi). Auch bei Flüssen (Vakkojoki, Hotinjoki, Paussu) und an Bächen (in Nälkäkorpi) kommt diese Art vor. Die Flugzeit dauert von Mitte Juni ($^{14}/_6$) den ganzen Sommer hindurch.

Limnophilidæ.

10. *Grammotaulius* sp. Larven wurden in Juni in Teichen (Luttilampi, Lukalampi) und Tümpeln (bei Helylä) gefunden.

11. *Glyphotælius punctatolineatus* Retz. Seen (Laatokka, Vakkolahti; Airanne, M. d.; Liikolanjärvi), Teiche (Tuhkalanlampi, Törsävänlampi). Juni—August.

12. *Gl.* pellucidus Retz. Beim See Hympölänjärvi und bei dem Teiche Lukalampi. Juni.

13. *Limnophilus rhombicus* L. Seen (Laatokka, Vakkolahti, Yhinlahti, Kekrinlahti, Tamhanka, Kirjavalahti; Hympölänjärvi, Tuokslahti; Haukkajärvi), Teiche (Kalatonlampi) und
Flüsse (Hotinjoki, Lohioja), auf solchen Stellen, wo das Wasser
ruhig fliesst. Vom $^{26}/_6$ bis Ende August.

14. *L. borealis* Zett. Seen (Laatokka, Yhinlahti, Sisä-
Tamhanka, Juvosenlahti, Paksuniemi, Kirjavalahti; Hympölänjärvi, Tuokslahti; Liikolanjärvi; Ristijärvi), Teiche (auf Tamhanka, Törsävänlampi, Lahnalampi, Lukalampi), Flüsse mit
ruhig fliessendem Wasser (Paussu, Hotinjoki, Myllykylä). August.

15. *L. flavicornis* Fabr. Seen (Laatokka, Kukkassaari;
Hympölänjärvi, Tuokslahti), sehr allgemein in Teichen, wo der
Boden von niedergefallenen Bäumen und anderem Pflanzenabfall
reichlich bedeckt ist (auf Tamhanka, Lukalampi, Lohilampi, Kalatonlampi, Lahnalampi, Pyöreälampi, Törsävänlampi, Pötsövaaranlampi, Teiche in Nälkäkorpi). Juli, August.

16. *L. decipiens* Kol. Seen, an mit reichlicher Vegetation
bewachsenen Lokalitäten (Laatokka, Vakkolahti, M. d., Kymölä,
Kukkassaari, Vorssu, Paksuniemi, Juvosenlahti; Airanne; Hympölänjärvi, M. d.; Liikolanjärvi), Teiche (Luttilampi). $^{16}/_8$.

17. *L. marmoratus* Curt. Beim Flusse Hotinjoki, M. d.
$^{27}/_6$. Die Hauptart ist für Karelia ladogensis neu, die Varietät
nobilis Kol. ist früher in Jaakkima gefunden.

18. *L. stigma* Curt. (*griseus* L. (Wallengr.). Teiche (Lukalampi), besonders aber an Tümpeln (z. B. nahe bei dem Kirchhofe, bei Helylä, bei Hympölänjärvi). Juli, August.

19. *L. lunatus* Curt. Wurde nur an Laatokka (Vakkolahti, Vorssu, Kukkassaari, Kekrinlahti, Tamhanka, M. d., Paksuniemi, Juvosenlahti) gefunden. $^1/_8$.

20. *L. politus* Mc Lach. Seen, an mit Strandvegetation
bewachsenen Lokalitäten, wo der Boden mit Pflanzenabfall bedeckt ist, (Laatokka, Vakkolahti, Vorssu, Kukkassaari, Sisä-
Tamhanka, Paksuniemi, Juvosenlahti, Kirjavalahti; Airanne;
Hympölänjärvi; Liikolanjärvi, M. d.). Wurde auch bei Teichen
(auf Tamhanka) und ruhig fliessenden Flüssen (Helylänjoki)
angetroffen. Es kamen auch brachyptere Individuen vor. $^{23}/_8$.

21. *L. pantodapus* Mc Lach. Laatokka (Yhinlahti, Kekrinlahti, Tamhanka, aber nicht in den innersten Teilen der Skären), Teich Kalatonlampi. Juni.

22. *L. nigriceps* Zett. Seen (Laatokka, Vakkolahti, Kekrinlahti, Sisä-Tamhanka, Paksuniemi; Airanne; Liikolanjärvi; Helmijärvi), Teiche (auf Tamhanka, Leppäsenlampi, Petäjälampi). $^6/_9$.

23. *L. centralis* Curt. (*flavus* L.). Teiche (Pötsövaaranlampi), Tümpeln (bei Myllykylä, bei Lohioja, bei Kirjavalahti). Ende Juni.

24. *L. vittatus* Fabr. Tümpeln bei dem Kirchhofe. Juli, August.

25. *L. auricula* Curt. Ein lehmiger Tümpel bei Helylä, eine Ackerrinne bei Tuokslahti. Ende Juni.

26. *L. griseus* L. (Mc Lach.) (*bimaculatus* L. (Wallengr.). Seen (Laatokka, Vakkolahti, Lahenkylä, Tamhanka, Markatsinsaari, auf den beiden letztgenannten Inseln kam die Art am $^3/_7$ in grossen Mengen auf dem offenen Ufer von Laatokka vor; Airanne; Hympölänjärvi, Tuokslahti), Teiche (auf Tamhanka), Tümpeln und Graben (beim Kirchhofe, bei Helylä, Lohioja, Hietanen). Von Mitte Juni flog die Art allgemein den ganzen Sommer.

27. *L. despectus* Walk. Tamhanka, am offenen Ufer von Laatokka, M. d. $^3/_7$.

28. **L. extricatus* Mc Lach. Seen (Laatokka, Kymölä; Helmijärvi; Hympölänjärvi, Tuokslahti), Teiche (Lohilampi), ruhig fliessende Flüsse (Myllykylä, M. d.), Tümpeln (Kirjavalahti). Juni.

29. **L. fuscicornis* Ramb. Ruhig fliessende Flüsse (Myllykylä, M. d.). $^{20}/_6$.

30. *Anabolia sororcula* Mc Lach. Sehr allgemein. Seen (Laatokka, Vakkolahti, Kymölä, Vorssu, Kukkassaari, Kekrinlahti, Siikaluoto, Sisä-Tamhanka, Ulko-Tamhanka, am offenen Ufer von Laatokka, Paksuniemi, Kirjavalahti; Airanne; Hympölänjärvi; Liikolanjärvi; Helmijärvi; Haukkajärvi; Ristijärvi), ruhig fliessende Flüsse (Lohioja, Myllykylä, Hotinjoki), seltener in Teichen (Pötsövaaranlampi). $^{21}/_8$.

f. *brachyptera*. Lohioja, Hotinjoki.

31. *Arctœcia dualis* Mc Lach. Beim See Hympölänjärvi, ein Exemplar am $^{16}/_8$.

32. *Stenophylax infumatus* Mc Lach. Bäche (in Nälkä-korpi). Larven, Puppen Anfang—Mitte Juni.

33. **St. rotundipennis* Brauer. Bäche (Lohioja, Mylly-koski, Turpalamminpuro, Kuorejoki, Hotinjoki). Ende Juli—Anf. August. Diese Art, die in Sahlbergs Katalog nur von Tavast-land erwähnt war (p. 11), ist gemein im südlichen Finland.

34. *St. stellatus* Curt. Seen mit klarem Wasser (Laa-tokka, Vakkolahti, Kymölä, Vorssu, Kukkassaari, Kekrinlahti, Jänissaari, Tamhanka, am offenen Ufer von Laatokka, Kirjava-lahti; Helmijärvi; Haukkajärvi), Bäche (Lohioja, Myllykoski, Halinpuro, Leppäsenlamminpuro, Hotinjoki). Von Anfang August flog diese Art reichlich umher.

35. *Micropterna sequax* Mc Lach. Laatokka, Kirjavalahti (Sahlberg, Poppius); Larven, die wohl zu dieser Art gehören, habe ich auf derselben Stelle gefunden.

36. *Halesus interpunctatus* Zett. Seen mit klarem Wasser (Laatokka, Vakkolahti, Kymölä, Vorssu, Kukkassaari, Kekrin-lahti, Jänissaari, Tamhanka, Kirjavalahti; Liikolanjärvi; Helmi-järvi; Haukkajärvi), Teiche (Leppäsenlampi), Bäche (Lohioja, M. d., Myllykoski, Turpalamminpuro, Hotinjoki). $^{22}/_8$.

37. **Chætopteryx villosa* Fabr. Bäche (Lohioja, Hotinjoki) Anfang September. — Larven, die zu dieser Gattung gehören, wurden in Laatokka (Kymölä, Tamhanka, am offenen Ufer des Sees) und im Bache Halinpuro gefunden.

38. *Apatania Wallengreni* Mc Lach. Wurde nur an Laa-tokka gefunden (Kekrinlahti, Markatsinsaari, Tamhanka, auf welchen zwei letztgenannten Lokalitäten die Art am $^{2-3}/_7$ am offenen Ufer des Sees massenhaft flog, Rautalahti). Juni, Juli.

39. *A. stigmatella* Zett. Laatokka, Tamhanka, M. d. $^{19}/_8$.

40. **A. majuscula* Mc Lach. An Laatokka (Vakkolahti, Kukkassaari, Tamhanka) schwärmten Ende August in grosser Menge Weibchen einer *Apatania*-Art, von welchen Herr Morton mir brieflich mitgeteilt hat, dass sie sehr wahrscheinlich zu *A. ma-juscula* gehören. Da keine Männchen gefunden wurden, lässt sich die Art nicht sicher bestimmen. $^{18}/_8$.

Sericostomatidæ.

41. *Sericostoma personatum* Spence. Ein Bach nahe Lohioja. $^{21}/_7$.

42. *Notidobia ciliaris* L. Allgemein in Bächen (Lohioja, Myllykoski, Turpalamminpuro, ein Bach nahe Lohioja und ein anderes nahe Juvosenlahti, Halinpuro, Leppäsenlamminpuro, Hotinjoki). Selten in Seen, Hympölänjärvi, Tuokslahti. $^{22}/_6$.

43. *Goëra pilosa* Fabr. Bäche (Hotinjoki, bei Kirjavalahti), auch an Laatokka (Vorssu, Siikaluoto, Tamhanka, wo die Art in grossen Mengen am offenen Ufer des Sees schwärmte). $^{27}/_6$.

44. *Silo pallipes* Fabr. Allgemein in Bächen (Lohioja, ein Bach bei Lohioja, bei Juvosenlahti, bei Kirjavalahti, Halinpuro). Von Ende Juni bis Anfang August.

45. *Micrasema* sp. Bäche (Myllykoski, Hotinjoki). Puppen Anfang Juni.

46. *Lepidostoma hirtum* Fabr. Bäche (Lohioja, Myllykoski, Hotinjoki). Nur Larven wurden gefunden.

Leptoceridæ.

47. **Berœodes minuta* L. Bäche (Lohioja, Hotinjoki, Turpalamminpuro). Ende Juni.

48. *Molanna angustata* Curt. Sehr gemein. Seen (Laatokka, Vakkolahti, Vorssu, Kymölä, Kukkassaari, Sisä-Tamhanka, Ulko-Tamhanka, Haavus, Paksuniemi, Kirjavalahti; Airanne; Hympölänjärvi; Liikolanjärvi; Haukkajärvi; Ristijärvi), Teiche (auf Tamhanka, Leppäsenlampi, K. d., Törsävänlampi, Lohilampi, Pötsövaaranlampi), ruhig fliessende Flüsse (Vakkojoki, Paussu, Helylänjoki, Hotinjoki). Die Flugzeit dauerte vom Ende Juni ($^{27}/_6$) den ganzen Sommer.

49. *Molannodes Zelleri* Mc Lach. Allgemein. Seen (Laatokka, Vorssu, Kukkassaari, M. d., Kekrinlahti, Sisä-Tamhanka; Hympölänjärvi; Liikolanjärvi; Helmijärvi), Teiche (auf Tamhanka, Leppäsenlampi, Törsävänlampi, Lohilampi, M. d., Raakanlampi, Lahnalampi, Lukalampi, Petäjälampi, Pötsövaaranlampi), ein Felsentümpel auf Jänissaari. $^{28}/_7$.

*var. *Steini* Mc Lach. Laatokka, Vorssu; Törsävänlampi, Pötsövaaranlampi; Turpalamminpuro.

50. *Leptocerus nigronervosus* Retz. Seen (Laatokka, Rausku, Vorssu; Hympölänjärvi). Von Mitte Juni bis Mitte Juli.

51. *L. fulvus* Ramb. Seen (Laatokka, Vakkolahti, M. d., Vorssu, Kukkassaari; Airanne; Hympölänjärvi, M. d.; Liikolanjärvi), Flüsse (Vakkojoki, Lohioja). $^{24}/_7 - ^{13}/_8$.

52. *L. senilis* Burm. Seen (Laatokka, Vakkolahti, M. d., Vorssu, Kukkassaari, M. d., U. d.; Airanne; Hympölänjärvi; Liikolanjärvi, M. d.; Haukkajärvi; Ristijärvi). $^{24}/_7 - ^{21}/_8$. In Sahlbergs Katalog nur von den westlichen Provinzen Finlands aufgeführt; kommt auch auf Isthmus karelicus, in Karelia australis und Savonia australis vor.

53. *L. perplexus* Mc Lach. Nur an Laatokka (Vorssu, M. d., Haukkariutta, M. d., Tamhanka, am offenen Ufer des Sees, M. d.). Juli, August. Früher nur in nördlichen Provinzen gefunden (der südlichste Fundort war Süd-Österbotten).

54. *L. aterrimus* Steph. var. *tineoides* Scop. Allgemein. Seen (Laatokka, Vakkolahti, M. d., Vorssu, Kukkassaari, Kekrinlahti, Haukkariutta, M. d., Sisä-Tamhanka, Ulko-Tamhanka, M. d., Paksuniemi, Rautalahti, Kirjavalahti; Airanne; Hympölänjärvi, M. d.; Liikolanjärvi), Teiche (Tuhkalanlampi, Törsävänlampi, Lohilampi), ruhig fliessende Flüsse (Vakkojoki, Paussu, Myllykylä, M. d.). $^{20}/_7$. Die dunkle Hauptart ist viel seltener. Kirjavalahti (Sahlberg).

55. *L. cinereus* Curt. (*bilineatus* L. (Wallengr.). Seen (Laatokka, Vakkolahti, Kymölä, Vorssu, Kukkassaari, Kekrinlahti, Haavus, Sisä-Tamhanka, Ulko-Tamhanka, Kirjavalahti; Hympölänjärvi, Tuokslahti; Liikolanjärvi), Teiche (Pyöreälampi). $^{26}/_7$. Besonders kommt die var. *bifasciatus* Kol. vor.

56. *L. commutatus* Mc Lach. Beim Flusse Hotinjoki, M. d. $^{31}/_7$.

57. *L. bilineatus* L. (Mc Lach.) (*gallatus* Fourc.). Hotinjoki. $^{31}/_7$. Nur ein Exemplar, das Morton mit einigem Zweifel zu dieser Art geführt hat. Früher ist die Art im naturhistorischen Finland nur bei Petrosawodsk gefunden.

58. *Mystacides azurea* L. Seen (Laatokka, Vakkolahti, Vorssu, Kymölä, Kukkassaari, Haavus, Sisä-Tamhanka, Paksuniemi, Juvosenlahti; Hympölänjärvi; Liikolanjärvi; Haukkajärvi), Teiche (Törsävänlampi, Lohilampi, Pötsövaaranlampi), Flüsse (Paussu, Hotinjoki). $^{10}/_7-^{28}/_8$.

59. *M. longicornis* L. Seen (Laatokka, Vakkolahti, Vorssu, Kukkassaari, Haavus, Sisä-Tamhanka, Ulko-Tamhanka, Paksuniemi; Hympölänjärvi; Liikolanjärvi; Ristijärvi), Teiche (in Nälkäkorpi, Leppäsenlampi), Flüsse (Paussu). Von Mitte Juli bis $^{21}/_8$.

60. *Triœnodes bicolor* Curt. Sehr verbreitet. Seen (Laatokka, Vakkolahti, Vorssu, Kukkassaari, Yhinlahti, Lahenkylä, Paksuniemi; Airanne; Hympölänjärvi, Tuokslahti; Liikolanjärvi; Ristijärvi), Teiche (auf Tamhanka, Tuhkalanlampi, Leppäsenlampi, Lohilampi, Törsävänlampi, Raakanlampi, Luttilampi, Pötsövaaranlampi), Flüsse (Vakkojoki, Paussu). Von Mitte Juli bis Ende August.

61. *Oecetis ochracea* Curt. Seen (Laatokka, Vorssu; Liikolanjärvi). Mitte Juli—Mitte August.

62. *Oe. furva* Ramb. Seen (Laatokka, Vakkolahti, Kukkassaari, Lahenkylä; Airanne; M. d.; Hympölänjärvi; Liikolanjärvi), Teiche (Tuhkalanlampi). Die Flugzeit beginnt Mitte Juli.

63. *Oe. lacustris* Pict. Seen (Laatokka, Vakkolahti, Vorssu, Kymölä, Kukkassaari; Hympölänjärvi, M. d.; Liikolanjärvi; Haukkajärvi; Ristijärvi), Teiche (Törsävänlampi), Flüsse (Paussu), ein Tümpel nahe bei dem Bahnhof. Die Flugzeit beginnt Mitte Juli.

Hydropsychidæ.

64. *Hydropsyche pellucidula* Curt. Beim Bache Lohioja.

65. *H. saxonica* Mc Lach. Bäche (Kuorejoki, K. d., Lohioja, K. d., Turpalamminpuro). $^{14}/_6-^{22}/_6$.

66. *H. angustipennis* Curt. Beim Auslauf des Baches Lohioja, K. d. $^{22}/_8$.

67. *H. instabilis* Curt. Bäche (Lohioja, Hotinjoki). Nur Larven und Puppen wurden gefunden.

68. *H. Silfvenii* Ulmer. Beim Bache Lohioja, U. d. $^{30}/_6$. — Die Beschreibung dieser für die Wissenschaft neuen Art hat Herr G. Ulmer mir gütigst in Manuskript zugestellt, die ich als Anhang zu diesem Aufsatze gefügt habe (p. 15—16).

69. *Philopotamus montanus* Donov. Bäche (Lohioja, Myllykoski, Halinpuro). August.

70. *Wormaldia subnigra* Mc Lach. Bäche (Lohioja, M. d., bei Kirjavalahti, M. d.). August.

71. *Neureclipsis bimaculata* L. (*tigurinensis* Fabr.). Seen (Hympölänjärvi, Liikolanjärvi, M. d.). Ende August.

72. *Plectrocnemia conspersa* Curt. Bäche (Halinpuro, Leppäsenlamminpuro, Kuorejoki), Teiche (Lohilampi). August.

73. *Polycentropus flavomaculatus* Pict. Allgemein an Bächen (Lohioja, U. d., bei Kirjavalahti, Turpalamminpuro, Hotinjoki) und an Ufern von Laatokka (Vakkolahti, M. d., Vorssu, M. d., Haukkariutta, Sisä-Tamhanka, Ulko-Tamhanka). $^{22}/_6$—$^{14}/_8$.

74. *P. multiguttatus* Curt. Auch diese Art kommt, ausser an Bächen (Lohioja, bei Kirjavalahti) an Laatokka vor (Sisä-Tamhanka, Ulko-Tamhanka). $^{22}/_6$.

75. *Holocentropus dubius* Ramb. Seen (Airanne), Teiche (auf Tamhanka). Von Mitte Juni bis Ende Juli.

76. *H. picicornis* Steph. Seen (Laatokka, Vakkolahti, Vorssu, Kukkassaari, Lahenkylä; Airanne; Hympölänjärvi, M. d.; Ristijärvi, M. d.), Teiche (Törsävänlampi). $^{25}/_7$—$^{21}/_8$.

77. *Cyrnus trimaculatus* Curt. Seen (Laatokka, Vakkolahti, M. d., Kymölä, Vorssu, Rausku; Hympölänjärvi; Liikolanjärvi; Haukkajärvi; Ristijärvi, M. d.), Teiche (Törsävänlampi, Lohilampi), beim Flusse Hotinjoki. Von Ende Juli bis $^{14}/_8$.

78. *C. insolutus* Mc Lach. Seen (Haukkajärvi, M. d., Ristijärvi, M. d.), Teiche (Törsävänlampi, M. d., Leppäsenlampi, M. d.). Anfang August.

79. *C. flavidus* Mc Lach. Seen (Laatokka, Vakkolahti, Vorssu, M. d., Kukkassaari, M. d.; Hympölänjärvi, M. d.; Liikolanjärvi), Teiche (Pötsövaaranlampi, M. d.). Von Ende Juli bis $^{23}/_8$.

80. *C. crenaticornis* Kol. Seen (Laatokka, Kukkassaari; Hympölänjärvi). Von Ende Juli bis Anfang August.

81. *Tinodes wæneri* L. Wurde nur an Laatokka (Kymölä, Vorssu) gefunden. Mitte August.

82. *Lype phæopa* Steph. Laatokka (Vakkolahti, Paksuniemi), Teiche (Leppäsenlampi, M. d., Törsävänlampi, M. d., Lohilampi, M. d.), Flüsse (Paussu, Hotinjoki), Bäche (Lohioja, M. d.). $^{26}/_7$—$^{25}/_8$.

83. *L. sinuata* Mc Lach. Laatokka (Vakkolahti, K. d.), Bäche (Lohioja, K. d., Turpalamminpuro). $^{23}/_7$—$^7/_8$. Ist früher in Finland nur in Tawastland gefunden.

84. *L. reducta* Hag. Beim Bache Lohioja (K. d.). $^{30}/_6$.

Rhyacophilidæ.

85. *Rhyacophila nubila* Zett. Bäche (Lohioja, Myllykoski, M. d., Leppäsenlamminpuro, ein Bach bei Juvosenlahti, Hotinjoki, M. d.), auch am offenen Ufer von Laatokka (Tamhanka, M. d.). Von Ende Juni ($^{23}/_6$) dauert die Flugzeit zum Ende August.

86. *Rh. septentrionis* Mc Lach. Bäche (Lohioja, bei Kirjavalahti, bei Juvosenlahti, Turpalamminpuro, Halinpuro). $^{21}/_7$.

87. *Agapetus comatus* Pict. Bäche (Lohioja, M. d., ein Bach bei Lohioja, ein bei Kirjavalahti). Von Mitte Juni bis Ende Juli.

Hydroptilidæ. [1])

88. *Agraylea multipunctata* Curt. Seen (Laatokka, Vakkolahti, Kymölä, Kukkassaari, Kirjavalahti; Airanne), Teiche (Leppäsenlampi), Flüsse (Hotinjoki). $^{17}/_6$—$^{13}/_8$.

89. *A. pallidula* Mc Lach. Larven wurden in Airanne-See gefunden.

90. *Hydroptila sparsa* Curt. Bäche (Lohioja), Flüsse (Helylänjoki). Juli.

---

[1]) Alle als Imagines gefundenen Hydroptiliden-Arten sind von Herrn Morton bestimmt.

91. *H. femoralis* Eaton (*tineoides* Dalm.). Larven und Puppen wurden in Bächen (Lohioja, Myllykoski) gefunden.
92. *H. pulchricornis* Eaton. Allgemein. Seen (Laatokka, Vakkolahti, Kymölä, Vorssu, Kukkassaari; Airanne; Hympölänjärvi; Liikolanjärvi), Teiche (Lohilampi), Flüsse (Paussu), Bäche (Lohioja). Von Ende Juni bis Mitte August.
93. *Orthotrichia Tetensii* Kolbe. Seen (Airanne, Hympölänjärvi), Flüsse (Paussu). Ende Juli.
94. *Ithytrichia lamellaris* Eaton. Bäche (Lohioja, Myllykoski). Juli, August.
95. *Oxyethira costalis* Curt. Im See Hympölänjärvi, bei Tuokslahti. $^{31}/_7$.
96. *O. ecornuta* Morton. Seen (Airanne, Hympölänjärvi), Flüsse (Paussu). Ende Juni, Juli.
97. *O. Frici* Klap. Im Bache Lohioja. Juli.
98. *O. sagittifera* Ris. An Laatokka, auf Tamhanka $^3/_7$.

Die Verbreitung der Hydroptiliden ist natürlich noch weniger bekannt als die der anderen Trichopteren. So waren früher von Ladoga-Karelien nur zwei Hydroptiliden (s. Sahlbergs Katalog p. 16—17) bekannt.

Anhang.

Hydropsyche Silfvenii n. sp. (Ulmer).

Der Körper vollkommen schwarz, nicht glänzend; Dorsalfläche des Kopfes und das Pronotum mit graugelben Haaren
besetzt. Fühler im basalen Viertel oder Drittel dunkelgelb, mit
deutlichen schiefen schwarzen Linien; die zwei ersten Glieder
ganz schwärzlich; distale Partie des Fühlers dunkelbraun. Taster
dunkelbraun. Beine dunkelgelb bis gelblichbraun, die Hüften
dunkelbraun, Schenkel und Schiene der Vorderbeine braun,
ebenso die Schenkel der übrigen Beine; Schienen an der Spitze
schmal schwarz; Mittelbeine des ♀ stark erweitert; äussere
Klauen beim ♂ in ein Borstenbüschel umgewandelt. Vorderflügel nach dem Apex hin ziem-
lich stark verbreitert; Flügel-
membran grau mit etwas bräun-
lichem Tone; die drei Exemplare
sind leider abgerieben, so dass
keine Behaarung vorhanden ist;
im ganzen ähneln sie den anderen Arten in demselben Zustande,
z. B. *H. angustipennis* Ct. Hin-
terflügel heller als die vorderen,
stärker durchscheinend. Rand-
wimpern beider Flügel graubraun.
— Genitalanhänge des ♂ (Fig. 1,
2, 3) bräunlich; das X. Segment
(Dorsalplatte) ist an seinem distalen Ende tief, fast halbkreisför-

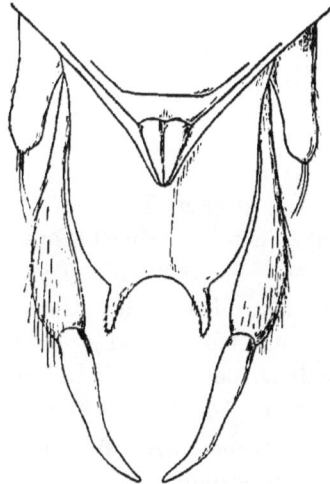

Fig. 1.

mig ausgeschnitten und endigt in zwei langen schmalen Spitzen,
die stark ventralwärts geneigt sind; in Lateralansicht bildet die
dunklere Basis der Dorsalplatte mit dem darunter liegenden
Stücke einen tiefen Einschnitt; der distale Rand ist dorsalwärts
gerichtet; die in Dorsalansicht vorhandenen langen Fortsätze
erweisen sich in Lateralansicht als die Ränder der tief ausgehöhlten Dorsalplatte; der Penis ragt weit vor; vor seinem Ende
befinden sich auf der Dorsalfläche, aber nahe der lateralen Kante
und diese überragend, zwei kurze lappenartige Anhänge, welche
am Ende einen kleinen Dorn tragen (Fig. 3); das Penisende

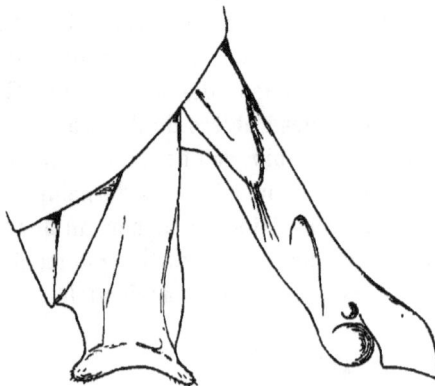 

Fig. 2.   Fig. 3.

selbst ist (Fig. 2, 3) auf der Dorsalfläche mit 2 grösseren und
näher der Lateralfläche mit 2 kleineren braunen Chitinknötchen
besetzt; die Genitalfüsse sind schlank; das Basalglied am Ende
verdickt, das zweite Glied nicht gespalten. — Die Art ähnelt
am meisten der *Hydropsyche ardens* Mc Lach. in der Penis-
bildung, der *H. nevae* Kol. und einigen aussereuropäischen Arten
(wie *H. chlorotica* Hag.) in der Bildung der Dorsalplatte.

Körperlänge: 6 mm; Flügelspannung: 20—21 mm, 2 ♂,
1 ♀ (trocken) und 2 ♂ in Alkohol. — Die Figuren sind von
Herrn Lehrer H. Bünning hergestellt worden.

www.ingramcontent.com/pod-product-compliance
Lightning Source LLC
Chambersburg PA
CBHW021352210326
41599CB00011B/844